普通高等教育机械工程专业规划教材

工程机械底盘设计

（第二版）

郁录平　主　编
徐信芯　副主编

人民交通出版社股份有限公司
China Communications Press Co.,Ltd.

内 容 提 要

本书系统地介绍了工程机械底盘设计理论及主要零部件的设计特点。全书共十三章,主要内容为:工程机械的行驶理论基础、传动系设计概述、主离合器、人力换挡变速器、液力传动、动力换挡变速器、万向节与传动轴、轮胎式工程机械驱动桥、履带驱动桥、轮胎式工程机械转向系、轮胎式工程机械行驶系、履带式机械行驶系及制动系。书中内容主要涉及设计方案的分析和选择、设计要求、主要性能参数确定、主要零件结构设计和强度计算要点,介绍了许多典型工程机械底盘的设计实例并分析了设计特点,实用性较强。

本书可作为高等学校相关专业的教学参考书,也可供工程机械行业的科研、生产和使用单位的技术人员参考。

图书在版编目(CIP)数据

工程机械底盘设计 / 郁录平主编. —2 版. —北京:人民交通出版社股份有限公司, 2016.5

ISBN 978-7-114-12890-5

Ⅰ. ①工… Ⅱ. ①郁… Ⅲ. ①工程机械－底盘－设计 Ⅳ. ①TU603

中国版本图书馆 CIP 数据核字(2016)第 056790 号

普通高等教育机械工程专业规划教材

书　　名:工程机械底盘设计(第二版)
著 作 者:郁录平
责任编辑:郑蕉林　周　凯
出版发行:人民交通出版社股份有限公司
地　　址:(100011)北京市朝阳区安定门外外馆斜街 3 号
网　　址:http://www.ccpress.com.cn
销售电话:(010)59757973
总 经 销:人民交通出版社股份有限公司发行部
经　　销:各地新华书店
印　　刷:北京市密东印刷有限公司
开　　本:787×1092　1/16
印　　张:19.75
字　　数:471 千
版　　次:2004 年 10 月第 1 版　2016 年 8 月　第 2 版
印　　次:2019 年 6 月第 2 版　第 2 次印刷　总第 3 次印刷
书　　号:ISBN 978-7-114-12890-5
定　　价:40.00 元
(有印刷、装订质量问题的图书由本公司负责调换)

第二版前言

本书自2004年出版至今已十余年，这些年来，工程机械行业有了长足的发展。为了使本书能适应当前高等教育的需要，本书对部分内容进行修订。

修订工作主要从以下几个方面进行，对原书的编写原则未做变动。

(1)在每章内容的前面，增加了学习目标与要求；在每章内容的后面，增加了练习题。

(2)对原书中内容不完善的地方做了补充，修正了原书中的一些错误。

(3)增加了一些近年来出现的工程机械底盘设计的新技术。

在修订过程中，徐信芯编写了各章的学习目标与要求、练习题，主要负责修订了第1~5章，并对全书做了校对；郁录平主要负责修订了绪论和第6~13章，并负责全书的统稿工作。

本书的出版获得了长安大学与人民交通出版社精品教材建设及专著出版基金资助，并且得到了工程机械学院有关领导的大力支持，在此表示衷心的感谢！

由于笔者水平有限，书中错误在所难免，恳请读者批评指正。

编　者

2015年12月于长安大学

第一版前言

工程机械设计课程是机械工程类的专业课程，现有的相关教材多数是在20世纪80年代出版的，这与当今飞速发展的现代技术明显地不相适应。为了解决这个问题，长安大学教务处组织编写了本套教材。并列入了面向21世纪交通版高等学校教材系列。

本书为底盘设计部分，主要按以下几条原则编写：

1. 系统地介绍工程机械设计理论

在理论方面，重点介绍与实际结合比较紧密，有利于学生举一反三的内容。对于推导过程比较复杂，或者利用计算机能求解的问题，简要介绍这类问题的解决方法或思路，有确定结论者给出结论。对于需要试验才能解决的问题，简要介绍其试验方法，并尽量给出前人的一些试验结果。

对于其他书籍有详细介绍的机械原理、液压系统和控制电路的设计等知识，只简要介绍在工程机械设计方面的应用特点。

2. 重点介绍富有工程机械特色的构造

产品设计离不开原理和构造，工程机械种类繁多，其底盘构造也是各式各样的，实际上不可能全面介绍。为了使读者对工程机械底盘的设计要点有个较好的理解，本书重点介绍与工程机械底盘的工作原理密切相关，或者在工程机械中使用较多，富有工程机械特色的构造，并且介绍了一些近年来工程机械上出现的先进的、有代表性的结构。

对于已经系列化，一般作为配套件选用的部件，主要介绍其基本原理和选用原则。对于个别原理比较复杂的配套件，只介绍其功能和选用原则。

3. 介绍主要零件的设计要点

产品都是由零件组装而成的，所以零件设计是非常重要的。由于大多数零件的设计知识已有专门书籍详细讲解，本书只对工程机械中的关键零件的设计要点作介绍。

鉴于零件的材料和技术条件对于设计工作至关重要，而且其中经验的成分很多，本书尽可能多地介绍了这几年来的资料。

本书可以作为高等院校工程机械专业教材，也可以供从事工程机械设计、使用和维修的技术人员参考。

在本书的编写过程中，长安大学教务处提供了经费资助，并且得到了工程机械学院吴永平教授的大力支持，全书由吉林大学赵丁选教授审定。在此表示衷心的感谢！

由于笔者水平有限，书中错误之处，恳请读者批评指正。

作者

2004 年 1 月于长安大学

目　　录

绪　论

工程机械是土木工程建设所用各种机械和设备的总称。在土木工程中为了提高生产率，工程机械主要用于完成物料起重、运输、装卸作业，土石方的采集、破碎作业，混凝土等建筑材料的搅拌、成型作业，以及其他土木工程中可用机械化施工的作业。

一、工程机械的类型

(1)土运输机械：用来铲装、运输、平整和堆挖土方、石方及其各种散装物料的机械。常见的有推土机、装载机、平地机、铲运机等。

(2)挖掘机械：用斗状工作装置挖取土壤或其他材料，或用于剥离土层的机械。主要包括单斗挖掘机、多斗挖掘机、隧道掘进机等。

(3)压实机械：利用机械力对土壤、碎石等铺层进行密实作业的机械。包括光轮压路机、轮胎压路机、凸块压路机、打夯机等。

(4)起重机械：在一定空间范围内提升和搬用物料的机械。包括汽车起重机、塔式起重机、龙门式起重机等。

(5)桩工机械：用于预制桩的打入、沉入、压入、拔出，或灌注桩的成孔等作业的机械。包括柴油打桩机、振动打桩机、压桩机、灌注桩钻孔机等。

(6)钢筋混凝土机械：用于混凝土配料、搅拌、运输、浇注、密实作业和钢筋切断、成型、拉张、强化作业的机械。包括混凝土搅拌设备、混凝土输送设备、混凝土振动器、钢筋加工机械等。

(7)路面机械：用于处理和铺筑各种路面、机场跑道和广场平面的机械。包括沥青混凝土路面摊铺机、水泥混凝土路面摊铺机、沥青洒布机、路面铣刨机、稀浆封层机等。

(8)石料开采加工机械：开采和加工石料的机械设备的统称。建筑中采用的石料有粒状石料和块状石料两类。粒状石料的开采机械有凿岩机、风镐等；粒状石料的加工机械有石料破碎机、筛分机等；块状石料的加工机械有劈石机、锯石机、石料磨光机等。

(9)桥梁机械：桥梁施工中所用的机械。例如：架桥机等。

(10)隧道机械：修建隧道所用的机械。包括隧道掘进机、凿岩台车、盾构设备等。

(11)装修机械:对建筑物表面进行修饰和加工处理的机械。例如:抹灰机、涂料喷涂机、地面修正机、灰浆输送泵等。

(12)铁道机械:用于铁路道砟、钢轨铺设和线路维护的机械。包括铺换钢轨机、道砟捣固机、焊轨机、线路检查车等。

二、工程机械的基本组成

工程机械基本组成如下:

(1)动力装置:工程机械的动力源。目前,自行式工程机械(如铲土运输机械、挖掘机械等)多以柴油机为动力;固定式工程机械(如大型搅拌机、塔式起重机等)多以电动机为动力。

(2)底盘:机架和行驶传动系、行走系、转向系、行驶制动系的总称。底盘是整机的支承,并能使整机以所需的速度和牵引力沿规定方向行驶。

(3)工作装置:机械上直接去完成预期工作的部件。不同工程机械的工作装置,由于其工作对象、工作目的、工作原理的不同而不同。

三、工程机械的发展趋势

1. 向大型化、小型化和高精度发展

为了满足大型工程的需要,工程机械正在向大型化发展,其功率越来越大,生产率越来越高,作业速度越来越快;为了满足市政工程、农田建设等狭窄场地的作业需要,小巧、灵活、机动的小型机也越来越多;由于对作业质量要求的提高,高精度的工程机械也在快速发展。

2. 标准化、模块化

标准是政府主管部门对科学技术和经济领域中某些多次重复的事物给予公认的统一规定。标准化就是制定、贯彻、推广应用标准的活动。模块化是以功能分析为基础,把产品的各个部分制成可以互换的通用模块,用来组成基型产品和多变型产品。采用模块化技术设计的产品,许多部件都有数个功能有所差别的模块,这些模块相互组合,可以形成成百上千个品种。用户可以在这些品种中随意挑选自己满意的产品。每个模块的拆装十分方便,当某个模块发生故障时,用户可以容易地更换该模块。损坏的模块则可以交给专业人员修理。目前,在液压元件、发动机、驱动桥、搅拌设备等方面,模块化技术已有较大的发展。在推土机等行走式机械上也有应用。

3. 应用新技术实现自动化、智能化

将遥控技术、计算机控制技术、电子监控技术与液压气动技术相结合,提高机器的工作效能和生产率,开发高度自动化的机械。例如:实现装载机工作状态的自动监测和控制,实现平地机的激光找平自动控制;大型固定机械采用中央控制室,在室内控制机械作业;对在有毒、有危险环境下作业的工程机械进行无人驾驶作业。

4. 可靠、耐用,能在恶劣环境下工作

由于工程机械绝大多数情况下在野外作业,工作环境恶劣,其作业场地维修条件较差,因此大力提高产品的可靠性非常重要。目前,我国已经新开发出能在海拔 4000m 以上地区作业的高原特种工程机械。

5. 舒适、安全

改善操作人员的工作条件、提高驾驶机械安全性和舒适性,不仅关系到工作人员的身体健康、生命安全,而且也是提高生产率的重要手段。例如:采用各种安全保护装置确保安全,采用各种助力装置减少操纵力,对驾驶室进行隔振、安装空调等也是至关重要的。

6. 节能、环保

重视环境保护,将机械的振动、噪声、废气、粉尘减至最低限度。保护环境目前已是人类的共识,工程机械行业自然也不例外。

四、产品设计的一般步骤

1. 制定设计任务书

设计任务书是决策机构根据社会需要、发展趋势、本单位的条件等制定出来的。这是产品研制的第一步,也可以说是最重要的一步。因为这一决策是否正确,往往直接关系到企业未来的效益,甚至会影响该企业的命运。制定设计任务书时应该重点考虑以下几点:

(1)该产品是否是社会需要的,有市场前景的。

(2)开发该产品的资金是否足够。

(3)产品开发中的技术问题是否能够解决。

(4)本单位是否能够承担相应风险。

2. 确定工作原理

完成一件工作,经常有许多方法。例如:要提高地基的密实度,可以用轮子滚压,也可以重物冲击(夯实)。维修沥青路面时,旧路面可以在常温下直接铣刨,也可以先加热使其软化,然后铣刨。工作原理不同,设计出的产品当然不同。正式设计之前,要对几种可能原理认真分析比较,确定一个最适合于自己开发的工作原理。

3. 总体布置

机器的总体设计,就是根据工作原理的要求,本着简单、实用、可靠、经济、美观的原则,设计出一套能实现预期职能的装置。通常,把机器的几种可能方案按大体位置用简单符号画成机构运动简图;在这些机构运动简图中选出一个最为合理的方案作为进一步布置草图的依据。在布置草图时,要尽可能准确地估计各部件的大体尺寸、基本确定各主要部件的连接关系,同时,还要考虑大型构件的工艺性。在确定方案的全过程中,时时要考虑应符合国家的有关法令、政策、标准。

4. 部件方案设计

根据总体方案要求的各项性能指标进行部件方案设计。部件方案设计时,要多方案比较,并要考虑简单、实用、经济、美观。与总体布置不同的是,部件方案设计要考虑所有零件的主要尺寸、连接方式、工艺性,就是一个螺钉垫片也不能放过。如果做到这些确有困难,可以再设下一级部件。

5. 施工图设计

施工图设计也就是零件图设计。机器的制造是按零件图进行的,部件图上并未反映零件的倒角、圆角、退刀槽等细部结构,也没有零件的表面粗糙度、尺寸公差等加工要求,更谈不上热处理等其他技术要求，这些均要在零件图上表达清楚。零件图上的任何错误，都可能影响整个机器的性能。因此，要一丝不苟地完成这项工作。

6. 图纸审核

图纸审核要求对所有的图纸（包括总装图、部件图、零件图）进行严格、仔细的审查，一个符号、一根线条也不能放过。特别要注意工艺难度大的零部件和所有构件之间的装配关系。图纸审核工作一般由参加设计的最有经验的工作人员担任。为了保证装配、调试工作顺利，对较复杂的机器最好重画总装配图。

7. 样机试制

机械产品由于结构复杂，运动件很多，设计中往往难以将所有问题考虑清楚。样机试制中可检验图纸的正确性。其主要工作内容包括：划分自制件、外协件和外购件，编排制造工艺，设计夹具、模具，制造安装等。

8. 试验鉴定

样机试制出来后，要经过技术检验，以全面检验所有零部件是否达到了设计要求；然后按照国家有关规定进行长时间工业性试验；最后经过有关部门检测合格后才能进行正式生产。

以上只是大体描述了产品的研制过程。产品研制过程的各阶段是相互联系的，不能截然分开。实际的研制过程是各步骤相互联系、相互影响、相互交叉、反复进行的。研制早期的反复核对往往对设计十分有利。设计过程中所有分析、计算都要随时整理、保存，为以后编制有关技术文件、处理问题、进一步改进提供依据。

不难看出，工程机械种类繁多，发展迅速，其底盘部分的新结构、新技术也在不断涌现，而且产品设计本来就是一个复杂细致的工作，仅通过本书做全面的介绍是不现实的。本书的宗旨是尽可能全面地叙述目前广泛使用的基本设计原理、设计方法和常用结构，同时展示近年出现的新技术。

第一章

工程机械行驶理论基础

【学习目标与要求】

掌握工程机械基本行驶理论，理解行走机构的运动学和动力学，掌握工程机械的行驶阻力、附着性能、动力性能、功率损失等主要指标，学会计算工程机械的牵引性能。

第一节　工程机械行驶原理

无论是轮胎式还是履带式的自行式工程机械，都是通过传动系将发动机动力传到轮胎或履带上，借助于它们与地面的相互作用产生驱动力 P_K 克服各种行驶阻力 P_f，从而使工程机械行走的(图1-1)。通常，将产生驱动力的车轮或链轮称为驱动轮，将不产生驱动力的车轮称为从动轮，从发动机传到驱动轮的力矩称为驱动力矩 M_K。

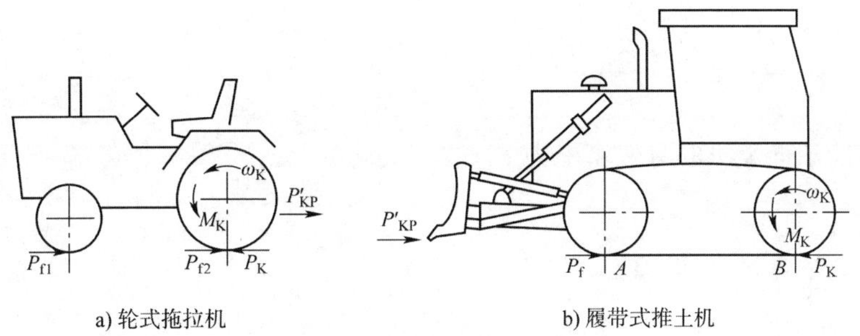

图1-1　机械行走原理图

一、机械的行驶原理

1. 驱动力 P_K、行驶阻力 P_f

在图1-1a)所示的轮式拖拉机在水平地面上等速行驶时的原理简图中，其后轮为驱动轮，前轮为从动轮。图中未画出拖拉机在垂直方向的受力(包括机器重量和地面对轮胎在垂直方向的反力）。发动机输出转矩 M_e，经过传动系传到驱动轮上，成为作用于驱动轮的转矩为 M_K，它产生一个对地面的圆周力 P'_K。地面也同时产生一个作用于驱动轮上的反作用力 P_K，这个反作用力 P_K 就是推动机械前进的驱动力，驱动力 P_K 也可称为切线牵引力。图 1-1b）为履带式推土机的受力情况。

轮式机械驱动力可按下式计算：

$$P_K = \frac{M_K}{r_d} = \eta_\Sigma \frac{M_e i_\Sigma}{r_d} \tag{1-1a}$$

式中：r_d——轮式机器驱动轮的动力半径，为车轮中心到驱动力 P_K 之间的距离；

η_Σ——传动系统的效率，对于机械传动即机械效率 η_Σ；对于液力机械传动，应记入液力变矩器（或液力耦合器）的效率；对于液压传动，还应考虑液压系统的效率；

i_Σ——传动系（从发动机到驱动轮）的总传动比。

履带式机械由于要考虑行走装置的效率，通常将驱动力公式写成：

$$P_K = \eta_q \frac{M_K}{r_K} = \eta_q \eta_\Sigma \frac{M_e i_\Sigma}{r_K} \tag{1-1b}$$

式中：η_q——履带驱动段的效率，通常取 0.95～0.96；

r_K——履带式机器驱动轮的动力半径，可按式（1-10）计算。

机械向前行驶时，还要克服车轮（或履带）所承受的行驶阻力 P_f、机器所驱动的作业机械（例如：挂车、推土铲等）所产生的牵引阻力 P'_{KP}。对于有几个车轮（或履带）的机械，行驶阻力 P_f 应该为所有车轮（或履带）所承受阻力的总和。例如，对于图 1-1a）所示的拖拉机，其总行驶阻力 P_f 应该为前轮阻力 P_{f1} 与后轮阻力 P_{f2} 的合力。即：

$$P_f = P_{f1} + P_{f2} \tag{1-2}$$

从机械的所有驱动装置（驱动轮或履带）所产生的总驱动力 P_K 中，减去该机械所有行走装置所承受的总行驶阻力 P_f，就是整台机器可以对外输出的牵引力，通常称为有效牵引力 P_{KP}。由于有效牵引力通常是从机器后面的牵引钩（挂钩）上测得的，有时也将有效牵引力称为挂钩牵引力。

图 1-1a）所示拖拉机的有效牵引力 P_{KP} 按下式计算：

$$P_{KP} = P_K - P_{f1} - P_{f2}$$

图 1-1b）所示推土机的有效牵引力 P_{KP} 按下式计算：

$$P_{KP} = P_K - P_f$$

2. 附着力 P_φ

机器的驱动力 P_K 不能用改变式（1-1）中参数的办法无限制增加，它要受轮胎（履带）与地面之间的相互作用特性（即附着特性）的限制。在车轮（履带）条件与地面条件给定时，存在一个机器所能产生的最大驱动力（即附着力）P_φ，不管发动机传动系的参数怎样变化，P_K 是不能大于 P_φ 的。于是，车辆在水平地面上行驶的充分必要条件可表示为：

$$P_\varphi \geqslant P_K \geqslant P_{KP} + P_f \tag{1-3}$$

由此可见，要使行走式机器有较强的牵引能力，除了要按式（1-1）的要求设计机器的内部参数外，还应该设法增加机器的附着力 P_φ，减小机器的行驶阻力 P_f。

二、行走机构的运动学

1. 轮式行走机构运动学

驱动轮、从动轮产生运动的力学原因是不相同的，驱动轮是在驱动转矩 M_K 的作用下运动的，从动轮是靠作用于轮轴中心的水平推力运动的。

1）车轮滚动的三种情况

车轮工作时，在负载的作用下会产生变形。为了便于讨论，下面我们忽略其变形，将车轮看作刚性轮进行研究。如图 1-2 所示，车轮有以下三种可能的运动情况。

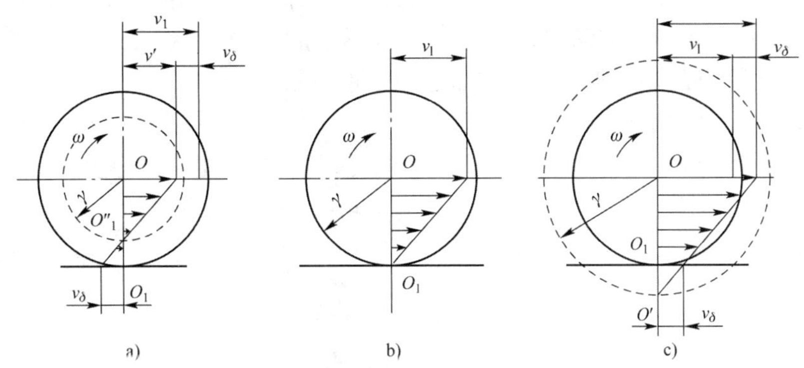

图 1-2　车轮运动的三种方式

（1）纯滚动。如图 1-2b）所示，车轮相对地面没有滑动，这时，接地点 O_1 的速度为零，车轮中心的速度 $v_1=\overline{OO_1}\omega$。$O_1$ 为车轮的瞬时转动中心。

（2）滚动时有滑移。图 1-2c）为车轮在地面上做滑移时运动的情况，接地点 O_1 的速度不为零，而是有一个相对向前滑动速度 v_δ，这样车轮中心的运动速度 $v=v_1+v_\delta=\overline{OO_1}\omega+v_\delta$，车轮的瞬时转动中心在 O_1 点的下方 O_1'点。

（3）滚动时有滑转。在图 1-2a）中，车轮接地点 O_1 的速度也不为零，与前面不同的是，这时 O_1 有一个相对向后滑动速度 v_δ。这样车轮中心的运动速度 $v'=v_1-v_\delta=\overline{OO_1}\omega-v_\delta$，车轮的瞬时转动中心在 O_1 点的上方 O_1''点。

实际上车轮很少有做纯滚动的情况，车辆在良好的水平地面上正常行驶时，其从动轮仅有少量的滑移，可以认为是在做纯滚动；驱动轮由于要克服行驶阻力，在做滑转运动；处于制动状态的车轮一般做滑移运动。

2）行驶速度

（1）理论行驶速度。车轮在地面上做无滑动的滚动时，其中心的平移速度为理论行驶速度。理论行驶速度 v_T 可按下式计算：

$$v_T=r_d\omega_K \tag{1-4}$$

（2）实际行驶速度。当车轮在地面上做有滑动的滚动时，其中心的平移速度为实际行驶速度。实际行驶速度 v 可按下式计算：

$$v=r\omega_K \tag{1-5}$$

式中：r——车轮的滚动半径（图 1-2）。

由图 1-2 可以看出，车轮的滚动半径 r 与车轮运行时的情况有关，也就是与机械的工作状况有关。实际中它是一个变量，通常用试验的方法测定。

设机械走过的路程为 S，这时驱动轮转过的圈数为 n_K，则其滚动半径可以按下式求得：

$$r=\frac{S}{2\pi n_K} \tag{1-6}$$

3）机器滑动特性的评价

（1）滑转率 δ。滑转率 δ 的定义为机器理论速度与实际速度之差对理论速度的比值。即：

$$\delta=\frac{v_T-v}{v_T}=\frac{r_d\omega_K-r\omega_K}{r_d\omega_K}=1-\frac{r}{r_d} \tag{1-7}$$

滑转率表示因滑转而损失的行驶速度的百分率。它的大小与路面状态、轮胎状态、车轮上的垂直载荷及轮胎所提供的驱动力大小有关。在地面条件和机器状态确定后，机器的滑转率可以通过试验测定，并绘制成随驱动力 P_{KP} 变化的曲线（图 1-3）。

（2）滑移率 S。利用滑转率衡量处于滑转状态的车轮（如驱动轮）的滑动情况比较方便。对于工作于滑移状态的车轮（如从动轮），如果其滑移不太严重，也可以利用式（1-7）计算滑转率，这时的结果为一个负值。但对于严重滑移的车轮，如车轮抱死制动时，因其理论速度为零，滑转率 δ 将不存在。为此，我们定义滑移率 S：

$$S=\frac{v-v_T}{v}=\frac{r\omega_K-r_d\omega_K}{r\omega_K}=1-\frac{r_d}{r} \tag{1-8}$$

滑移率 S 主要用于衡量车轮在制动时的滑动情况。例如：装有制动防抱死系统（ABS）的汽车，通常将车轮的滑移率设计在 20% 左右，因为这时的制动效能最好。

2. *履带式行走机构运动学*

履带式行走机构（图 1-4）通常由驱动轮 5、张紧轮 1、支重轮 4、托链轮 2 以及台车架（图中未画出）组成。

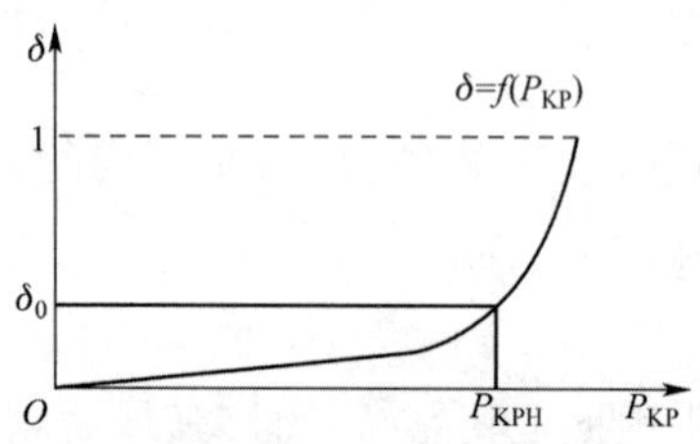

图 1-3　滑转率与牵引力的关系曲线

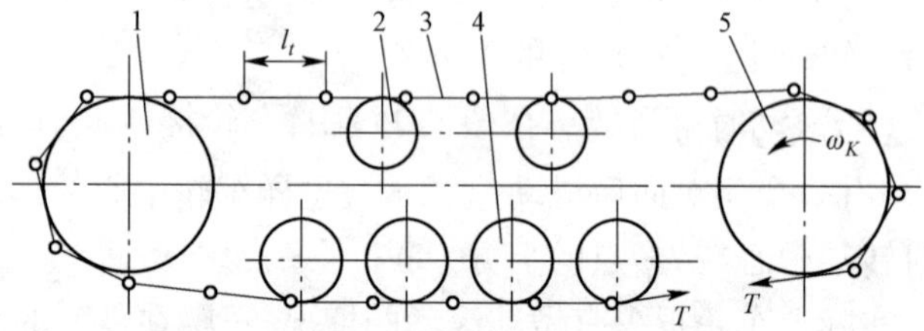

图 1-4　履带行走机构原理

1-张紧轮；2-托链轮；3-履带；4-支重轮；5-驱动轮

由于履带是由许多履带板铰接而成，履带与链轮的相互运动关系实际上就是链条与链轮的运动关系。由链传动的原理可知，在链轮角速度 ω_K 一定的条件下，链条的线速度是不均匀的，即履带式机器的行驶速度是不均匀的。实际做牵引性能计算时，为了方便，常做以下两点假设：

（1）认为履带是一条挠性带，且工作时其长度不变。

（2）运动中履带相对于驱动轮、张紧轮、支重轮、托链轮都没有滑动。这样，履带行走机构就可以简化为图 1-1b）的形式。履带式机器的行驶速度 v_T 可以按下式计算。

$$v_T=r_K\omega_K \tag{1-9}$$

实际上履带在驱动轮上是一条折线。确定驱动轮动力半径时，通常假想履带式机械在地面上匀速地做无滑动滚动。这样，履带式机械驱动轮的动力半径 r_K 按下式计算：

$$r_K = \frac{Z_K l_t}{2\pi} \tag{1-10}$$

式中：Z_K——驱动链轮的名义齿数，为围绕驱动链轮一周的履带板的数目，对于非间齿啮合，即为驱动链轮的齿数；对于采用间齿啮合的推土机、挖掘机等，则为驱动链轮齿数的一半；

l_t——履带的节距，为每块履带板（或链轨节）两端销孔之间的距离（图1-4）。

实际上，履带式工程机械运动时，常伴有履带与地面接触的那一部分（也就是履带支承段）相对于地面的滑动。此时，机械的运动速度称为实际行驶速度 v。

履带式工程机械的实际速度 v 可用下式表示：

$$v = r\omega_K \tag{1-11}$$

式中：r——驱动链轮的滚动半径。与轮式机械一样，r 的值也是用试验的方法得到。

履带式行走装置的滑转程度也可以用滑转率 δ 来表示：

$$\delta = \frac{v_T - v}{v_T} = \frac{r_K\omega_K - r\omega_K}{r_K\omega_K} = 1 - \frac{r}{r_K} \tag{1-12}$$

三、行走机构的动力学

1. 车轮动力学

1）从动轮动力学

当从动轮胎在土壤上滚动时，在垂直载荷 Q 的作用下，轮胎和土壤都有变形。因此轮胎与土壤的接触部分是一个面，该接触面称为轮胎的支承面（图1-5）。当从动轮在水平推力 P 的作用下做等速直线运动时，在从动轮上作用有以下一些力：

（1）Q——机体通过从动轮轴作用在从动轮上的垂直载荷与从动轮自重之和。

（2）P——机体通过从动轮轴作用给从动轮的水平推力。

（3）R——作用在轮胎支承面上的土壤全部反作用力的合力。

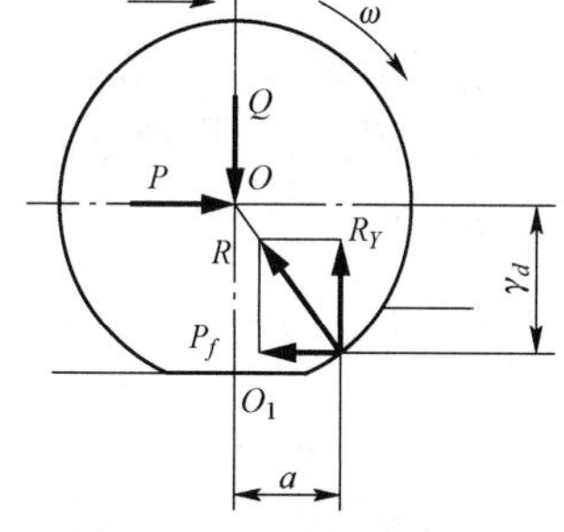

图1-5　从动轮受力分析

因为这时车轮上只有 Q、P、R 三个作用力，三个相互平衡的力应该交于一点，所以 R 力应该通过 Q、P 两力的交点——轴心，也就是 R 的作用线通过从动轮的中心，在水平推力 P 的作用下，轮胎接地面的前面对地面的压力分布大一些，所以，R 力的作用点在车轮中心的前面。

为了分析方便，将上述 R 力分解为水平分力 P_f 和垂直分力 R_Y。若车轮在图1-5所示的状态平衡，则：

$$\sum F_X = 0 \quad P - P_f = 0$$
$$\sum F_Y = 0 \quad Q - R_Y = 0$$
$$\sum M_O = 0 \quad P_f r_d - R_Y a = 0$$

由此可得：

$$P = P_f = \frac{a}{r_d}Q \tag{1-13}$$

P_f 称为滚动阻力，令滚动阻力系数 f 为：

$$f=\frac{a}{r_{\mathrm{d}}} \tag{1-14}$$

从以上讨论可知，要使从动轮滚动，作用于其上的驱动力 P 必须大于或等于滚动阻力 P_f。当轮胎与地面的刚度较大时，a 值较小，滚动阻力系数会减小，所以车辆在良好路面上行驶时的滚动阻力小于在松软地面上行驶时的滚动阻力。适当地加大车轮的刚度也会减少滚动阻力，所以，设计低速机械时，可以考虑采用刚度较大的高压轮胎，这样可以减少行驶阻力；至于高速车辆，提高轮胎刚度通常会降低机器的平顺性。尽管加大轮胎直径也可以减少滚动阻力，但是，小型机械采用大轮胎会使机器笨重，还可能导致传动系复杂。设计时，轮胎的直径应该首先考虑与整机协调。

2）驱动轮动力学

图 1-6 为驱动轮受力状态简图，与从动轮相比，驱动轮与地面之间的作用力增加了驱动力 P_{K}，机架作用在驱动轮上的水平推力 P 是阻止车轮前进的，而机架作用于从动轮上的水平推力是推动车轮前进的。此外，驱动轮上还有来自传动系的驱动转矩 M_{K}。

滚动阻力 P_{f}、滚动阻力系数 f 的计算方法与从动轮相同，也用式(1-13)、式(1-14)计算。

水平方向取力平衡：

$$\sum F_X=0 \quad P_{\mathrm{K}}=P+P_{\mathrm{f}}$$

由此可以得出，驱动轮前进的条件为：

$$P_{\mathrm{K}} \geqslant P+P_{\mathrm{f}}$$

2. *履带式行走机构动力学*

履带式工程机械为了工作可靠、行走平稳、减少工作时履带的振动，设计时通常通过张紧轮给履带施加了预张紧力 T_0。履带式工程机械是靠履带卷绕时，地面对履带接地段 AB 产生的反作用力 P_{K} 推动机械向前行驶的(图 1-1b)。行驶时，在驱动转矩 M_{K} 作用下，履带的驱动段 BC 内(图 1-7)再产生驱动拉力 T，T 的大小等于驱动转矩与驱动链轮动力半径 r_{K} 之比，即：

$$T=\frac{M_{\mathrm{K}}}{r_{\mathrm{K}}} \tag{1-15}$$

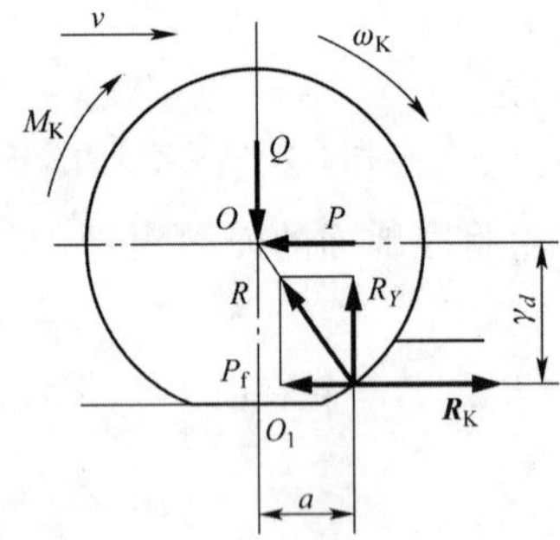

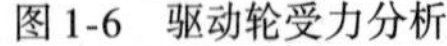

图 1-6　驱动轮受力分析

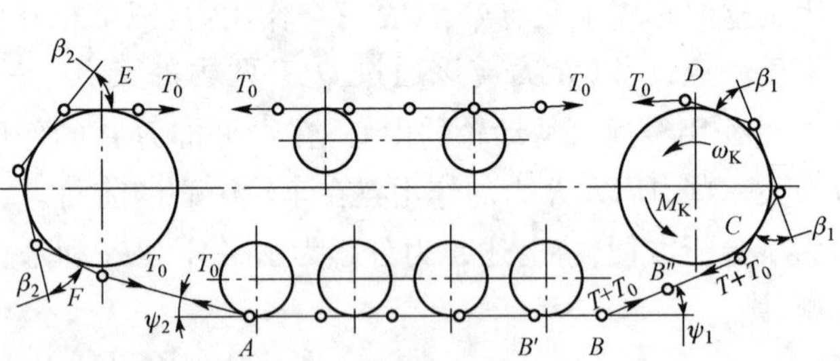

图 1-7　履带各段的拉力

对于整机来说，拉力 T 是内力，它力图把接地段 AB 履带从支重轮下拉出，致使土壤在接地段的履带板上产生水平反作用力。这些反作用力的合力即为履带式工程机械的驱动力 P_{K}，其方向与机械的行驶方向相同。

履带式工程机械行驶时，履带行走机构中要损耗一部分功率，功率损耗的原因主要是：

①履带板相对转动时，履带销与销孔间产生摩擦，另外支重轮沿履带支承段滚动时产生滚

动阻力,这些都会造成功率损失。

②履带板与驱动链轮啮合时的啮合损失。

③履带板因冲击、振动等原因所造成的功率损失。

以上三条中,第②③条的影响很难计算,下面仅讨论力 T、T_0 在履带中造成的摩擦损失。

由图 1-7 可看出,当履带式工程机械在水平地段上做等速直线运动时,在履带行走机构中,每当铰链通过 A、B、C、…、F 各位置时,铰链上两块履带板的销轴由于相对转动而产生摩擦。为了便于分析,可将此摩擦力矩分为两组:

(1)由于驱动拉力 T 在履带销轴中产生的摩擦损失。驱动拉力 T 仅在履带驱动段 BC 内存在。当机器前进一个履带节距时,铰点 B' 到达 B 点转动角度 ψ_1,成为折弯状态;铰点 B 到达 B'' 点转动角度 ψ_1,成为直线状态。然后,铰点 B'' 进入驱动轮,转动 β_1 角成为折弯状态。所以,这时履带驱动段的总转角为 $2\psi_1+\psi_1$。当机器前进一块履带板的距离时,由于 T 力所损失的摩擦功 W_T 为:

$$W_{\mathrm{T}}=\mu Tr_0(2\psi_1+\beta_1)$$

式中:W_{T}——当机器前进一块履带板时,由于 T 力所损失的摩擦功;

μ——履带销与销孔接触表面的摩擦系数;

r_0——履带销半径。

当驱动链轮转一圈时,就有 Z_{K} 块履带板被卷上驱动链轮,此时摩擦功就要增大 Z_{K} 倍,成为 W'_{T}。

$$W'_{\mathrm{T}}=\mu Tr_0(2\psi_1+\beta_1)Z_{\mathrm{K}} \tag{1-16}$$

当驱动链轮转一圈时,T 力的摩擦功还可以用下式表示:

$$W'_{\mathrm{T}}=2\pi M_{\mathrm{fT}} \tag{1-17}$$

式中:M_{fT}——换算到驱动轮上的因 T 力产生的摩擦转矩。

由式(1-16)和式(1-17)可得摩擦转矩 M_{fT} 为:

$$M_{\mathrm{fT}}=\frac{1}{2\pi}\mu Tr_0(2\psi_1+\beta_1)Z_{\mathrm{K}} \tag{1-18}$$

由于 $2\pi/\beta_1=Z_{\mathrm{K}}$,上式可以简化为:

$$M_{\mathrm{fT}}=\mu Tr_0\left(\frac{\psi_1 Z_{\mathrm{K}}}{\pi}+1\right) \tag{1-19}$$

履带驱动段的效率 η_{q} 为:

$$\eta_{\mathrm{q}}=1-\frac{M_{\mathrm{fT}}}{M_{\mathrm{K}}}$$

将式(1-19)代入上式,注意到 $M_{\mathrm{K}}=r_{\mathrm{K}}T$ 得:

$$\eta_{\mathrm{q}}=1-\mu\frac{r_0}{r_{\mathrm{K}}}\left(\frac{\psi_1 Z_{\mathrm{K}}}{\pi}+1\right) \tag{1-20}$$

履带式工程机械,由于驱动段有摩擦损失,因此,实际上履带支承面上产生的驱动力 P_K 要比驱动拉力 T 小(比较式 1-1b 与式 1-15)。

(2)由于预张紧力 T_0 在履带中产生的摩擦损失。预张紧力 T_0 在履带中所产生摩擦损失的计算方法与驱动拉力 T 的损失计算方法类似,只是预张紧力 T_0 在整个履带的每个折弯点都有损失。也就是说,除了 β_1、ψ_1 外,图 1-7 中的 β_2、ψ_2 也会造成摩擦损失。T_0 在驱动轮上引起

的摩擦转矩 M_{fT0} 按下式计算：

$$M_{fT0} = \mu T_0 r_0 \left(Z_K \frac{\beta_2 + \psi_1 + \psi_2}{\pi} + 2 \right) \tag{1-21}$$

从(1-20)可以看出，由驱动拉力 T 在履带驱动段产生的机械效率 η_q 是一个与驱动拉力 T 无关，也就是与牵引力无关的值。由于式(1-21)右端的所有参数在机器装配后已经确定，所以，对于给定的履带牵引装置来说，由 T_0 引起的摩擦转矩 M_{fT0} 总是一个常量。

由于预张紧力 T_0 产生的摩擦阻力在机械空载行驶时也是存在的，做牵引试验时，它实际上已经包含在行驶阻力中。

从式(1-19)～式(1-21)可以看出，减小履带摩擦损失的办法有：

①减小摩擦系数 μ，如采用密封带润滑履带销等。

②减小履带销半径 r_0，采用高强度耐磨材料制作履带销。

③减小驱动轮名义齿数 Z_K，但 Z_K 过小时会使机器的运动平稳性降低。

④减小履带行走装置的接近角 ψ_2、离去角 ψ_1，但这两个角度不能太小，一般为 2°～5°，太小了会使引导轮和驱动轮的受力状态恶化。

⑤减小 T_0，但 T_0 过小会使机器履带的工作可靠性、行走平稳性减小，使工作时履带的振动增加。通常设计时应该在保证机器正常工作的条件下采用较小的 T_0。

⑥增加从动轮直径 r_C，增加 r_C 会减小 β_2，从而减小履带摩擦损失。

在 r_K 不变的条件下，减小 β_1 不会减小履带摩擦损失。因为 β_1 减小会使 Z_K 增加，实际上驱动轮转一圈时因 β_1 造成的总摩擦损失并没有减小，而履带其他地方的损失反而会增加。

第二节　行驶阻力

一、滚动阻力

1. 产生滚动阻力的原因

轮式工程机械产生滚动阻力的原因主要有以下几个方面：

(1)当车轮在土壤上滚动时，土壤被压实形成轮辙，形成轮辙的过程要消耗能量。

(2)轮胎弹性轮缘部分产生变形，变形部分发生内摩擦，消耗一部分能量，这部分能量变成了热能，使轮胎发热。

(3)当轮胎滚动时，轮胎与土壤间存在摩擦；轮胎变形部分离开支承面时，土壤与轮胎之间有粘着作用，这些都会引起能量消耗。

上述的能量消耗，从力学角度来看，就是工程机械行驶时需克服的滚动阻力。

当轮胎侧壁刚度大而充气压力又高的高压轮胎在松软土壤上滚动时，第一项损失是主要的，第二项损失占全部损失的 10%～15%，而第三项损失所占比例很少。当低压轮胎在硬路面上滚动时，则第二项损失占主要部分，第一、三项损失很少。

履带式工程机械行驶时产生滚动阻力的原因有以下两点：

(1)履带压实土壤，形成轨辙消耗一部分能量。

(2)履带行走机构内部的各种摩擦损失，如前述由于预张紧力 T_0 产生的摩擦损失、支重轮转动时其轴承的摩擦损失、支重轮在履带上滚动时的滚动阻力损失等。

2. 土壤的压强—下陷关系

压实土壤所形成的滚动阻力这一部分损失与土壤的压强—下陷关系密切。由于土壤是一种很复杂的介质,纯理论分析很困难,为此要做些假设,但假设后的理论和实际结果往往脱节。将理论和实际观察相结合的半经验公式,实际上是既简单又比较实用的。因此,关于土壤的力学特性,本书主要介绍几个目前较常用的半经验公式。

履带行走机构的下陷量、滚动阻力的大小,以及通过性能等,都与土壤的承压能力有关。下陷量大,滚动阻力增加,通过性变坏。

图 1-8、图 1-9 为用贝氏仪测得的压强—下陷曲线,试验时将一平板以与行走机构相应的速率穿入到土壤的一定深度。横坐标为平板单位面积的载荷,即压强,纵坐标 Z 为下陷量。

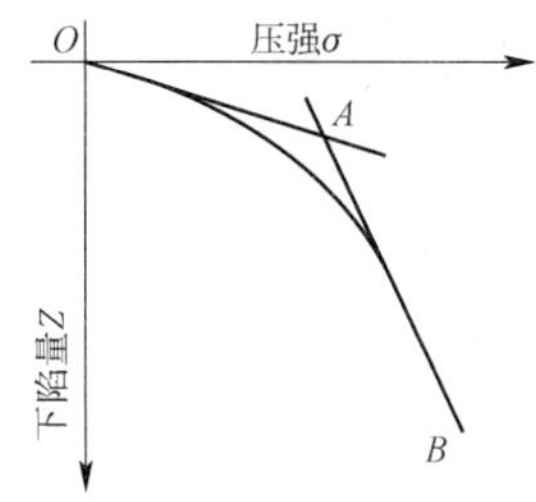

图 1-8　在塑性均匀土壤中用圆形或矩形平板测得的压强—下陷曲线

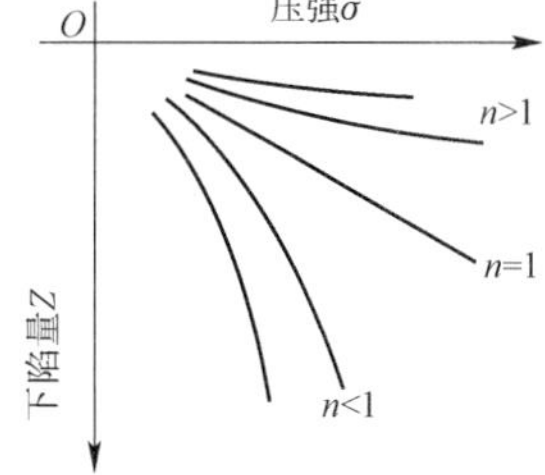

图 1-9　在不同的塑性均匀土壤中用相同平板测得的压强—下陷曲线

图 1-8 为在塑性均匀土壤上测得的压强—下陷曲线。由图可看出,在浅层塑性均匀土壤中发生的理想压强—下陷过程,可由 OA 与 AB 两条直线大致表示。OA 表示起始部分,这部分属于弹性变形,或只是土粒的移位,或两者都有。通常用 B 点近似地表示土壤的极限承载能力。AB 线表明土壤由于塑性流动而失效时的压强—下陷过程。实际的压强—下陷关系是一条曲线(如图中实线所示)。对于不同性质的土壤,曲线形状是不同的。图 1-9 为相同平板在不同塑性均匀土壤中测得的压强—下陷曲线。关于土壤的压强—下陷曲线,有许多方程近似描述,下面给出两个常用的半经验公式。

(1)Горячкин 公式。20 世纪 30 年代,俄国人 Горячкин 提出了如下公式,式中的系数 K、n 是针对不同的土壤由试验得出的。

$$\sigma = KZ^n \tag{1-22}$$

(2)M. G. Bekker 公式。在 20 世纪 50 年代,加拿大学者 M. G. Bekker 改进了 Горячкин 的公式,提出了式(1-23)。由于这个公式考虑问题比较全面,而且有较强的实用性,目前仍在广泛的使用。

$$\sigma = \left(\frac{K_c}{b} + K_\varphi\right)Z^n \tag{1-23}$$

式中:K_c——土壤变形的内聚模数;

K_φ——土壤变形的内摩擦模数;

b——载荷板的宽度,如果载荷板为圆形,则为圆的直径。

上式中的系数 K_c、K_φ、n 都通过试验测得。

3. 压实土壤阻力的计算

压实土壤阻力是轮式工程机械在水平路面上行驶时行驶阻力的主要组成部分。对于履带式机械，当它前进距离 L_0（履带接地段长度，见图 1-10）时，每条履带因压实土壤所消耗的能量 W 为：

$$W = bL_0 \int_0^{Z_0} \sigma \mathrm{d}Z \tag{1-24}$$

式中：b——每条履带的宽度；

σ——履带支承段下单位面积土壤承受的压力，它是下陷量 Z 的函数；

Z_0——履带车辙的深度。

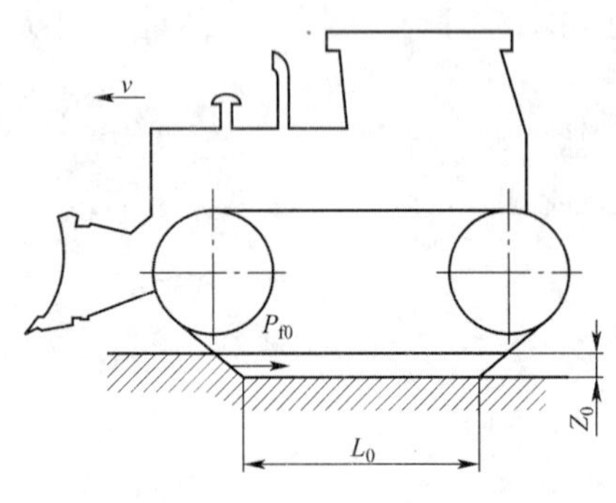

图 1-10　压实土壤阻力

在压实土壤中所消耗的能量所做的功，可看作相当于一水平阻力 P_{f0} 乘以前进距离 L_0。这样，土壤阻力 P_{f0} 就也可以表示为：

$$P_{f0} = \frac{W}{L_0} = b\int_0^{Z_0} \sigma \mathrm{d}Z \tag{1-25}$$

将式(1-23)带入上式得：

$$P_{f0} = b\int_0^{Z_0}\left(\frac{K_c}{b} + K_\varphi\right)Z^n \mathrm{d}Z = b\left(\frac{K_c}{b} + K_\varphi\right)\frac{Z_0^{n+1}}{n+1} \tag{1-26}$$

设土壤被压实 Z_0 深时，土壤所承受的压强为 σ_0。在工程机械行业，通常将 σ_0 称为接地比压，对于有两条履带的工程机械来说，$\sigma_0 = \frac{G_S}{2bL}$，其中 G_S 为工程机械的使用重量，则：

$$Z_0 = \left(\frac{\sigma_0}{K_c/b + K_\varphi}\right)^{\frac{1}{n}} = \left(\frac{G_S}{2L_0(K_c + bK_\varphi)}\right)^{\frac{1}{n}}$$

将上式代入式(1-26)整理得：

$$P_{f0} = \frac{1}{(n+1)(K_c + bK_\varphi)^{1/n}}\left(\frac{G_S}{2L_0}\right)^{\frac{n+1}{n}} \tag{1-27}$$

因为上式是以平板穿入土壤得出的经验公式(1-23)为基础而推导出来的，故与履带接地情况比较接近，因此，用于履带式工程机械比较准确。由图 1-10 可以看出，履带式机械行驶时，前方土壤给履带前段一个水平反力，这个水平反力即为压实土壤的阻力 P_{f0}，在有些文献中称为前方阻力。

弹性轮胎滚动时，其轮胎支承面下面的土壤也被压实，形成轮辙，其情况与履带行走机构类似。因此式(1-27)对轮式工程机械同样适用。这时，设轮胎支承面长度为 L_0，平均宽度为 b，只是需将作用在每条履带上的载荷 $G_S/2$ 换成作用在每个车轮上的载荷 Q。

4. 整机滚动阻力的表达式

从上面的分析中可以看出，影响滚动阻力的因素很多，如行走装置的负荷、行走装置的结构类型和工作状态、地面的力学特性等。尽管利用上面的思路可以计算出机器行驶时的滚动阻力，但由于需要的参数太多，而且有的参数（如 K_c、K_φ 等）实际上难以得到，所以前述的计算方法是不实用的。因滚动阻力主要决定于机器的使用重量，工程上常用以下的简化公式计算滚动阻力 P_f：

$$P_f = fG_S \tag{1-28}$$

式中：G_S——机器的使用重量；

f——滚动阻力系数，其数值与行走机构类型、地面的力学特性等有关，一般用试验测定，表 1-1 为几个常见工况下的滚动阻力系数。

常见工况下的滚动阻力系数　　　　表 1-1

路面土质＼机型	轮胎式	履带式	路面土质＼机型	轮胎式	履带式
混凝土	0.018	0.05	坚实土路	0.045	0.07
冻结冰雪地	0.023	0.03～0.04	松散土路	0.070	0.10
砾石路	0.029	—	泥泞地、沙地	0.09～0.18	0.10～0.15

图 1-11 为滚动阻力系数的测定方法示意图。在测定过程中，被测机械挂空挡，由牵引机械拖着它前进，测力器上的读数就是被测机械在这种工况下的滚动阻力。利用式(1-28)可以求得滚动阻力系数。

从前面的论述可以看出，接地比压与车辙深度、滚动阻力密切相关，是衡量车辆与地面之间相互作用关系的一个重要参数，履带式工程机械的通过性主要用接地比压衡量，常见履带式工程机械的接地比压的概略值为：

湿地推土机 10～30kPa，拖拉机 30～70kPa，推土机 50～90kPa，装载机 50～90kPa，湿地挖掘机 20～40kPa，挖掘机 50～250kPa。

二、坡道阻力

坡道阻力是工程机械爬坡时，由于整机的重量产生的沿路面方向的阻力。由图 1-12 可见，机械在上坡时，其自身重力 G_S 可以分解为垂直于路面的分力 $G_S\cos\alpha$ 和平行于路面的分力 $G_S\sin\alpha$ 两个部分。因此，工程机械上坡时应该克服的坡道阻力 P_i 为：

$$P_i = G_S\sin\alpha \tag{1-29}$$

式中：α——坡度角。

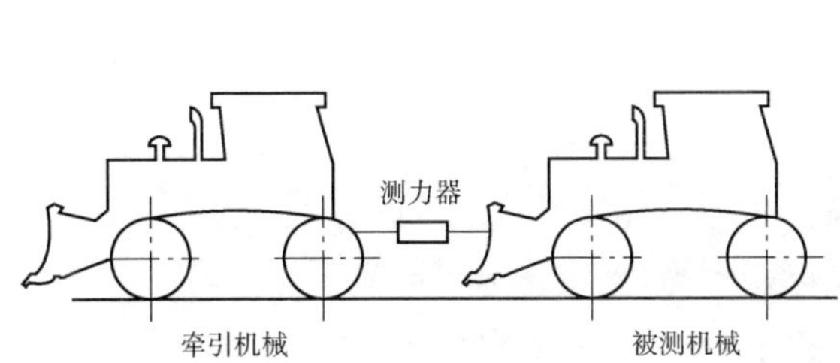

图 1-11　滚动阻力的测定方法

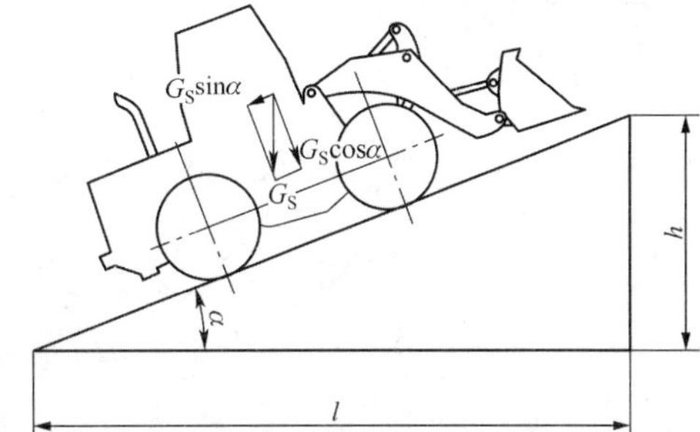

图 1-12　轮式机械的坡道阻力

道路经常用其坡度 i 表示其表面倾斜的程度。坡度为坡道的垂直距离 h 与水平距离 l 的比值，这实际上是坡度角的正切值。即：

$$i = \frac{h}{l} = \tan\alpha \tag{1-30}$$

应当指出，当机械下坡时，$G_S\sin\alpha$ 的方向与行驶方向相同，这时的 P_i 不是阻力而是动力。

三、空气阻力

空气阻力是当工程机械高速行驶时，由于风力以及机械与空气之间有相对运动的摩擦和涡流损失造成的。它的大小主要与空气密度、机械的外形，以及行驶速度等有关。空气阻力的合力 P_w 作用在机器迎风面的形心上，但为计算方便，通常假定作用在机械的重心位置上，其值可用下式计算：

$$P_w = KSv^2 \tag{1-31}$$

式中：K——空气阻力系数，与机械的外形有关，由试验确定；

S——机械正面的投影面积；

v——行驶速度。

履带式工程机械，由于其行驶速度较低，空气阻力的值较小，通常忽略不计。对于汽车起重机、翻斗车等，在高速行驶时，空气阻力系数可取 $K=0.045\text{N}/[(\text{m}^2\cdot\text{km}^2)\text{h}^2]$。

第三节　附着性能

行走装置与地面之间的抗滑转能力为附着性能。地面与行走装置之间的抗滑转力主要由两个部分组成，一个是车轮（或履带）与地面之间的摩擦力，另一个是轮胎的花纹（或履带的履齿）对土壤挤压、剪切所产生的反力。

一、土壤的抗剪能力

土壤抗剪强度是决定车辆在野外工作时发挥多大牵引力的主要因素。土壤抗剪强度是由土壤的力学性质决定的。即使是同一种土壤，当含水率或密实程度等参数不同时，它的力学性质也会发生变化，抗剪强度也随之变化。

1. *库伦剪切强度公式*

库伦根据平面直剪试验结果，把土壤抗剪强度表示为土壤粒子间的粘着和摩擦两项组成的半经验公式，即：

$$\tau_m = c + \sigma\tan\varphi \tag{1-32}$$

式中：τ_m——土壤抗剪强度；

σ——作用于剪切面上的垂直压强，$\sigma = \dfrac{N}{A}$，N 为垂直载荷，A 为承压面面积（图 1-13）；

φ——土壤的内摩擦角，$\tan\varphi$ 为土壤的内摩擦系数，等于抗剪强度曲线的斜率；

c——土壤的内聚力系数。

2. *土壤的剪切应力—位移曲线*

土壤的剪切应力 t 与剪切位移曲线 j 的关系曲线，如图 1-14 所示。在脆性土壤上（未经搅动的紧密土壤，如坚实的沙、粉土、壤土和冻结的雪等）抗剪应力出现“驼峰”后，再降低到恒定的值，即为剩余剪切应力 τ_r。在塑性土壤上（松散的土壤，如干沙、饱和黏土；大多数搅动过的土壤以及干雪等），则剪应力达到一定值后，基本上不变。对于这类土壤，Janosi 提出了一个用指数来表示剪切应力与变形关系的公式：

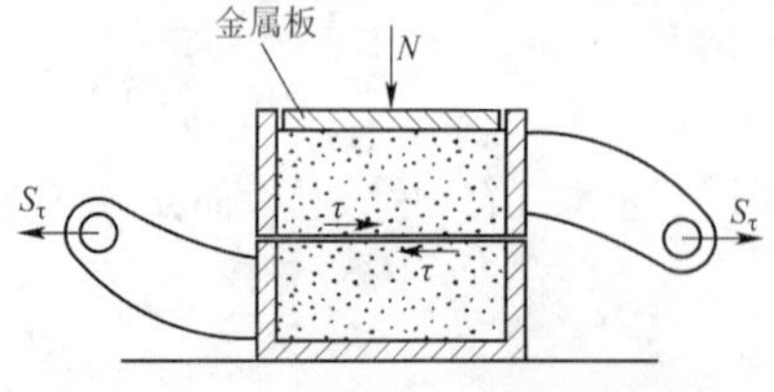

图 1-13　直接剪切盒试验装置示意图

$$\tau=\tau_{\mathrm{m}}(1-\mathrm{e}^{-\frac{j}{K}})=(c+\sigma\tan\varphi)(1-\mathrm{e}^{-\frac{j}{K}}) \tag{1-33}$$

上式中的 K 为土壤的剪切变形模数，其求法见图 1-15，过 O 点作曲线的切线与曲线的水平渐近线交于 A 点，A 点的横坐标就是 K 值。

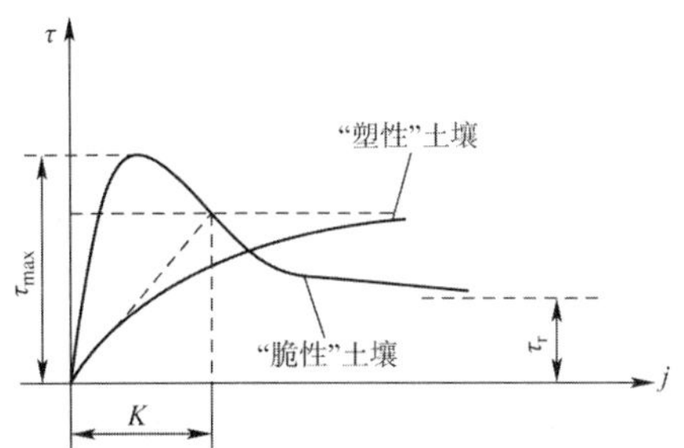

图 1-14　土壤的剪切应力—剪切位移曲线

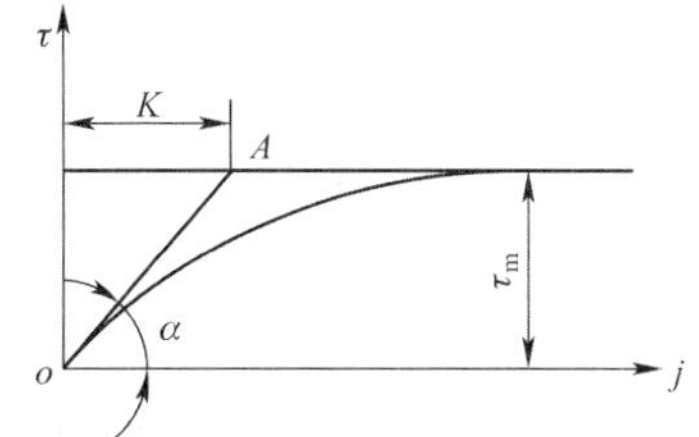

图 1-15　在典型土壤的剪切应力—剪切位移曲线上确定 K 值

一般认为，脆性土壤剪切曲线的驼峰对于预测正常行驶时车辆的土壤推力意义不大。实际使用中，通常把有"驼峰"的曲线圆滑化。

二、滑转特性

当土壤受到剪切力时，它会产生剪切位移，而且随着剪切力的增加，土壤的剪切变形会增大，直至土壤破坏。工程机械输出牵引力时，行走装置下面的土壤会承受剪切应力，也会产生剪切变形直至破坏，这种剪切变形是机器滑转率主要组成部分。机器的牵引力—滑转率曲线如图 1-16 所示：起初随着机器牵引力的增加，滑转率缓慢增加，当牵引力增加到一定程度后，再增加牵引力，滑转率迅速增加，直至机器完全打滑。

滑转曲线可以用切线牵引力 P_K 为横坐标，也可以用有效牵引力 P_{KP} 为横坐标，两者的差值为行驶阻力 P_f。实际上，当机器空载行走于良好的路面上时，其滑转率很小，可以忽略不计。利用这一点可以测量机器车轮的滚动半径。

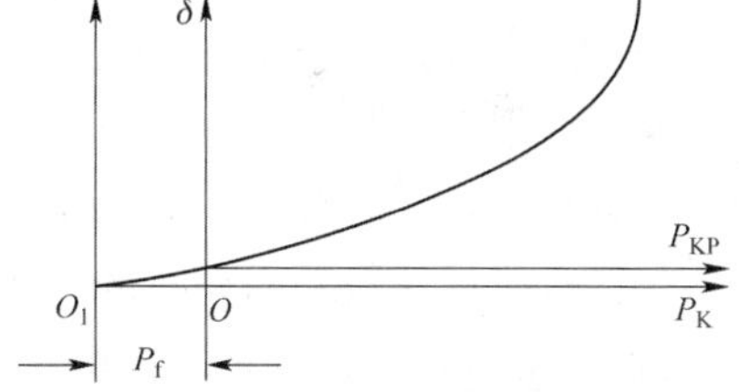

图 1-16　两种滑转曲线的关系

由于土壤的抗剪强度和剪切位移与其上的垂直压力 N（图 1-13）有关，所以，机器的附着特性与作用于驱动装置上的重量（附着重量）有关。为了使讨论有比较普遍的意义，定义相对牵引力 φ_x：

$$\varphi_x=\frac{P_{KP}}{G_\varphi} \tag{1-34}$$

式中：G_φ——机器的附着重量，为作用于驱动轮或履带上的机器重量。

相对牵引力也叫牵引系数。同一类型机器的滑转特性都可以用上式转化为 φ_x—δ 曲线。φ_x—δ 曲线要比前述的 P_{KP}—δ 曲线更有普遍意义。

当滑转率 $\delta=100\%$ 时，机器的牵引力 P_{KP} 达到了最大值 P_φ，P_φ 称为附着力。滑转率 $\delta=100\%$ 时的相对切线牵引力为附着系数 φ。这样，有下式成立：

$$P_\varphi=\varphi G_\varphi \tag{1-35}$$

附着系数是车辆—地面力学中的一个重要参数，通常由试验获得，表 1-2 为几种常见路面的附着系数。

不同路面的附着系数 φ 表 1-2

路面土质 \ 机型	轮胎式	履带式	路面土质 \ 机型	轮胎式	履带式
混凝土	0.90	0.45	松散砾石	0.36	0.50
干黏土	0.55	0.90	压实雪地	0.20	0.25
湿黏土	0.45	0.70	冰	0.12	0.12
压实黏土	0.40	0.70	坚实土路	0.55	0.90
干沙土	0.20	0.30	松散土路	0.45	0.60
湿沙土	0.40	0.50	煤场	0.45	0.60
石块	0.65	0.55			

第四节 工程机械的整机性能

一、动力性能

1. 运行速度

(1)最高行驶速度:工程机械在良好路面上所能达到的最高前进速度。

(2)工作速度:工程机械进行实际作业时的前进速度。

机器的行驶速度越高,其机动性越高,转移工地方便,但设计时不能一味地追求最高车速。高速机械的平顺性要求高,而行驶平顺性高的机器在作业时往往稳定性较差,设计时机器的最高车速应该根据其具体情况决定。设计原则是在保证机器正常工作的条件下,设计较高的行驶速度,但不苛求高速。

轮胎式机械一般采用较高的行驶速度。对于经常行驶于正规公路上的机械(例如:轮胎起重机、道路清扫机),其最高行驶速度应该与汽车接近,最好能达到高速公路的行驶要求;对于主要行驶在工地上,而且作业速度较高的机器(例如:轮式装载机),其最高行驶速度通常设计为40km/h左右;设计作业速度较低的机械(例如:路拌式稳定土拌和机、沥青路面铣刨机)时,由于这类机械的工作速度通常小于1km/h,采用较高的行驶速度会增加传动系的设计难度,其最高行驶速度一般小于20km/h。履带式机械的行驶速度通常小于15km/h。

2. 爬坡性能

爬坡性能通常指工程机械在良好路面上挂最低挡时最大的爬坡角。可以由下式计算:

$$\sin\alpha_{\max}=\frac{P_{K}-(P_{f}+P_{w})}{G_{S}} \tag{1-36}$$

最大爬坡角还要受到稳定性、发动机功率、附着性能等其他因素的影响。最大爬坡角也不是越大越好,实际设计中,推土机、装载机等的最大爬坡角通常为25°~30°。城市货车要求能在坡度为30%的坡道上以37km/h的速度行驶。对于稳定性较差的机器(如转子后置式稳定土拌和机),最大爬坡角可以设计为15°左右。

工程机械在30°的坡道上空挡下滑时,应能在1m的距离内实现制动。对于稳定性较差或工作在复杂地形的机器,最好布置防倾翻装置。

3. 加速性能

工程机械加速时,需要克服其加速运动时的惯性力,这个惯性力就是加速阻力 P_j。机械的质量有平移质量和旋转质量两部分,在加速时,平移质量要产生惯性阻力,旋转质量也会产生惯性阻力矩。为了计算方便,一般将旋转质量的惯性阻力矩略去不计。因此,机器加速时的惯性阻力 P_j 为:

$$P_j = m\frac{dv}{dt} \tag{1-37}$$

式中:m——整机质量。

工程机械的加速性能还与发动机性能有关,一般来说,速度增加时,发动机的输出转矩要减小。

二、行驶过程的功率损失

1. 传动系的损失

动力由发动机传递到驱动轮的过程中,所有传递功率的构件都有能量损失。主要有齿轮、轴承、链轮、履带、液力元件、液压元件的损失。传动系的效率 η_T 可以用下式计算:

$$\eta_T = \frac{N_K}{N'_e} \tag{1-38}$$

式中:N_K——驱动轮的驱动功率;

N'_e——进入传动系的发动机功率。

对于机械传动,一般认为传动系的效率 η_T 为一个常量。对于液压传动和液力机械传动,则应该考虑相应液压元件或液力元件的效率。

2. 滚动损失

滚动损失是由于机器运行时车轮(或履带)滚动阻力所造成的能量损失。滚动效率 η_f 可以按下式计算:

$$\eta_f = \frac{P_{KP}v}{P_K v} = \frac{P_{KP}}{P_K} = 1 - \frac{P_f}{P_K} \tag{1-39}$$

3. 滑转损失

滑转损失是由于机器运行时车轮(或履带)相对于地面滑转所造成的损失。滑转效率 η_δ 的计算方法如下:

$$\eta_\delta = \frac{P_K v}{P_K v_T} = \frac{v}{v_T} = 1 - \delta \tag{1-40}$$

4. 牵引效率

轮式工程机械的整机功率损失,可以用牵引效率 η_{KP} 表示,它等于机器的牵引功率 N_{KP} 和传入传动系的发动机 N'_e 功率之比。

$$\eta_{KP} = \frac{N_{KP}}{N'_e} = \frac{N_K}{N'_e}\cdot\frac{N_{KP}}{N_K} = \frac{N_K}{N'_e}\cdot\frac{P_{KP}v}{P_K v_T} = \frac{N_K}{N'_e}\cdot\frac{P_K v}{P_{KP} v_T}\cdot\frac{P_{KP}v}{P_K v} = \eta_T\eta_\delta\eta_f \tag{1-41}$$

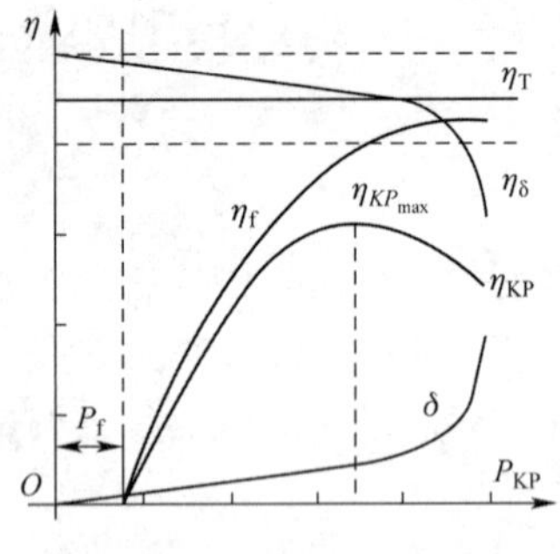

图 1-17　行走系效率曲线

从以上分析中可以看出，要提高机器的牵引效率 η_{KP}，首先可以设法提高 η_T、η_δ、η_f。同时，由于 η_f、η_δ 是牵引力 P_{KP}的函数，η_{KP}也就是牵引力 P_{KP}的函数。η_f 随牵引力的增大而增大，η_δ 随牵引力的增大而减小，所以，牵引效率 η_{KP}在某一牵引力 P_{KP}的时候产生最大值。设计时，应该使机器的大部分时间工作于 η_{KP}的最大值 $\eta_{KP_{max}}$附近（图 1-17）。

履带式机械的情况与以上大体相似，只是要计入履带驱动段的效率 η_q。

实际上，将工程机械的生产率最大时的滑转率定义为额定滑转率 δ_H，就是从提高牵引效率的方面考虑的。研究表明：对于轮式工程机械，行驶时的滑转率一般小于 3% ~5%；作业时的滑转率可以大一些，但通常不超过 30%。履带式工程机械的滑转率，在一般的行驶条件下不应超过 3%，空载行驶可看作无滑转，作业中允许的最大滑转率不宜超过 15%。

三、牵引特性

1. 概述

牵引特性是反映工程机械牵引性能和燃料经济性的最基本特性。牵引特性以图解曲线的形式表示了机器在一定的地面条件下，在水平地段上以节气门全开做等速运动时，机器各挡位的牵引功率 N_{KP}、实际速度 v、牵引效率 η_{KP}、小时燃油耗 G_{KP}、比油耗 g_{KP}、滑转率 δ 和发动机功率 N_e（或曲轴转速 n_e）随牵引力 P_{KP}而变化的函数关系，亦即：$N_{KP}=N_{KP}(P_{KP})$、$v=v(P_{KP})$、$\eta_{KP}=\eta_{KP}(P_{KP})$、$G_{KP}=G_{KP}(P_{KP})$、$g_{KP}=g_{KP}(P_{KP})$、$\delta=\delta(P_{KP})$、$n_e=n_e(P_{KP})$等的图解形式。除了 $\delta=\delta(P_{KP})$曲线外，机器有几个挡位，其他曲线就有几条，图 1-18 为某推土机一挡时的牵引特性曲线。

牵引特性可分为理论特性和试验特性两种。理论牵引特性是根据机器的基本参数，通过牵引计算来绘制的。由于计算时不可避免地要引入某些假设，所以理论牵引特性与实际情况总会有某些出入。最能真实地表明车辆实际牵引性能和燃料经济性的是通过牵引试验测得的试验牵引特性。

牵引特性曲线反映车辆的基本技术指标，无论在机器的设计还是使用中，它们都是十分有用的。

在车辆设计过程中，牵引特性被广泛地用来研究和检查发动机、传动系、行走机构和工作装置各参数之间匹配的合理性。在比较各种设计方案以及与现有机型做对比时，比较牵引特性则成为一种重要的手段。

在机器的使用过程中，了解机器的牵引特性有助于合理地使用机器，有效地发挥它的生产率。在组织机械化施工时，牵引特性也常常是各种机种进行合理配合的基本依据。

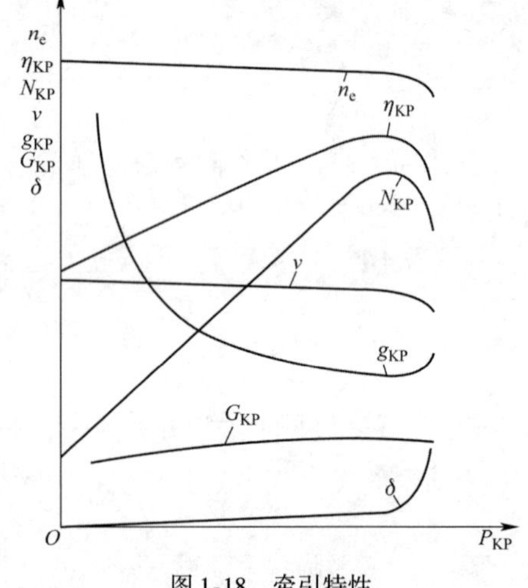

图 1-18　牵引特性

2. 机械传动车辆的理论牵引特性的绘制方法

1)原始资料

(1)发动机调速外特性。在调速特性中应包括以下曲线图解(图1-19):

$$M_e = M_e(n_e)$$

$$N_e = N_e(n_e)$$

$$G_e = G_e(n_e)$$

式中:G_e——发动机的小时耗油量,kg/h。

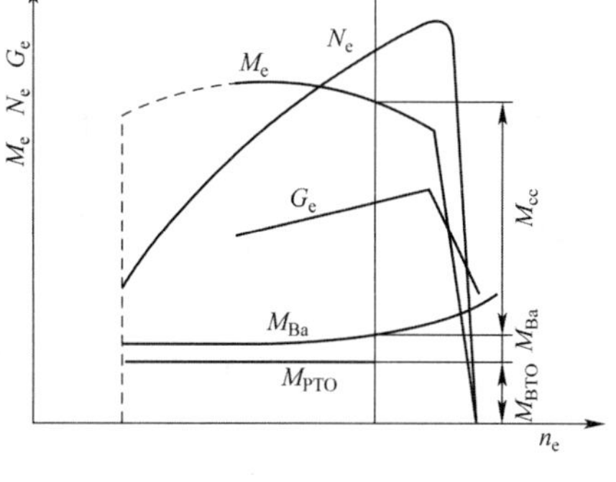

图1-19 发动机调速外特性

(2)机器使用重量 G_S 和附着重量 G_φ。机器的使用重量除了要包括机器全部零部件的重量外,还应包括全部液体重量(燃料容量的2/3以上、冷却水、润滑油、按规定量注入的工作油),随车工具重量及驾驶员重量(按600~650N计算)。附着重量指作用在驱动元件上的一部分机器使用重量。显然,履带车辆的附着重量等于使用重量。

(3)地面条件和滑转率曲线 $\delta=\delta(P_{KP})$。对于工业履带车辆,其典型的地面条件是自然密实的黏性新切土[含水率通常为 $W=(0.4\sim0.6)W_T$],δ 曲线可采用下列方程绘制(在 $\delta=0\sim0.5$ 的范围内):

$$\delta = 0.05\frac{P_{KP}}{G_\varphi} + 3.92\left(\frac{P_{KP}}{G_\varphi}\right)^{14.1} \tag{1-42}$$

对于轮式机械:

$$\delta = 0.1\frac{P}{G_\varphi} + 9.25\left(\frac{P}{G_\varphi}\right)^{8} \tag{1-43}$$

式中:P——驱动轮有效牵引力,等于切线牵引力减去驱动轮上的滚动阻力。

(4)传动系统图及各挡的总机械传动比 i_M。

(5)驱动链轮的名义齿数 Z_K 及链轨节销孔中心距 l_t。

2)计算方法

下面以履带式机械为例,说明理论牵引特性曲线的绘制方法。确定一个挡位,其传动比为 i_M、在发动机的工作区段取 m 个发动机转速,n_{e1}、n_{e2}、…、n_{ei}、…、n_{em}。

(1)从发动机的特性曲线上取得各转速对应的转矩 M_{ei}、功率 N_{ei}、耗油量 G_{ei};

(2)按下式计算各点的切线牵引力 P_{Ki}:

$$P_{Ki} = \frac{M_{ei} - M_{Ba} - M_{PTO}}{r_K} i_M \eta_T$$

式中:M_{Ba}——消耗于辅助装置的转矩;

M_{PTO}——消耗于输出轴的转矩。

(3)按下式计算各点的理论行驶速度 v_{Ti}:

$$v_{Ti} = 0.377\frac{r_K n_{ei}}{i_M}$$

(4)按下式计算各点的有效牵引力 P_{KPi}:

$$P_{KPi} = P_{Ki} - P_f$$

(5)按下式计算各点的滑转率 δ_i:

$$\delta_i = 0.05\frac{P_{KPi}}{G_\varphi} + 3.92\left(\frac{P_{KPi}}{G_\varphi}\right)^{14.1}$$

(6)按下式计算各点的实际行驶速度 v_i：

$$v_i = (1-\delta_i)v_{Ti}$$

(7)按下式计算各点的牵引功率 N_{KPi}：

$$N_{KPi} = P_{KPi}v_i$$

(8)按下式计算各点的牵引效率 η_{KPi}：

$$\eta_{KPi} = \frac{N_{KPi}}{N_e - N_{PTO}}$$

式中：N_{PTO}——消耗于输出轴的功率。

(9)按下式计算各点的小时耗油量 G_{KPi}：

$$G_{KPi} = \frac{G_{ei}}{\eta_{KPi}}$$

(10)按下式计算各点的耗油率 g_{KPi}：

$$g_{KPi} = \frac{G_{KPi}}{N_{KPi}}$$

将计算结果列表，见表1-3。

牵引性能计算表 表1-3

n_e	N_e	G_e	P_K	v_T	P_{KP}	δ	v	N_{KP}	η_{KP}	G_{KP}	g_{KP}
n_{e1}	N_{e1}	G_{e1}	P_{K1}	v_{T1}	P_{KP1}	δ_1	v_1	N_{KP1}	η_{KP1}	G_{KP1}	g_{KP1}
…											
n_{ei}	N_{ei}	G_{ei}	P_{Ki}	v_{Ti}	P_{KPi}	δ_i	v_2	N_{KP2}	η_{KPi}	G_{KPi}	g_{KPi}
…											
n_{em}	N_{em}	G_{em}	P_{Km}	v_{Tm}	P_{KPm}	δ_m	v_m	N_{KPm}	η_{KPm}	G_{KPm}	g_{KPm}

以 P_{KP} 为横坐标，其他参数 n_e、N_{KP}、G_{KP}、g_{KP}、δ、v、η_{KP} 为纵坐标，便可画出该挡的牵引特性，见图1-18。另换一个挡位的传动比，采用以上方法，又可以得到另一个挡位的性能曲线，依次得出所有挡位的性能曲线。

液力机械传动的计算方法与机械传动基本类似，主要的区别是要用变矩器与发动机的共同工作特性代替发动机的调速外特性。

用试验测得的牵引特性在形式上与理论牵引特性曲线相同。由于在试验中已经测得了 n_e、P_{KP}、G_{KP}、v 等参数，所以曲线中的数据点应该尽量由检测值计算得出。发动机转矩测试比较困难，目前计算时用到的发动机转矩还是根据其转速 n_e 从调速外特性得出的。图1-20为由试验得出的T220推土机的试验牵引特性。

四、牵引性能的简化计算方法

前述的计算方法比较复杂，初步设计时可以采用以下的简化计算方法：

1. 挡位数较多的机械

(1)爬坡能力。对于挡位数较多的工程机械，其最大爬坡角 α_{max} 应该为其挂一挡时发动机

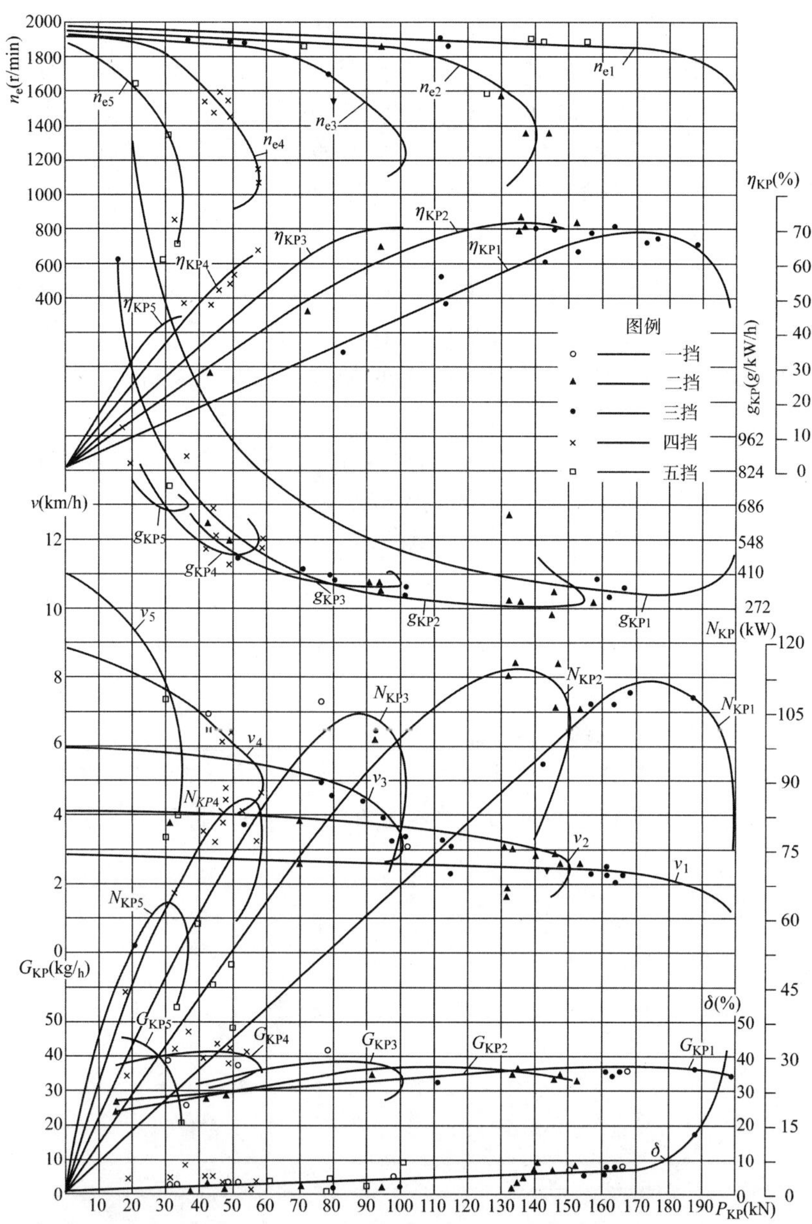

图 1-20　T220 型履带推土机的试验牵引特性

处于全功率状态的爬坡角。可以按下式计算：

$$\alpha_{max} = \sin^{-1}\left(\frac{P_{K1}}{G_S}\cos\beta\right) - \beta \tag{1-44}$$

式中：β——滚动阻力角，$\beta = \cot f$，f为滚动阻力系数；

P_{K1}——发动机额定功率时一挡的切线牵引力。

(2)最高行驶速度。在最高行驶速度发生于机器节气门全开且以最高挡在良好的水平地面上行驶的时候，这时，机器应该能够克服滚动阻力 P_f 和风阻力 P_w，即：

$$P_{Kmax} \geqslant P_f + P_w \tag{1-45}$$

式中：P_{Kmax}——发动机额定功率时最高挡的切线牵引力。

(3)按参与作业的挡位校核其牵引能力。对于输出牵引力的机械，其所有工作挡位应该能够克服其相应工况的所有作业阻力。对于铲土运输机械来说，其一挡状态下发动机最大转矩时的有效牵引力应该大于附着力，也就是说，当机器的工作阻力突然增大时，其行走装置（也就是履带或驱动轮胎）应该能够打滑。

2. 挡位数较少的机械

采用液压传动以后，有些工程机械的挡位数较少。例如稳定土拌和机、沥青路面铣刨机通常只有两个挡位，其一挡用于作业工况，为工作挡；二挡主要用于行驶工况，为行驶挡。这类机器的一挡速度往往太低，用一挡在行驶中爬坡速度太慢。所以，这类机器的行驶挡应该有一定的爬坡能力，建议满足以下两点：

(1)行驶挡满足绝大多数的行驶工况。行驶挡至少能满足在普通公路上正常行驶，按照我国有关标准，平原微丘地带的Ⅱ级公路的最大坡度为5%。

(2)工作挡能满足机器的牵引工况与最大爬坡角。

【练习题】

1. 行驶阻力有哪些？产生的原因是什么？

2. 履带式行走机构与轮式行走机构相比，在运动学和动力学特性上有何不同？

3. 影响履带式行走机构附着性能的主要因素有哪些？为了提高其附着性能，在设计上需要采取哪些措施？

第二章

传动系设计概述

【学习目标与要求】

了解传动系的类型及功用，熟悉几种常见传动方式的特点，重点掌握传动系总传动比的确定、各部件传动比的分配以及中间挡位传动比的确定原则，掌握传动系计算载荷的静强度确定法。

在发动机与行走机构之间传递动力的所有构件组成传动系，所以传动系的主要作用是将发动机的动力传递到驱动轮。工作时，发动机需要在空载情况下起动，也需要机器停止工作而发动机不熄火，因而传动系需要有接通、断开动力的功能。负荷有大有小、设备也需要以不同的速度工作，为了充分发挥机器的工作能力，传动系也要有改变行驶速度和牵引力的能力。机器工作中还需要后退，传动系要可以实现机器的这个功能。机器工作时难免会超载，为了防止其损坏，传动系应有一定的过载保护能力。许多机器(例如：汽车、拖拉机、推土机等)的传动系还有动力输出功能。

第一节　传动系的类型与组成

一、机械传动

图 2-1 为 T180 型推土机的传动系简图。它的传动系主要由主离合器 1、变速器 2、中央传动 3、转向离合器 4 和最终传动 5 组成。可以看出，在机械式传动系中，除了主离合器、转向离合器为摩擦传动外，所有其他构件均为刚性传动。机械式传动系有以下特点：

1)优点

结构简单、便于维修、工作可靠、成本低廉、传动效率高，可以利用柴油机运动构件的惯性作业。

2)缺点

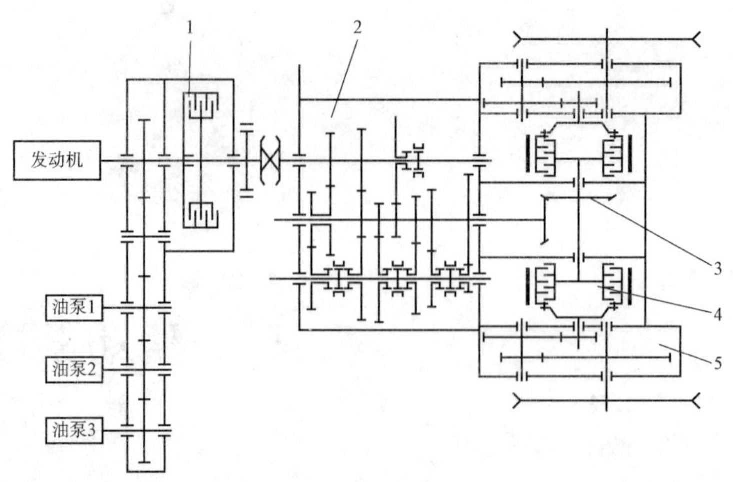

图 2-1　T180 推土机的传动系简图

1-主离合器;2-变速器;3-中央传动;4-转向离合器;5-最终传动

(1)发动机的振动冲击直接传到传动系,外负荷的冲击波动直接到达发动机,造成发动机功率下降,所有零部件的使用寿命降低。

(2)由于传动系没有自动适应能力,在传动系的传动比不变的条件下,设备只能依靠发动机的调速特性适应外负荷的变化。而发动机调速特性的调整能力又十分有限,实际不可能适应工程机械外负荷大范围变化。为了解决这个问题,通常在传动系中设置变速器,通过增加挡位数拓宽机器的工作范围。但机械式传动系中变速器的挡位数目较多,使换挡过程复杂。

(3)为保证在负荷变化时机器有较高的生产率,超负荷时发动机不熄火,要求驾驶员有丰富的经验和熟练的技巧,但同时频繁地换挡动作会使驾驶员的劳动强度增加。

(4)换挡过程中分离主离合器造成的动力中断,往往使工作中的工程机械停止前进,造成机器起步困难。为了能实现原地起步,并在一定时间内加速到一定速度,逼迫驾驶员采用较低的挡位。这也导致发动机的功率得不到充分发挥,机器的生产率下降。还有,人力换挡变速器有时会挂不上挡。

机械传动式传动系通常用于小功率的工程机械和负荷比较稳定的连续式作业机械。

二、液力机械传动

图 2-2 为 ZLM50 型装载机的传动系简图。它的传动系主要由液力变矩器 2、动力换挡变速器 3、前桥 4、后桥 8、轮边减速器 12 组成。一般来说,液力机械传动是将机械传动系中的主离合器换为液力变矩器,将人力换挡变速器改为动力换挡变速器后形成的。液力变矩器是靠工作轮之间变矩器油传递动力的,不是刚性连接,而且液力变矩器有自适应能力,液力机械传动系的主要优缺点为:

1)优点

能自动适应负荷的变化,在较大范围内改变牵引力和速度,减少变速器的挡位数,方便操纵;减少传动系乃至发动机所承受的冲击,延长构件寿命;动力换挡变速器不会挂不上挡,且换挡过程中几乎没有动力中断,这也有效地提高了机器生产率;液力变矩器的非刚性传动可以使机器起步平稳。

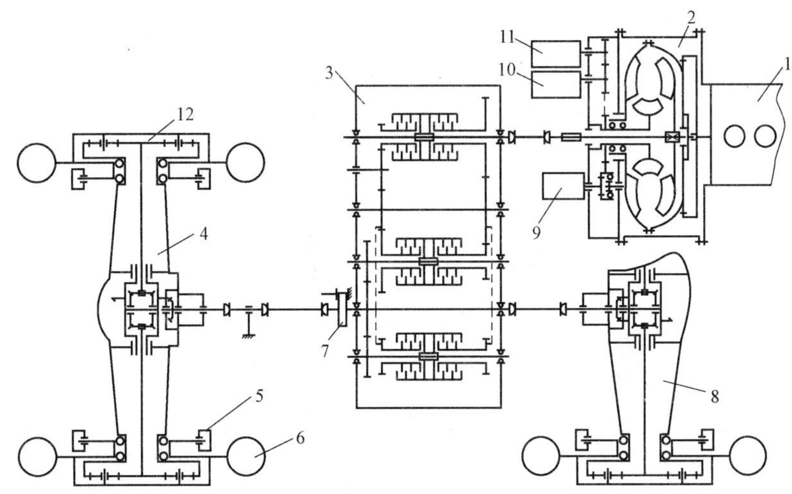

图 2-2 ZLM50 型装载机的传动系简图

1-发动机;2-液力变矩器;3-动力换挡变速器;4-前桥;5-钳盘式制动器;6-轮胎;7-驻车制动器;8-后桥;9-变速油泵;10-转向油泵;11-工作油泵;12-轮边减速器

由于液力机械传动的发动机与传动系之间没有刚性连接,发动机与传动系之间的振动不会互相传递,这可以延长机器的使用寿命,提高机器的平顺性。

2)缺点

效率低,液力变矩器的最高效率一般低于 90%,75% 以上便为有效工作区;零部件制造成本较高;行驶速度稳定性差。

液力机械传动目前主要用于功率较大、负荷变化剧烈的工程机械,例如:大中功率的推土机、装载机等。对于小功率工程机械,由于液力变矩器效率低,一般不宜采用;要求行驶速度稳定的工程机械也不宜采用液力机械传动,如各种摊铺机等。由于液力机械传动用于车辆可以提高其平顺性,许多自动挡的汽车为液力机械传动。

三、液压传动

在传动系中设置一套泵—马达液压系统,即为液压传动的传动系。图 2-3 为稳定土拌和机的液压传动系统。由于稳定土拌和机工作时的速度通常小于 1km/h,而且需要的牵引力较大,在行走时机器又需要一定的速度,单靠液压泵 1 的变量难以实现两者兼顾,所以,在液压马达 2 与驱动桥 4 之间布置了一个两挡变速器 3。

1)液压传动的主要优点

(1)能实现大范围无级变速,而且速度稳定,可以实现微动。

(2)可以利用液压系统实现制动,采用液压传动的工程机械一般可以省去行车制动器。

(3)系统布置比较简单,易于实现远距离操纵。

(4)当机器左右两边分别驱动时,可实现原地转向。

(5)易于实现过载保护,延长构件寿命。

(6)液压元件可以由专业厂家生产,容易实现标准化。

2)液压传动的缺点

(1)液压元件制造精度要求高、工艺复杂、成本高,需要专业工厂制造。

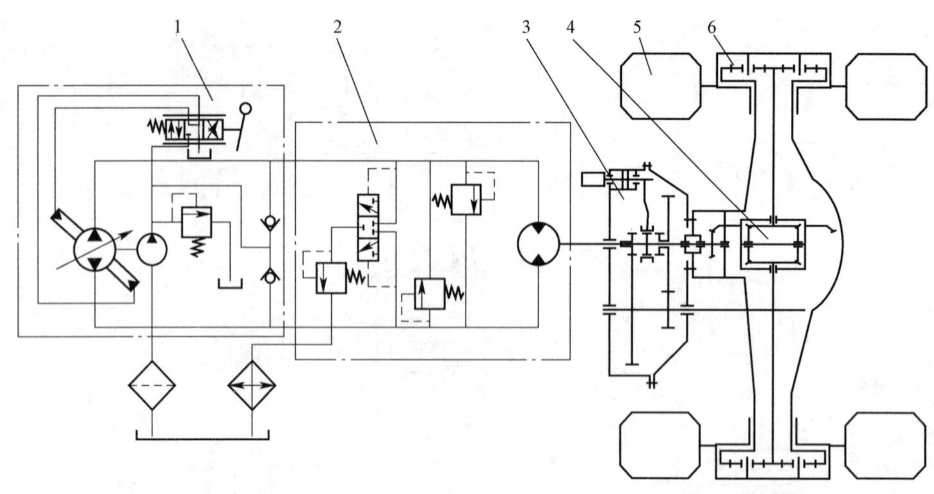

图 2-3　稳定土拌和机的液压传动系统

1-变量泵；2-定量马达；3-变速器；4-驱动桥；5-轮胎；6-轮边减速器

(2)传动效率低，元件易发热，功率较大时要有专门的散热系统。

(3)由于液压泵本身的流量脉动和液流在管路、元件中的扰动，液压系统工作噪声较大。

液压传动主要用于负荷相对稳定的工程机械传动系。当发动机的功率大于 500kW 时，目前主要受液压元件发展水平的限制，使用较少。至于负荷急剧变化的铲土运输机械，由于对液压元件的频率特性要求较高，近几年出现了中小功率的液压传动产品。目前，液压技术在大功率铲土运输机械传动系的应用技术正在研究和发展过程中。

四、电传动

电传动就是在传动系中由发动机带动发电机，发电机所发出的电能驱动电动机，再由电动机带动驱动轮行走。尽管电传动有传动效率高、便于控制、便于布置、易于实现多轮驱动等优点，但电传动笨重的缺点也是明显的。电传动主要用于大功率的机车、铲运机及轮式装载机上，近年来，出现了一些电传动的推土机。

应该指出，由于液压传动、电传动技术的标准化程度较高，通用性较强，目前这方面已有许多文献，本书不做详细介绍，仅简单介绍一些具有工程机械特点的液压回路设计。本书重点介绍机械传动的传动系设计；对于液力机械传动，仅讲述液力耦合器和液力变矩器的基本原理、性能与选型。

第二节　传动系的传动比确定

一、传动系总传动比的确定

传动系的总传动比 i_Σ 是变速器的输入轴转速与驱动轮转速之比。即：

$$i_\Sigma = \frac{n_e'}{n_K} \tag{2-1}$$

式中：n'_e——变速器输入轴的转速；

n_K——驱动轮转速。

1. 机械传动

正常情况下，主离合器是不打滑的，变速器输入轴转速 n'_e 通常就是发动机转速 n_e。

1）最高挡传动比 $i_{\Sigma H}$

$$i_{\Sigma H}=\frac{n_e}{n_{Kmax}} \tag{2-2}$$

2）最低挡传动比 $i_{\Sigma I}$

$$i_{\Sigma I}=\frac{n_e}{n_{Kmin}} \tag{2-3}$$

2. 液力机械传动

对于液力机械传动，变速器输入轴转速为变矩器涡轮的转速 n_{TP}。通常，按变矩器高效区的最高转速 n''_{TP} 计算最高挡传动比 $i_{\Sigma H}$；按变矩器高效区的最低转速 n'_{TP} 计算最低挡传动比 $i_{\Sigma I}$。（图 5-18）即：

1）最高挡传动比 $i_{\Sigma H}$

$$i_{\Sigma H}=\frac{n''_{TP}}{n_{Kmax}} \tag{2-4}$$

2）最低挡传动比 $i_{\Sigma I}$

$$i_{\Sigma I}=\frac{n'_{TP}}{n_{Kmin}} \tag{2-5}$$

二、各部件传动比的分配

由图 2-1、图 2-2 可知，传动系的总传动比 i_Σ 为：

$$i_\Sigma=i_K i_o i_f \tag{2-6}$$

式中：i_K——变速器的传动比；

i_o——中央传动的传动比；

i_f——最终传动的传动比。

由于发动机一般为机器中转速较高的部件，所以为了减少传动系中零件所承受的转矩，根据动力传递的方向，后面的部件应该取尽可能大的传动比。也就是说，先取尽可能大的 i_f，其次取尽可能大 i_o，最后按 i_Σ 的需要确定 i_K。

必须指出，按上述原则分配传动比时必须以保证整机使用性能为前提。例如：轮式机械的轮边减速器一般布置在轮辋中间（图 2-2、图 2-3），如果片面地追求较大的 i_f，使轮边减速器体积过大，布置在车轮的内侧，造成其他构件布置困难，是不合理的。对于履带式机械，最终传动的齿轮尺寸要受到驱动链轮直径的限制（图 2-1），否则会影响通过性。轮式机械中央传动的从动齿轮过大时会影响机器的最小离地间隙。

当选用较大的 i_f、i_o 时，变速器中可能会出现某些挡位的传动比 $i_K<1$，即出现增速现象，这在设计中是允许的。不过，这时要充分考虑轴承与轴的转速、齿轮的线速度，以及润滑、散热等问题。

三、挡位数和中间挡传动比

工程机械上使用的柴油机，只能在其额定点附近良好工作。当负荷偏离额定点时，性能会变差；当负荷远离额定点时，机器就不能正常工作。而机器实际工作时的负荷状况变化范围是很大的。为了使机器能在较大范围内处于良好的工作状态，传动系就需要一个变速装置，这就是变速器。

1. 挡位数的确定

从理论上讲，要充分利用发动机的功率，就应该在任何速度下使发动机始终工作于额定点，也是图2-4水平虚线。实际上，将发动机的功率特性曲线（N_e-n_e 曲线）用不同挡位的传动情况可以方便地换算为机器的牵引功率 N_{KP} 与理论行驶速度 v_T 关系曲线，这时由于不同挡位的传动比不同，不同的挡位就会有不同的曲线，如图2-4中的曲线Ⅰ、Ⅱ、Ⅲ，分别代表三个不同的挡位。若去掉Ⅱ挡，机器就不可能在图中的阴影范围内工作，使用性能变差；若增加Ⅱ′挡，机器的工作性能更接近于理想值。但是挡位数较多，会使变速器的结构复杂，控制困难。

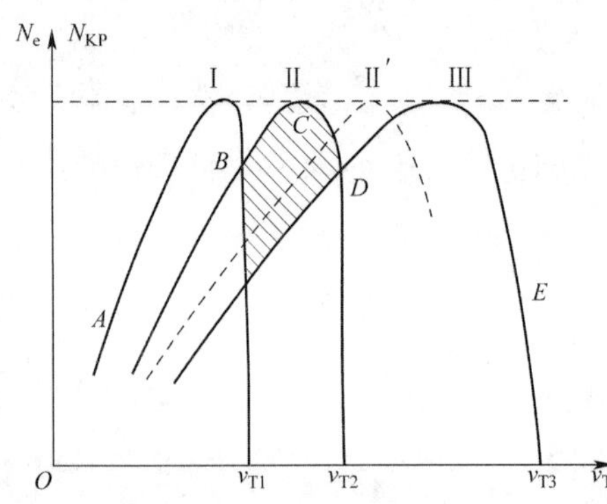

图2-4　柴油机的输出功率与机器理论行驶速度的关系

挡位数可以参照现有同类机器确定，也可以依据机器的工作情况确定。一般来说，小型机械的挡位数可少一些，大型机械的挡位数要多一些。由于液力变矩器本身有变速能力，采用液力机械传动的机器，其变速器可以有较少的挡位。例如：机械传动的履带推土机，一般4～6个前进挡，3～4个后退挡。液力机械传动的轮式装载机，一般进退均有3～4个挡位。有些采用了液压传动的工程机械，像沥青路面冷铣刨机、稳定土拌和机，其变速器只有两个挡位，一个用于行驶，另一个用于作业。汽车主要在前进状态下行驶，通常只有一个倒挡，而且速度很低。

2. 中间挡传动比的确定

当变速器有三个或三个以上挡位数时，中间挡位的传动比应该有一个恰当的数值，仍以图2-4为例，如果只有三个挡位，中间挡Ⅱ明显比Ⅱ′合理。目前，中间挡传动比的确定有以下两种方法：

1）速度连续原则

在传动系的总传动比 i_Σ 确定的条件下，机械传动的工程机械的理论行驶速度可按下式计算：

$$v_T = 2\pi r_d n_K \cdot \frac{60}{1000}$$

$$v_T = 0.377 r_d \frac{n_e}{i_\Sigma} \tag{2-7}$$

式中：v_T——机械的理论行驶速度，km/h；

r_d——车轮的动力半径，m。

速度连续原则认为：发动机应该始终工作于设定功率 N'_e 以上的范围，当由于工况变化使机器工作于设定范围的端点时进行换挡，换挡后机器立刻工作于设定范围的另一端点，而且换挡前后机器的理论速度应该不变。

图 2-5 为中间挡传动比确定原理示意图，在柴油机的功率特性曲线 $N_e = N_e(n_e)$ 上，使柴油机工作于 N'_e 以上的范围，也就是使柴油机的工作转速处于 n_A 与 n_B 之间。在挡位一定的条件下，机器的理论速度 v_T 与发动机 n_e 转速成正比。所以，在图 2-5 中 n_e-v_T 曲线为一条过原点的直线。设直线Ⅰ为一挡时的 n_e-v_T 曲线，随着负荷的减少，机器的速度沿直线Ⅰ由 A_1 向 B_1 增加，当到达 B_1 点时，驾驶员立刻换到二挡，机器也立刻沿直线Ⅱ进行工作。按前面换挡前后速度不变的假设和柴油机设定的工作范围，机器应该工作于 A_2 点，而且 $v_{B1} = v_{A2}$。这样，可以得出二挡的 n_e-v_T 曲线Ⅱ。同样也可以得出三挡的 n_e-v_T 曲线Ⅲ，有 $v_{B2} = v_{A3}$ 成立。即：

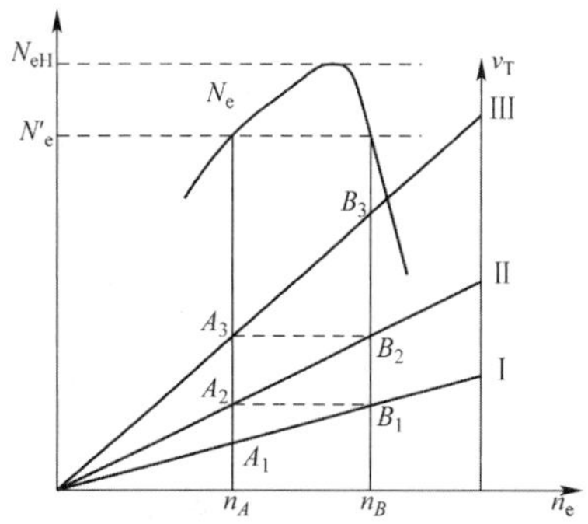

图 2-5　机械式传动系中间挡位传动比的确定

$$v_{B1} = 0.377 r_d \frac{n_B}{i_{\Sigma \text{I}}} = 0.377 r_d \frac{n_A}{i_{\Sigma \text{II}}} = v_{A2}$$

$$v_{B2} = 0.377 r_d \frac{n_B}{i_{\Sigma \text{II}}} = 0.377 r_d \frac{n_A}{i_{\Sigma \text{III}}} = v_{A3}$$

式中：$i_{\Sigma \text{I}}$、$i_{\Sigma \text{II}}$、$i_{\Sigma \text{III}}$——分别为一、二、三挡的传动系总传动比。

整理以上两式可得：

$$\frac{i_{\Sigma \text{I}}}{i_{\Sigma \text{II}}} = \frac{i_{\Sigma \text{II}}}{i_{\Sigma \text{III}}} = \frac{n_B}{n_A} \tag{2-8}$$

令 $\frac{n_B}{n_A} = q$ 得：

$$i_{\Sigma \text{I}} = i_{\Sigma \text{II}} q = i_{\Sigma \text{III}} q^2$$

$$i_{\Sigma \text{II}} = i_{\Sigma \text{III}} q$$

也就是说，一挡、二挡、三挡的传动比应为等比级数，其公比 q 等于 n_B/n_A。这个结论可以推广到多挡情况。即按速度连续原则确定变速器中间挡的传动比时，应该使各挡位的传动比成等比级数。

传动系为机械传动时，公比 q 通常为 1.4～1.8；为液力机械传动时，q 一般取 1.4～2.0。

2）充分利用发动机功率原则

充分利用发动机功率原则的思路是：在换挡时机恰当的条件下，机器在全部工作范围内应该获得尽可能大的平均输出功率。按照这一原则确定中间挡的传动比的方法是，通过调整中间挡的传动比，使所有挡位曲线下面的面积最大。也就是通过调整曲线Ⅱ使曲线 *ABCDE* 下面的面积（图 2-4）最大。由此得到目标函数，利用最优化理论求解。

对于推土机等挡位较多的机械，这种方法可以将机器的平均功率较前一种方法提高 5% 左右。

第一种方法在确定了最高挡、最低挡的传动比和挡位数后，就可以容易地计算出中间各挡的传动比，而且其结果比较理想，在新产品设计的初级阶段使用较好。第二种方法结果相当理想，计算时还需要知道发动机的功率特性曲线，需要采用计算机的专门程序，可以用在机器改进完善阶段。

必须指出，不论哪一种方法，都仅考虑了机器工作时的部分主要因素，未考虑具体机器的具体特点，在实际设计中，变速器的传动比还要根据所设计机器的特点(齿轮齿数必须为整数、齿轮强度必须满足、变速器内部不得产生干涉等)进行调整。

第三节　传动系的计算载荷

自行式工程机械的传动系主要承受来自轮胎(或履带)的载荷与来自柴油机的载荷。在传动系内部，由于加速、减速、换挡和旋转等也会产生各种动载荷。传动系是由许多构件组成的，所以严格来说，传动系是一个多质量的弹性—质量振动系统。由于目前从车架传到车轮的负荷频率特性还缺乏足够的研究资料，传动系在动负荷下的计算模型还没有一个公认的结论，因而常用的仍然是静载计算方法。

1. 由柴油机或液力变矩器的最大输出转矩 M_{max} 确定

$$M_p = M_{max} i \eta_m \tag{2-9}$$

式中：M_p——由柴油机(或液力变矩器)最大转矩确定的计算构件的最大转矩；

M_{max}——柴油机(或液力变矩器)输出的最大转矩；

i——柴油机(或液力变矩器涡轮)到计算构件的传动比；

η_m——柴油机(或液力变矩器)到计算构件的机械效率。

2. 由附着力 P_φ 确定

$$M'_p = \frac{P_\varphi r_d}{i' \eta'_m} = \frac{G_\varphi \varphi r_d}{i' \eta'_m} \tag{2-10}$$

式中：M'_p——由附着力 P_φ 确定的计算构件的最大转矩；

G_φ——附着重量；

φ——附着系数；

r_d——车轮的动力半径；

i'——由计算构件到驱动轮的传动比；

η'_m——由计算构件到驱动轮的机械效率。

实际强度计算时，在上述两个结果 M_p、M'_p 中取较小值。

【练习题】

1. 什么是传动系？传动系有什么功能？传动系由哪几部分组成？
2. 机械传动、液力机械传动、液压传动的传动系各有什么特点？
3. 分析图 2-3 中的稳定土拌和机的液压传动原理。
4. 传动系的总传动比、各部件的传动比、变速器中间挡的传动比是按什么原则确定的？
5. 传动系的计算载荷怎样确定？

第三章

主离合器

【学习目标与要求】

熟悉主离合器的功用、类型和设计要求,掌握主离合器的摩擦力矩、摩擦片直径以及转矩储备系数等主要参数的确定方法,了解离合器发热量的校核方法,理解离合器的结构设计理念和压紧机构设计方法,熟悉常见离合器的操纵机构及控制原理。

在机械传动的自行式工程机械中,柴油机的动力是通过主离合器与传动系的其他部件相连接的。主离合器的主要作用是根据工作需要将柴油机与传动系之间的动力传递接通或断开。接合主离合器可以使传动系进入工作状态。断开主离合器后,发动机可以实现空载起动,也可以在短时间内使机器停车而发动机不熄火,还能减少换挡时的冲击。缓慢地接合主离合器可以使机器平稳起步。如果机器工作时遇到了较大的冲击,主离合器打滑,可起到过载保护作用。操纵主离合器使它处于半接合状态,可以实现机械微动。

第一节　主离合器的类型及选用

一、主离合器类型

1. 按照从动片数目分

按照从动片的数目,主离合器可以分为单片、双片、多片等形式。单片离合器有工作可靠、结构简单、分离彻底、散热良好、调整方便、尺寸紧凑等优点。在能良好地传递发动机转矩的条件下,应尽量选用单片离合器。当采用单片离合器不能满足需要时,才考虑多片,但必须充分考虑散热的良好性和分离的彻底性。

2. 按照摩擦片的工作条件分

按照摩擦片的工作条件,主离合器有干式和湿式两种类型。干式摩擦片的摩擦面上没有润滑油流过,摩擦系数大、传递转矩大、操纵力小、结构简单、尺寸紧凑。但干式离合器发热大、散热差、磨损快,一般用于离合器不经常操作的设备或功率较小的设备上。例如:汽车、拖拉机和中小型叉车等。湿式离合器散热好、寿命长、可以频繁工作,但它操纵力大、结构较复杂。通常一般用于功率较大、接合频繁的机械上。例如：推土机、装载机等。

3. 按照经常处于的状况划分

按照经常处于的状况来划分，有常接合式、非常接合式。常接合式主离合器分离时需要操作，接合时只要松开操作即可，可以将其操纵机构设计成离合器踏板，驾驶员不用手便可以进行操作，比较方便。一般用于需要在行驶中换挡的机器上，例如：汽车、拖拉机和轮式装载机等。非常接合式主离合器接合分离都要用手操作，可以仅利用主离合器分离使机器较长时间地停车，必要时驾驶员可以离开座椅操作，这一点在倒车时比较方便。非常接合式离合器用在经常停车、起步、倒退的履带式推土机上效果比较好。

4. 按照离合器的压紧方式分

按照离合器的压紧方式，可以分为弹簧压紧和杠杆压紧。弹簧压紧式离合器可以通过弹簧伸长自动补偿摩擦片的磨损，调整方便。但当离合器传递的转矩较大时，弹簧制作困难，难以实现较大的压紧力。多片离合器的接合过程弹簧变形较大，压紧力损失较大。弹簧压紧式一般用于摩擦面数量较少的干式离合器上。杠杆压紧式离合器可以实现较大的压紧力，多用于多片湿式离合器上，但它对离合器摩擦片的磨损补偿能力差，压盘要求轴向可以调整，以弥补摩擦片的磨损。

5. 按照操纵机构的形式分

按照操纵机构的形式，有人力操纵、液压助力和气动操纵等。大功率的工程机械主离合器操作频繁，多采用液压助力操纵的主离合器。

二、主离合器的典型结构

1. 干式主离合器

图 3-1 为一常见的干式主离合器结构图。离合器的主动部件为飞轮 3 和压盘 2。从动盘 1 夹在飞轮和压盘之间。压紧弹簧 13 是 9 个圆柱螺旋弹簧，在压盘右面以离合器轴为中心的圆周方向上均匀分布。由于弹簧 13 总是将压盘、从动盘和飞轮压在一起，使离合器处于接合状态，所以该离合器是常接合式的。分离杠杆 9、分离轴承 10、分离套筒 11 组成离合器的分离机构。分离机构共有三套，也在圆周方向上均匀分布。当驾驶员踩下离合器踏板时，分离套筒 11 向左移动，通过分离杠杆 9 使压盘 2 向右移动，将离合器分离。分离杠杆 9 下端头部的螺钉是用来调整分离间隙的。所谓分离间隙，就是在离合器接合状态下，该螺钉头部要与分离轴承之间保持一个间隙，其数值通常为 0.4～0.6mm。离合器分离时，操纵机构要首先消除这个间隙。调整时要保证所有分离杠杆的这个间隙相等，以实现压盘平动。

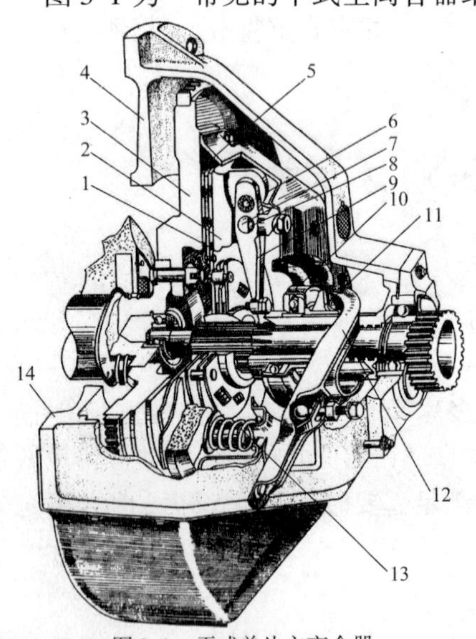

图 3-1　干式单片主离合器

1-从动盘总成；2-压盘；3-飞轮；4-飞轮壳；5-离合器盖；6-滚针轴承销；7-支架销；8-滚柱；9-分离杠杆；10-分离轴承；11-分离套筒；12-分离叉；13-压紧弹簧；14-离合器外壳

2. 湿式主离合器

图 3-2 为用于推土机的湿式主离合器结构图。其主动部分为飞轮 6、后压盘 5 和主动盘 4，后两者与飞

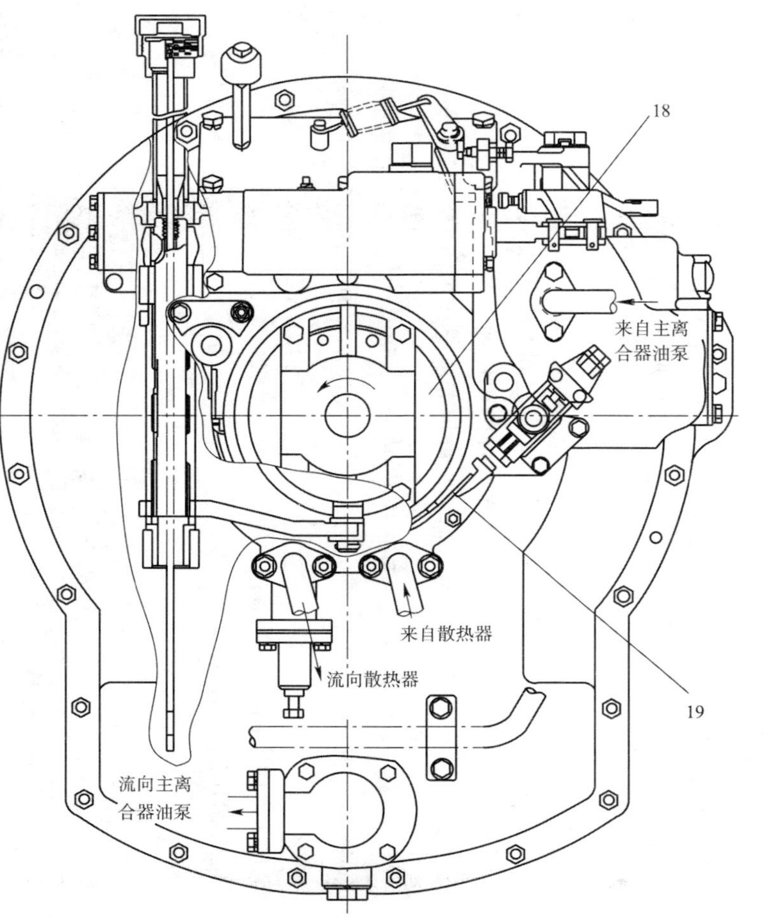

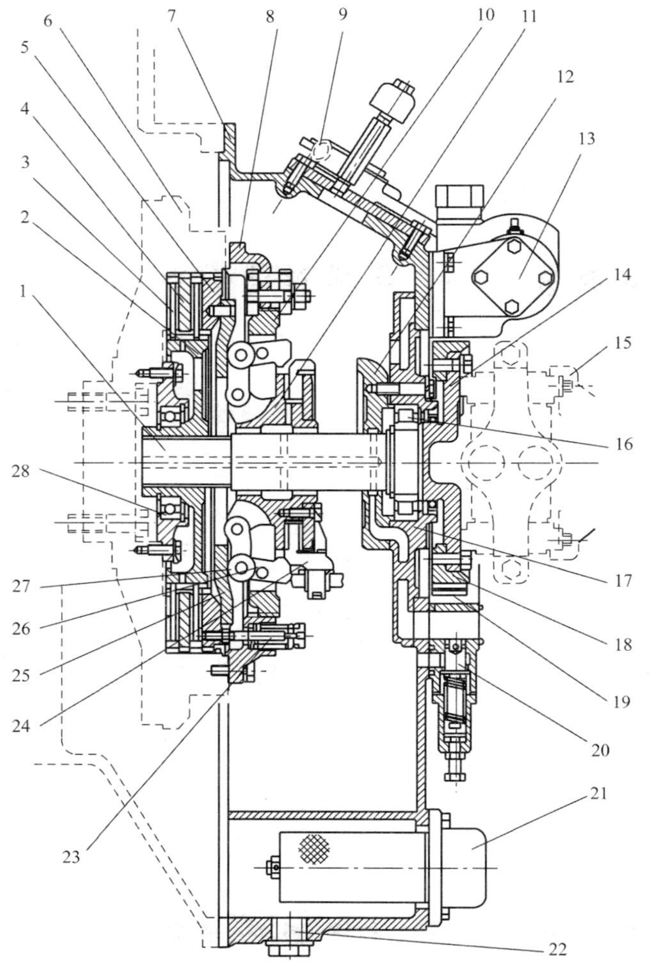

图 3-2 湿式摩擦离合器

1-离合器轴;2-从动轮毂;3-从动盘;4-主动盘;5-后压盘;6-飞轮;7-离合器壳;8-飞轮盖;9-弹簧;10-调整盘;11-分离滑套;12-轴承盖;13-液压助力器;14-连接凸缘;15-接头盖;16-连接凸缘;17-轴承座;18-制动鼓;19-制动带;20-减压阀;21-粗滤器;22-磁性塞;23-松离弹簧;24-拨叉 25-施压盘;26-重锤杠杆;27-施压轴承;28-轴承

轮用齿槽连接。从动部分是从动盘3和从动轮毂2,两者也用齿槽连接。动力由主离合器轴1输出,轮毂2是用花键与轴1固定在一起的。压紧机构由调整盘10、分离滑套11、施压盘25、重锤杠杆26等组成。采用施压轴承27,是为了将施压过程的滑动摩擦改变为滚动摩擦。

在离合器轴1中心设有油道,助力器的液压油经散热后进入中心油道,对离合器各部件进行润滑,最后从摩擦片(从动盘)3的油槽中甩出,使主动盘的齿槽也得到润滑,然后从飞轮上的油道流回离合器壳的底部。

三、主离合器的设计要求

对主离合器的设计要求可以归纳为以下几点:

(1)在正常使用的条件下,能可靠地传递发动机全部转矩。

(2)分离应该迅速、彻底。

(3)接合要平顺柔和,而且不需要完全依靠驾驶员的操作技能来实现这一点。

(4)从动部分的转动惯量要小,这样可以有效地减少换挡时换挡齿轮(或接合套)的冲击。

(5)散热要良好,保证不致因发热造成离合器不能正常工作。

(6)操纵应该轻便。

第二节　主要参数确定

一、离合器的摩擦力矩 M_m

对于只有一个摩擦副的离合器来说,其摩擦力矩 M 可这样计算:

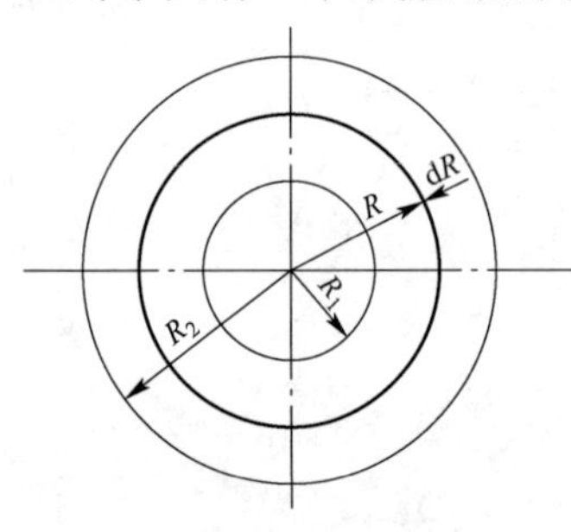

图3-3　摩擦力矩计算

如图3-3所示,在摩擦面上任意取宽度为 dR 圆环作微元,则微元上产生的摩擦力矩 dM 为:

$$dM = 2\pi R^2 dR \cdot \mu q$$

式中:μ——主从动盘之间的摩擦系数;

q——摩擦面的单位面积压力,N/m^2。

离合器一个摩擦面的摩擦力矩 M 为:

$$M = 2\pi\mu q \int_{R_1}^{R_2} R^2 dR = \frac{2}{3}\pi\mu q(R_2^3 - R_1^3)$$

$$= \mu \cdot \pi(R_2^2 - R_1^2)q \cdot \frac{2}{3} \cdot \frac{R_2^3 - R_1^3}{R_2^2 - R_1^2} = \mu P \cdot \frac{2(R_2^3 - R_1^3)}{3(R_2^2 - R_1^2)}$$

式中:P——压在摩擦面上的压紧力,N;

R_1——摩擦面的内圆半径,m;

R_2——摩擦面的外圆半径,m。

令

$$R_P = \frac{2(R_2^3 - R_1^3)}{3(R_2^2 - R_1^2)} \tag{3-1}$$

式中:R_P——摩擦力作用等效半径,m。

得

$$M = \mu P R_P$$

离合器的总摩擦力矩 M_m 可按下式计算：

$$M_m = \mu P R_p Z k \tag{3-2}$$

式中：M_m——离合器的最大摩擦力矩，N·m；

μ——主从动盘之间的摩擦系数，对于干式离合器，石棉铜丝对钢铁可取 $\mu = 0.3$. 粉末冶金对钢铁 $\mu = 0.4$，湿式离合器 $\mu = 0.08$；

Z——摩擦副数量；

k——压紧力损失系数。

若认为压紧力 P 在摩擦面上均匀分布，即：

$$P = qA \tag{3-3}$$

式中：q——摩擦面的单位压力，Pa；

A——摩擦面的面积，m^2。

q 的许用值 $[q]$ 可按表 3-1 选用。对于工程机械来说，由于其离合器使用频繁，而且载荷较大，一般取较小的 $[q]$ 值。摩擦面积为：

$$A = k_A (R_2^2 - R_1^2)\pi \tag{3-4}$$

式中：k_A——摩擦面积损失系数，根据摩擦片上油槽的具体情况取值。一般来说，径向油槽取 0.8～0.9；螺旋油槽取 0.6～0.7；网格油槽取 0.4～0.6。

摩擦材料的许用比压 $[q]$（MPa） 表 3-1

摩擦副材料	许用比压		摩擦副材料	许用比压	
	干 式	湿 式		干 式	湿 式
钢对钢	0.20～0.25	0.6～1.0	钢对钢丝石棉	0.10～0.25	0.20～0.40
铸铁对钢	0.25～0.40		钢对烧结金属	0.40～0.60	2.0～2.5

至于压紧力损失系数 k 的确定，可参照图 3-4 进行。图中 P 为施加于压盘上的压紧力，P_1、P_2、…分别为扣除相应花键连接中的摩擦阻力 T_1、T_2、…之后传到第一个、第二个、……摩擦副工作表面（由施加压紧力的一端算起）上的实际压紧力，它们间的关系为：

$$P_1 = P - T_1; P_2 = P_1 - T_2; \cdots; P_i = P_{i-1} - T_i$$

各摩擦副产生的摩擦力矩 M_1、M_2、…则分别为：

$$M_1 = \mu P_1 R_p;$$

$$M_2 = \mu P_2 R_p;$$

$$\cdots$$

$$M_i = \mu P_i R_p$$

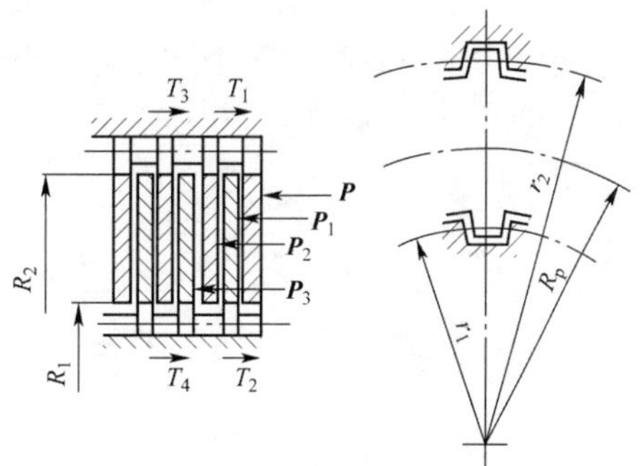

图 3-4 计算压紧力损失系数用简图

各盘（不分主从动，由右起顺序编号）花键的摩擦力 T 可按以下公式计算：

对第一盘：

$$T_1 = \mu' \frac{M_1}{r_2} = \frac{\mu\mu' P_1 R_p}{r_2}$$

对第二盘：

$$T_2 = \mu' \frac{M_1 + M_2}{r_1} = \frac{\mu\mu'(P_1 + P_2)R_p}{r_1}$$

对第三盘：

$$T_3=\mu'\frac{M_2+M_3}{r_2}=\frac{\mu\mu'(P_2+P_3)R_p}{r_2}$$

$$\cdots$$

式中：r_1、r_2——外圆和内圆上花键高度一半处的半径，m；

μ'——内外花键连接工作表面之间的摩擦系数。

其他各单号盘的花键摩擦阻力可仿第三盘求出，各双号盘则仿第二盘，最后一个盘的花键摩擦阻力的求法与第一盘相似。求出各 T_i 值后就确定了各 P_i 值，于是可求得离合器在压紧力 P 作用下所产生的总摩擦力矩 M_m：

$$M_m=\mu(P_1+P_2+\cdots+P_i+\cdots)R_p$$

针对主动盘（包括压盘）数量比从动盘多一个的一般情况，将以上各 P_i、M_i 和 T_i 的关系式都代入上式并加以化简和整理得到：

$$M_m=\mu PR_pZ\frac{(1+A)[1-(AB)^{\frac{z}{2}}]}{\left(1+\mu\mu'\frac{R_p}{r_2}\right)Z(1-AB)}\tag{3-5}$$

式中：

$$A=\frac{1-\mu\mu'\frac{R_p}{r_2}}{1+\mu\mu'\frac{R_p}{r_2}}\qquad B=\frac{1-\mu\mu'\frac{R_p}{r_1}}{1+\mu\mu'\frac{R_p}{r_1}}$$

将式(3-5)与式(3-2)对比，即可看出系数 k 等于：

$$k=\frac{(1+A)[1-(AB)^{\frac{Z}{2}}]}{\left(1+\mu\mu'\frac{R_p}{r_2}\right)Z(1-AB)}\tag{3-6}$$

为了简化计算，由于通常 $R_1/R_2=0.75\sim0.85$，$R_p/R_2\approx0.9$，可以认为 $R_p=r_1=r_2$，代入以上各式，以使它们简化。式(3-6)可简化为：

$$k=\frac{1}{2\mu\mu'Z}\left[1-\left(\frac{1-\mu\mu'}{1+\mu\mu'}\right)^Z\right]\tag{3-7}$$

使用式(3-7)时，对于干式摩擦离合器一般可取：$\mu'=0.13$、$\mu=0.3$；而对湿式摩擦离合器则一般可取：$\mu'=0.06$、$\mu=0.08$。用这些摩擦系数值由式(3-7)算出的在不同的摩擦副数目下的压紧力损失系数列于表3-2中。

压紧力损失系数 k　　表3-2

摩擦副数目 / 离合器类型	2	4	6	8	10	20
干　式	0.93	0.86	0.80	0.74	0.69	0.51
湿　式	0.99	0.98	0.97	0.96	0.95	0.91

二、摩擦片直径

由于摩擦片通常装在飞轮中间，其外径 D_2 要受到飞轮尺寸的限制，一般为飞轮直径的

0.7 ~0.8 倍;为了保证从动盘在离心力的作用下不致破坏,还要验算从动盘的最大圆周线速度,其值不应超过 65 ~70m/s。

由于

$$M=\frac{2}{3}\pi\mu q(R_2^3-R_1^3)=\frac{2}{3}\pi\mu qR_2^3\left(1-\frac{R_1^3}{R_2^3}\right)=\frac{2}{3}\pi\mu qR_2^3(1-C^3)$$

式中:C——摩擦片的内径系数($C=R_1/R_2$)。

不难看出,减小 C 值对 M 的增大作用并不明显,而且 C 值过小时,内外圆周线速度的差值加大,温升将严重不一致,会使从动盘产生翘曲变形。通常,在结构允许的条件下,取较大的 C 值。干式离合器的 C 值一般为 0.55 ~0.68,对湿式离合器取 0.71 ~0.83。

可以证明,在 $C>0.5$ 条件下,可以用下式近似计算 R_P:

$$R_P=\frac{1}{2}(R_2+R_1) \tag{3-8}$$

三、转矩储备系数 β

离合器在工作时,除了承受工作载荷外,还要承受各种各样的冲击载荷。在工作过程中,离合器摩擦面会产生磨损、压紧弹簧也可能产生少量永久变形、工作表面发热温度升高以及脏污会使摩擦系数减少,这些都会使离合器的工作能力降低。为了保证离合器能可靠地传递发动机最大转矩并有一定的使用寿命,就必须使离合器的摩擦力矩有一定的储备量,这个储备量的程度用转矩储备系数 β 衡量,即:

$$\beta=\frac{M_m}{M_{emax}} \tag{3-9}$$

式中:M_{emax}——配用发动机的最大转矩,N · m。

随着离合器转矩储备系数 β 的增大,工作可靠性增加,使用寿命加长。但过大的转矩储备系数会使离合器的尺寸增大,压紧力、操纵力增大,而且起不到过载保护作用。所以,离合器应该有一个恰当的转矩储备系数。一般来说,履带式机械的转矩储备系数应该大于轮式机械,重型机械的转矩储备系数应该大于轻型机械,干式离合器应该大于湿式离合器。表 3-3 为工程机械主离合器转矩储备系数的推荐值。

工程机械主离合器的转矩储备系数 β 值　　表 3-3

β值 / 机器类型	主离合器形式	
	干式	湿式
重型履带工程机械	3.5 ~4.0	2.5 ~3.0
轻型履带工程机械	2.5 ~3.0	1.5 ~2.5
轮胎式工程机械	2.0 ~3.0	1.5 ~2.0

第三节　离合器的发热量校核

离合器接合时,主、从摩擦元件必须经历由转速不等到转速相等的滑摩过程。即离合器需要打滑。打滑产生的热量使压盘和飞轮等零件温度升高。过高的摩擦表面温度，将加剧摩擦片磨损，降低离合器寿命；还会使摩擦系数减少，离合器转矩储备系数减少。

虽然起步、换挡过程中都有滑摩，但因起步时离合器从动轴角速度为零，变化量大，所以打滑严重。计算出的滑摩功即为离合器应吸收的能量。在反复接合一定次数后，吸收能量引起的压盘温升与散热相平衡，就达到所谓的饱和温度。

一、滑摩功

滑摩功，指离合器滑摩过程中所消耗的能量。它是热负荷计算的基础，其值取决于下列因素：摩擦片压力、相对转速、换挡时间、发动机和机械负荷变化特性、主从动系统的转动惯量、摩擦件的摩擦系数和表面状态等。通常，离合器的接合过程分为以下三个阶段（图3-5）：

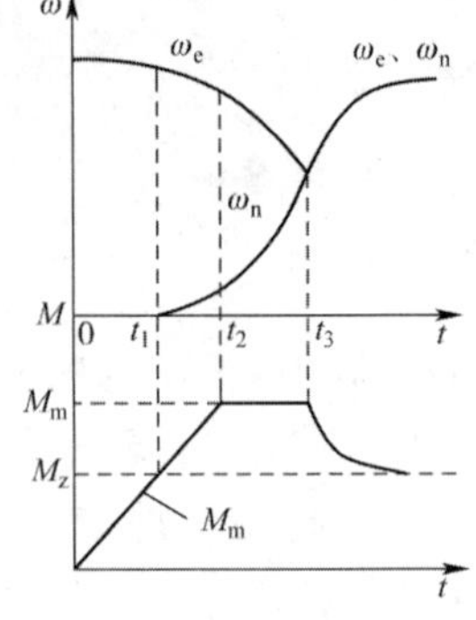

图3-5　接合过程示意图

从 $0\sim t_1$ 为第一阶段，在这一阶段由于离合器的摩擦转矩 M 没有克服地面阻力在离合器从动轴上产生的阻力矩 M_Z，机械保持静止，发动机角速度 ω_e 由于负荷增加而减小。这个阶段的滑摩功 L_1 为：

$$L_1 = \int_0^{t_1} M(t)\omega_e \mathrm{d}t$$

式中：M——摩擦力矩，N·m；

ω_e——发动机角速度，rad/s；

t_1——从离合器摩擦片接触到机器起步的时间，s。

从 $t_1\sim t_2$ 为第二阶段，在这个阶段由于离合器的摩擦转矩 M 大于地面阻力在离合器从动轴上产生的阻力矩 M_Z，机械起步加速，随着离合器接合，机械的加速度在增大，也就是离合器从动轴的角速度 ω_n 在增大。在 t_2 的时候，离合器完全接合，但由于此时从动轴的转速与主动轴转速还有差别，离合器将在最大转矩下打滑，机械继续加速，在没有供油的条件下，发动机角速度继续减小，在离合器完全接合以前，发动机会出现超载，但由于发动机有惯性，不一定会熄火。

$t_2\sim t_3$ 为第三阶段，在这一阶段从动轴角速度 ω_n 增加至与主动摩擦元件的角速度 ω_e 相等。$t_1\sim t_3$ 之间的滑摩功 L_2 为：

$$L_2 = \int_{t_1}^{t_3} M(t)(\omega_e - \omega_n)\mathrm{d}t$$

式中：ω_n——离合器从动轴的角速度，rad/s。

总滑摩功 $L_h = L_1 + L_2$，经计算，主离合器的总滑摩功可以用下式近似计算：

$$L_h = \frac{\omega_{eH}^2}{2\left(1-\frac{1}{\beta}\right)\left(\frac{1}{I_e}+\frac{1}{I_n}\right)} \tag{3-10}$$

式中：ω_{eH}——发动机的额定角速度，rad/s；

I_e——换算到离合器主动盘上的发动机机转动惯量，kg·m²，计算时，I_e 一般取飞轮转动惯量的1.2倍；

I_n——换算到离合器从动轴上的整机转动惯量，kg·m²。

在忽略传动系转动构件转动惯量的条件下，I_n 可以按下式计算：

$$I_n = \frac{M_\Sigma r_d^2}{i_\Sigma^2} \tag{3-11}$$

式中：M_Σ——整机总质量，kg；

r_d——车轮动力半径，m；

i_Σ——传动系的传动比。

t_3 以后为第四阶段，在这一阶段，离合器主从动摩擦片之间没有相对运动，也就没有滑摩功产生。在此期间，由于发动机的转速低于它的稳定转速，发动机和机械一起加速，但加速度在减小，即惯性转矩在减小，离合器传递的转矩也在减小，最后速度将稳定在发动机转矩与阻力矩相等的速度上。

由式(3-10)可以看出：

(1)I_n 越大 L_h 越大，而 I_n 与变速器的传动比 i_Σ 的平方成反比，即高挡起步比低挡起步的 L_h 大。总滑摩功与整机总质量 M_Σ 成正比，故拖带挂车的车辆起步时 L_h 也大。

(2)离合器接合前，发动机角速度 ω_e 越大，则 L_h 也越大。而 $\omega_e = \omega_e(t)$ 变化曲线与操作有关。

(3)L_h 与 M_m 曲线的斜率有关，也与驾驶员的起步操作及离合器的转矩储备系数 β 有关。M 曲线斜率越陡，β 越大，L_h 越小，但这样机器工作时的冲击大。

计算结果表明：在离合器接合过程中，发动机的机械能大约一半用来使车辆加速，转变为动能；另一半消耗于离合器滑摩，变为热能损失掉。

二、离合器的温升计算

离合器在接合过程中所产生的滑摩功将转化为热能，并被离合器的零件和周围介质吸收，造成它们的温度升高，产生离合器发热的现象。若温升过高，则会导致其工作特性变坏，甚至烧坏，为此必须对离合器进行发热校验，限制其零件的温升，即将离合器在接合过程中零件的温度升高限制在一定的数值以内。

对干式离合器进行发热校验时，假定其滑摩功全部转化为热能并被离合器不带摩擦片的各主、从动盘吸收。通常计算受热严重的零件，对于单片离合器，应该验算压盘；对于多片离合器，应该验算夹在两摩擦表面之间的中间压盘。干式离合器接合一次的温升可按下式计算：

$$\Delta T = \frac{\alpha_1 L_h}{CG} \tag{3-12}$$

式中：ΔT——验算零件的温升，℃；

α_1——验算零件的吸热系数，$\alpha_1 = i/Z$（其中：i——验算零件的摩擦表面数，Z——离合器的摩擦副数量）；

C——验算零件的材料比热，对于钢和铸铁取 $C = 4.91$J/(kg·℃)；

G——验算零件的质量，kg。

工程机械离合器接合一次的温升通常 $\Delta T \leqslant 3 \sim 5$℃，对于汽车、拖拉机等使用离合器不太频繁的机械，可以适当放宽，但不宜超过10℃。如果 ΔT 过大，应采取结构措施加强散热，或增加零件质量提高其热容量以降低它的瞬时温升。

湿式离合器多为多盘式，各盘厚度不大，为4～5mm，浸于油液中工作，在不考虑油的吸热冷却作用条件下，认为各摩擦构件的温升相同时，接合一次的温升可用下式近似计算：

$$\Delta T = \frac{\alpha L_{\mathrm{h}}}{CG_{\Sigma}} \tag{3-13}$$

式中：G_{Σ}——离合器中的中间盘和压盘的总质量，kg。

需要说明的是，由于实际的热传递过程是一个十分复杂的过程，计算结果仅用于初步设计时的参考。实际离合器的温升与负荷大小、工作频繁程度、散热条件等许多因素有关。对于模压的离合器摩擦面，允许长期使用的温度为200℃，短期使用的温度为350℃。

对湿式离合器，还要验算其冷却油流量。一般单位摩擦面积冷却油最小流量为$(7 \sim 8) \times 10^{-4} \mathrm{m^3/(m^2 \cdot s)}$，这样能够形成合适的摩擦层；从散热的角度上考虑，最佳流量为$(11 \sim 13) \times 10^{-4} \mathrm{m^3/(m^2 \cdot s)}$；当流量大于$30 \times 10^{-4} \mathrm{m^3/(m^2 \cdot s)}$时，会出现摩擦系数降低，并增加离合器分离时黏性传动功率消耗。

三、离合器的耐磨性验算

与接合过程密切相关的另一问题是耐磨性。耐磨性通常可用磨损速度的倒数来表示，而磨损速度的大小不仅与一次接合过程中的总滑摩功有关，而且与摩擦工作表面的总面积和材料性质有关，因而可用一次接合过程的比滑摩功，即单位摩擦表面所具有的滑摩功 l_{h} 来表示，它可表达为：

$$l_{\mathrm{h}} = \frac{L_{\mathrm{h}}}{ZF} \tag{3-14}$$

式中：F——一个摩擦副的有效摩擦工作面面积，$\mathrm{m^2}$；

Z——离合器的摩擦副数量。

耐磨性的好坏在离合器使用上表现为摩擦片使用寿命的长短。当摩擦片工作表面磨损量达到一定程度时就应当更换，所以为延长寿命，就应当控制比滑摩功 l_{h} 的大小，使它小于许用值$[l_{\mathrm{h}}]$。许用值$[l_{\mathrm{h}}]$取决于材料的性质。以运输为主的作业机械，以铜丝石棉为摩擦片摩擦材料的干式主离合器，通常取$[l_{\mathrm{h}}] = 5 \times 10^5 \mathrm{(N \cdot m)/m^2}$；对于使用频繁的工程机械，则要适当减小。

第四节　结 构 设 计

一、从动盘组件的特点

1. 多片湿式离合器从动盘(图3-6)

该从动盘通过内齿与从动毂相接。从动盘中间是两块钢板，钢板外面是铜基粉末冶金制成的耐磨材料，在钢板中间有六个碟形弹簧均匀分布在平均半径上。因此，从动盘表面上形成了凸凹不平的六个波形，该波形在离合器接合时被逐渐压平，使离合器接合平稳；分离时碟形弹簧又有促进分离的作用。在耐磨材料表面上，有螺旋形和径向的油槽。油流从摩擦副中间通过，有利于散热和带走磨屑。此外，接合时油从摩擦面上挤出的过程所产生的阻力，也有使离合器接合平稳的作用。

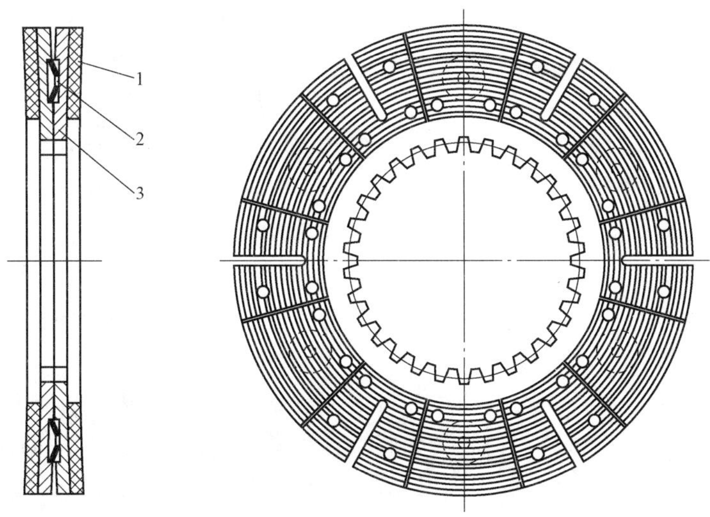

图 3-6　从动盘

1-粉末层;2-碟形弹簧;3-钢板

2. 干式单片离合器的结构(图 3-7)

摩擦片 1、4 采用铆钉 10 固定在八个波浪形弹簧片 2 的两边,波浪形弹簧片 2 用铆钉固定在主动盘毂 13 上,减振器盘 8 与从动盘毂 13 之间用支承销 9 固定,从动盘毂 5、调整垫片 6 和 11、摩擦垫圈 7 和 12 设置在从动盘毂和减振器盘之间的空隙中,在主动盘毂 13、从动盘毂 5 和减振器盘 8 上的相同位置,有六个矩形的孔,减振弹簧 3 安装在这些孔形成的空间中。

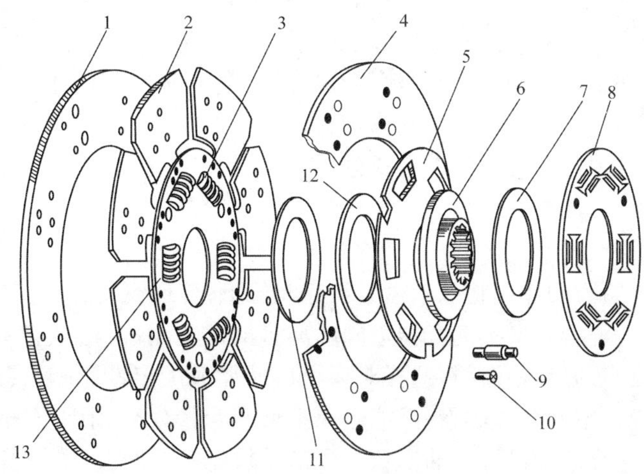

图 3-7　带缓冲器的从动盘

1-摩擦片;2-波浪形弹簧片;3-减振弹簧;4-摩擦片;5-从动盘毂;6-调整垫片;7-摩擦垫圈;8-减振器盘;9-支承销;10-铆钉;11-调整垫片;12-摩擦垫圈;13-主动盘毂

动力从摩擦片 1、4 通过从动波纹片 2,然后压缩减振弹簧 3 传到从动盘毂 5 输出。接合时,压平波纹片的过程可以使离合器接合平稳。波形弹簧的压缩行程取 1.0 ~ 1.5mm,至少也要大于 0.6mm,弹性变化规律应该大致为抛物线。

减振弹簧可以缓和离合器接合过程中的冲击,也可以隔离发动机和传动系之间的振动。减振摩擦垫圈 7、12 起阻尼作用。

从动盘毂中间的花键与变速器第一轴滑动配合。摩擦片1、4直接铆在波浪形从动弹簧钢片上，当受压板压紧时，就与飞轮一同转动。摩擦片在飞轮和压板之间起摩擦作用，将发动机转矩传递到变速器。

多片离合器接合过程本身比较平顺，如再做成弹性，要大大增加操作行程，故一般不采用轴向弹性从动钢片。

从动片在保证强度的条件下，尽量减小质量，以获得最小的转动惯量。

摩擦衬面的材料，要求摩擦系数高而稳定，对不同工作温度、表面压力和滑动速度的变化均不敏感，具有良好的耐热性和耐磨损性，用于高速时，与其密度相比要有高的抗拉强度，长期停放，摩擦面不应"黏着"。

常用的有机材料有：长纤维石棉的线卷材料，或把织布经过特殊树脂加工及热处理的织造材料，把短纤维石棉和填充材料用树脂和橡胶结合起来并经过成型热处理的模压材料，以及介于模压中间的半模材料。有的在其中加入一些黄铜和锌线，以提高强度及传热性。但因具有一定毒性，现在正被玻璃纤维和合成纤维取代。尽管新材料比石棉衬片贵60%～100%，但比它耐磨，且密度小，故可降低从动盘和变速器同步零件的转动惯量。

在耐热性要求特别高时，也有采用无机摩擦材料，以钢板为芯材的铜基烧结合金最为常用。在热稳定性方面要求性能优良时，用金属陶瓷材料。

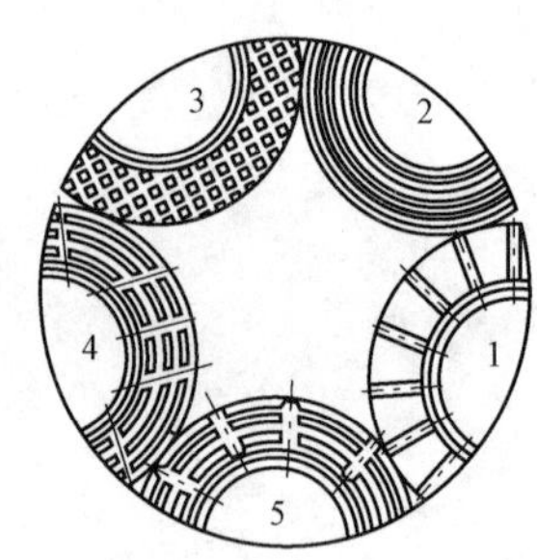

图3-8　摩擦片的油槽形状

湿式离合器的摩擦片表面需要有油槽（图3-8），以便冷却油在中间流动。油槽的形式各种各样，有径向的、周向的、斜向的，也有几种形式相组合的。一般来说，径向油槽（图3-8中的1号）有利于油流动、冷却好、耐磨，但摩擦系数低。周向螺旋槽（图3-8中的2号）摩擦系数大，也耐磨，但油流不易通过、散热差。网格状（图3-8中的3号）油流好、冷却好、摩擦系数也高，但在分离状态时油流易在摩擦片之间形成黏性传动，造成分离不彻底。常常采用几种组合形成的综合式（图3-8中的4、5号）。

二、离合器压盘

离合器压盘受弹簧力的作用将从动盘紧压在飞轮上，传递驱动力。在分离时，用杠杆作用将从动盘与飞轮离开。它与飞轮、离合器盖同属离合器的主动部分，但它不仅与其一起转动，还要能轴向移动。压盘的形状和材料选择对离合器性能有决定性影响，其尺寸应满足热负荷的要求。它应能储存一定的摩擦热量，或能迅速把此热量散发到周围空气中去。故应根据热容量、散热性以及防止挠曲来设计它的形状。压盘受热比飞轮严重，还须满足高速下的安全要求。其安全转速一般应超过发动机最高转速的1倍，故其材料用高级铸铁制造，也有用优质球墨铸造的。离合器压盘还要进行静平衡试验，其平衡精度不能低于15～20g·mm。

三、离合器盖

离合器盖，是指飞轮和离合器总成的金属罩盖。

通常用薄钢板压制成型，即可满足弹性和刚度的要求。对于重型工程机械则多用灰铸铁，或球墨铸铁，以提高其抗弯能力，并且对振动不敏感。在离合器盖上还设有通风窗等结构以满足离合器的散热要求。

离合器盖与飞轮的定心，一般是用离合器盖体的外径定心，但精确的办法是采用销钉定心。离合器盖与压盘的连接方式，有传力片、传动块和销钉等。

四、离合器轴

主离合器轴的前端支承在飞轮中心。干式离合器一般采用一边带防尘圈的深沟球轴承，最好采用耐热性好的锂基润滑脂。为了便于装配，轴承外圈与飞轮配合较紧，内圈与轴配合较松。对于像汽车这样批量很大、功率较小的机器，主离合器轴通常与变速器的输入轴（Ⅰ轴）做成一体。也就是说，离合器轴的后端支承在变速器壳体上。对于批量小、功率大的工程机械，离合器轴的后端一般支承在离合器外壳上，通过联轴器与变速器相连接。

第五节　压紧机构设计

一、弹簧压紧

主离合器中的弹簧压紧机构通常有三种形式：

(1)周缘弹簧式，这种方式将数个圆柱螺旋弹簧均匀布置在同一半径或两个不同半径的圆周面上。

(2)中央弹簧式，在离合器中心位置布置中央弹簧，中央弹簧可以是螺旋弹簧，也可以是碟形弹簧或膜片弹簧。

(3)弹簧和压紧杠杆机构组合的形式。

设计弹簧时，除了考虑弹簧的作用力和变形量外，还要考虑在离合器分离时，各工作盘之间应有一定的间隙，也就是说，离合器弹簧要有一定的附加变形量。

1. 圆柱螺旋弹簧

大多数常闭式离合器采用数个圆柱螺旋弹簧圆周布置的方式，为了使压紧力在摩擦面上均匀分布，弹簧数量 Z 随着摩擦面积的增大而增多。通常取 6、9、12、15 个。

圆柱螺旋弹簧的许用应力按下式计算：

$$\tau=\frac{8KDP}{\pi d^3}=\frac{8KCP}{\pi d^2}\leqslant[\tau] \tag{3-15}$$

式中：τ——剪切应力，MPa；

$[\tau]$——许用剪切应力，对于碳素弹簧钢丝，取 450MPa；对于 60Si2Mn，可取 700MPa；

P——弹簧的工作载荷，设计时应该考虑离合器分离时的附加变形量，初算时，可取离合器闭合时压紧力的 1.2 倍，N；

C——弹簧的旋绕比，$C=D/d$，通常在 4 ~ 9 之间取值；

D——弹簧中径，mm；

d——弹簧材料钢丝直径，mm；

K——弹簧的曲度系数，由下式计算

$$K=\frac{4C-1}{4C-4}+\frac{0.615}{C} \tag{3-16}$$

弹簧工作载荷下的变形量按下式计算:

$$f=\frac{8nD^3P}{Gd^4}=\frac{8nC^3P}{Gd} \tag{3-17}$$

式中:f——弹簧工作载荷下的变形量,mm;

n——弹簧的有效圈数;

G——弹簧材料的剪切变形模量,对于钢材 $G=8.3\times10^3$MPa。

弹簧的刚度系数按下式计算:

$$k=\frac{P}{f}=\frac{Gd^4}{8nD^3}=\frac{GD}{8nC^4} \tag{3-18}$$

设计离合器弹簧时,从动盘的数量和尺寸一般已经确定,初定弹簧数量后,弹簧工作载荷 P 也就确定了。确定弹簧变形量 f 时,要考虑以下几点:

(1)这类离合器的压紧机构的位置一般是不能调整的,要保证在摩擦片磨损范围内仍有足够的转矩储备系数。

(2)离合器分离后,主从动摩擦片之间要有足够的间隙,以保证离合器分离彻底,单片离合器的间隙通常为0.75~1.5mm,双片离合器为0.35~0.75mm,多片为0.2~0.45mm。

(3)在离合器彻底分离后,弹簧不能压并,相邻工作圈之间应该有0.5~1.5mm的间隙。

(4)为了保证弹簧的两端足够的接触面积,弹簧的端部应该并紧、磨平,弹簧的总圈数应该比有效圈数 n 大两圈。

弹簧设计计算步骤大体如下:

(1)选择材料,查取许用剪切应力$[\tau]$,然后在5~8范围内初步选取旋绕比 C。由下式计算弹簧钢丝直径 d 并圆整为标准值;

$$d=1.6\sqrt{\frac{KCP}{[\tau]}} \tag{3-19}$$

(2)由 $D=Cd$ 计算出弹簧中径 D,弹簧中径也应该圆整为标准值;

(3)由下式计算出有效圈数 n;

$$n=\frac{Gd^4f}{8D^3P} \tag{3-20}$$

(4)复查并校核弹簧特性,其中包含弹簧刚度、变形量、工作载荷和试验载荷等数值是否符合设计要求。按此步骤一般需选取几个 C 值同时计算,比较其结果,选取最优方案。

圆柱弹簧用在离合器上有结构简单、工艺性好、成本较低的优点。但由于圆柱弹簧的压力—变形曲线为一直线,当离合器摩擦片的磨损后,其压紧力要减少,造成离合器转矩储备系数下降;由于分离过程其实是一个将弹簧压缩的过程,所以分离过程的弹簧的受力是增大的,这会导致离合器的操纵力增大;为了改善离合器的性能,压紧弹簧的圈数一般较多,这会使离合器轴向尺寸加长。

2. *碟形弹簧*

图3-9为碟形弹簧的压力 P 与变形 f 的关系曲线,可以看出,碟形弹簧是非线性弹簧。利用这个特点,设计时可以使弹簧工作于最高点 s 右侧的 b 点,摩擦片磨损终了时,可以使弹簧工作于 a 点,基本实现 $P_a=P_b$,保证离合器的转矩储备系数大体不变。离合器的分离操作时,弹簧由 b 向 c 变形,压力越来越小,操纵也越来越轻。还有,碟形弹簧的轴向尺寸也比较小,而

且压紧力在圆周方向是均匀分布的。

图 3-10 为碟形弹簧的基本结构图,离合器采用$\sqrt{2} < \frac{H}{h_0} < 2\sqrt{2}$的碟形弹簧。碟形弹簧的载荷—变形公式如下:

$$P = \frac{4Eh_0 f}{(1-\mu^2)D^2A}\left[(H-f)\left(H-\frac{f}{2}\right)+h_0^2\right] \tag{3-21}$$

式中:E——材料的弹性模量,对于钢 $E = 206\text{GPa}$;

μ——泊桑比,钢的 $\mu = 0.3$;

f——碟形弹簧的轴向变形,mm;

A——载荷系数,由表 3-4 查得。

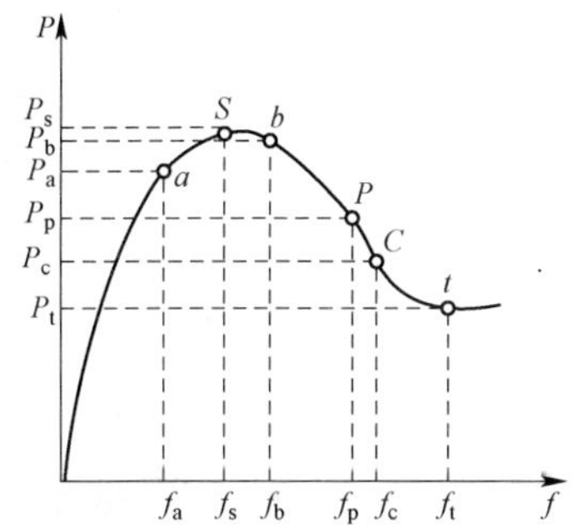

图 3-9 碟形弹簧的特性曲线

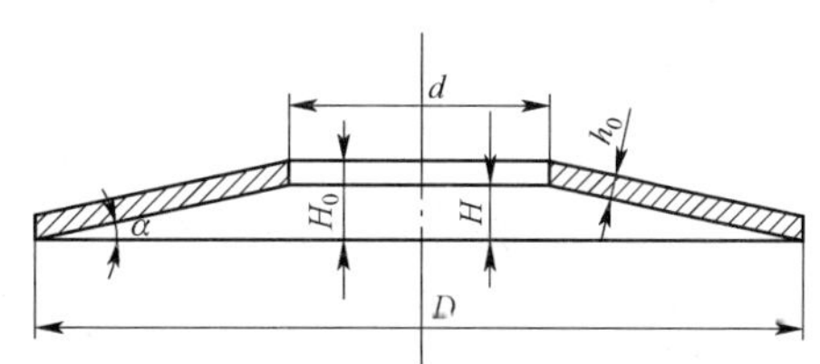

图 3-10 碟形弹簧

碟形弹簧的最大应力—变形关系如下:

$$\sigma_{\max} = \frac{4Ef}{(1-\mu^2)D^2A}\left[C_1\left(H-\frac{f}{2}\right)+C_2h_0\right] \tag{3-22}$$

式中:C_1、C_2——应力系数,由表 3-4 查得。

$\sigma_{\max}$——碟形弹簧的最大切向应力,对于常用材料,例如:60Si2CrA 和 60Si2MnA,许用应力$[\sigma_{\max}] = 1.4 \sim 1.5\text{GPa}$。

碟形弹簧的载荷系数 A 和应力系数 C_1 和 C_2 表 3-4

D/d	A	C_1	C_2	D/d	A	C_1	C_2
1.2	0.291	1.016	1.048	1.5	0.523	1.098	1.178
1.3	0.388	1.044	1.092	1.6	0.571	1.124	1.219
1.4	0.464	1.062	1.135	1.7	0.612	1.149	1.260

碟形弹簧的特性曲线上有三个特性点,分别为压力最高点 S、压力最低点 t、和弹簧被压平点 P。这三点的变形计算公式如下:

$$f_s = H - \sqrt{\frac{H^2}{3} - \frac{2h_0^2}{3}}$$

$$f_t = H + \sqrt{\frac{H^2}{3} - \frac{2h_0^2}{3}}$$

$$f_P = H$$

初步设计时,可取 $D/d = 1.5$,弹簧锥底角 α 取 9° ~ 10°。当碟形弹簧的变形 f 超过 f_P 时,弹簧会发生翻转，结构设计时要保证弹簧翻转不受妨碍。弹簧工作时发生最大应力的变形 f_0 按下式计算：

$$f_0 = H + \frac{C_2}{C_1} h_0 \tag{3-23}$$

设计时，要将 f_0 与离合器彻底分离时的变形量 f_c 比较，如果 $f_0 > f_c$，则按 f_c 用式(3-22)计算强度；如果 $f_0 < f_c$，则按 f_0 用式(3-22)计算弹簧强度。

碟形弹簧通常为钢板冲压变形，然后经过热处理制成，表面硬度一般为 45 ~ 50HRC；碟簧应为均匀的回火托氏体和少量的索氏体。单面脱碳层的深度一般不得超过厚度的 3%。工艺难度要比圆柱螺旋弹簧高。碟形弹簧一般采用 60Si2MnA 或 50CrVA 等优质高精度钢板材料。为了提高其的承载能力，要进行强压处理，即沿其分离状态的工作方向，超过彻底分离点后继续施加过量的位移，然后保持 10h 以上，使其高应力区发生塑性变形以产生残余反向应力。一般来说，经强压处理后，在同样的工作条件下，可提高碟形弹簧的疲劳寿命 5% ~ 30%。另外，对碟形弹簧的凹面或双面进行喷丸处理，即以高速弹丸流喷射到碟形弹簧表面，使表层产生塑性变形，形成一定厚度的表面强化层，起到冷作硬化的作用，同样也可提高疲劳寿命。

3. 膜片弹簧

图 3-11 为膜片弹簧的基本结构，图 3-12 为两种使用膜片弹簧主离合器结构图。可以看出，膜片弹簧是一种特殊结构的碟形弹簧。其结构是在碟形弹簧的中心部分开许多径向槽，构成许多被称为分离指的弹性杠杆后形成的。当离合器分离时，分离指起着分离杠杆的作用；而未切槽的其他完整部分，仍然为碟形弹簧。

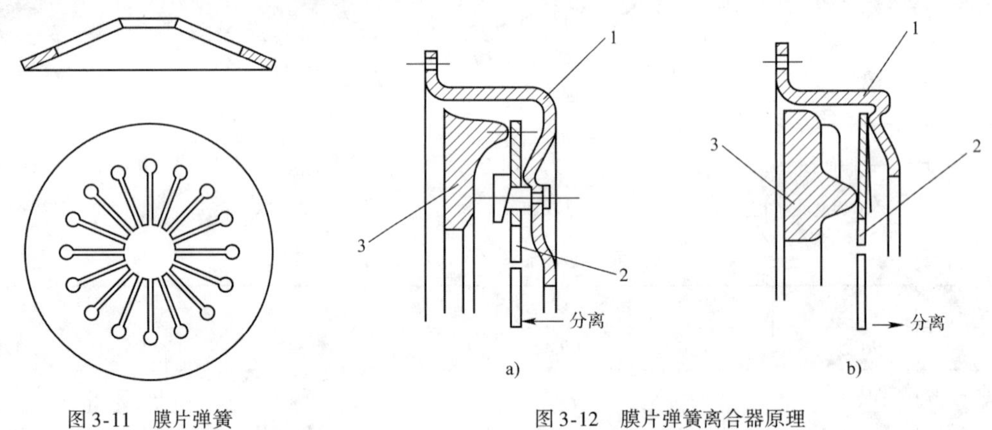

图 3-11　膜片弹簧

图 3-12　膜片弹簧离合器原理
a）压式；b）拉式
1-离合器盖；2-膜片弹簧；3-压盘

由图 3-12 可以看出，膜片弹簧离合器工作时，膜片弹簧本身有压紧弹簧和分离杠杆两个作用，故离合器结构简单、轴向尺寸小。弹簧的压紧特性就是碟形弹簧的特性，符合现代离合器的要求。但膜片弹簧的工艺难度要比普通碟形弹簧大。目前，膜片弹簧工艺已经基本成熟，膜片弹簧已越来越多地使用于各种机械设备上。

离合器膜片弹簧在实际安装中的支承点见图 3-13，稍偏离其碟簧部分的大、小端部。离合器在工作中，膜片弹簧两支承圈的位置不变，而压盘和分离轴承有轴向移动（图3-13b、c）。离合器接合时，在支承点所加的载荷 P_1 和碟簧部分的相对变形 λ_1 之间的关系如下：

$$P_1 = \frac{\pi E h \lambda_1}{6(1-\mu^2)} \cdot \frac{\ln \frac{R}{r}}{(R_1 - r_1)^2} \left[\left(H - \lambda_1 \frac{R-r}{R_1 - r_1} \right) \left(H - \frac{\lambda_1}{2} \frac{R-r}{R_1 - r_1} \right) + h_0^2 \right] \tag{3-24}$$

式中：R_1——膜片弹簧与压盘接触处的半径，mm；

r_1——支承圈平均半径，mm；

R——碟簧大端半径，mm；

r——碟簧小端半径，mm。

当离合器分离时，如图 3-13c）所示，其加载点改变。在膜片弹簧小端的分离指处作用有分离轴承的推力 P_2，该作用点的变形为 λ_2。P_2 与 λ_1 的关系如下：

$$P_2 = \frac{\pi E h \lambda_1}{6(1-\mu^2)} \cdot \frac{\ln(R/r)}{(R_1 - r_1)(r_1 - r_f)} \left[\left(H - \lambda_1 \frac{R-r}{R_1 - r_1} \right) \left(H - \frac{\lambda_1}{2} \frac{R-r}{R_1 - r_1} \right) + h_0^2 \right] \tag{3-25}$$

式中：r_f——分离轴承推力的作用半径，mm。

λ_1 与 λ_2 的关系如下：

$$\lambda_2 = \frac{r_1 - r_f}{R_1 - r_1} \lambda_1 \tag{3-26}$$

利用上两式可以求得 λ_2、P_2 之间的关系。

应当指出，如图 3-13 所示，λ_2 为膜片弹簧分离时加载点在 P_2 作用下相对于其自由状态时的变形量，与分离轴承推动假定为刚性的分离指的移动量 λ_{2f}不同，l_{2f}与实际压盘的分离行程 l_{1f}的关系为：

$$\lambda_{2f} = \frac{r_1 - r_f}{R_1 - r_1} \lambda_{1f} \tag{3-27}$$

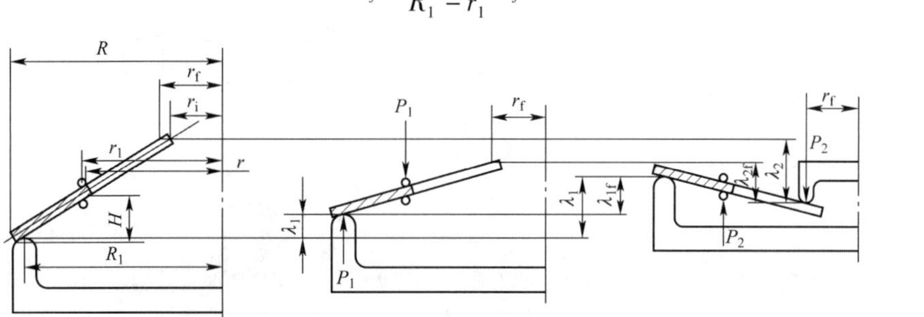

图 3-13 膜片弹簧在离合器接合和分离状态时的受力及变形
a）自由状态；b）接合状态；c）分离状态

因分离指为非刚性的，如果考虑到其在力 P_2 的作用下有附加弹性变形 $\Delta\lambda_2$，则分离轴承推膜片弹簧的实际行程 λ'_{2f}为：

$$\lambda'_{2f} = \lambda_{2f} + \Delta\lambda_2 \tag{3-28}$$

式中：λ'_{2f}——分离轴承推膜片弹簧的实际行程，mm；

$\Delta\lambda_2$——在力 P_2 的作用下有附加弹性变形（可以根据分离指的形状由材料力学求得），mm。

膜片弹簧的材料与碟形弹簧相同，膜片弹簧的碟簧部分的热处理工艺也与普通碟形弹簧相同。为提高分离指的耐磨性，可对分离指端部进行高频感应加热淬火或镀铬。为了防止膜片弹簧与压盘接触圆形处由于拉应力的作用产生裂纹，可对该处进行挤压处理。膜片弹簧表面不得有毛刺、裂纹、划痕等缺陷。分离指端硬度为55～62HRC，在同一片上同一范围内的硬度差不得大于3个单位。膜片弹簧的内外半径公差一般为H11和h11，厚度公差为±0.025mm，初始底锥角公差为±10′。上、下表面的表面粗糙度为1.6mm，底面的平面度一般要求小于0.1mm。在离合器处于接合状态时，膜片弹簧分离指端的相互高度差一般要求小于0.8～1.0mm。

二、杠杆机构压紧

图3-14是图3-2的离合器杠杆压紧机构原理图。当接合套9向左移动时，连杆10上端的滚轮1左移，通过施压盘3推动压盘2使离合器接合。在离合器接合后，接合套9进一步左移使连杆10过止点防止向右松动，同时接合套左面的台阶与调整盘7接触限位，以防止滑套继续向左移动从而使离合器松动。调整盘7的位置可以利用外圈的螺纹调整，用于调节压紧力的大小。在摩擦片磨损严重时，也可以用该螺纹调整弥补。在压杆8外端设计有重锤，分离时，重锤的离心力有促进离合器分离的作用。在分离过程中，松离弹簧6拉动压盘分离。

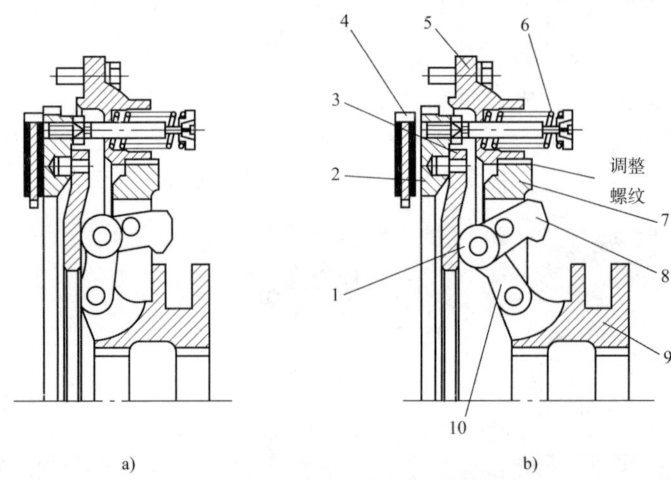

图3-14　离合器的杠杆压紧机构原理

a）离合器接合状态；b）离合器分离状态

1-滚轮；2-压盘；3-施压盘；4-从动盘；5-离合器盖；6-松离弹簧；7-调整盘；8-压杆；9-接合套；10-连杆

在接合过程中，接合套的位移S_Σ可用下式表示（图3-15）。

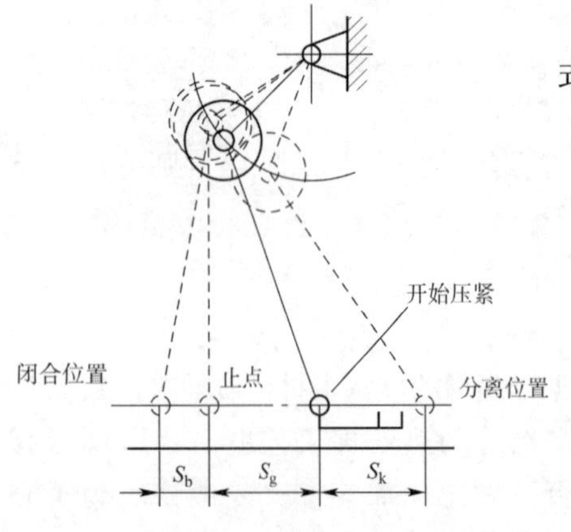

图3-15　杠杆压紧机构工作过程示意图

$$S_\Sigma = S_k + S_g + S_b \tag{3-29}$$

式中：S_k——空行程。用以消除压紧杠杆端部与压盘之间和离合器各摩擦表面之间的间隙，压盘还没有产生压紧力；

S_g——工作行程。在这个行程中，压紧机构逐渐在摩擦面上产生压紧力，使离合器接合，在死点时压紧力达到最大，但这个位置是还不稳定的，该最大压紧力不能保持；

S_b——闭合行程。杠杆机构越过止点，压紧力略有下降，但可防止机构在工作中自动分离。

设计时，S_k应保证每个摩擦面之间有0.8～1.2mm

的间隙。在 S_g 行程中,系统中的各构件要发生弹性变形,以产生压紧力。所以,在整个压紧机构的刚度不能太大,否则,难以实现接合平稳,而且摩擦片稍有磨损离合器就会打滑。图 3-14 中的施压盘 3 就是为减小系统刚度而设置的。S_b 一般取 2 ~ 4mm。

采用这种机构的离合器操纵力一般较大,需要动力助力机构。

第六节　操纵与控制

主离合器的操纵比较频繁,对于由驾驶员脚踩踏板操纵的,为减轻驾驶员的劳动强度,要求踏板力尽可能的小,一般不应超过 150 ~ 200N;踏板总行程也不宜过大,一般应在 80 ~ 150mm 范围内,最大应不超过 200mm;手操纵杆上的操纵力不宜超过 150N;应具有踏板自由行程的调整装置,以便在离合器摩擦片磨损后用来调整和恢复分离轴承与分离杠杆间的正常间隙量;还应有踏板行程限位装置,以防止操纵机构的零件受过大载荷而损坏。此外,操纵机构的传动效率要高,具有足够的刚度,不会因发动机的振动以及车架和驾驶室的变形而影响其正常工作,工作可靠,寿命高,维修养护简易、方便等。

设计时,通常先设计合适的操纵行程,然后校核操纵力的大小,如果操纵力过大,则要考虑改进离合器方案或者采用动力操纵。

一、机械式人力操纵机构

机械式操纵机构(图 3-16)是由一系列杆件组成的,其结构简单,工作可靠。但当距离较远时,结构布置困难,铰点增多,效率降低,质量加大,而且车架的变形也会影响正常工作。一般用于距离较近、布置方便的机械上。

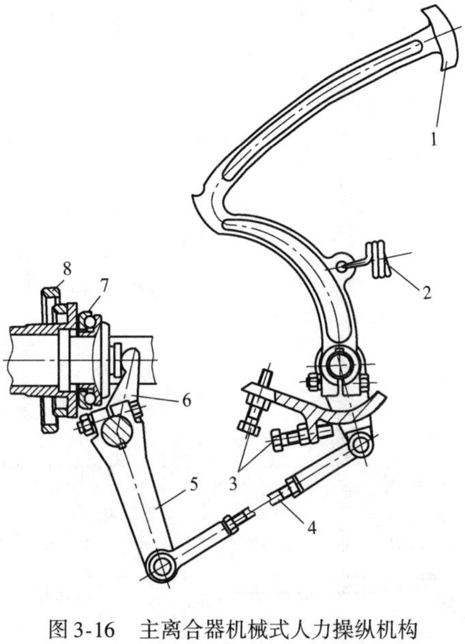

图 3-16　主离合器机械式人力操纵机构

1-踏板;2-复位弹簧;3-限位螺钉;4-拉杆;5-摆杆;6-分离叉;7-分离轴承;8-压紧弹簧

二、液压式人力操纵机构

液压式操纵机构一般由分离油缸、分离主缸和管路系统组成,如图 3-17 所示。液压式离合器操纵机构具有摩擦阻力小、质量轻、布置方便、离合器接合柔和等优点。在车架变形时,液压操纵机构不会受到影响,而且可以远距离控制。由于目前液压操纵机构有许多标准元件可以利用,因此广泛地使用在各种人力操纵的机械上。

三、气压式操纵机构

在具备压缩空气装置的车辆上也可采用气压式操纵机构。它由踏板、操纵阀、工作缸、储气筒和管路等所组成(图 3-18)。操纵轻便是其突出优点。设计时,必须保证其随动作用即工作缸活塞杆的行程与踏板行程成一定比例,而与作用时间的长短无关。这样,就能保证当逐渐地放松离合器踏板时,离合器能平稳而柔和地接合。

操纵阀如图 3-19 所示，在离合器接合状态时，在弹簧 18 的作用下双向阀 13 将进气阀座 14 上的进气孔关闭，切断了压缩空气通向工作缸的气路。而双向阀 13 的上球阀并未压紧排气阀座 11，因此工作缸经排气阀座 11 的中心孔与大气接通。当踩下踏板分离离合器时，弹簧 8 及其座 6 被压下，使膜片 20 向下变形，带动排气阀座 11 下移并封闭其中心孔，切断工作缸与大气的通路。继续踩下踏板，使排气阀座 11 压下双向阀 13，打开进气孔使工作缸与压缩空气接通，离合器即被迅速分离。在压缩空气进入工作缸的同时，也通过量孔 19 进入膜片下腔。当膜片所受的空气压力大于平衡弹簧 8 的预紧力时，膜片上移，双向阀 13 将进气孔关闭而此时排气阀尚未打开，则压缩空气停止进入工作缸，缸内气压保持一定，膜片上下压力相等，系统处于平衡状态。因为膜片使进、排气阀座同时处于关闭的位置是一定的，所以平衡弹簧的压缩量反映了踏板力与空气压力两种作用的结果，同时也反映了踏板行程及工作缸活塞杆行程的大小。踏板位置的变化使系统中的气压和工作缸活塞杆位置也相应改变。这种踏板行程与工作缸活塞杆行程之间按比例的随动作用保证了缓慢放松踏板时离合器的接合平顺柔和。

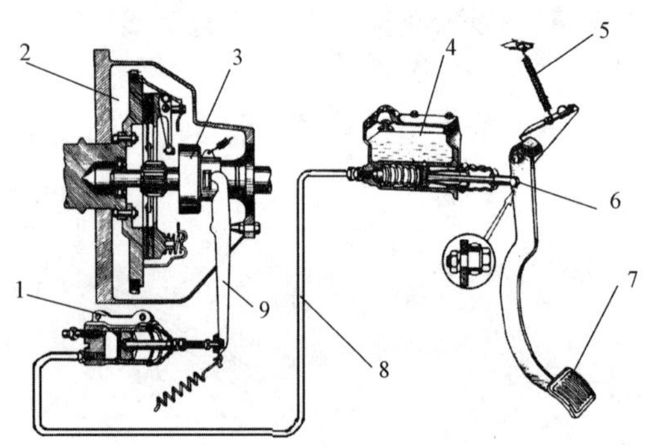

图 3-17　主离合器液压式人力操纵机构

1-分离油缸；2-主离合器；3-分离轴承；4-分离主缸；5-离合器踏板分离弹簧；6-偏心调整螺钉；7-离合器踏板；8-输油管；9-分离叉

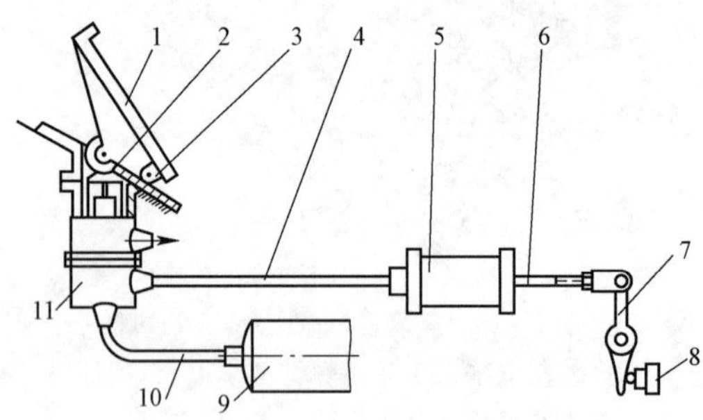

图 3-18　气压式操纵机构简图

1-离合器踏板；2-滚轮；3-踏板支承；4、10-管路；5-工作缸；6-推杆；7-分离拨叉；8-分离轴承；9-储气筒；11-操纵阀

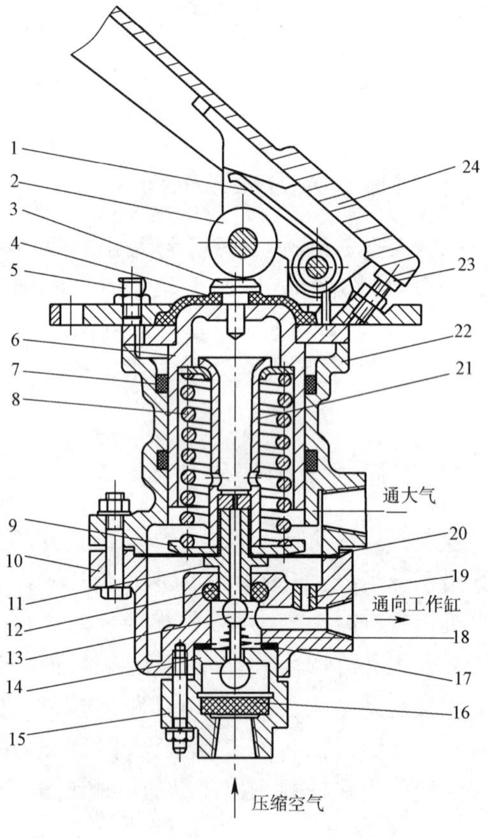

图 3-19　气压式操纵机构的操纵阀

1-弹簧；2-滚轮；3-推块；4-防尘罩；5-油嘴；6-弹簧座；7-密封圈；8-平衡弹簧；9-弹簧下支承；10-下阀体；11-排气阀座；12-密封环；13-双向阀；14-进气阀座；15-滤阀壳体；16-滤网；17-调整垫片；18-弹簧；19-量孔螺塞；20-膜片；21-中心套管；22-上阀体；23-调整螺栓；24-踏板

四、液压助力式操纵机构

在推土机这样的工程机械上，广泛使用的是液压助力式主离合器操纵机构。图 3-20 为常见的推土机离合器助力操纵系统的总原理图。

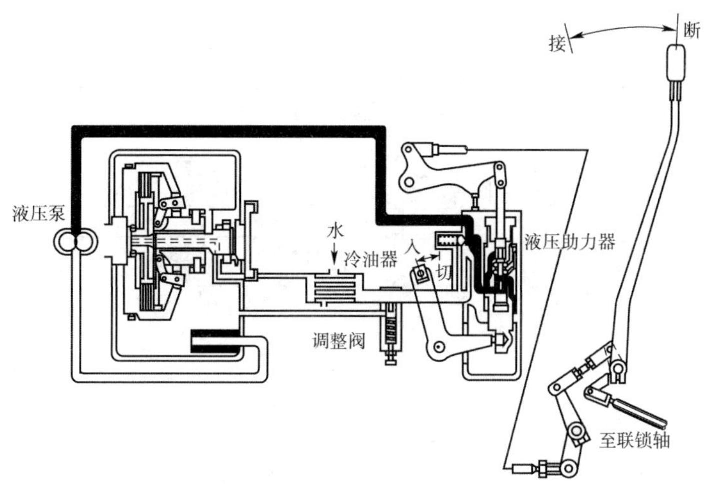

图 3-20 主离合器液压助力操纵系统原理

液压助力器的原理，如图 3-21 所示。工作时，操作人员移动阀芯，活塞则随阀芯移动。具体原理为：当离合器需要接合时，操作人员拉动阀芯向右移动，阀芯堵上 B 口、D 口，压力油进入油缸的 P 腔，推动活塞右移，并拉动拨叉使离合器接合，Q 腔的油通过阀芯中央的环槽流向出口 T；当离合器分离时，推动阀芯向左移动，阀芯堵上 A 口、C 口，压力油进入油缸的 Q 腔，推动活塞左移，推动拨叉使离合器分离，P 腔的油通过阀芯中央的环槽流向出口 T；如果驾驶员没有操作主离合器阀芯，在右端内外两个弹簧的作用下，阀芯处于中间位置，P 腔、Q 腔压力油都通过中央环槽与出口相通，活塞不会移动。在液压系统失效的时候，若要使离合器分离，阀芯直接推动堵头使活塞左移分离离合器；若要接合离合器，阀芯压并右端的内簧，拉动活塞右移接合离合器。不过，这时的操纵力要增加许多。

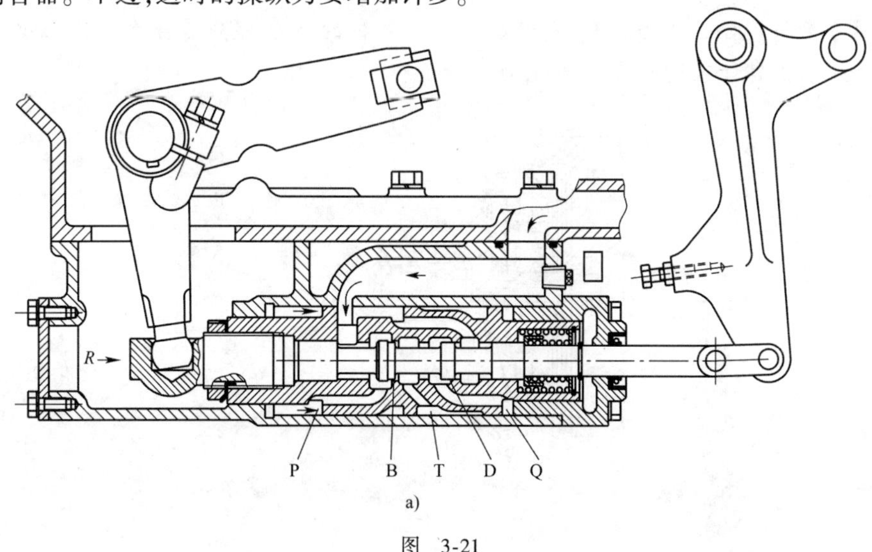

图 3-21

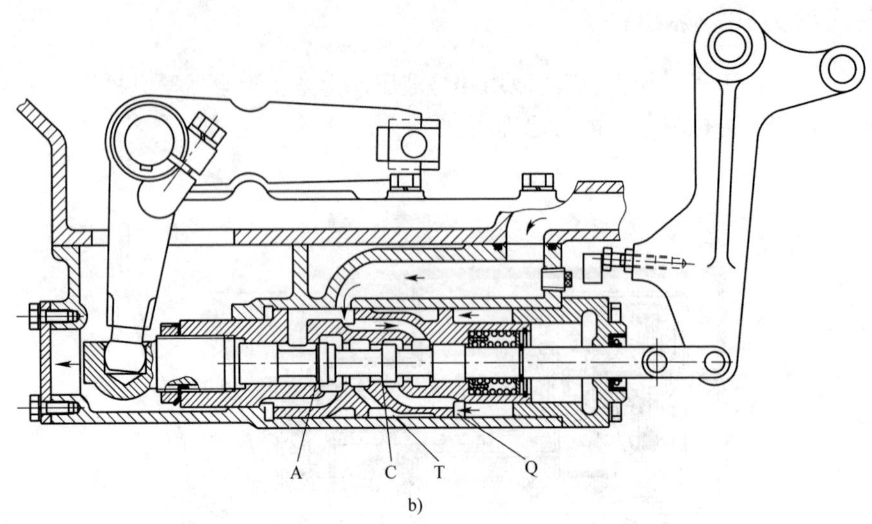

图 3-21　主离合器液压助力器工作原理

a)离合器接合时助力器的位置;b)离合器分离时助力器的位置

这种操纵方式可靠,而且可以产生很大的离合器接合力,常用于大功率的湿式离合器上。其缺点是远距离操纵比较困难。

由助力器流出的液压油通常进入湿式离合器的摩擦片,对摩擦副进行润滑、散热。

【练习题】

1. 主离合器有什么作用？主离合器有哪些类型？

2. 主离合器有哪些设计要求？有哪些主要参数？

3. 为什么湿式摩擦离合器广泛用于工程机械中？而机械传动的轻、中型汽车仍多采用干式离合器？

4. 图 3-22 中序号分别指离合器的什么结构？摩擦离合器怎么实现分离和接合过程？在离合器实现分离与接合互相转换时,在结构上必须具备的三个部分是什么？这三个基本部分如何配合使发动机转矩经过离合器实现动力传递？

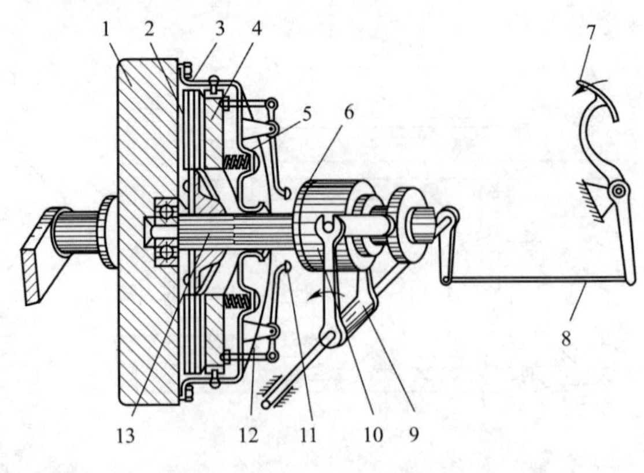

图　3-22

第四章
人力换挡变速器

【学习目标与要求】

理解人力换挡变速器的基本原理，熟悉工程机械产品中常用的变速器结构、变速器总体布局的一般原则和主要零件的设计要点，了解换挡操纵机构的设计要求。

从离合器输出的动力通常直接进入变速器。变速器的作用是：

(1)改变机器的行驶速度，机械工作和行驶时，往往需要不同的前进速度，采用变速器是实现这一功能的主要手段。

(2)改变机器所能产生的最大牵引力，使用中由于不同工况的工作阻力不同，而发动机在使用时的输出转矩不能大范围变化，为了使机器有比较宽的工作范围，需要利用变速器来减速增加牵引力。

(3)实现空挡，有时需要机器较长时间停机，但发动机不能熄火，这通常通过变速器挂空挡来实现。

(4)实现倒挡，柴油机只能向一个方向旋转，而机器实际上需要前进和后退，在机械式传动系中用变速器挂倒挡的办法实现后退。此外，许多自行走式机械的变速器上设有动力输出口(例如：大中型汽车)或动力输出轴(例如：推土机、拖拉机)。必要时，可以从这里输出动力驱动其他机械设备，实现多种功能。

工程机械上常见的变速器一般有人力换挡变速器和动力换挡变速器，而动力换挡变速器又分为定轴式动力换挡变速器和行星式动力换挡变速器两种。本章介绍人力换挡变速器，即用人力通过杠杆和拨叉来改变变速器中的齿轮传动副来实现换挡的变速器。

第一节　变速器的基本原理

一、基本原理

1. 移动式齿轮换挡过程

图4-1为一简单的两挡变速器原理图，图中Z_1、Z_3组成的双联齿轮可以在轴Ⅰ上滑动。

在图示的状态下，Z_1、Z_2、Z_3、Z_4 均不相互啮合，轴Ⅰ的转动与轴Ⅱ的转动之间没有关系，这种状态称为变速器的空挡。当双联齿轮向右移动时，Z_1 与 Z_2 啮合，轴Ⅰ与轴Ⅱ之间的传动比 i_1 为：

$$i_1 = \frac{Z_2}{Z_1} \tag{4-1}$$

轴Ⅱ的转速 n_2 为：

$$n_2 = \frac{n_1}{i_1} \tag{4-2}$$

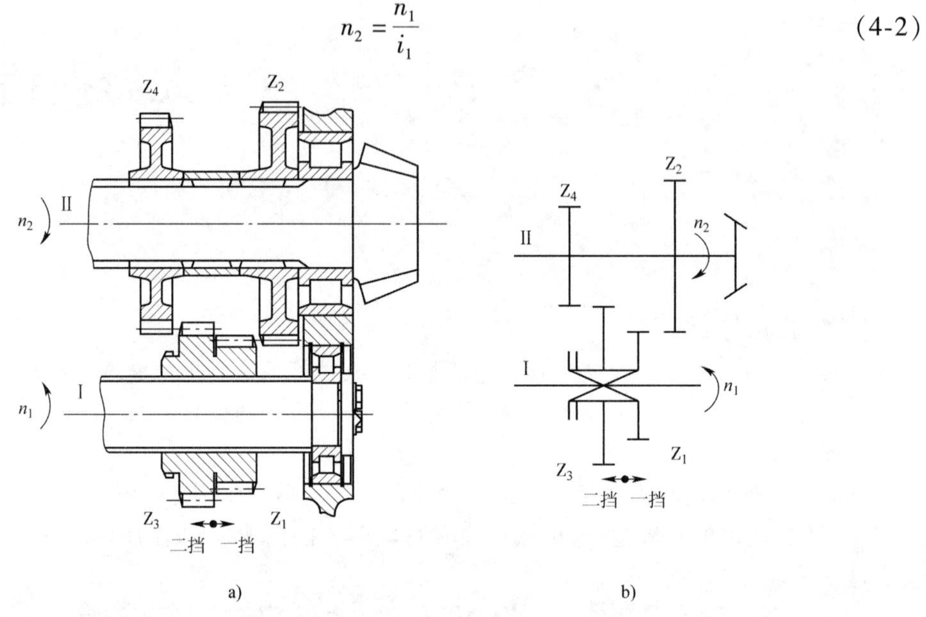

图 4-1　移动式齿轮换挡

a）结构图；b）简图

当双联齿轮向左移动时 Z_3 与 Z_4 啮合，轴Ⅰ与轴Ⅱ之间的传动比 i_2、转速 n_2'分别为：

$$i_2 = \frac{Z_4}{Z_3}$$

$$n_2' = \frac{n_1}{i_2}$$

明显

$$n_2' > n_2$$

移动齿轮式变速器有零部件数量少，结构简单等优点。但也有许多缺点，例如：在行进中换挡时，由于两齿轮啮入时的线速度不同（即不同步），使换挡较困难，齿轮易损坏；换挡时齿轮移动距离较长；采用斜齿轮几乎不能换挡等。移动齿轮式换挡通常用于小型机械（例如：拖拉机）和不太常用的挡位（例如：汽车倒挡）。

2. *采用啮合套换挡*

图 4-2 为采用啮合套换挡的变速器原理图，当啮合套 A 向右移动时，轴Ⅰ的动力通过啮合套传到齿轮 Z_1 实现一挡；当啮合套 A 向左移动时，轴Ⅰ的动力通过啮合套传到齿轮 Z_3 实现二挡。在图示的状态下，啮合套 A 仍然是随轴Ⅰ转动的，但齿轮 Z_1 与齿轮 Z_3 在轴Ⅰ上空转，变速器为空挡状态。

采用啮合套换挡后，由于换挡时啮合套的一圈内齿与齿轮旁边的一圈外齿同时啮合，传动强度比移动齿轮式大了许多，因而啮合套的移动距离比前述齿轮的移动距离小了许多，也提高了换挡时的抗冲击能力。由于变速器中的齿轮始终是啮合的，所以可以采用斜齿轮。但这种方法中未传动的齿轮工作时在轴上空转，其润滑问题要充分考虑。图4-2中轴Ⅰ中间的孔就是在齿轮空转时向摩擦面提供润滑油的。啮合套换挡结构比较复杂，而且没有解决换挡时的同步问题。啮合套换挡一般用于转矩较大，对换挡过程没有严格要求的机械上，例如：推土机等。

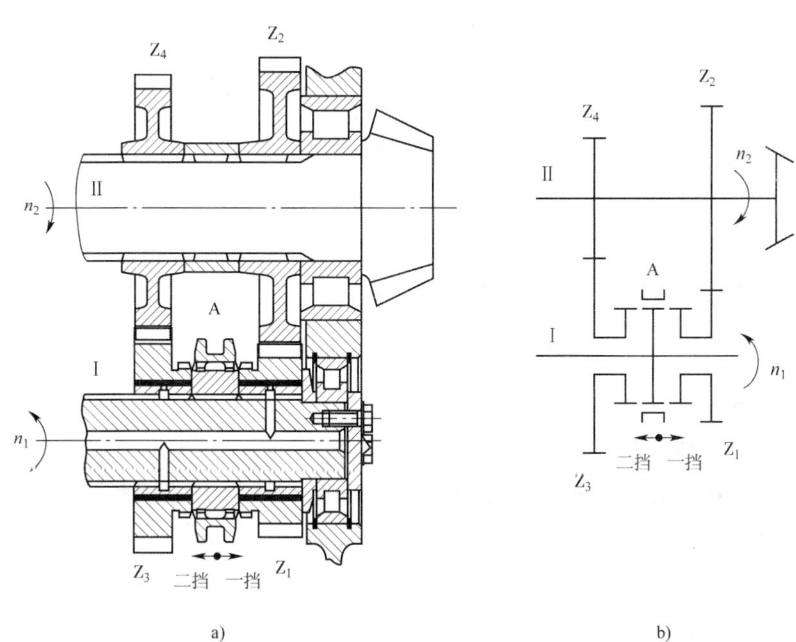

图4-2　啮合套换挡

a)结构图；b)简图

3. 同步器

同步器(图4-3)可以看作是啮合套的改进，其基本原理是挂挡前首先利用摩擦力使两个元件同步，然后再进行挂挡。下面简要介绍锁环式同步器的工作原理，目前同步器广泛使用于汽车等高速机械上，读者可以阅读其他相关书籍。

锁环式同步器又称锁齿式、齿环式或滑块式(图4-3)，其工作可靠、耐用，用于轿车及轻型客、货汽车。在其啮合套座5外花键上的三个轴向槽中放着可沿槽移动的滑块2，它们由两个弹簧圈3压向啮合套并以其中部的凸起定位于啮合套中间的内环槽中。滑块两端伸入锁环(同步锥环)缺口，缺口比滑块宽一个接合齿宽。挂挡时，啮合套带动滑块推动锁环与被接合齿轮的锥面相靠，转速差产生的摩擦力矩使锁环相对于啮合套及滑块转过一个角度并由滑块定位，恰使啮合套齿端与锁环齿端以锁止斜面相抵(图4-4a)，此时，换挡力经锁止斜面将锁环进一步压紧，锥面间的摩擦力矩进一步

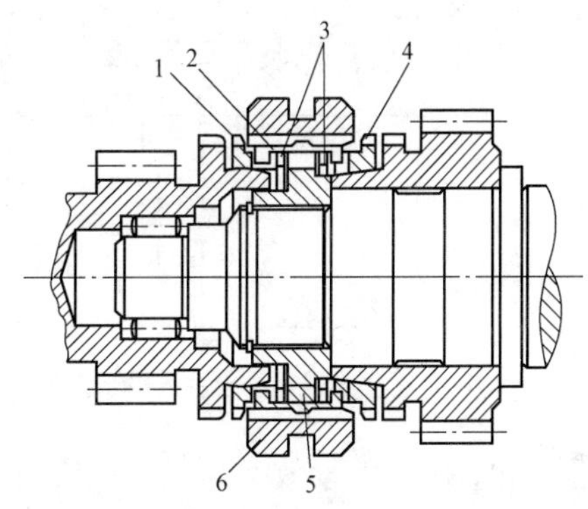

图4-3　锁环式同步器

1、4-锁环(同步锥环)；2-滑块；3-弹簧圈；5-啮合套座；6-啮合套

增大，产生滑摩。选择适当的参数，使在换挡力作用下锁止面上产生的迫使锁环回正的脱锁力矩小于锥面间的摩擦力矩，可阻止同步前挂挡。当锥面摩擦力矩克服了被接合部分的惯性力矩后，转速差及摩擦力矩消失，脱锁力矩迫使锁环回正（图4-4b），锁止斜面脱开，啮合套克服滑块的弹簧力而越过锁环与齿轮的接合齿同步啮合，保证无冲击挂挡。

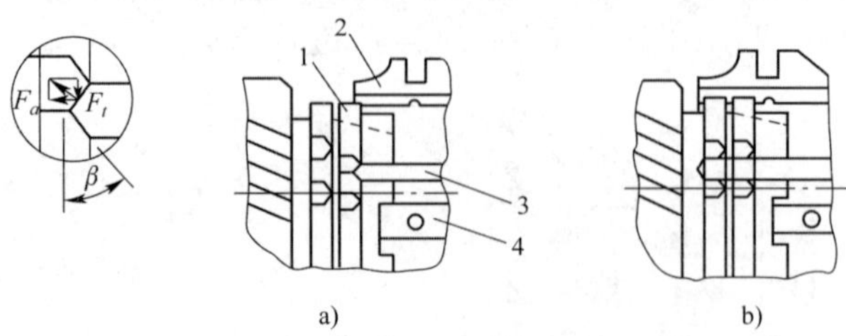

图4-4　锁环式同步器工作原理

1-锁环（同步锥环）；2-啮合套；3-啮合套的花键齿；4-滑块

4. 惯性制动器

像推土机这样的低速机械，在换挡过程中机器往往已经停止行走，从动轮的转速为零，同步问题是由于变速器输入轴的惯性产生的，一般是在离合器的输出轴上安装惯性制动器使其也停止转动来实现换挡的（参见图3-2中零件18、19）。

利用图4-1的原理，可以制作出多挡位的变速器，而且结构简单，这就是所谓的两轴式变速器。但由于这种变速器的输入轴与输出轴之间只有一对齿轮传动，难以使变速器的传动比较大，因而使用上受到限制。目前，广泛使用的是平面三轴式变速器和空间三轴式变速器。

二、平面三轴变速器

图4-5为东风EQ140型汽车五挡变速器原理图，图4-6为该变速器的结构图。这个变速器有五个前进挡和一个后退挡。其四、五挡采用锁环式同步器。二、三采挡用锁销式同步器，锁销式同步器的承载能力较锁环式大。倒挡和一挡传递转矩最大，使用移动齿轮换挡。这种变速器的输入轴、输出轴在一条直线上，其五挡时的动力是从输入轴直接传到输出轴（即直接挡）的；由于它的输入轴、中间轴、输出轴在同一平面内，所以被称为平面三轴式变速器。

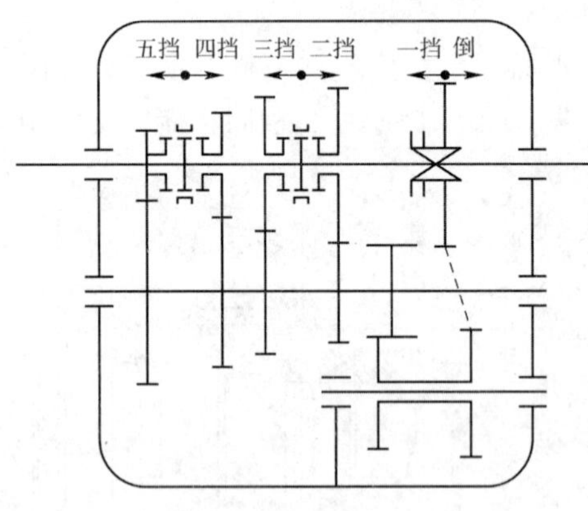

图4-5　东风EQ140型汽车五挡变速器原理图

这种变速器的换挡元件可以布置在变速器上部的轴上，换挡机构简单；三根轴在壳体上的安装孔只有两对，壳体制造简单；由于多数挡位从输入到输出只有两对齿轮传动，直接挡是不经过齿轮传动的，所以传动效率高。其主要缺点是：输出轴支承在输入轴的齿轮内部，刚度较差，位于输入轴内部的轴承e工作条件较差，而且这种结构难以获得多个倒挡。

平面三轴式变速器广泛使用于倒退不太频繁的机械设备（例如：汽车）上，也可以用于液压驱动的传动系中，由于采用液压传动系机器的后退一般利用液压马达的反转来实现，其变速器中不需要布置倒挡,如稳定土拌和机(图 2-3)。

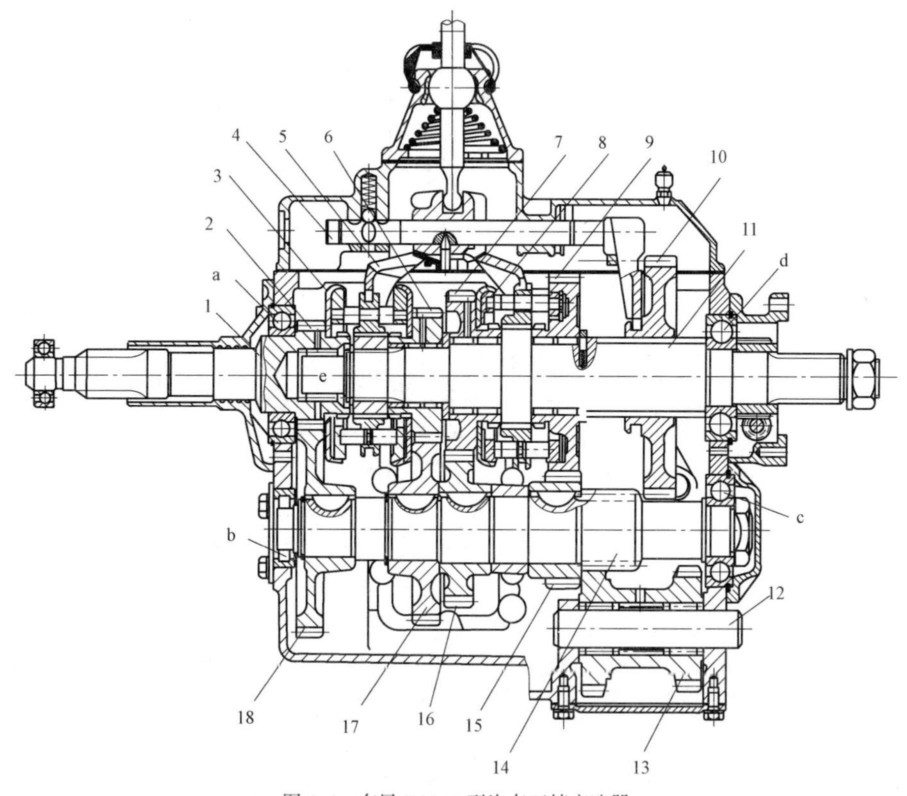

图 4-6 东风 EQ140 型汽车五挡变速器

1-输入轴;2-常啮合主动齿轮;3-四、五挡同步器;4-变速器滑轨;5-变速器拨叉;6-四挡从动齿轮;7-三挡从动齿轮;8-二、三挡同步器;9-二挡从动齿轮;10-一、倒挡齿轮;11-输出轴;12-倒挡轴;13-倒挡齿轮;14-中间轴;15-二挡主动齿轮;16-三挡主动齿轮;17-四挡主动齿轮;18-常啮合从动齿轮;a、b、c、d、e-轴承

三、空间三轴式变速器

图 4-7 为 D80 推土机的变速器原理简图,图 4-8 为该变速器的结构图。这个变速器能实现五个前进挡和四个后退挡。由于发动机的功率较大,全部采用啮合套换挡。表 4-1 为各挡位的动力传递路线。由于它的输入轴、中间轴、输出轴呈三角形布置,所以被称为空间三轴式变速器。

D80 推土机动力传递路线 表 4-1

挡位	操纵接合套	动力传递路线	挡位	操纵接合套	动力传递路线
进一	D 左移、A 右移	$Z_1 \to Z_5 \to Z_4 \to Z_{11} \to Z_{16} \to Z_{10}$	倒一	D 右移、A 右移	$Z_2 \to Z_{12} \to Z_{16} \to Z_{10}$
进二	D 左移、A 左移	$Z_1 \to Z_5 \to Z_4 \to Z_{11} \to Z_{15} \to Z_9$	倒二	D 右移、A 左移	$Z_2 \to Z_{12} \to Z_{15} \to Z_9$
进三	D 左移、B 右移	$Z_1 \to Z_5 \to Z_4 \to Z_{11} \to Z_{14} \to Z_8$	倒三	D 右移、B 右移	$Z_2 \to Z_{12} \to Z_{14} \to Z_8$
进四	D 左移、B 左移	$Z_1 \to Z_5 \to Z_4 \to Z_{11} \to Z_{13} \to Z_6$	倒四	D 右移、B 左移	$Z_2 \to Z_{12} \to Z_{13} \to Z_6$
进五	C 左移	$Z_3 \to Z_7$			

这类变速器输入轴、中间轴、输出轴都直接支承在变速器壳体上,刚度好。由于换向齿轮(图 4-7 中的 Z_4、Z_5)可以布置在挡位齿轮的前面,这种结构可以方便地获得多个倒挡。

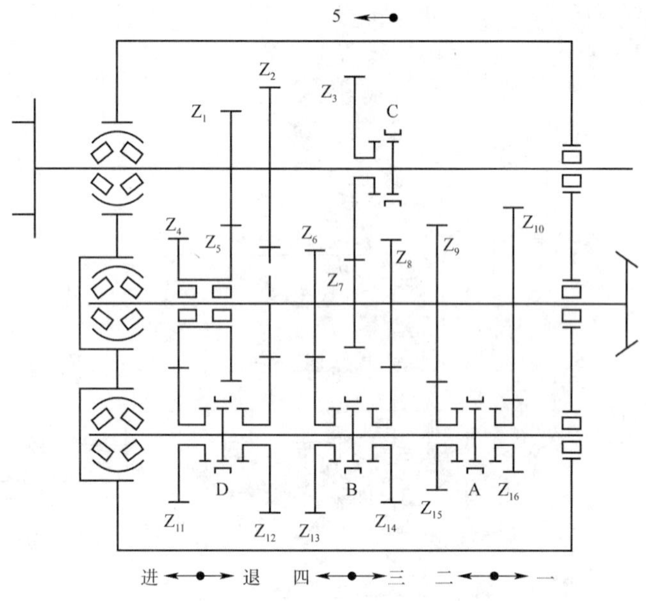

图 4-7　D80 推土机变速器原理

这种变速器的缺点是，换挡元件一般只能布置在变速器的中间轴上，而中间轴通常位于变速器的中下部，使控制机构比较复杂（图 4-8）；除了前进五挡外，每个前进挡需要三对齿轮传

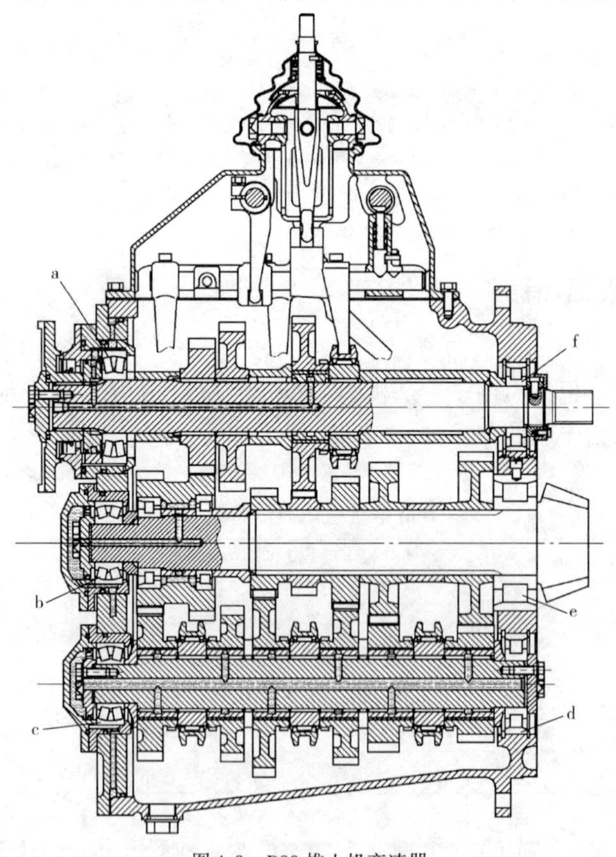

图 4-8　D80 推土机变速器

a、b、c、d、e、f-轴承

动，每个后退挡需要两对齿轮传动，效率要比平面三轴式变速器低一些；三根轴需要三对轴孔，壳体结构也比平面三轴式变速器复杂。

图4-9为红旗120推土机的变速器，它也是空间三轴式的，由于其发动机功率较小，采用移动齿轮换挡。由于它的输出轴3与过轮轴5都支承于变速器中间，壳体结构比较复杂。

空间三轴式变速器在频繁倒退的机械上使用比较多。例如：推土机。

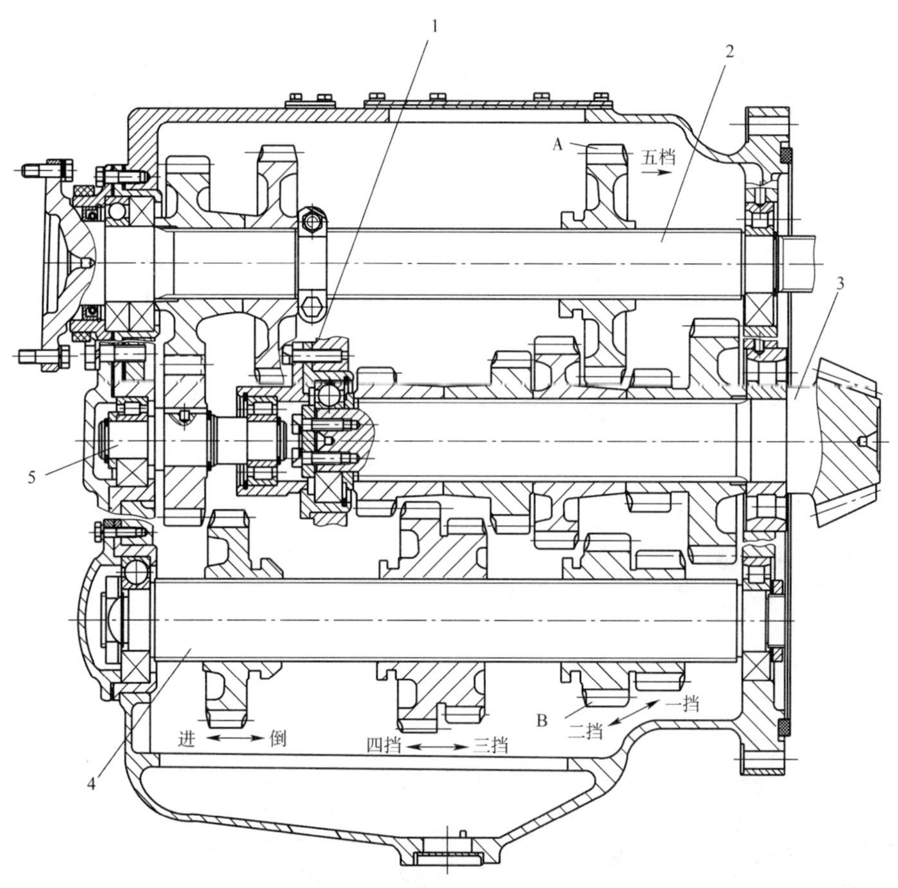

图4-9　红旗120推土机变速器

1-调整垫片；2-输入轴；3-输出轴；4-中间轴；5-过轮轴

四、复合变速器

有些机械由于用途广功能多，需要变速器有更多的挡位。为了简化结构，减少齿轮数量，可以采用两个或更多个变速器串联的方法实现。实际上，前面所述的空间三轴式变速器的一~四挡的进退就是用串联方法实现的。图4-10为几种常见的复合式变速器的原理图。后面还要讲到，串联是设计动力换挡变速器的一个重要手段。

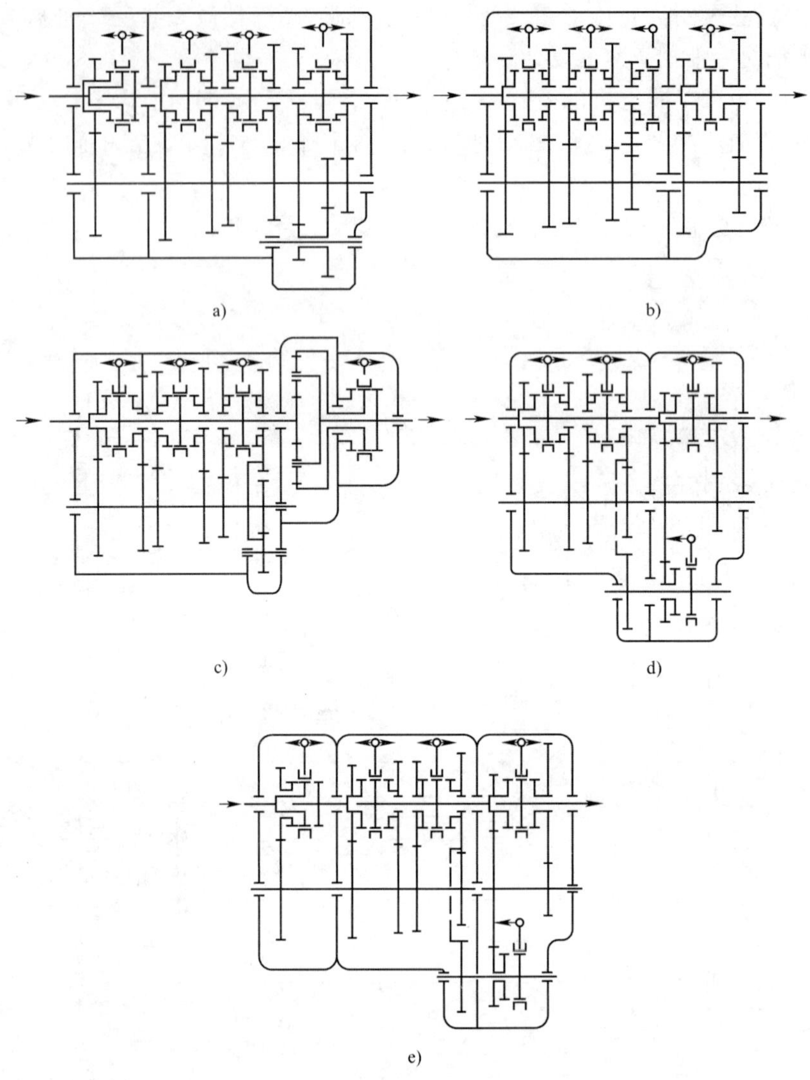

图4-10　几种常见的复合式变速器原理图

第二节　结构设计要点

一、变速器总体布置的一般原则

1. 轴在变速器中的布置

用途不同的变速器有不同的类型,轴的数量及各轴在变速器中的位置也就不同。在布置时,要充分考虑整机布置的需要和它前后连接部件的关系。一般来说,为了便于换挡,换挡齿轮轴的位置要有利于布置拨叉;为了降低机器的重心,输入轴应布置于变速器的上方;为了便于加工,要尽量避免在壳体中间布置支承。例如:图4-8和图4-9都为推土机的变速器,图4-9

的过轮轴 5 支承在壳体中间，输出轴 3 也支承在壳体中间，结构复杂，壳体制造困难；图 4-8 方案把过轮轴布置在输出轴上，壳体中间没有支承，简化了壳体的结构。这样一来，轴的数目也有所减少，制造、装配都比较方便。

由于齿轮啮合时存在压力角，导致倒挡惰轮轴、过轮轴、空间三轴的中间轴等零部件布置的位置不同会使这些轴的受力不同（图 4-11）。应尽量布置在齿轮啮合力在轴上合力小的一侧。即从变速器前面看，输入轴在输出轴的上方且顺时针转时，这类轴布置在右边合理（图 4-11b）。

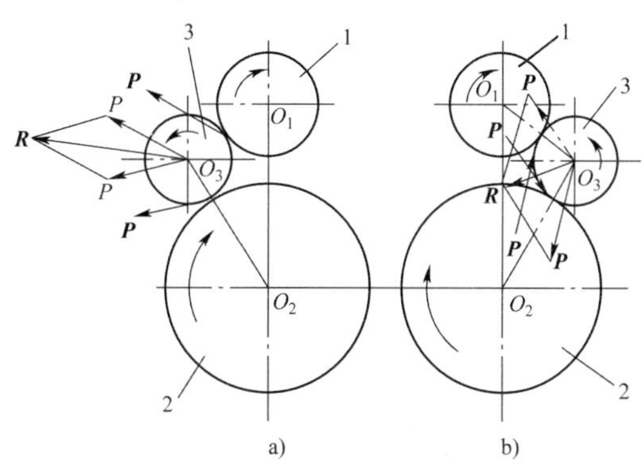

图 4-11　过渡轴的布置

1-输入轴；2-输出轴；3-中间轴

2. 挡位齿轮在轴上的布置

各挡位齿轮在轴上的位置不同，对轴的挠度、轴承受力、换挡操纵以及装配的方便性都会产生影响。一般来说，各挡位齿轮应该在轴上按由高挡位到低挡位的前后顺序排列，将啮合力最大的齿轮（也就是一挡齿轮）靠近壳体布置，这样轴的受力状态好些、操纵也方便一些。但要注意的是，如果输出轴上直接连有中央传动锥齿轮时，输出轴后端轴承受力较大（图 4-8、图 4-9），如果该轴承的使用寿命难以满足要求，则要调整挡位齿轮布置。

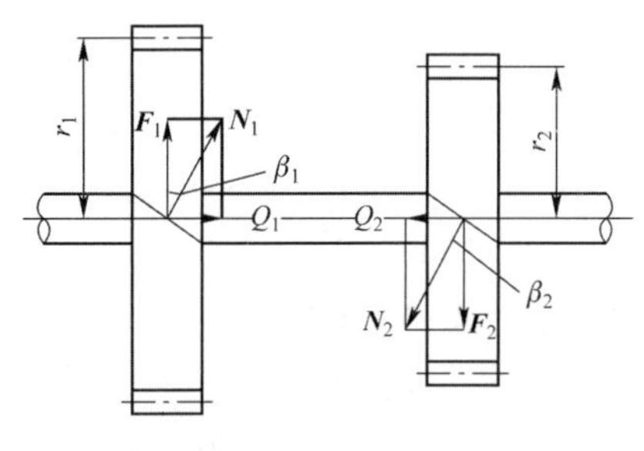

图 4-12　中间轴的轴向力平衡

采用斜齿轮时，如果同一轴上既有齿轮输入动力又有齿轮输出动力时，同时工作的两个轮齿的倾斜方向应相同，这样可以抵消一部分轴向力（图 4-12）。

为了减少变速器轴向长度，应该尽量采用重叠的轴向空间。例如：在图 4-8 和图 4-9 的变速器中，五挡齿轮布置在一、二挡或三、四挡齿轮留出的空间内，从而有利于缩小变速器的轴向尺寸。这时注意换挡齿轮与其他轴上的非啮合零件干涉问题，如图 4-9 中的 A、B 两齿轮。

3. 倒挡齿轮的布置

总体来讲，倒挡齿轮有两种布置形式：

（1）在输出轴之前布置倒挡齿轮，如图 4-6 所示平面三轴变速器。

（2）在输入轴之后布置倒挡齿轮，如图 4-8 所示空间三轴变速器。

对一种类型的变速器，倒挡也可以有不同的方案，设计原则是在保证所需倒挡传动比的条件下，方便操纵、尽量减少轴向尺寸。现以平面三轴为例说明这个问题。

图 4-13a）为最简单的方案，它是在输出轴 1 和中间轴 2 之间装惰轮 4 获得倒挡的，但它要求倒挡齿轮 5 比一挡主动齿轮 3 至少小两个齿。因此，当一挡主动齿轮 3 的齿数较少时，这种方案布置困难。

图 4-13b）在倒挡轴上装一双联齿轮 4，它的一个齿轮与中间轴 2 上的某一齿轮 3 啮合，另一齿轮挂挡时与输出轴上的齿轮 6 啮合。这样，容易得到合适的倒挡传动比。由于齿轮 3 成

为公用齿轮,应该防止与它同时啮合的两个齿轮发生干涉,必要时可以把齿轮 3 做成宽齿。

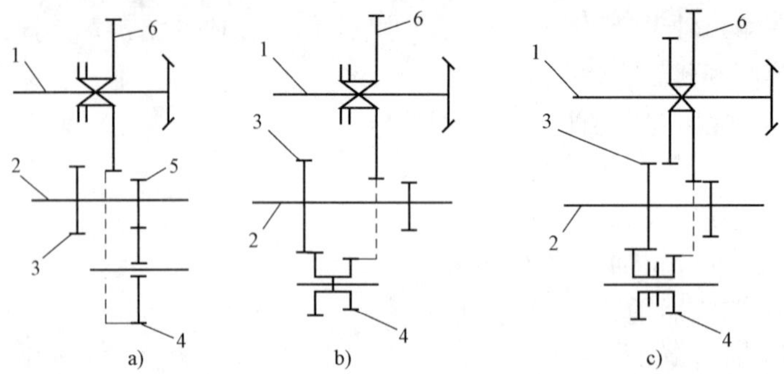

图 4-13　平面三轴式变速器的不同倒挡方案

1-输出轴;2-中间轴;3-一或二挡齿轮;4-惰轮或双联齿轮;5-倒挡齿轮;6-换挡滑动齿轮

如果要获得尽可能短的轴向尺寸,可以采用图 4-13c)的方案,即移动双联齿轮 4 获得倒挡。这种方案挂挡时要求双联齿轮 4 同时与齿轮 3 和齿轮 6 啮合,换挡比较困难,解决的办法是将齿轮 3 加宽一些,以保证不挂挡时齿轮 3 也与双联齿轮 4 啮合。

4. 轴的支承方式

由于变速器轴一般比较长,为了防止使用中由于轴受热伸长卡死,通常一端轴承采用轴向双向定位,另一端轴向自由。即轴向力完全由一端轴承(图 4-6 轴承 a、c、d,图 4-8 轴承 a、b、c)承受,另一端轴承(图 4-6 轴承 b、e,图 4-8 轴承 d、e、f)只承受径向力。

在轴受力不大时,可以采用深沟球轴承(图 4-6);当轴受力较大时,一般在一端采用双列球面滚子轴承,另一端为圆柱滚子轴承(图 4-8)。

5. 确定齿轮齿数

高速转动的齿轮,为了减小线速度,应该设计小一些(例如:图 4-6、图 4-8 中输入轴齿轮),这时,由于中心距的原因,第一级传动往往有较大的传动比。这时,设计各挡位的传动齿轮时,可以将某些挡位的第二级传动设计成增速(图 4-6、图 4-8 中的三、四挡)。

6. 取力口

通用性较强或者批量较大的机器(如货运汽车、拖拉机、推土机),在设计变速器时要考虑预留取力口,以便于将来输出动力,实现多功能。例如:图 4-8、图 4-9 的推土机变速器,其输入轴一直伸到变速器后面,轴端还有花键可以输出动力。货运汽车变速器的侧盖打开后,通常都可以装取力器。农用拖拉机由于经常要带动各种农机具,动力输出轴经常直接通到机器的后面。

二、主要零件设计

1. 齿轮

齿轮的设计计算参照有关设计标准进行,初步设计时可按式(4-3)预定中心距,按尺寸最小原则设计输入齿轮。

$$A_1 = K\sqrt[3]{M_{k1}} \tag{4-3}$$

式中:A_1——预定中心距,mm;

M_{k1}——变速器一挡齿轮所传递的转矩,N·m;

K——轴距系数，通常取13.6～16。

齿轮一般用合金结构钢20CrMnTi、20CrMnMo制成，毛坯模锻，表面渗碳淬火，渗碳深度为0.9～1.3mm，表面淬火硬度为58～63HRC。齿轮加工精度等级一般为7级，齿面粗糙度R_a不宜大于1.6。当采用啮合套或同步器换挡时，可以采用斜齿轮。当螺旋角β取较大值时，运转平稳，噪声下降，强度也增高，但β过大时，轴向力增加；当β大于30°时，轮齿的抗弯强度急剧减少。实际设计时，一般取β＝23°～27°。

同一变速器中的齿轮，应当尽量采用相同的模数和螺旋角，这样可以简化制造过程。但当高速挡和低速挡的转矩相差太大时，也可以例外。

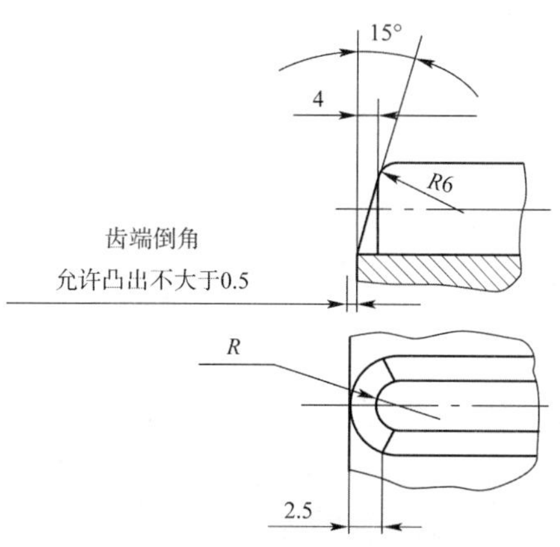

图4-14 换挡齿轮啮入端结构

换挡齿轮的啮入端，为了便于挂挡，应该将齿端倒圆，具体结构可以参照图4-14。

2. 啮合器

啮合器花键通常为渐开线齿形，啮合套、啮合轴材料都可以选用45钢、40Cr、20CrMnTi、20CrMnMo等，强度计算方法与渐开线花键相同。当受力较大时，最好采用合金结构钢表面渗碳淬火，渗碳深度为0.9～1.3mm，表面淬火硬度为58～63HRC。

为了便于挂挡，需要将啮入处的齿端参照图4-14倒圆，也可以再将啮合器的齿做成长短齿（图4-15），短齿一般缩进为2mm左右。

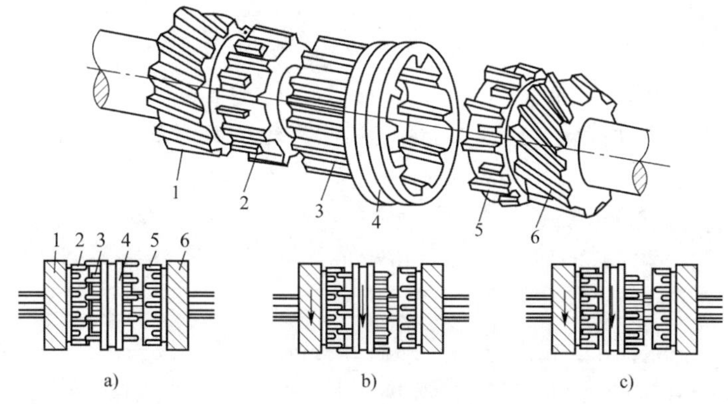

图4-15 啮合器简图

a）开始接触；b）进入啮合；c）完成啮合

1、6-齿轮；2、5-具有长短齿的齿轮；3-啮合套齿轮；4-啮合套

常见的防脱挡方法有三种：

（1）啮合套的齿应该越过被接合的齿2～3mm（图4-16a），这样，使用中由于接触部位挤压磨损，在啮合套上形成凸肩，可以阻止接合齿自动分开。

（2）在啮合轴齿环上切两个槽，把环齿分为三段（图4-16b），中间的齿比两边的齿每边削薄0.4～0.5mm，并在挂挡后使厚齿位于啮合套环槽中间，这样厚齿形成的挡肩便可以防止脱挡。

（3）将接合齿的工作面加工成斜面，使斜面产生的轴向分力防止脱挡（图4-16c）。

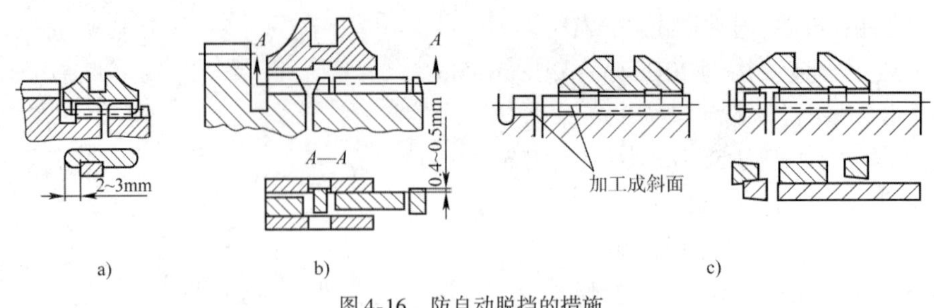

图4-16 防自动脱挡的措施

a)超越接合;b)齿厚减薄;c)齿侧倒锥

3. 轴、轴承

一般来说,根据结构设计出的变速器轴,其强度是能满足要求的。设计完成后,应按弯扭组合受力对轴进行强度校核。相对于材料屈服极限,安全系数应该大于5。对于机械式变速器,计算转矩推荐取发动机最大转矩的2~2.5倍。

变速器轴应该有足够的刚度。两啮合齿轮工作时,啮合齿轮所在平面处轴的挠度之和对高速挡应小于0.13~0.15mm,对低速挡应小于0.15~0.25mm。齿轮所在平面处的转角应小于0.002rad。

轴承的寿命可以根据机器的实际情况确定。对于铲土运输机械,轴承寿命最好在5000h以上。如果个别轴承受结构限制难以达到这一点时,可以适当放宽,但不能小于1000h。

三、润滑与密封

在绝大多数条件下,通过精心配齿、提高精度、采用斜齿轮等方法,可以使变速器中所有齿轮的线速度小到飞溅润滑的范围(12~18m/s),所以,变速器中的齿轮一般采用飞溅润滑。设计变速器壳体时,应该考虑保证各种工况下都有轮齿溅油,而且高速齿轮不能浸油过深。

对于飞溅难以达到的摩擦面,应该采取特别措施。在内部有轴承的齿轮上,可以打3~4个径向孔(图4-6中的主动齿轮2),这样,可以利用齿轮的啮合旋转,将油挤到需要润滑的表面。为了更好地向润滑处供油,相啮合齿轮的两侧最好用挡板或相邻零件遮挡起来(参阅图4-6中齿轮2、18啮合处两侧结构)。对于油难于飞溅到的轴承,应该为其设计小油池集油(参阅图4-6中输入轴轴承下面的结构)。为了更好地使油循环,在装轴承的孔处应该加工出供油循环的通路。

像大中型推土机这样的重载工程机械,齿轮内部的衬套应该采用压力润滑。这样不但润滑可靠,而且可以利用润滑油的循环进行散热。方法是将推土机的变速器前壁做成可拆卸的端盖,润滑油从该端盖周边的环形槽进入轴承盖,然后由轴的中心孔进入润滑面,图4-8中的阴影为润滑油路。T180推土机是利用转向操纵系统的背压进行变速器润滑的,其原理如图4-17所示。

变速器的密封必须可靠,壳体、壳盖、轴承座之间的表面最好用O形橡胶圈或纸垫密封。在壳体的侧面和下部,尽量采用不通螺孔。外伸轴端应该用旋转轴唇形密封圈密封。变速杆球支座采用橡胶皮罩密封。变速器下面的放油螺塞应有密封措施(例如:采用锥螺纹、普通螺纹加铜密封圈)。放油螺塞最好带有磁性,这样可以将磨损下来的铁质颗粒吸附到它附近。

为了防止变速器内温度升高时壳体内气体膨胀,压力升高造成油液泄漏,变速器上部应该有带滤芯的通气孔。行走式工程机械应该保证机器在坡地行驶时润滑系统正常工作,压力润滑的油泵应能始终良好吸油；飞溅润滑的齿轮应该始终接触油面，但又不能浸油太深。例如：有些工程机械的变速器是和后桥相通的，如果采用飞溅润滑，变速器底部的结构应该考虑机器在坡地行驶时不能使变速器的油全部流到后桥去（图4-9）。

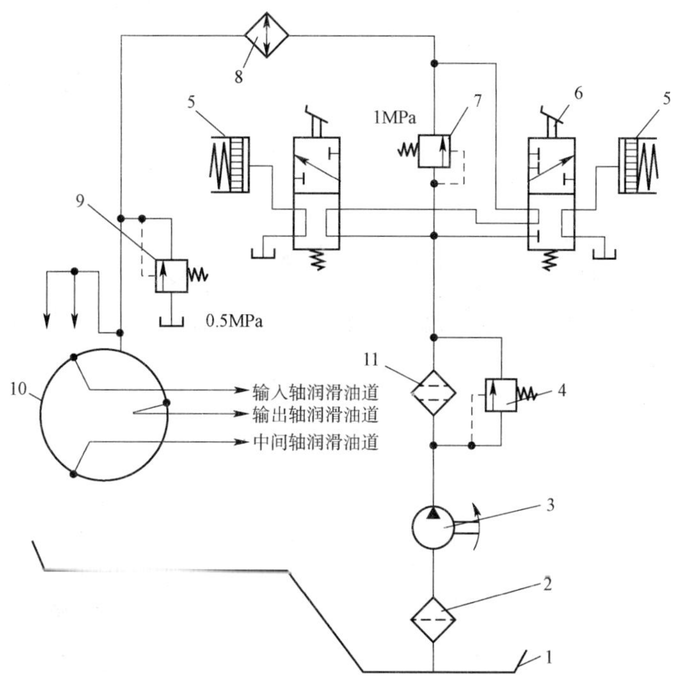

图4-17　T180推土机变速器润滑系统

1-后桥壳；2-粗滤油器；3-液压泵；4-安全阀；5-转向离合器；6-转向控制阀；7-调压阀；8-油冷却器；9-背压阀；10-变速器前端盖；11-精滤油器

第三节　换挡操纵机构设计

变速器的换挡操纵机构包括换挡机构和锁定机构两个部分。

一、换挡机构

换挡机构有单杆操纵和两杆操纵两种形式。对于移动一个齿轮（或滑套）即可实现一个挡位的变速器，如平面三轴变速器，多采用单杆操纵形式（图4-6、图4-18）。而对于移动两个齿轮（或滑套）可以实现一个挡位的变速器，有采用两杆操纵形式的，也有采用单杆操纵形式的。

当变速杆直接位于变速器上部时，较多地采用球铰支座结构（图4-6），图4-18中的序号12所指即为球铰的球体，也有采用十字销结构的（图4-19）。采用球铰支座结构时，球体的直径一般为 $d=30\sim45\text{mm}$。在变速杆上的压紧弹簧，将球压紧在支座内使其不松动。弹簧的压紧力一般为杆重的2~4倍，最好不少于60~100N。当变速杆为弯杆时，应在球头上切槽，在球座上安装定位销防止操纵杆绕自身轴线转动。

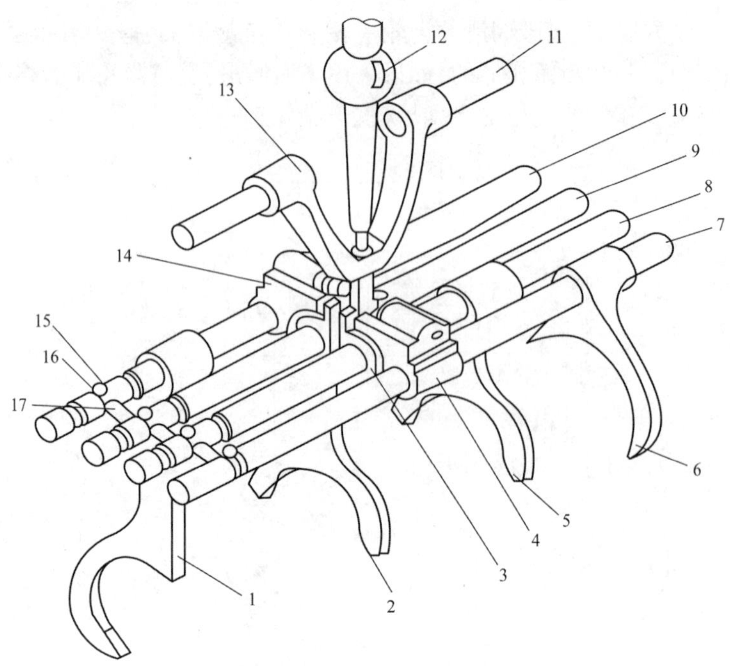

图 4-18　六挡变速器操纵机构示意图

1-五、六挡拨叉；2-三、四挡拨叉；3-一、二挡拨块；4-倒挡拨块；5-一、二挡拨叉；6-倒挡拨叉；7-倒挡拨叉轴；8-一、二挡拨叉轴；9-三、四挡拨叉轴；10-五、六挡拨叉轴；11-换挡轴；12-变速杆；13-叉形拨杆；14-五、六挡拨块；15-自锁弹簧；16-自锁钢球；17-互锁销

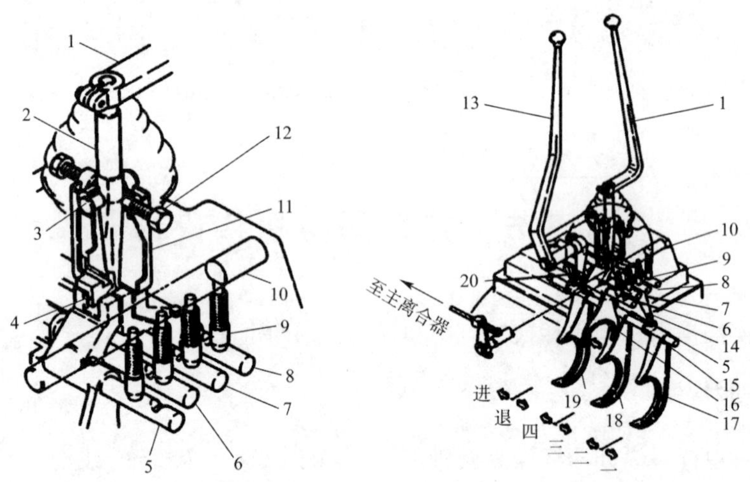

图 4-19　D80 推土机的换挡操纵机构

1-一～四挡操纵杆；2-一～四挡变速杠杆；3-变速杠杆销轴；4-卡铁；5-五挡拨叉轴；6-进退拨叉轴；7-三、四挡拨叉轴；8-一、二挡拨叉轴；9-锁定装置；10-联锁转轴；11-摆架；12-摆架销轴；13-进、退操纵杆；14-一、二挡拨杆；15-拨叉轴；16-五挡拨叉；17-一、二挡拨叉；18-三、四挡拨叉；19-进退拨叉；20-进退拨杆

对于变速器布置在驾驶员座位附近的机械，变速杆由驾驶室底板伸出，驾驶员可直接操纵。这种操纵机构一般由变速杆、拨块、拨叉、拨叉轴以及安全装置等组成，多集装于变速器上盖或侧盖内。

图 4-18 为解放 CA1092 型汽车六挡变速器操纵机构示意图。拨叉轴 7、8、9 和 10 两端均支承于变速器盖上相应的孔中，可以轴向滑动。所有的拨叉和拨块都以弹性销固定于相应的

拨叉轴上。三、四挡拨叉 2 的上端有拨块。拨叉 2 和拨块 3、4、14 的顶部有凹槽。变速器处于空挡时,各凹槽在横向平面内对齐。叉形拨杆 13 下端的球头即伸入这些凹槽中。选挡时,可使变速杆绕其中部球形支点横向摆动,则其下端推动叉形拨杆 13 绕换挡轴 11 的轴线转动,从而使叉形拨杆下端球头对准所选挡位相应的拨块凹槽,然后使变速杆纵向摆动,带动拨叉轴及拨叉向前或向后移动,即可实现挂挡。例如:横向扳动变速杆使叉形拨杆下端伸入拨块 3 顶部凹槽中,再纵向扳动变速杆,拨块 3 连同拨叉轴 8 和拨叉 5 即沿纵向向左移动一定距离,便可挂入二挡;若向右移动一定距离,则挂入一挡。若使叉形拨杆 13 下端球头伸入倒挡拨块 4 的凹槽中,并使其向右移动一定距离,便挂入倒挡。

D80 推土机采用的是两杆操纵形式(图 4-19),其中一个操纵杆为进退操纵杆,另一个为挡位操纵杆。其一 ~ 四挡的变速杆 2 不是球铰而是十字销。当变速杆 2 左右摆动时,它连同摆架一起绕销轴 12 摆动,选定拨叉轴;当变速杆 2 前后摆动时,其绕销轴 3 在摆架 11 的槽内摆动,选定相应的挡位。

当变速杆不能直接位于变速器上部时,需要根据实际情况设计一套专门的机构来操纵换挡。在平头的车辆上采用这种机构,路拌式稳定土拌和机的两挡变速器也为这种结构。

变速杆在布置时应考虑操纵方便、省力、可靠。

二、锁定机构

1. 自锁机构

自锁机构的作用是将换挡拨叉轴锁定在一定的位置,以保证啮合元件全齿长啮合,并防止自动脱挡或挂挡。自锁机构按定位元件的形式可以分为球形自锁机构和销形自锁机构两种。

球形自锁机构是在拨叉轴支架上打孔,如图 4-18 所示,在孔内安装弹簧 15 和钢球 16,在拨叉轴的相应位置为定位槽。当钢球位于槽中时,利用弹簧的压力将拨叉轴定位。钢球直径 d 通常为 10mm 左右。定位槽形状有圆弧形和 V 形两种(图 4-20)。当圆弧形定位槽边缘有磨损时,定位能力会显著降低。V 形定位槽则不存在这个问题,这是因为 V 形定位槽在边缘磨损过程中,定位球的作用角 α 保持不变,但这种结构对拨叉的强度削弱较大。

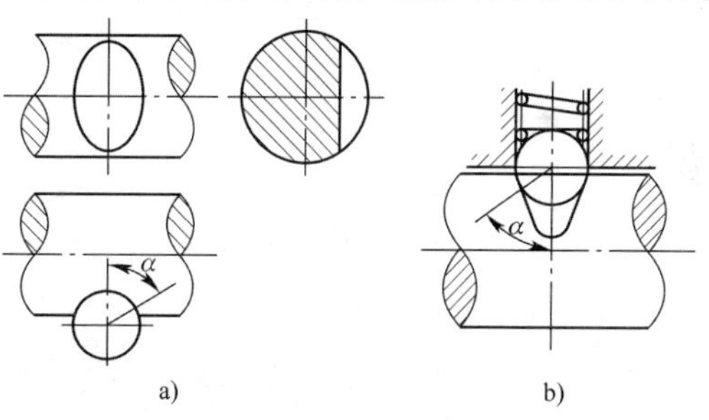

图 4-20　拨叉轴上定位槽的形式

a)圆弧;b)V 形

推土机上较多的是销形自锁机构(图 4-19 中的序号 9),图 4-21a) ~ 图 4-21c)为从空挡挂一挡的过程。销形自锁机构具有上述 V 形定位槽的优点,需要说明的是,这种形式应该有防止锁销转动的机构。

自锁机构弹簧的锁紧力一般为 100 ~ 160N。

2. 互锁机构

互锁机构是为了防止同时拨动两个拨叉轴,出现"乱挡"的重大故障。互锁机构有导板式、摆架式、锁销(球)式等。

导板式互锁机构(图 4-22),是在换挡操纵杆支座处装一个框板,使操纵杆只能沿框板上的槽移动。这样，每次换挡时，必须把原来挡位的拨叉轴拨回空挡位置，而且每次只能拨动一个拨叉轴。设计框板上的槽的长度时，应保证换挡齿轮刚好到位。导板式互锁机构结构简单，但由于这种方法定位精度较低，正规产品上使用得越来越少了。

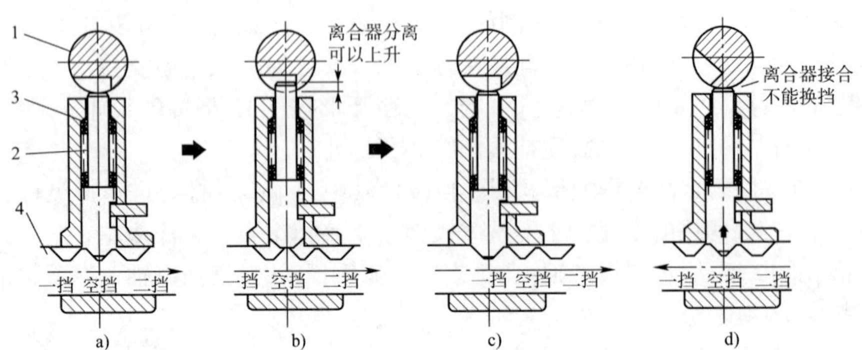

图 4-21　D80 推土机自锁机构与联锁机构

1-联锁转轴；2-锁定柱销；3-定位弹簧；4-换挡拨叉轴

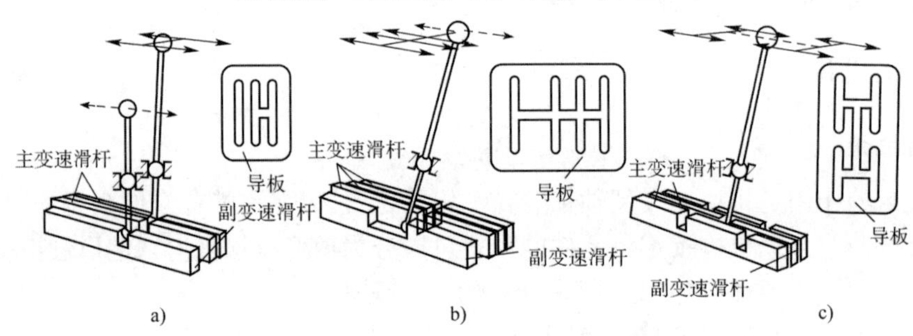

图 4-22　导板式操纵机构

a）两杆操纵；b）、c）单杆操纵

图 4-19 的摆架式互锁机构的工作原理见图 4-23。操纵杆十字轴上装有摆架 4，它随十字轴一起摆动，当变速杆 5 的下端插入一根拨叉轴时，摆架上的卡铁 6 就锁住别的拨叉轴，防止它们移动，实现互锁。

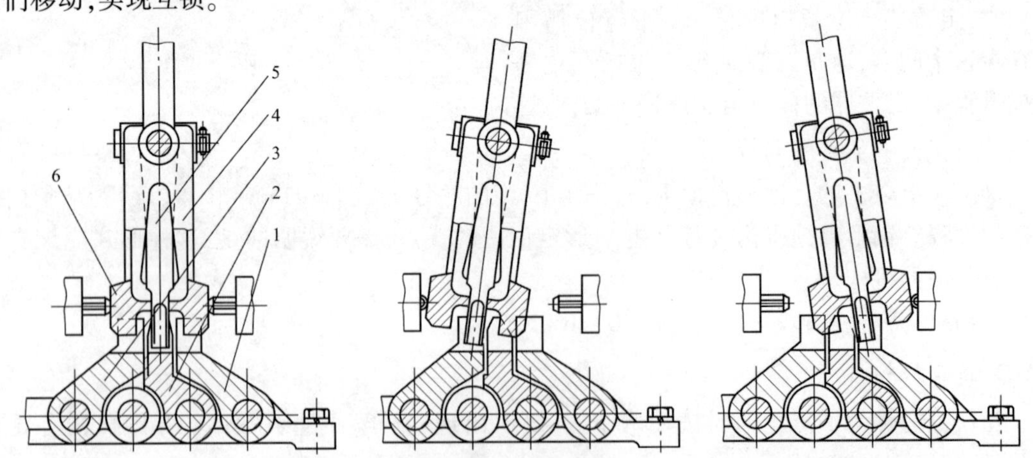

图 4-23　摆架式互锁机构原理

1-一、二挡拨杆；2-三、四挡拨杆；3-五挡拨杆；4-摆架；5-变速杆；6-卡铁为了防止一根拨叉轴处于挂挡状态时,其他拨叉轴误动作,还常常在两个拨叉轴之间设置互锁机构。这种互锁装置的主要零件一般为圆柱销或钢球,因而被称为锁销式或锁球式。T180 推土机是利用锁销防止在挂上五挡时再误挂倒挡的(图 4-24),其他车辆的锁销式互锁机构与此类似。

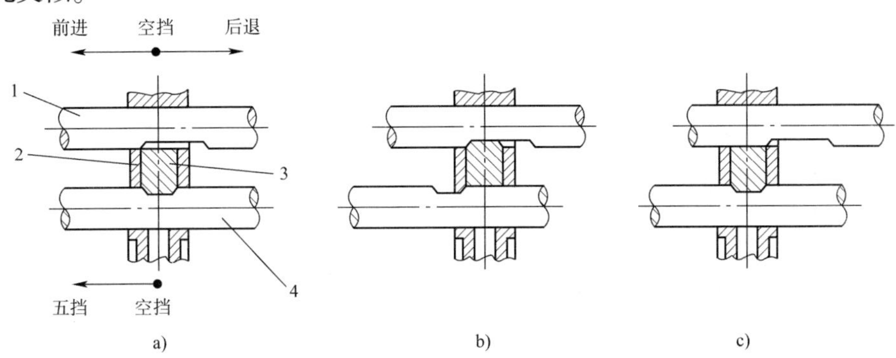

图 4-24　T180 推土机的倒挡、五挡互锁机构

a)五挡空挡、进退自如;b)挂上五挡、不准后退;c)挂上倒挡、五挡锁空

1-进退拨叉轴;2-拨叉轴座;3-互锁定位销;4-五挡拨叉轴

3. 联锁机构

像推土机这样的大功率机械,如果驾驶员在未脱开主离合器的情况下换挡,往往会损坏换挡元件。为了防止这种现象发生,通常要设置联锁机构。设计时联锁机构应能保证在主离合器彻底分离时才能进行换挡。大多数联锁机构是在自锁销的尾部设置转轴(图 4-19 序号 10),转轴上削有平台,将转轴与主离合器操纵手柄用杠杆连接起来。只有当主离合器彻底分离时,转轴上的平台才对准自锁销的尾部,拨叉轴才能顶起自锁销换挡。图 4-21a) ~ 图 4-21c)为这种机构脱开主离合器换挡的情况,图 4-21d)是未脱开主离合器不能换挡的情况。

【练习题】

1. 变速器有什么功能?对变速器的设计要求有哪些?
2. 平面三轴、空间三轴变速器各有什么特点?
3. 变速器整体布置的一般原则是什么?
4. 变速器轴承通常怎样定位?
5. 画出图 4-9 红旗 120 推土机变速器的结构简图,并说明各挡的动力传递路线。

第五章

液 力 传 动

【学习目标与要求】

了解液力耦合器的基本原理和性能，了解液力变矩器的基本工作过程和变矩原理，掌握液力变矩器的类型、外特性、原始特性和输入特性等性能，学会液力变矩器和发动机的合理匹配计算方法，会绘制液力变矩器与柴油机共同工作特性，理解设置液力变矩器的压力补偿与散热系统的必要性。

液力传动是主要靠液体流动的动能进行动力传递的传动方法，有液力耦合器和液力变矩器两类。由于液力耦合器不能改变转矩，所以也称为液力联轴器。液力变矩器可以改变转矩。从结构上讲，液力耦合器主要由泵轮和涡轮组成。除了泵轮、涡轮以外，液力变矩器还有导轮。泵轮、涡轮、导轮统称为它们的工作轮。由于在液力传动中输入轴与输出轴之间没有刚性联系，动力是靠液体介质传送的，所以有以下优点：能吸收冲击和振动，过载保护性好，在输出轴卡住时，输入轴仍然可以转动，这样采用液力传动也就可以保护原动机不受损坏。液力传动在机器有载荷的条件下也可容易地起动。液力传动的主要缺点是其传动效率较机械传动低。

第一节　液力耦合器

一、基本原理

图5-1为液力耦合器的原理示意图、液力耦合器的基本结构如图5-2所示，发动机驱动泵轮5和耦合器外壳一起旋转，构成液力耦合器的主动部分。涡轮7和涡轮轴11形成了耦合器的从动部分。在泵轮、涡轮的内部有许多叶片，大多数耦合器的叶片是径向的，也有的是倾斜的。泵轮和涡轮之间，通常有3～4mm的间隙。一般来讲，径向叶片的液力耦合器正反向运转时的工作性能是相同的，倾斜安装叶片的耦合器正反向运转时工作性能是不相同的。

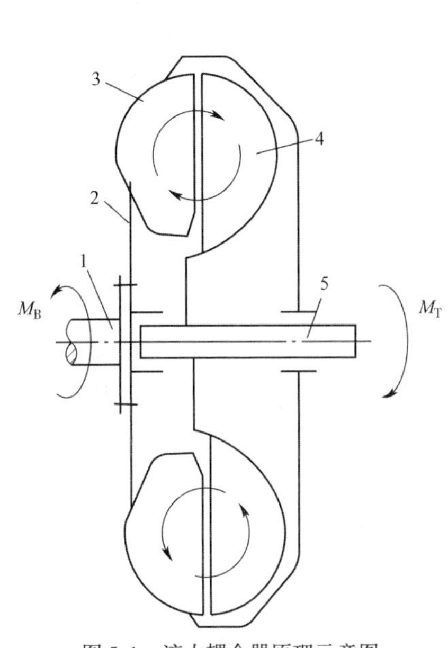

图 5-1　液力耦合器原理示意图

1-发动机曲轴;2-耦合器外壳;3-泵轮;4-涡轮;5-从动轴

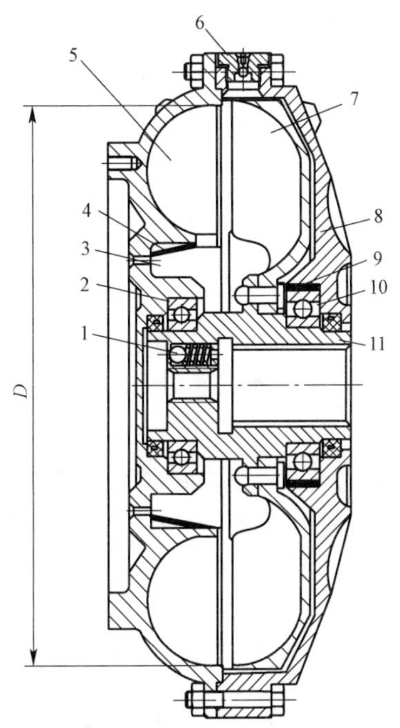

图 5-2　液力耦合器的典型结构

1-安全阀;2-滚珠轴承;3-排空室;4-阻液板;5-泵轮;6-安全塞;7-涡轮;8-泵轮盖;9-带槽钢环;10-滚珠轴承;11-涡轮轴

由于泵轮与涡轮之间的间隙较小,液力耦合器泵轮和涡轮之间的空间可以看作一个密闭工作腔。工作时在耦合器灌满工作液,即耦合器油。当原动机驱动泵轮旋转时,泵轮中的液体在叶片的作用下,一方面随泵轮转动,另一方面在离心力的作用下向外流动,这样耦合器内的液体实际上呈螺旋状流动,在液体向外流动的过程中,其速度越来越快,它所具有的动能也就越来越大;高速流体从泵轮中流出后直接进入涡轮,冲击涡轮的叶片使涡轮旋转输出动力,同时又沿涡轮中的叶片向内流动,从涡轮流出后又进入泵轮获得能量,依次循环。

不难看出,要使液体沿涡轮向内流动,涡轮所产生的离心力必须小于泵轮所产生的离心力,即涡轮的转速必须小于泵轮的转速。如果两个工作轮的转速相同,它们的离心力相等,则耦合器不能正常传递转矩。

通常,把在液力传动器件的轴断面形成的使液体循环流动的面积称为循环圆。图 5-1 可以看为液力耦合器的循环圆示意图。循环圆的最大外径叫作有效直径,用符号 D 表示。设计时,同一系列产品的循环圆几何相似。图 5-2 中的安全塞 6 是由低熔点金属制成的,起过载保护作用。当耦合器的涡轮卡死不转时,原动机发出的机械能全部在耦合器内转换为热能,使耦合器油的温度迅速升高,当油温达到安全塞材料的熔点时,安全塞熔化,放出耦合器油,使原动机卸载。

二、液力耦合器的性能

对于耦合器中的工作液来说,其所受的力矩只有泵轮的转矩 M_B、涡轮的转矩 M_T(图 5-1)。所以有下式成立:

$$M_B + M_T = 0 \tag{5-1}$$

即

$$M_T = -M_B \tag{5-2}$$

液力耦合器的效率 η 为：

$$\eta = \frac{-M_T n_T}{M_B n_B} = i \tag{5-3}$$

式中：M_T——涡轮对耦合器工作液的转矩，N·m；

M_B——泵轮对耦合器工作液的转矩，N·m；

n_T——耦合器涡轮的转速，rad/s；

n_B——耦合器泵轮的转速，rad/s；

i——耦合器的传动比，$i = n_T/n_B$。

即在 i-η 坐标系里，液力耦合器的效率曲线为一条45°的斜线（图5-3）。在泵轮转速一定的条件下，随着负荷的增大，液力耦合器涡轮的转速在降低，同时它的效率在降低。选用液力耦合器时，尽量使它工作于高效区，一般应使 $\eta = i \geqslant 0.9$。

三、液力耦合器的优缺点

尽管与液力变矩器相比，液力耦合器有结构简单、额定点效率高的优点，但它在偏离额定点工作时的效率明显低于液力变矩器。考虑到液力耦合器不能改变转矩的缺点，目前，在汽车、自行式工程机械上使用得越来越少了。液力耦合器在输送机械上还有使用，如大型刮板运输机、大型皮带运输机等使用耦合器以后，可以提高最大牵引力，消除电动机起动转矩小的弱点。这时，起动工作机的转矩可按电动机的最大转矩计算，实现机械有负载起动，起动速度大大加快，起动电流大大降低（降低1/3～1/2），而且多机驱动时，使用耦合器可以均衡各动力机的载荷。

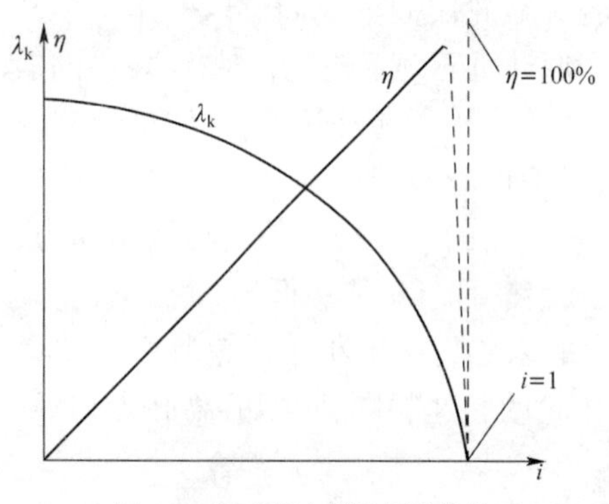

图5-3　液力耦合器的原始特性

在泵轮转动的时候，如果使液力耦合器的涡轮停止转动，这时的涡轮实际上变成为导轮，液流会给泵轮施加很大的阻力矩，来自泵轮的动能会全部转化为工作液的热能。这就是目前重型车辆的液力缓速器的基本工作原理，可以大大提高车辆的制动性能。

第二节　液力变矩器的基本原理

一、液力变矩器的构造和基本工作过程

图5-4为D85型推土机变矩器结构图，与其对应的原理简图见图5-5。与液耦合器相比，液力变矩器内主要增加了固定不动的导轮。也就是说，液力变矩器的基本工作轮有三种，分别为泵轮B、涡轮T、导轮D。在图5-4中，与飞轮内齿啮合的动力输入齿轮1随着发动机转动时，变矩器壳2、泵轮5也一起转动。泵轮转动时，泵轮内油液在离心力的作用下沿着泵轮的

叶片向外做螺旋状运动，进入涡轮3内，冲击涡轮的叶片使涡轮转动。从涡轮流出后又流入导轮12，由于导轮固定不动，工作液在导轮中调整方向后又进入泵轮。涡轮转动时，带动涡轮轴10，通过联轴器接盘9将动力输出到变速器去。

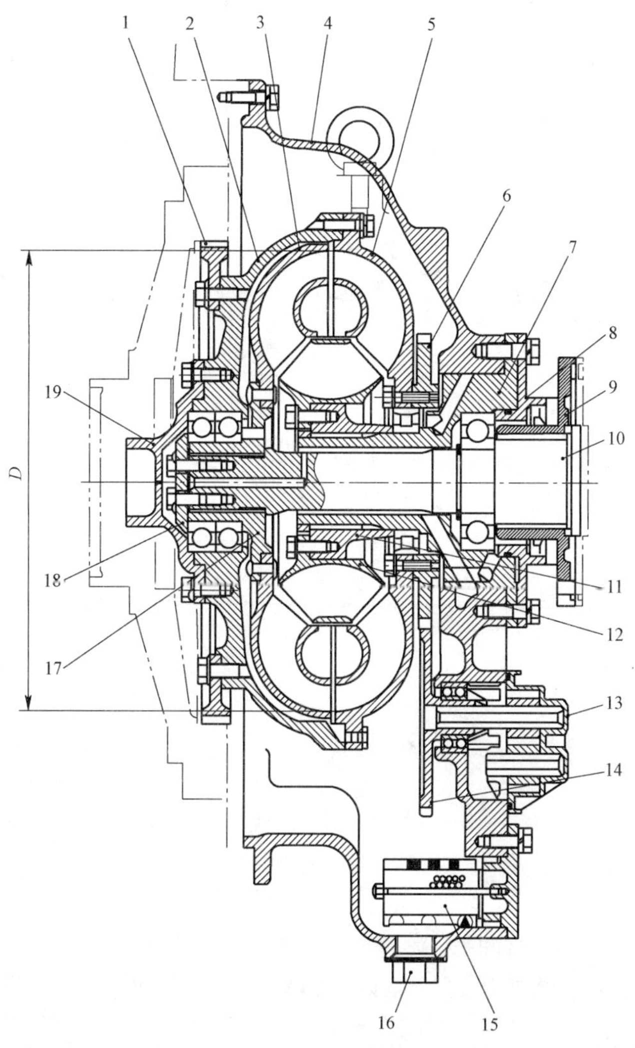

图5-4　D85推土机变矩器

1-动力输入齿轮；2-变矩器壳；3-涡轮；4-液力变矩器罩；5-泵轮；6、14-换油泵驱动齿轮；7-导轮轴固定接盘；8-轴承盖；9-联轴器接盘；10-涡轮轴；11-导轮接合套；12-导轮；13-换油泵；15-滤油器；16-放油塞；17-涡轮连接盘；18-压板；19-变矩器定位轴

液力变矩器中的工作液承受的外力矩有泵轮的转矩 M_B、涡轮转矩 M_T、导轮转矩 M_D。所以液力变矩器内工作液的力矩平衡方程为：

$$M_B + M_T + M_D = 0 \tag{5-4}$$

式中：M_B——泵轮对变矩器工作液的转矩；

M_T——涡轮对变矩器工作液的转矩；

M_D——导轮对变矩器工作液的转矩。

式(5-4)可以改写为：

$$M_T = -(M_B + M_D) \tag{5-5}$$

由此可见，就数值来说，当 M_D 与 M_B 同号时，液力变矩器涡轮的转矩 M_T 大于泵轮的转矩 M_B；在 M_D 与 M_B 异号时，液力变矩器涡轮转矩 M_T 小于泵轮的转矩 M_B。

二、液力变矩器的变矩原理

1. 液流通过流道时作用力

不论是变矩器还是耦合器，液流都是在其中叶片之间的流道里流动。由于在流动过程中改变了流动方向，所以液流与叶片之间产生了相互作用力，液力传动中的能量交换就是通过这个作用力实现的。

为了进一步理解液流与工作轮相互作用力矩，现在利用动量矩定理来分析这个问题。如图 5-6 所示的工作轮，设工作轮控制面中 $ABCD$ 这一段液体经过时间 $\mathrm{d}t$ 后流到新的位置 $A'B'C'D'$，在此时间内动量矩 L 的增量为：

$$\mathrm{d}L = L_{A'B'C'D'} - L_{ABCD}$$

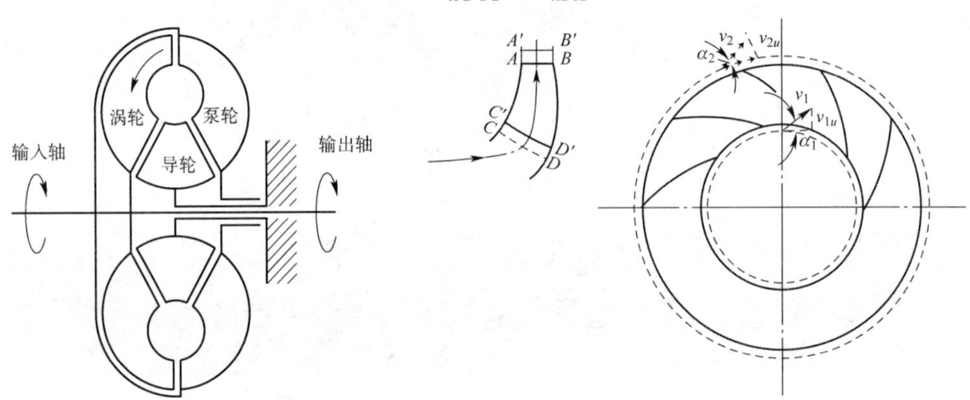

图 5-5　液力变矩器原理图　　　　图 5-6　液流与叶片之间的作用力矩

对于做稳定流动的液体，体积 $ABC'D'$ 的动量矩不发生改变，因而 $\mathrm{d}L$ 可改写为：

$$\mathrm{d}L = L_{A'B'AB} - L_{C'D'CD} \tag{5-6}$$

体积 $A'B'AB$ 为经过 $\mathrm{d}t$ 时间后，旋转面 AB 流过的液体体积。若工作轮的流量为 Q，则该体积等于 $Q\mathrm{d}t$。由于液体的不可压缩性，所以流过 AB 面的液体体积等于流过 CD 面的体积。

由理论力学可知：

$$L_{A'B'AB} = \rho Q\mathrm{d}t \cdot r_2 v_2 \cos\alpha_2$$

$$L_{C'D'CD} = \rho Q\mathrm{d}t \cdot r_1 v_1 \cos\alpha_1$$

式中：ρ——工作液的密度，kg/m³；

Q——循环圆液体的流量，m³/s；

r_1、r_2——工作轮进出口的平均半径，m；

v_1、v_2——工作轮进出口处液流绝对速度，m/s；

α_1、α_2——工作轮进出口的平均叶片角，rad。

因此，式(5-6)可写成：

$$\mathrm{d}L = \rho Q\mathrm{d}t(r_2 v_2 \cos\alpha_2 - r_1 v_1 \cos\alpha_1)$$

即

$$dL/dt=\rho Q(r_2v_2\cos\alpha_2-r_1v_1\cos\alpha_1)$$

由于

$$v_2\cos\alpha_2=v_{2u},v_1\cos\alpha_1=v_{1u}$$

式中：v_{1u}、v_{2u}——分别为工作轮进、出口处液流绝对速度的切向分量，m/s。

因为作用在该液体上的压力是轴对称的，故压力总和不产生力矩，即对动量矩的变化不起作用。只有工作轮对液体的作用力矩 M 才会使液体的动量矩发生变化。由理论力学可得：

$$M=\frac{dL}{dt}=\rho Q(v_{2u}r_2-v_{1u}r_1) \tag{5-7}$$

式(5-7)就是工作轮作用在液体上的力矩方程式，它确定了外力矩同液流的流量以及速度之间的关系。不论对于泵轮、涡轮还是导轮，式(5-7)都是成立的。泵轮作用在液体上的力矩 M_B 为：

$$M_B=\rho Q(r_{B2}v_{B2}\cos\alpha_{B2}-r_{B1}v_{B1}\cos\alpha_{B1}) \tag{5-8}$$
$$M_B=\rho Q(v_{B2u}r_{B2}-v_{B1u}r_{B1})$$

式中：v_{B1u}、v_{B2u}——泵轮进、出口处液流绝对速度的切向分量，m/s；

r_{B1}、r_{B2}——泵轮进、出口的平均半径，m。

涡轮作用在液体上的力矩 M_T 为：

$$M_T=\rho Q(r_{T2}v_{T2}\cos\alpha_{T2}-r_{T1}v_{T1}\cos\alpha_{T1}) \tag{5-9}$$
$$M_T=\rho Q(v_{T2u}r_{T2}-v_{T1u}r_{T1})$$

式中：v_{T1u}、v_{T2u}——涡轮进、出口处液流绝对速度的切向分量，m/s；

r_{T1}、r_{T2}——涡轮进、出口的平均半径，m。

导轮作用在液体上的力矩 M_D 为：

$$M_D=\rho Q(r_{D2}v_{D2}\cos\alpha_{D2}-r_{D1}v_{D1}\cos\alpha_{D1})$$
$$M_D=\rho Q(v_{D2u}r_{D2}-v_{D1u}r_{D1}) \tag{5-10}$$

式中：v_{D1u}、v_{D2u}——导轮进、出口处液流绝对速度的切向分量，m/s；

r_{D1}、r_{D2}——导轮进、出口的平均半径，m。

在制造液力变矩器时，为了减少能量损失，常将变矩器的内环向外侧移动(图5-4)。这样，液流流道的过流段面面积大体相等，液流的相对速度基本不变，以减少由于流道扩散(或收缩)带来的能量损失。所以，在以下的分析中，假设液流的相对运动速度不变。液力变矩器工作时，其工作轮内的液体流动可以分解为随着叶轮的转动(牵连运动)和相对于叶片的流动(相对运动)。由于导轮不动，其牵连运动速度为零，导轮内叶轮的绝对运动就是相对运动。从图5-4可知，导轮的进出口基本在同一半径上，所以 $r_{D1}\approx r_{D2}=r_D$，导轮对工作液的作用力矩 M_D 可以写为：

$$M_D=\rho Qr_D(v_2\cos\alpha_{D2}-v_1\cos\alpha_{D1}) \tag{5-11}$$

$$M_D=\rho Qr_D(v_{D2u}-v_{D1u}) \tag{5-12}$$

从以上的分析可以看出，通过恰当地设计液力变矩器工作轮内叶片进出口的倾斜角，可以改变变矩器工作轮的转矩，也就是可以改变变矩器的工作特性。这样，就有可能使 M_D 大部分时间与 M_B 同号。所以，液力变矩器中的叶片都是有倾斜角的，液力变矩器只能在一个方向运转时正常工作。

2. 液力变矩器的变矩原理

图 5-7 为变矩器的工作原理示意图，图中 u 为液流随叶片转动的牵连速度，也就是叶片转动的切向速度，w 为液流相对于叶片流动的相对速度，v 为液流的绝对速度。下标 B、T、D 分别代表泵轮、涡轮、导轮。下标 1、2 分别代表工作轮的进口和出口。图中约定泵轮转矩 M_B 始终为正值，而 M_T、M_D 如果与 M_B 方向相同则为正，否则为负。

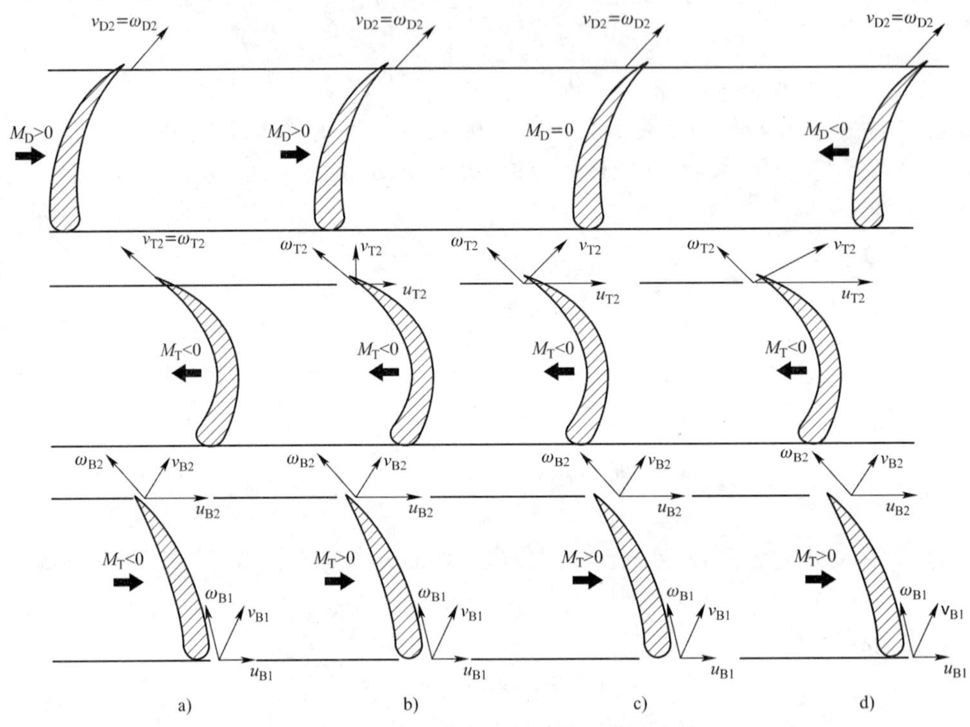

图 5-7　变矩器变矩原理示意图

a）起步工况，输出最大转矩；b）运行工况，自动改变速度、转矩；c）临界工况，涡轮与泵轮转矩相等；d）轻载工况，输出转矩小于泵轮转矩

图 5-7a）为机器起步时的情况，工作液在泵轮中流动时，在泵轮力矩 M_B 的作用下其速度由 v_{B1} 增加到 v_{B2}，并冲向涡轮。由于这时涡轮转速 $n_T=0$，液流在涡轮出口处的相对运动速度 w_{T2} 等于绝对运动速度 v_{T2}。比较 v_{T2}、v_{B2} 可知，液流在涡轮中最大地改变了运动方向，因而在涡轮上产生了一个最大的驱动力矩，明显，涡轮对液体的作用力矩 M_T 与泵轮对液体的作用力矩 M_B 方向相反。工作液在导轮中流动时，液流的方向又做了与前述相反的改变。所以，这时导轮对液体的作用力矩 M_D 与泵轮对液体的作用力矩 M_B 方向相同。由式(5-5)也可以说明变矩器增加了输出转矩。

在机器起步后（图 5-7b），涡轮开始旋转，涡轮转速 $n_T>0$。这时，牵连运动速度 u_{T2} 如图所示，随着 u_{T2} 的增大，u_{T2}、w_{T2} 合成后的绝对运动速度 v_{T2} 的方向顺时针转动。比较 v_{T2}、v_{B2} 可知，液流在涡轮中运动方向的改变逐步减少，即在涡轮中产生的驱动力矩逐步减少。但这时导轮对液体的作用力矩 M_D 与泵轮对液体的作用力矩 M_B 方向仍然是相同的。也就说明变矩器还在增加输出转矩，只是增加的幅度有所减少。

随着外负荷的减少，当涡轮转速 n_T 增加到一定程度时会产生一个临界点(图 5-7c)，这时液体在导轮中的流动方向没有改变，也就是 $M_D=0$。由式(5-5)可知 $M_T=-M_B$，变矩器没有增加转矩，也没有减少转矩，实际上工作于耦合器状态。

当外负荷进一步减少时，n_T 增加使 v_{T2} 的方向如图 5-7d)所示，液流冲击导轮的背面，导致 M_D 改变了方向，即 M_D 与 M_B 方向相反。这时，变矩器不仅没有增加转矩，反而减少转矩。

由此可见，液力变矩器能根据负荷的变化自动地调整输出转矩和转速，负荷大时转速变慢，转矩增大；负荷小时转速变快，转矩减少。

在前述的分析中，对每一个工作轮进出口处的液流，提出了四个速度，即绝对速度 v、相对速度 ω、牵连速度 u 和绝对速度的切向分量 v_u。这几个速度矢量的关系如图 5-8 的三角形所示，通常称为速度三角形。由于牵连速度 u 始终在切线方向上，所以 u 与 v_u 始终在同一方向上，只是大小不同。图 5-8 中的 v_m 为变矩器工作液的轴面速度。

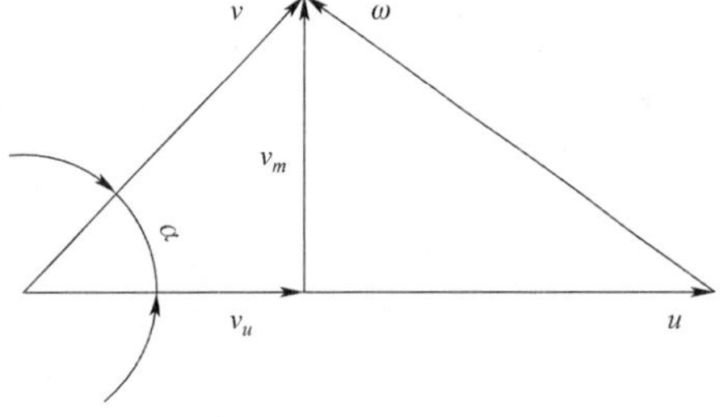

图 5-8　速度三角形

三、液力传动的特点

(1)液力变矩器能自动地根据负荷的变化调整输出转速和转矩，提高了机器的自动适应性。可以减少变速器的挡位数，简化操纵，减小了驾驶员的劳动强度，提高了生产率。

(2)有效地隔离了振动在发动机与传动系之间传递，改善了机器构件的受力状态，延长了机器的使用寿命。

(3)由于工作液吸收了大量的高频振动能量，使机架、驾驶台的振动大大减少，提高了机器的平顺性、舒适性。

(4)液力传动与动力换挡变速器相结合后，不存在挂不上挡的问题，可以有效地发挥发动机的功率，也容易提高机器的自动化程度。

(5)液力耦合器、变矩器的工作轮结构复杂，制造成本高。

(6)液力传动的效率低于机械传动。

第三节　液力变矩器的性能

一、液力变矩器的外特性

液力变矩器的外特性通常是指在泵轮转速 n_B 一定的条件下，变矩器的输入转矩 M_B、输出转矩 M_T、效率 η 与变矩器涡轮转速 n_T 的关系。即函数 $M_B=M_B(n_T)$、$M_T=M_T(n_T)$、$\eta=\eta(n_T)$。液力变矩器的外特性也称为涡轮输出特性。图 5-9 为几种常见的变矩器涡轮形式和对应的外特性曲线。

液力变矩器的泵轮转速 n_B 一定时，载荷 M_T 的变化引起泵轮转矩 M_B 变化的性能称为液力变矩器的透穿性。如果 M_T 增大时 M_B 也增大，则称该变矩器有正的透穿性(图 5-9a)；如果 M_T 增大时 M_B 反而减小(图 5-9c)，则称该变矩器有负的透穿性；如果 M_T 变化时 M_B 不变化，则称该变矩器没有透穿性(图 5-9b);如果变矩器的工作区段既有正的透穿性又有负的透穿性,则称该变矩器具有综合透穿性。

二、液力变矩器的原始特性

外特性曲线直观地反映了泵轮转速 n_B 一定时变矩器的性能,但实际工作时泵轮的转速经常是变化的。在 n_B 不同的时候会有不同的外特性曲线。把这些外特性曲线绘制在一起,就得到了变矩器的通用特性曲线(图 5-10)。变矩器的通用特性曲线尽管较完善地反映了性能特点,但曲线太多,直观性差,而且获得通用特性曲线时的测试工作量比较大。

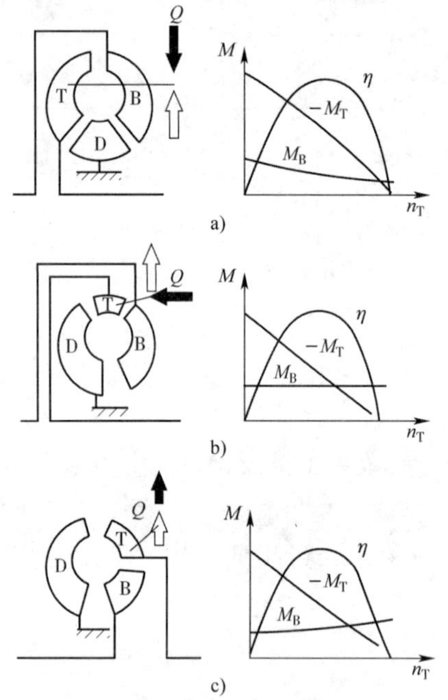

图 5-9　不同涡轮形式的液力变矩器简图及其外特性

a)向心涡轮;b)轴流涡轮;c)离心涡轮

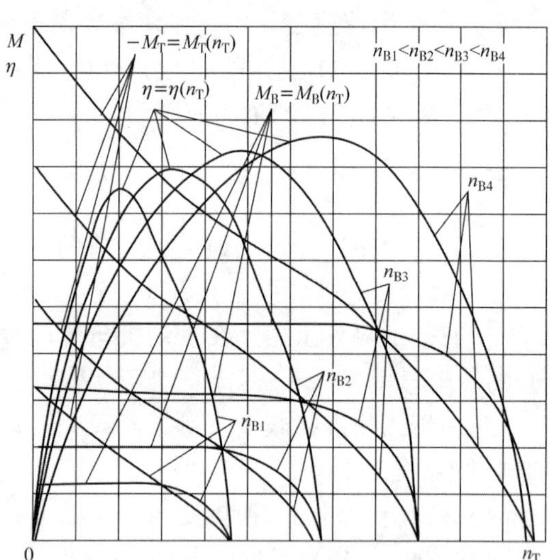

图 5-10　液力变矩器的通用特性曲线

根据变矩器的工作原理和液力传动流体力学的分析结论,我们定义:

$$K = -\frac{M_T}{M_B} \tag{5-13}$$

$$\lambda_B = \frac{M_B}{\rho g n_B^2 D^5} \tag{5-14}$$ ❶

$$\lambda_T = \frac{M_T}{\rho g n_T^2 D^5} \tag{5-15}$$

式中:K——变矩器的变矩系数;

λ_B——液力变矩器泵轮转矩系数,1/[m·(r/min)²];

λ_T——液力变矩器涡轮转矩系数,1/[m·(r/min)²];

❶ 也有专家定义 $\lambda_B = M_B/(\rho\omega_B^2 D^5)$,其中 ω_B 为涡轮的角速度,单位为 rad/s,这样定义后 λ_B 没有量纲,本书中为了保持与所收集资料的一致性,采用 $\lambda_B = M_B/(\rho g n_B^2 D^5)$;对于 λ_T 也有类似情况。

ρ——变矩器工作液的密度,kg/m³;

D——变矩器的有效直径(图 5-4),m;

n_B——变矩器泵轮转速,r/min;

n_T——变矩器涡轮转速,r/min。

变矩器的效率 η 为:

$$\eta = -\frac{M_T\omega_T}{M_B\omega_B} = -\frac{M_T n_T}{M_B n_B} = Ki \tag{5-16}$$

根据流体力学的基本原理和相似理论,可以得出液力变矩器泵轮转矩系数 λ_B、涡轮转矩系数 λ_T、变矩系数 K、效率 η 均为传动比 i 的函数。即:

$$\lambda_B = \lambda_B(i)$$

$$\lambda_T = \lambda_T(i)$$

$$K = K(i)$$

$$\eta = \eta(i)$$

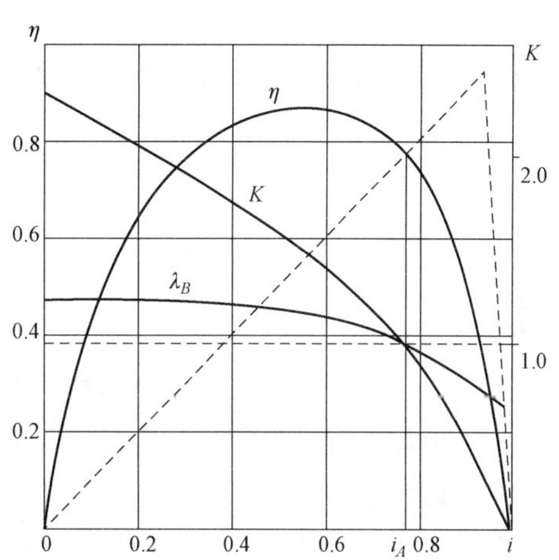

图 5-11 液力变矩器的原始特性

通常,将 $\lambda_B = \lambda_B(i)$、$K = K(i)$、$\eta = \eta(i)$ 三条曲线称为液力变矩器的原始特性(有的书上称为无因次特性)曲线(图 5-11)。在知道了某一变矩器外特性曲线、有效直径 D、变矩器油的密度 ρ 后,便可以求得该变矩器的原始特性。从相似理论可知,一组几何相似的液力变矩器有相同的原始特性,这一点对于研究开发液力变矩器是十分有用的。当已知某一变矩器模型的外特性时,利用上述内容可以换算出与之相似的一系列变矩器的原始特性。但几何相似的变矩器,其内部工作液的动力特性、运动特性并不完全相似,所以,当原型与模型相差太大时需要按下式进行修正。

$$\eta_s = 1 - (1 - \eta_M)\left(\frac{n_{BM}}{n_{Bs}}\right)^{0.25}\left(\frac{D_M}{D_s}\right)^{0.5} \tag{5-17}$$

$$K_s = \frac{1}{i}\left[1 - (1 - \eta_M)\left(\frac{n_{BM}}{n_{Bs}}\right)^{0.25}\left(\frac{D_M}{D_s}\right)^{0.5}\right] \tag{5-18}$$

式中:η_s、η_M——实际变矩器、模型变矩器的效率;

D_s、D_M——实际变矩器、模型变矩器的有效直径;

n_{Bs}、n_{BM}——实际变矩器、模型变矩器的泵轮转速;

K_s——实际变矩器的变矩系数。

三、液力变矩器的输入特性

液力变矩器的输入特性是变矩器泵轮转速 n_B 与泵轮转矩 M_B 的关系。由式(5-14)可知

$$M_B = \lambda_B \rho g n_B^2 D^5 \tag{5-19}$$

在变矩器确定以后,对于给定的 λ_B 来说,M_B 与 n_B 的关系曲线是一条抛物线。由于 λ_B 是 i 的函数,对于不同的 i 会有不同的抛物线。所以,液力变矩器的输入特性是由许多抛物线组

成的曲线族(图 5-12)。

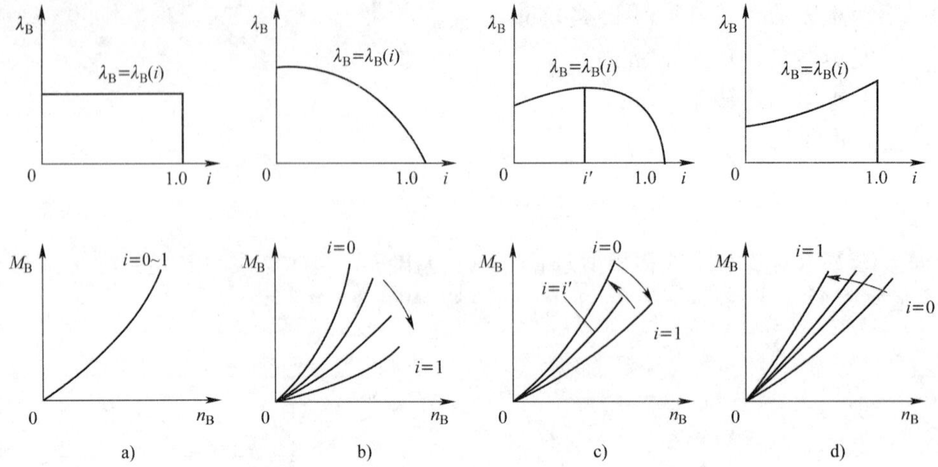

图 5-12　具有不同透穿性的液力变矩器输入特性

(上面一排为原始特性中 λ_B 的曲线,下一排为输入特性曲线)

如果变矩器是没有透穿性的(图 5-12a),则 λ_B 是一个常数,$\lambda_B=\lambda_B(i)$ 曲线是一条水平线,输入特性曲线只有一条;如果变矩器是正透穿的(图 5-12b),则 $\lambda_B=\lambda_B(i)$ 函数是 i 的单减函数,随着 i 的增大,输入特性曲线族顺时针方向旋转;如果变矩器是负透穿的(图 5-12d),则 $\lambda_B=\lambda_B(i)$ 函数是 i 的单增函数,随着 i 的增大,输入特性曲线族逆时针方向旋转;如果变矩器具有综合透穿性(图 5-12c),则 $\lambda_B=\lambda_B(i)$ 曲线一般是一条上凸曲线,随着 i 的变化,输入特性曲线族在一定范围来回摆动。

第四节　液力变矩器的类型

一、向心、轴流、离心涡轮

当变矩器涡轮进口处的半径大于出口处的半径时,涡轮内的液流是流向变矩器轴心的,这种形式的变矩器称为向心涡轮变矩器(图 5-9a)。当变矩器涡轮进口处的半径等于出口处的半径时,涡轮内的液流基本上是在轴向流动的,这种形式的变矩器称为轴流涡轮变矩器(图 5-9b)。当变矩器涡轮进口处的半径小于出口处的半径时,涡轮内的液流是流向远离变矩器中心的,这种形式的变矩器称为离心涡轮变矩器(图 5-9c)。

与其他形式比较,向心涡轮变矩器有以下优点:

1. 正透穿性

当负荷增加时,涡轮的转速减小,涡轮的离心力对液流的阻力减少,循环圆 Q 流量增加,使泵轮负荷增加;反之亦然。这样,空载时发动机功率消耗小,能充分发挥利于发动机的功率,提高燃油经济性;也有利于驾驶员根据发动机的声音判断机器的工作状况,有利于操纵控制。

2. 能容量大

在传递功率相同的条件下,向心涡轮变矩器较其他形式的变矩器体积小。这是由于这种形式的变矩器泵轮、涡轮均在最大半径处。当其他条件相同时,这时工作液的动能最大,变矩器的能容量也就大。

3. 最高效率 η_{max} 高

采用向心涡轮后，涡轮内叶片的工作面积较大，能量转换较彻底；当传动比 i 增加时，循环圆流量减少，变矩器内部的能量消耗减少。这样一来，变矩器的效率增加，最高效率时的传动比增大。在耦合器工况（即 $M_T = -M_B$）的效率可以达到 0.94～0.97，明显高于其他形式的变矩器。

向心涡轮变矩器的最大缺点是起动工况（在 $i = 0$ 时）的变矩系数 K_0 较小，但由于配备了动力换挡变速器后，机器很少工作于这种状况，因而，这实际上对机器工作性能没有多少影响。所以，目前工程机械上广泛地使用向心涡轮变矩器。

二、单相和多相液力变矩器

前面提到的所有变矩器的工作轮都只有一种状态，这些变矩器称为单相液力变矩器。在负荷减少到图 5-11 中的 $i = i_A$ 点（由于这时 $K = 1$、$M_T = -M_B$，常称为耦合器状态）时，再减小负荷，变矩器的输出转矩就会小于其输入转矩，同时效率大大降低。这对于发挥机器的工作效能是十分不利的。如果这时让导轮失去作用，再减少负荷，变矩器就变为耦合器。其效率特性曲线就成为图 5-11 中 i_A 点右侧的虚线，效率会大大提高。而且在 i 接近于 1 时变矩器卸载，发动机也基本卸载了。

由变矩器原理（图 5-7c）我们知道，工作于 i_A 点右侧的变矩器之所以能减少转矩，是由于这时工作液冲击了导轮背面（即：$M_D < 0$）。利用这一点，在安装导轮的位置布置单向离合器（或称为超越离合器）（图 5-13）使导轮在正面受液流冲击时固定不动，在背面受液流冲击时自由旋转。即以 i_A 点为界，变矩器有两种状态（i_A 点左侧为变矩器，i_A 点右侧为耦合器），我们称这个变矩器有两个相。

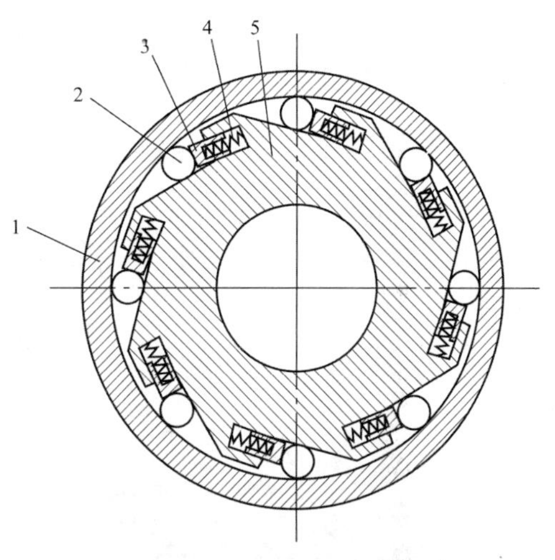

图 5-13　超越离合器

1-外环；2-滚柱；3-顶销；4-弹簧；5-棘轮

也有的变矩器制作两个导轮，每个导轮分别通过单向离合器与壳体相连（图 5-14a）。在 $i = 0$ 时，液流沿图 5-14b）中的箭头 1 的方向冲击导轮，两个导轮都停止不动，变矩器有最大的输出转矩；当 $i = i^*$ 时，液流沿导轮叶片的切线方向进入导轮（图 5-14b 中的 2），这时液流的扰动最小，变矩器获得最高的效率；当载荷减少到一定程度时，液流沿图 5-14b）中 3 方向冲击导轮，这时导轮 1 转动失去作用但导轮 2 仍然停止，进入另一个变矩器状态；在载荷进一步减少 $i = i_M$ 时，液流沿图 5-14b）中 5 方向冲击导轮，两个导轮都自由转动，变矩器彻底进入耦合器状态。这种变矩器有三个状态，我们称该变矩器有三个相。这种三相变矩器的特性曲线见图 5-14c）。

一般来说，借助于某些机构的作用，一些工作轮在一定条件下改变了作用从而改变了液力变矩器的工作特性，达到把几个液力变矩器和一个液力耦合器特性综合到一台液力变矩器上的目的，以改善变矩器的性能。这种改变工作特性的数量称为变矩器的相数。

多相液力变矩器虽然结构复杂，但明显地改善了变矩器的性能，因而得到了广泛的使用。有些多相液力变矩器还利用了功率分流，成为液力机械变矩器。

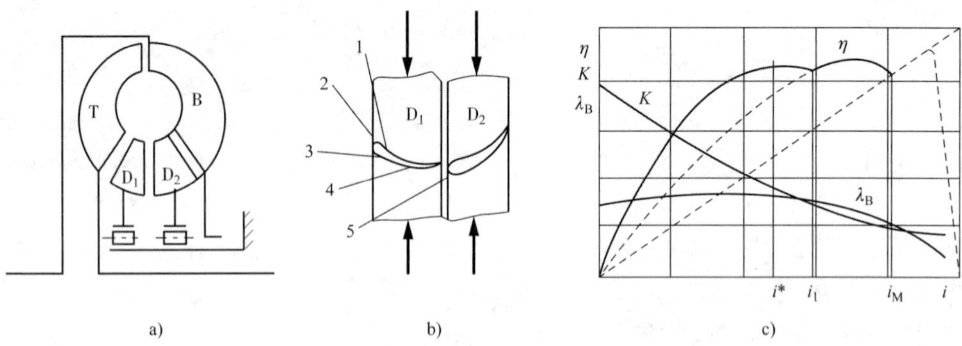

图 5-14　三相液力变矩器
a）结构简图；b）导轮受力示意图；c）原始特性

三、正转和反转液力变矩器

在正常运转的条件下，涡轮与泵轮转向相同的变矩器为正转型液力变矩器；涡轮与泵轮转向相反的变矩器为反转型液力变矩器。

在结构上，正转型液力变矩器的工作液是按 B-T-D 方向流动的（图 5-15a）。反转型液力变矩器为了改变方向，将导轮布置于涡轮前面（图 5-15b），其工作液是按 B-D-T 方向流动。反转型液力变矩器的工作液在导轮中方向改变剧烈，因而效率较低，船舶行业中常用于轮船倒退，汽车和工程机械上一般不采用。

四、单级和多级液力变矩器

变矩器的涡轮被泵轮和导轮分为几个部分，变矩器就有几个级。如图 5-16 中的两个变矩器，图 5-16a）中的涡轮被导轮 D_1 分成两个部分，这个变矩器有两个级；图 5-16b）中的涡轮被

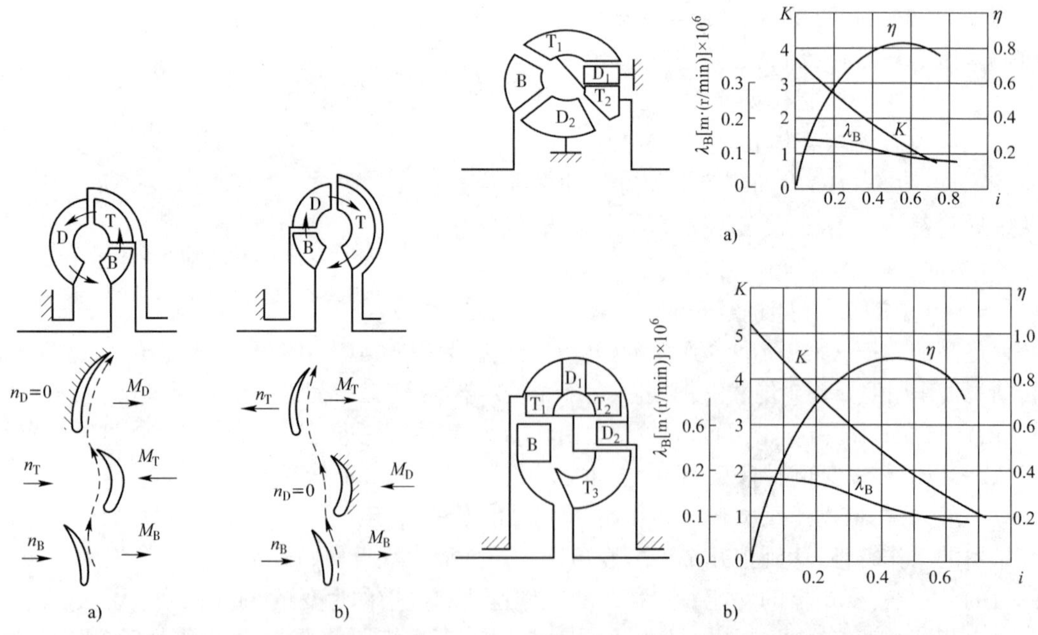

图 5-15　B-T-D 和 B-D-T 型液力变矩器
a）B-T-D 正转液力变矩器；b）B-D-T 反转液力变矩器

图 5-16　多级变矩器的结构简图和原始特性
a）两级液力变矩器；b）三级液力变矩器

两个导轮 D_1、D_2 分成三个部分,这个变矩器就有三个级。如图 5-24 中变矩器,尽管它有两个涡轮,但这两个涡轮之间没有其他工作轮,这个变矩器仍然称为单级变矩器。

多级变矩器的变矩系数较单级变矩器大,高效区范围宽。但多级变矩器结构复杂,造价昂贵,目前基本被单级多相变矩器所替代。

五、液力变矩器选型

总括前述的内容,可以得到工程机械用液力变矩器选型的一般原则:

1. 结构形式

采用向心涡轮变矩器。对于类似于推土机的机器,由于其行驶速度低,行驶阻力大,变矩器工作于传动比 i 较大的时候不多,加速特性对这类机器的要求不高,可以优先选用单相向心涡轮变矩器。如装载机这样的机器,行驶时速度较高,行驶阻力也不大,工作于传动比 i 较大的时候较多,在铲掘过程中牵引力大,而且变化剧烈,最好选用多相液力变矩器。

2. 变矩性能

为了便于机器起步,液力变矩器应有较高的起动工况变矩系数 K_0。但实际上,配有动力换挡变速器后,向心涡轮变矩器的变矩系数能满足大多数工程机械的需要。

3. 透穿性能

液力变矩器应有正的透穿性。在机器空载时,柴油机应该基本卸载。为保证柴油机不熄火,变矩器与发动机工作时的工作点在任何情况下都不宜越过柴油机的最大转矩点。所以,i 较大时的 λ_B 曲线应该陡一些,在 $i=1$ 时最好接近于零;i 较小时的 λ_B 曲线应该平缓,有少量负透穿也可用(图 5-12c)。

4. 效率

从理论上讲,液力变矩器的效率越高、高效区越宽,变矩器的质量就越好。多相变矩器的高效区宽,但成本高。实际选用时,应该重点注意经常工作区段的效率。

5. 速度变化

尽管自动适应性是液力变矩器的一个优点,但对于负荷急剧变化的铲土运输机械来说,速度变化太快会使驾驶员操纵困难。因此对涡轮转速的变化范围应该有一个限制。通常,涡轮的最高工作转速应该小于最高效率时转速的 1.5 倍。

第五节 液力变矩器与柴油机共同工作特性

性能良好的变矩器必须与柴油机良好地配合才能使机器充分发挥作用。研究液力变矩器与柴油机共同工作特性是为了合理地解决在工程机械上变矩器与柴油机的合理匹配问题。液力变矩器与柴油机共同工作特性分为共同工作的输入特性和输出特性。

一、共同工作的输入特性

绝大多数情况下,液力变矩器的泵轮是直接与柴油机飞轮相连接的,在不计柴油机在变矩器前面驱动的其他部件的条件下，有下式成立：

$$M_e = M_B$$

$$n_e = n_B$$

式中：M_e——发动机输出转矩；

n_e——发动机转速。

这样，将柴油机的调速外特性曲线与变矩器的输入特性曲线画在一起，就得到了液力变矩器与柴油机共同工作的输入特性曲线。液力变矩器与柴油机共同工作的输入特性反映了柴油机的工作点与变矩器传动比的关系。图5-17为三种变矩器与柴油机匹配的情况，图中的 *A-B-C* 曲线为柴油机实际工作的区段。图5-17a）中 *A-B-C* 曲线全部在柴油机的调速区，这时柴油机的功率明显没有充分发挥；图5-17b）中 *A-B-C* 曲线几乎全部在柴油机的校正加浓区，这时的柴油机一直处于超载状态下，功率也没有充分发挥，而且工作状态不稳定；图5-17c）的柴油机工作于调速区与加浓区之间，大致上是合理的。

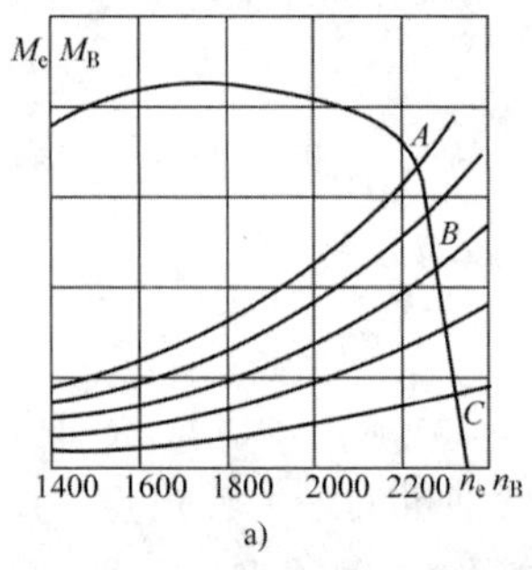

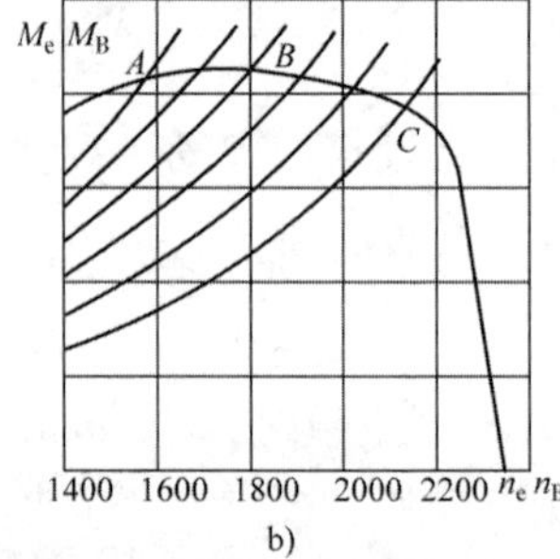

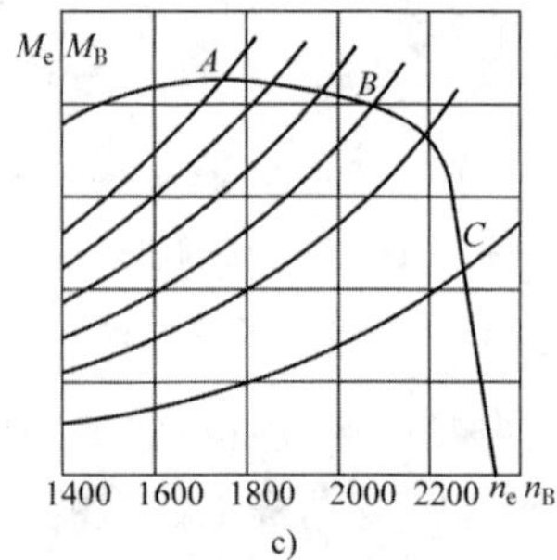

图5-17　变矩器与柴油机匹配

当非透穿的液力变矩器与发动机匹配后，不论外负荷怎样变化都不会引起发动机工作点的变化，发动机负荷十分稳定，从这一点讲对发动机是有利的；但在外负荷相当小时，如果驾驶员没有减少节气门开度，发动机仍然工作于额定工作点，这会使机器的燃油经济性降低，也会使变矩器的发热量加大。当负透穿的液力变矩器与发动机匹配后，外负荷增加时发动机负荷反而减少，这种违反常规的状态显然不利于机器性能的正常发挥。所以，与发动机匹配的液力变矩器应该具有正的透穿性；对于具有综合透穿性（图5-12c）的液力变矩器，如果在传动比比较小时，出现不大的负透穿性也可以使用，由于实际上变矩器工作于传动比比较小的工况不多，而且可以有效地保证机器超负荷时发动机不熄火。

应该强调的是，前面的讨论是在 $M_e = M_B$、$n_e = n_B$ 的条件下进行的。如果柴油机在变矩器前面有动力输出，而且柴油机与变矩器之间有齿轮传动时，M_B 应该采用转换到泵轮轴上的转矩，n_B 应该采用转换到泵轮轴转速。

$$M_B = i_m(M_e - \sum M_j)$$

式中：i_m——柴油机曲轴到变矩器泵轮的传动比，n_e/n_B；

M_j——柴油机在变矩器前面的输出转矩（例如：液压泵、风扇等）；

在以下的叙述中也会出现类似问题，将不再强调。

二、共同工作的输出特性

液力变矩器与柴油机共同工作的输出特性是指柴油机与变矩器共同工作时，涡轮转矩

M_T、涡轮功率 N_T、比油耗 g_{eT}、效率 η、柴油机曲轴转速 n_e（或泵轮转速 n_B）等随涡轮转速 n_T 的变化规律（图 5-18）。根据这些曲线，可以评价变矩器与柴油机共同工作的性能，也可以由此进一步计算工程机械的牵引性能。

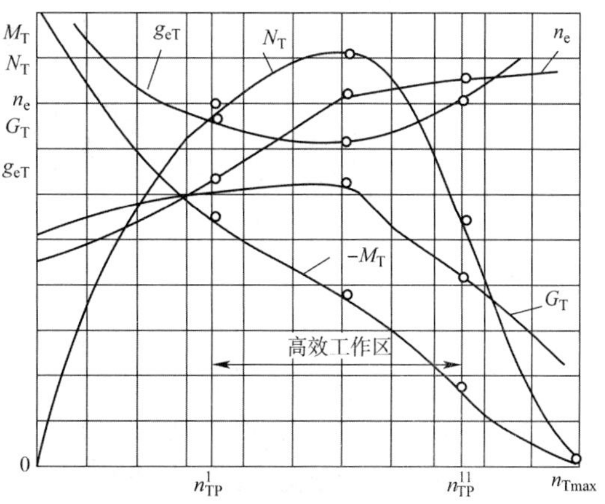

图 5-18 液力变矩器与柴油机共同工作的输出特性

液力变矩器与柴油机共同工作的输出特性可以根据其共同工作的输入特性和液力变矩器的原始特性绘制。下面举例说明绘制方法。

[例 5-1] 图 5-19 为 D155A-1 型履带推土机变矩器的原始特性和其与柴油机共同工作输入特性曲线。试绘制其变矩器与柴油机共同工作的输出特性。

解：由图 5-19b）中查出每个 i 时的 n_e、M_e，用式 $n_T = in_B$ 计算出 n_T；再由图 5-19a）图查出相应 K、η，用式 $M_T = KM_B$、$N_T = M_T n_T$ 计算 M_T、N_T。计算结果如表 5-1 所示，由此绘制的输出特性曲线见图 5-20。

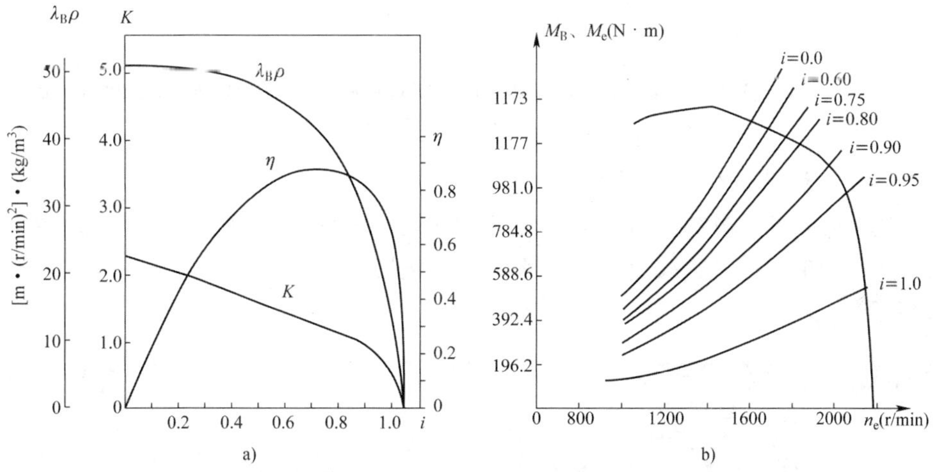

图 5-19 D155A-1 推土机变矩器的特性

a）变矩器原始特性；b）变矩器与柴油机共同工作输入特性

D155A-1 型履带推土机变矩器与柴油机共同工作的输出特性计算表 表 5-1

i	$n_e = n_B$ (r/min)	$M_e = M_B$ (N·m)	$n_T = in_B$ (r/min)	K	η	$M_T = KM_B$ (N·m)	$N_T = M_T n_T$ (kW)
0	1620	1271	0	2.26	0	2870	0
0.6	1700	1244	1020	1.45	0.865	1800	197
0.75	1790	1206	1342	1.23	0.873	1480	208
0.80	1850	1173	1480	1.16	0.865	1360	210
0.90	2000	1085	1800	0.98	0.824	1060	200
0.95	2070	959	1966	0.82	0.772	786	161
1	2160	536	2160	0.55	0.665	295	67

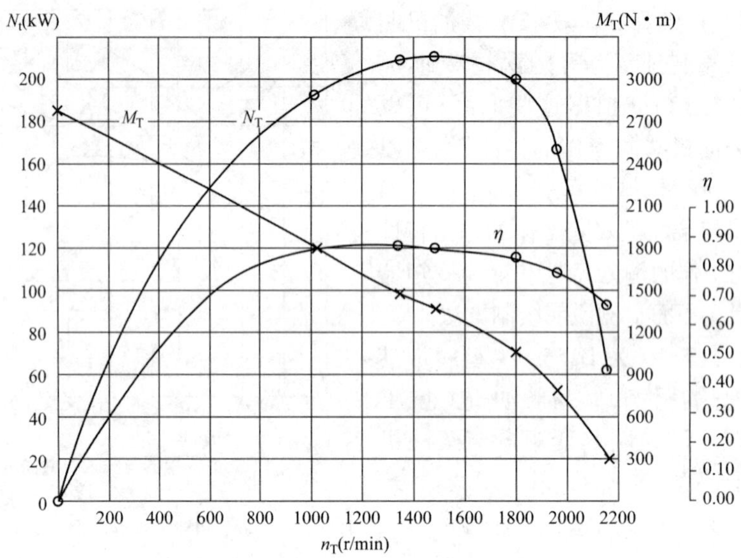

图 5-20　D155A-1 推土机变矩器与柴油机共同工作的输出特性

三、发动机与变矩器的合理匹配

图 5-17 仅粗略地介绍了柴油机与变矩器匹配的情况，从中可以看出，变矩器与柴油机的合理匹配是一个十分重要的问题。关于这个问题，目前常见的匹配原则有以下三种。

1. *最大牵引功率原则*

为了获得最大牵引功率，要求在共同工作的输入特性曲线上，液力变矩器最高效率时的传动比（i^*）所对应的负荷抛物线通过柴油机额定工作点 M_{eH}，这样机器可以获得最大的牵引功率（图 5-21）。

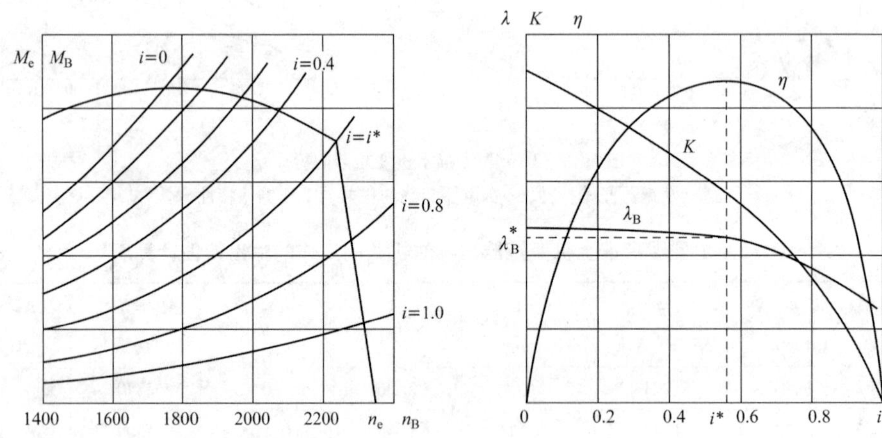

图 5-21　变矩器柴油机合理匹配（1）

这时，变矩器的有效直径 D 按下式求得：

$$D=\sqrt[5]{\frac{M_{BH}}{\rho g \lambda_B^* n_{BH}^2}} \tag{5-20}$$

式中：M_{BH}——柴油机额定状态时传递到泵轮上的转矩；

λ_B^*——最高效率时的泵轮转矩系数(图5-21);

n_{BH}——柴油机额定状态时变矩器泵轮的转速。

2. 柴油机额定点与变矩器高效区中点匹配原则

上述匹配方法简单,而且机器可以获得最大的牵引功率,但在变矩器效率曲线不对称时有明显的局限性。例如图5-22的两相变矩器,其效率曲线有两个峰值点 i_1^*、i_2^*,而且 i_1^* 对应的效率较高。如果按 i_1^* 与柴油机额定点匹配,当机器处于轻载状态时,变矩器将工作于耦合器状态的效率不稳定区;如果按 i_2^* 与柴油机额定点匹配,虽然轻载时机器的效率可以保证,但超载时机器的效率偏低。这时,应该采用柴油机额定点与变矩器高效区中点匹配原则。通常,将变矩器的效率 $\eta \geq 0.75$ 区段称为变矩器的高效区(图5-22)。这样一来,变矩器的有效直径 D 的计算公式为:

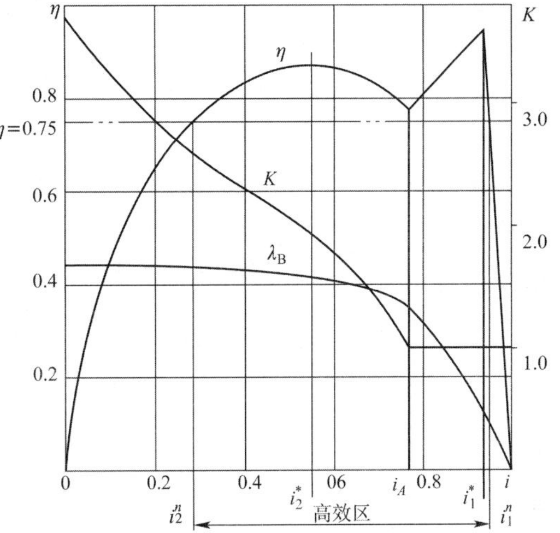

图5-22 变矩器柴油机合理匹配(2)

$$D = \sqrt[5]{\frac{M_{BH}}{\rho g \lambda_B^\eta n_{BH}^2}} \qquad (5\text{-}21)$$

式中:λ_B——变矩器高效中点的泵轮转矩系数。

λ_B 的确定方法见图5-22。步骤如下:

(1)在原始特性曲线上作水平线 $\eta = 0.75$,求得高效区的最高传动比 i_1^η、最低传动比 i_2^η。

(2)按公式 $i^\eta = (i_1^\eta + i_2^\eta)/2$ 求得高效区中点。

(3)原始特性图上 $i = i^\eta$ 对应的 λ_B 即为 λ_B^η。

3. 最高平均牵引功率原则

如果已知变矩器涡轮的转矩 M_T 的概率密度函数为 $p(M_T)$,则可以按以下步骤确定变矩器的有效直径 D:

(1)预定变矩器有效直径 D,做其与柴油机共同工作的输出特性,并得出涡轮功率 N_T 与涡轮转矩 M_T 的函数关系:

$$N_T = N_T(M_T)$$

(2)按下式计算涡轮的平均输出功率:

$$\bar{N} = \int N_T(M_T) \cdot p(M_T) \mathrm{d}M_T$$

(3)按最优化理论,调整变矩器有效直径 D,以 $\bar{N}$ 最大为目标函数,求得最优的变矩器有效直径 D。

应该指出,上述匹配原则都是以充分发挥发动机功率为着眼点提出的,实际机器设计中要考虑的因素是多方面的。例如,对于牵引型机械,要验算其牵引力是否达到要求。一般来说,在变矩器将要失速($n_T = 0$)时,涡轮输出的转矩若能使机械打滑,则说明最大牵引力能满足要求;如果这时机械没有打滑,则要根据具体情况考虑。

以上分析中仅讨论了同一系列产品中变矩器有效直径 D 的选配,实际上还要对不同系列的变矩器进行比较。

第六节 液力机械变矩器

为了改善液力变矩器传动效率低的缺点,可以将液力变矩器与机械传动元件以不同方式组合起来形成一种新的液力机械传动装置,这就是液力机械变矩器。在液力机械变矩器里,一部分动力通过液力传动路线来传递,另一部分动力通过机械传动路线来传递,故兼备了对外载荷具有自动适应性的液力传动和传动效率较高的机械传动的优点,扩大了现有液力变矩器的应用范围。

液力机械变矩器根据功率分流在变矩器内部实现或外部实现,分为功率内分流和功率外分流两类(图5-23)。现仅就工程机械上采用的液力机械变矩器基本知识作一简单介绍。

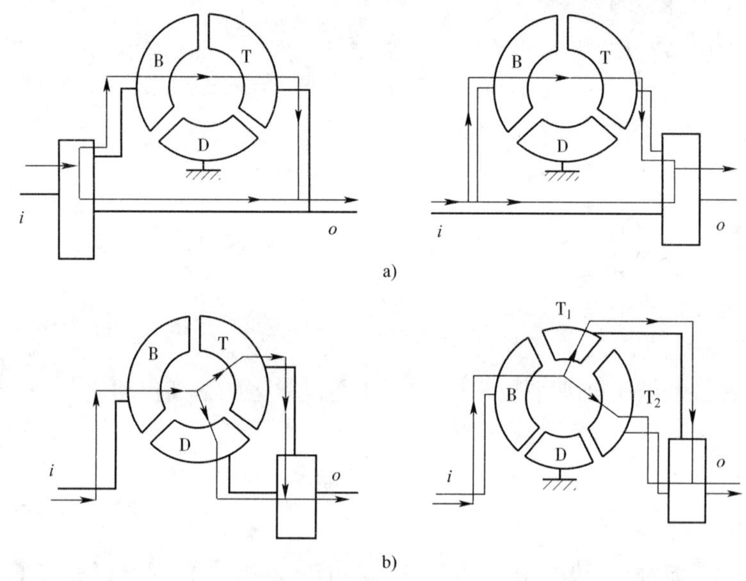

图5-23 液力机械变矩器的类型

a)功率外分流;b)功率内分流

一、功率内分流液力机械变矩器

图5-24为ZL50装载机采用的功率内分流的双涡轮液力机械变矩器的原理图及原始特性曲线,图5-25为该变矩器的结构图。该变矩器结构特点是:第一涡轮与第二涡轮分别通过两根相互套装在一起的输出轴,将动力输入变速器。第一涡轮经过一对减速齿轮 Z_3、Z_4 又通过自由轮机构将动力传给变速器输入轴,第二涡轮则通过一对增速齿轮 Z_1、Z_2 将动力传给变速器输入轴。在高速轻载工况($i>0.5$),第二涡轮被动齿轮 Z_2 的转速高于第一涡轮被动齿轮 Z_4 的转速,从而使自由轮机构自动松脱,于是第一涡轮空转,动力自第二涡轮单独传递;在低速重载工况($i<0.5$),第二涡轮转速降低,当被动齿轮 Z_2 的转速低于第一涡轮被动齿轮 Z_4 的转速时,则使自由轮机构锁紧,此时第一和第二涡轮共同传递功率,从而使变矩器的变矩系数增大。

双涡轮液力机械变矩器由于自由轮机构的作用,可适应装载机工作和运行阻力的变化,自动控制单涡轮或双涡轮(亦即单流和双流)传动,因此其变矩系数较大,K_0 可达4.7且高效区

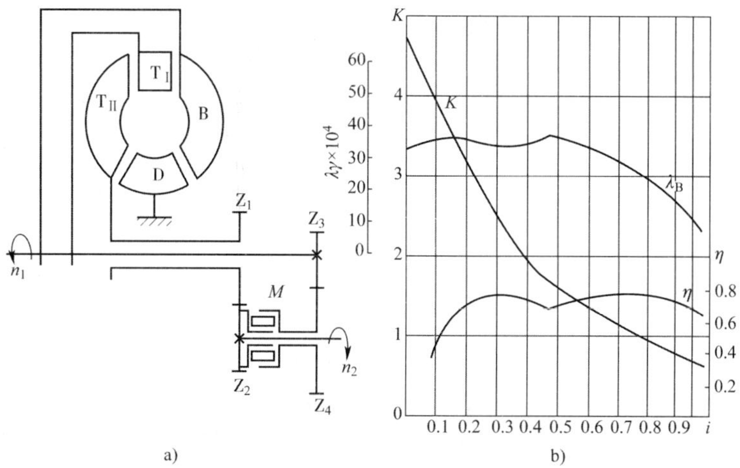

图 5-24　功率内分流液力机械变矩器

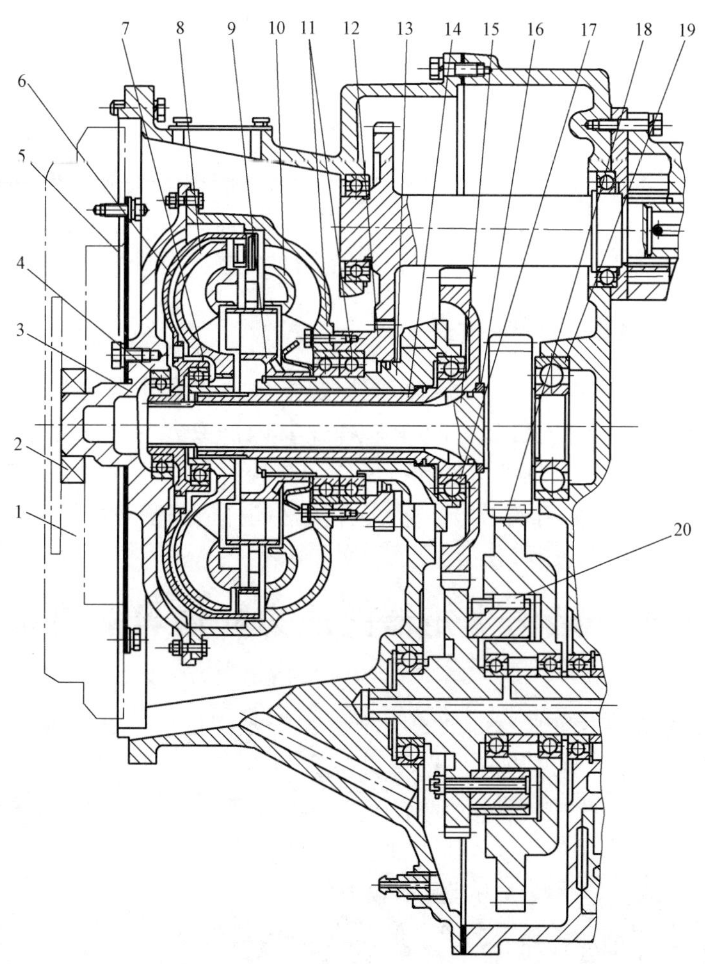

图 5-25　ZL50 型装载机用液力变矩器

1-飞轮;2、4、7、11、17、19-轴承;3-旋转壳体;5-弹性板;6-第一涡轮;8-第二涡轮;9-导轮;10-泵轮;12-齿轮;13-导轮轴;14-第二涡轮轴;15-第一涡轮轴;16-隔离环;18-单向离合器外环齿轮;20-单向离合器滚柱较宽。非常适合装载机铲装时需克服大的工作阻力，而运输时要求提高车速的工况特点。此外，由于双涡轮作用，其变矩系数曲线由两段不同斜率的曲线组成，因此在随外载荷自动变速时，变矩器本身相当于具有两挡速度的自动变速器，故可以减少变速器的挡位数，从而使变速器结构和操纵大大简化。

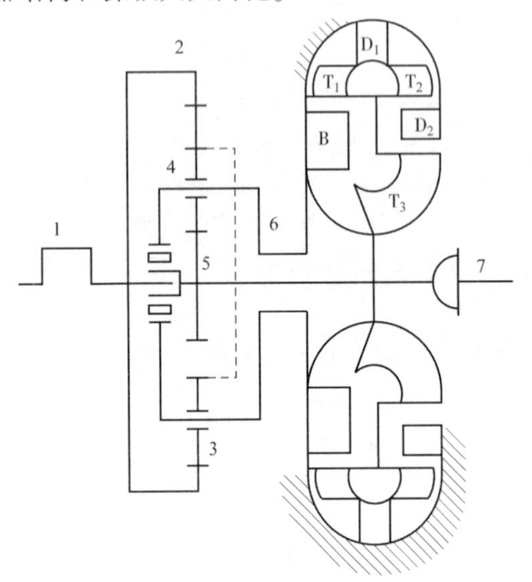

图 5-26　功率外分流液力机械变矩器

1-输入轴；2-齿圈；3-外行星轮；4-内行星轮；5-太阳轮；6-行星架；7-从动轴

二、功率外分流液力机械变矩器

图 5-26 为卡特履带推土机上采用的外功率分流的液力机械变矩器的原理简图，该液力机械变矩器是由双行星轮行星排和三级单相液力变矩器组合而成的。双行星行轮星排的结构参数 $\alpha = Z_q/Z_t = 2.94$（Z_q 为齿圈齿数，Z_t 为太阳轮齿数）。液力变矩器的起动工况变矩系数 K_0 为 5。功率流从主动轴 1 传给齿圈 2，分为两路，一路经过太阳齿轮传给从动轴 7，另一路通过行星架 6 传给泵轮 B，并经涡轮 T_1、T_2、T_3 传给从动轴 7。

当推土机下坡或需要拖起动时，从动轴 7 成为主动，其转速超过行星架 6 的转速，因此自由轮机构楔紧，将太阳齿轮和行星架闭锁，整个行星排形成一体同速旋转并拖动发动机转动，既可利用发动机排气制动控制下坡速度，也可用作拖起动。

三、液力机械变矩器的性能特点

一般来说，将液力机械变矩器的输入轴看作泵轮、输出轴看作涡轮时，液力机械变矩器相当于一个液力变矩器。这个变矩器的有效直径就是其内部液力变矩器的有效直径，这个变矩器的特性可以根据其内部变矩器的特性和机械传动结构按力学原理计算出来，也可以通过试验测得。所以，前面叙述的液力变矩器计算、使用方法同样适用于液力机械变矩器。

第七节　液力变矩器的压力补偿与散热系统

变矩器工作时泵轮叶片前段背面处的压力通常最低，可能产生气泡而导致效率降低、传递的功率减少，严重时还伴有明显的敲击噪声、叶片汽蚀。变矩器工作时会产生渗漏，造成其内部油量不足。为了防止这些现象发生，通常使变矩器内保持 0.5 ~ 1.0MPa 的补偿压力，以保证油压始终高于油液的饱和蒸气压。压力油从泵轮与导轮的衔接处引入，泵轮转速高及变矩器有效直径 D 大时，取上述补偿压力范围的较大值。

液力变矩器工作时的能量损失会产生很大的热量，其值与变矩器传递功率的大小及效率有关。为保持油液的温度 $t \leqslant 70 \sim 110$℃，应进行冷却，且多采用水冷。液力变矩器的油液由涡轮出口处引出。冷却油的流量可以根据变矩器内油的温升 ≤12 ~ 15℃ 计算。图 5-27 给出了液力变矩器补偿压力及冷却系统的油路图。

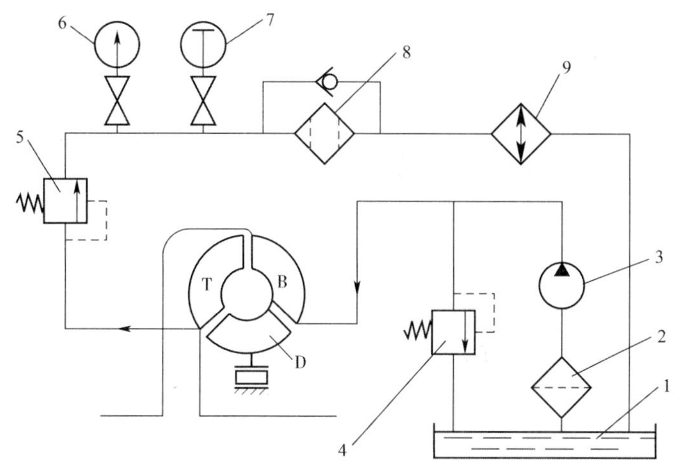

图 5-27　变矩器供油系统

1-油箱;2-粗滤器;3-油泵;4-安全阀;5-背压阀;6-压力表;7-油温表;8-精滤器;9-冷却器

液力变矩器工作时的能量损失会产生很大的热量,其值与变矩器传递功率的大小及效率有关。为了保持油液的温度 $t \leqslant 70 \sim 110$℃,应进行冷却,且多采用水冷。液力变矩器的油液由涡轮出口处引出。冷却液的流量可以根据变矩器内油的温升≤12 ~ 15℃计算。图 5-27 给出了液力变矩器补偿压力及冷却系统的油路图。

【练习题】

1. 液力变矩器、液力耦合器的基本原理是什么?液力变矩器有哪些类型?

2. 什么是液力变矩器的正透穿、负透穿?什么是液力变矩器的相?什么是液力变矩器的变矩系数?

3. 简述液力变矩器与柴油机共同工作的输入特性及其影响因素。

4. 图 5-28 为一液力变矩器的特性曲线,回答下列问题。

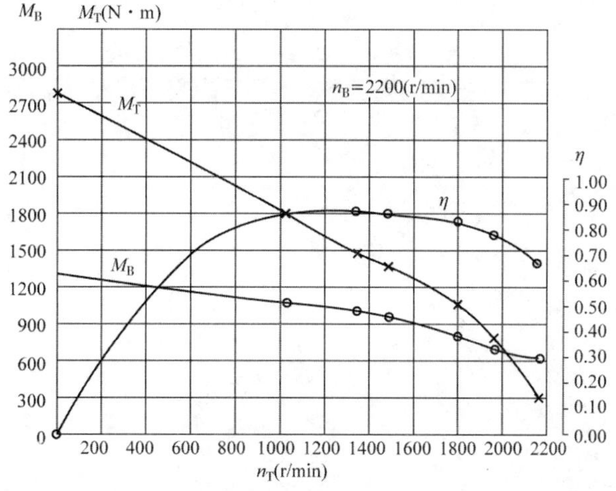

图　5-28

(1)该特性曲线的名称。

(2)图中各条曲线的意义。

(3)该变矩器的透穿性是什么？它有几个相？

5. 以装载机为例，简述变矩器在结构形式上选型的一般原则。

第六章

动力换挡变速器

【学习目标与要求】

掌握定轴式动力换挡变速器的结构和传动方案设计，掌握行星式动力换挡变速器的运动学、动力学分析，学会功率流分析，理解功率循环，掌握行星传动的配齿条件和结构设计要点，了解换挡离合器、制动器的设计方法，熟悉动力换挡变速器的典型结构和液压控制系统的基本要求。

人力换挡变速器进行换挡操作时必须分离主离合器，所以换挡过程中机器是靠惯性向前运行的。低速重载的机器在这一过程中速度会降低许多，甚至停止前进。工程机械采用了人力换挡变速器后，有时会出现挂低挡发动机功率未充分发挥，而挂高挡机器又难以起步的情况。不论采用哪一种换挡方式，人力换挡变速器都会出现有时候挂不上挡的现象。采用动力换挡变速器能有效地解决这个问题。

动力换挡变速器是采用离合器将变速器中的某两个换挡元件接合，或采用制动器将某一换挡元件制动实现换挡的，由于其换挡动作是通过液压系统借助发动机的动力实现的，所以称为动力换挡变速器。动力换挡变速器分为定轴式和行星式两种类型。

第一节　定轴式动力换挡变速器

一、定轴式动力换挡变速器结构

定轴式动力换挡变速器是将变速器的换挡齿轮用离合器与其轴连接起来，通过离合器的分离、接合实现换挡的。图6-1a)为W90-3型装载机的动力换挡变速器原理图。为了表达方便，用图6-1b)的形式表示定轴式动力换挡变速器的换挡离合器与齿轮。如果换挡离合器接合，则齿轮与轴一起旋转；如果换挡离合器分离，则齿轮在轴上空转。图6-2为对应图6-1a)的结构图，其中Z_{11}(30齿)用于实现倒挡，在图6-2中由于没有在剖切面上，所以未画出。W90-3

型装载机各挡位的动力传递路线见表 6-1。

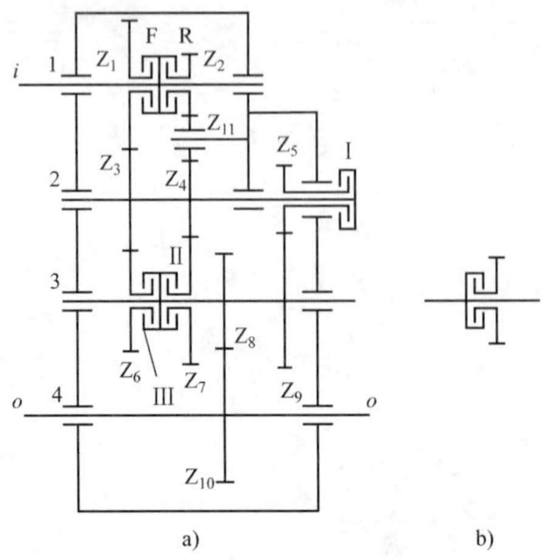

图 6-1　W90-3 装载机变速器传动简图

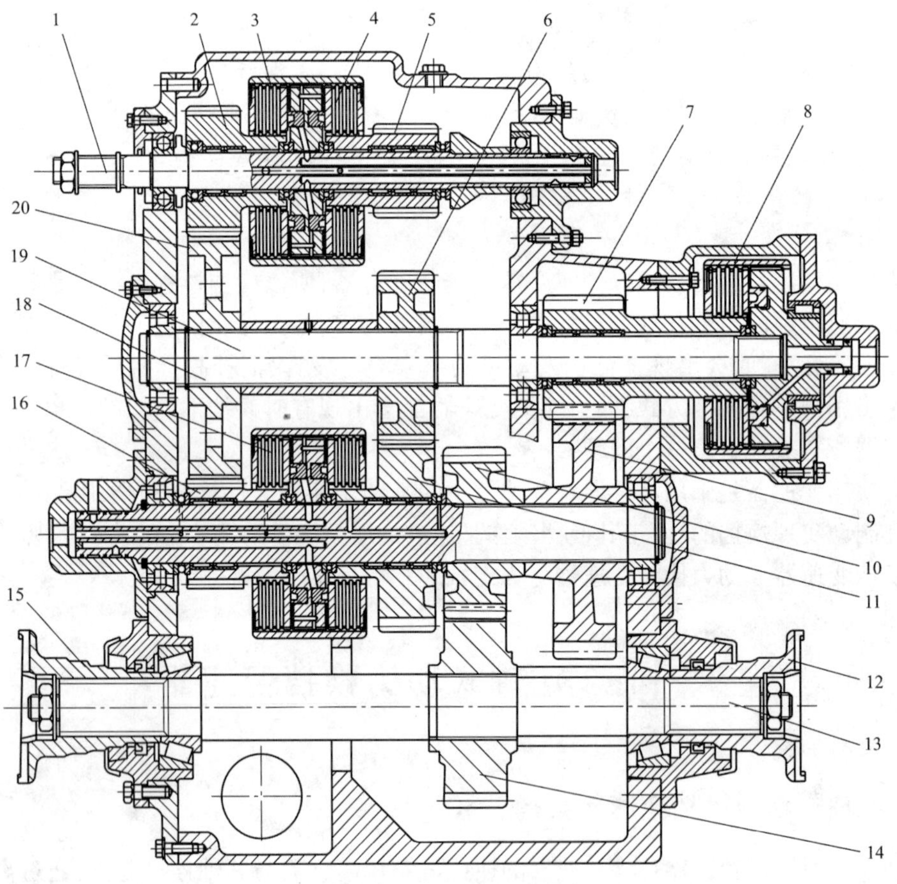

图 6-2　W90-3 型装载机变速器

1-动力输入轴;2-前进挡离合器齿轮($Z=28$);3-前进挡离合器;4-后退挡离合器;5-后退挡离合器齿轮($Z=21$);6-惰轮($Z=37$);7-一挡离合器齿轮($Z=17$);8-一挡离合器;9-一挡从动齿轮($Z=33$);10-惰轮($Z=23$);11-二挡离合器齿轮($Z=39$);12-前输出接叉;13-输出轴;14-齿轮($Z=27$);15-后输出接叉;16-三挡离合器齿轮($Z=22$);17-三挡离合器;18-二挡离合器;19-一挡离合器轴;20-齿轮($Z=53$)

W90-3 型装载机各挡位的动力传递路线　　表 6-1

挡位数	接合离合器	动力路线
进一	F、Ⅰ	$Z_1 \to Z_3 \to Z_5 \to Z_9 \to Z_8 \to Z_{10}$
进二	F、Ⅱ	$Z_1 \to Z_3 \to Z_4 \to Z_7 \to Z_8 \to Z_{10}$
进三	F、Ⅲ	$Z_1 \to Z_3 \to Z_6 \to Z_8 \to Z_{10}$
倒一	R、Ⅰ	$Z_2 \to Z_{11} \to Z_4 \to Z_5 \to Z_9 \to Z_8 \to Z_{10}$
倒二	R、Ⅱ	$Z_2 \to Z_{11} \to Z_4 \to Z_7 \to Z_8 \to Z_{10}$
倒三	R、Ⅲ	$Z_2 \to Z_{11} \to Z_4 \to Z_3 \to Z_6 \to Z_8 \to Z_{10}$

可以看出,定轴式动力换挡变速器的换挡是通过接合相应离合器实现的,不存在挂不上挡的问题。换挡是通过液压动力实现的,操纵轻便,而且容易实现自动化。在机器工作时,处于分离状态的离合器摩擦片之间有相对运动,由于都是湿式离合器,摩擦片之间的油膜会消耗一定的能量。由于离合器在变速器中要占相当大的空间,定轴式动力换挡变速器的体积受离合器尺寸的影响较大。动力换挡变速器的换挡过程通常要操纵多个离合器,所以换挡控制系统比较复杂。

如果将图 4-2 中的换挡方式改为动力换挡,也就是将啮合套的左右两种状态分别用两个离合器代替,便成为一个两挡的动力换挡变速器。

二、传动简图设计

图 6-3a)、b)分别为两个动力换挡变速器方案,都有六个离合器,也都可以实现四个前进挡和四个倒退挡。在所有离合器分离的条件下,图 6-3a)中有四组独立旋转的零件,所以它有四个旋转自由度;图 6-3b)有三组独立旋转的零件,所以它有三个旋转自由度。变速器传动时只能有一个自由度,图 6-3a)闭合三个离合器可得到一个挡位,图 6-3b)闭合两个离合器可得到一个挡位。

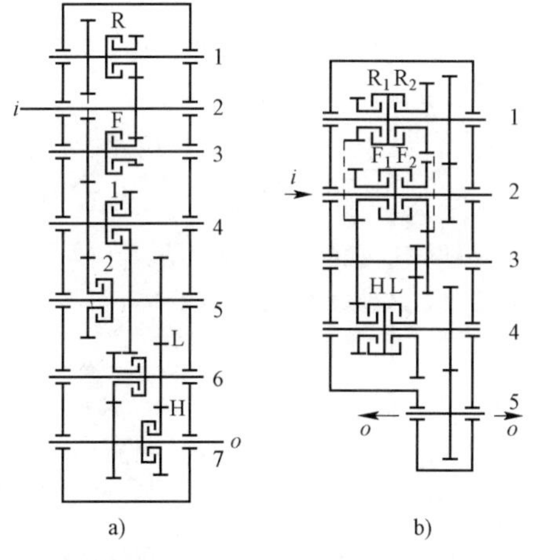

a)挡位		b)挡位	
挡位	接合的离合器	挡位	接合的离合器
进一	F-1-L	进一	F_1-L
进二	F-2-L	进二	F_2-L
进三	F-1-H	进三	F_1-H
进四	F-2-H	进四	F_2-H
倒一	R-1-L	倒一	R_1-L
倒二	R-2-L	倒二	R_2-L
倒三	R-1-H	倒三	R_1-H
倒四	R-2-H	倒四	R_2-H

图 6-3　定轴式动力换挡变速器简图

也就是说,在挡位数、离合器数相同的条件下,自由度越少,挂挡接合离合器越少,空转离合器越多;自由度越多,挂挡接合离合器越多,空转离合器越少。接合离合器数目少时,换挡控制系统简单;接合离合器数目多时,换挡控制系统复杂。

如果采用两自由度,实现八个挡需要八个离合器,而图 6-3 中实现八个挡使用了六个离合器，所以采用多自由度可以减少离合器的数目，简化结构。多自由度的变速器都可看作是由二自由度变速器串联而成的，因而挂挡时参与传递动力的齿轮多，会降低啮合效率。自由度少时空转离合器增加，由于空转离合器主从动摩擦片之间存在的油膜工作时黏性阻力会消耗一部分能量，形成离合器的空转能量损失。研究表明，离合器的空转能量损失要比齿轮的啮合能量损失大。多自由度方案的离合器总数也较少，动力换挡变速器采用多自由度方案优点较多。

动力换挡变速器的换挡离合器，由于受空间限制外径不能太大，所以大多采用多片离合器，其轴向尺寸较长。一般在一根轴上布置一个或两个离合器。一个离合器轴的结构简单，变速器轴向尺寸较短，但轴的数目较多。一根轴上布置两个离合器可以减少轴的数目，但变速器轴向尺寸增大，轴的结构复杂。一根轴上布置三个离合器时，不仅轴向尺寸长，而且控制油路布置困难，因而比较少见。

三、换挡离合器最高空转相对转速及传递转矩

实验表明，离合器分离时两摩擦片之间的相对转速不宜过大，过大不仅会造成能耗增大，而且还可能使摩擦片产生振动。通常，推荐分离时离合器两摩擦片平均作用半径处的相对速度小于 50m/s。由于换挡离合器可以装在主动齿轮轴上，也可以装在被动齿轮轴上，从理论上讲，一个两挡的二自由度变速器的离合器总共有四种布置方案，图 6-4 为其中的两种方案。

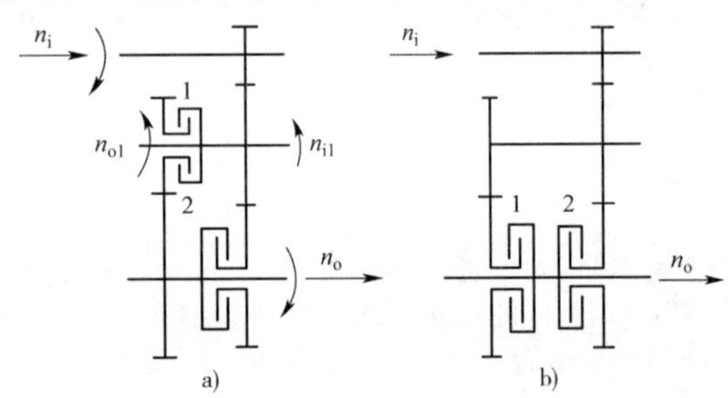

图 6-4　离合器片间相对转速计算

不难看出，在变速器传动比确定的条件下，由于换挡离合器的位置不同，其闭合时的工作转矩不同，分离时的空转转速也不同。

1. 二自由度变速器中空转离合器片间的相对转速 n_1^2

在二自由度变速器中，所有离合器的主动摩擦片都是直接或通过齿轮与变速器的输入轴相连接；所有离合器的从动摩擦片都是直接或通过齿轮与变速器的输出轴相连。

在图 6-4a) 中，已知接合离合器 2，求另一个空转离合器 1 的摩擦片相对转速 n_1^2。

设 n_{i1}、n_{o1} 分别为离合器 1 的主、从动摩擦片的转速，则接合离合器 2 时，离合器 1 的摩擦片相对转速 n_1^2 为：

$$n_1^2 = n_{i1} - n_{o1} \tag{6-1}$$

输入轴到离合器 1 主动部分的传动比：

$$i_{i1} = \frac{n_i}{n_{i1}}$$

离合器 1 从动部分到的输出轴传动比为：

$$i_{1o} = \frac{n_{o1}}{n_o}$$

接合离合器 2，变速器的传动比为：

$$i_2 = \frac{n_i}{n_o}$$

若接合离合器 1，变速器的传动比为：

$$i_1 = i_{i1} i_{1o} = \frac{i_{i1}}{i_{o1}}$$

将以上各式代入式(6-1)并整理得：

$$n_1^2 = n_{i1} - n_{o1} = n_{i1} - i_{1o} \cdot n_o = \frac{n_i}{i_{i1}} - \frac{i_1}{i_{i1}} \cdot \frac{n_i}{i_2} = \frac{n_i}{i_{i1}}\left(1 - \frac{i_1}{i_2}\right) \tag{6-2}$$

由式(6-2)可知：

(1) n_1^2 除与输入轴转速 n_i、接合离合器 2 时的传动比 i_2、接合离合器 1 时的传动比 i_1 有关外，还与 i_{i1} 有关，也就是与离合器 1 的位置有关。

(2) 变速器最高挡工作时 i_2 最小，这时最低挡的 i_1 最大；如果这时最低挡的离合器 1 靠近输入轴（i_{i1} 较小），则该离合器的相对转速 n_1^2 最大。

(3) n_1^2 值与 i_1、i_2 的符号有关，即与变速器是变速机构还是换向机构有关。

2. 离合器的工作转矩 M_m

离合器 1 接合时的工作转矩 M_{m1}

$$M_{m1} = i_{i1} M_i \tag{6-3}$$

式中：M_i——输入转矩。

将式(6-3)与式(6-2)相乘，得：

$$(M_{m1} n_1^2) = M_i n_i \left(1 - \frac{i_1}{i_2}\right) \tag{6-4}$$

可以看出，当两挡二自由度变速器的输入转速 n_i、输入转矩 M_i 一定时，在各挡传动比确定后，各挡离合器的 $M_{m1} n_1^2$ 为常数，与离合器的位置无关。也就是说，如果通过改变离合器的位置降低离合器 1 闭合所传递的转矩，但同时也增大了离合器 1 分离后的空转相对转速。

3. 二自由度变速器的变速范围 D

当 $i_1 = i_{max}$，$i_2 = i_{min}$ 时，$\left|\frac{i_1}{i_2}\right|$ 值最大。令变速范围 $D = \left|\frac{i_{max}}{i_{min}}\right|$，则由式(6-4)得：

$$(M_{m1} n_1^2)_{max} = M_{imax} n_{imax} (|D| \pm 1) \tag{6-5}$$

上式中，对于变速机构取“ - ”号，对于换向机构取“ + ”号。

各离合器的最大工作转矩 M_{mmax} 和摩擦片间最大相对转速 n_{1max} 通常应满足以下条件：

$$M_{mmax} \leqslant 1.5 M_{imax}$$

$$n_{1max} \leqslant 3 n_{imax}$$

由此可得，对于变速机构 $D_{max} = 5.5$，换向机构 $D_{max} = 3.5$。变速范围超过 D_{max} 时，二自由度变速器不可能同时满足 $M_{mmax} \leqslant 1.5 M_{imax}$、$n_{1max} \leqslant 3 n_{imax}$ 条件。

4. 多挡位、大变速范围时的处理方法

(1) 当变速范围较大时，可采用多级二自由度变速器串联成多自由度变速器的办法解决。通常铲土运输机械在相同挡位时，倒退挡速度比前进挡快，这时换向机构应该在前面。

(2) 如果换向机构的变速范围还比较大，可以将其设计为两个自由度变速器的串联系统。

(3) 在对操作方便性影响不大的条件下，可以采用混合换挡方案。即采用啮合套与离合器混合换挡的办法。啮合套可以传递较大转矩，也可以有较高的相对空转转速。如 TL160 轮胎式推土机的动力换挡变速器，图 6-5a) 是该变速器的结构图，图 6-5b) 是它的简图。

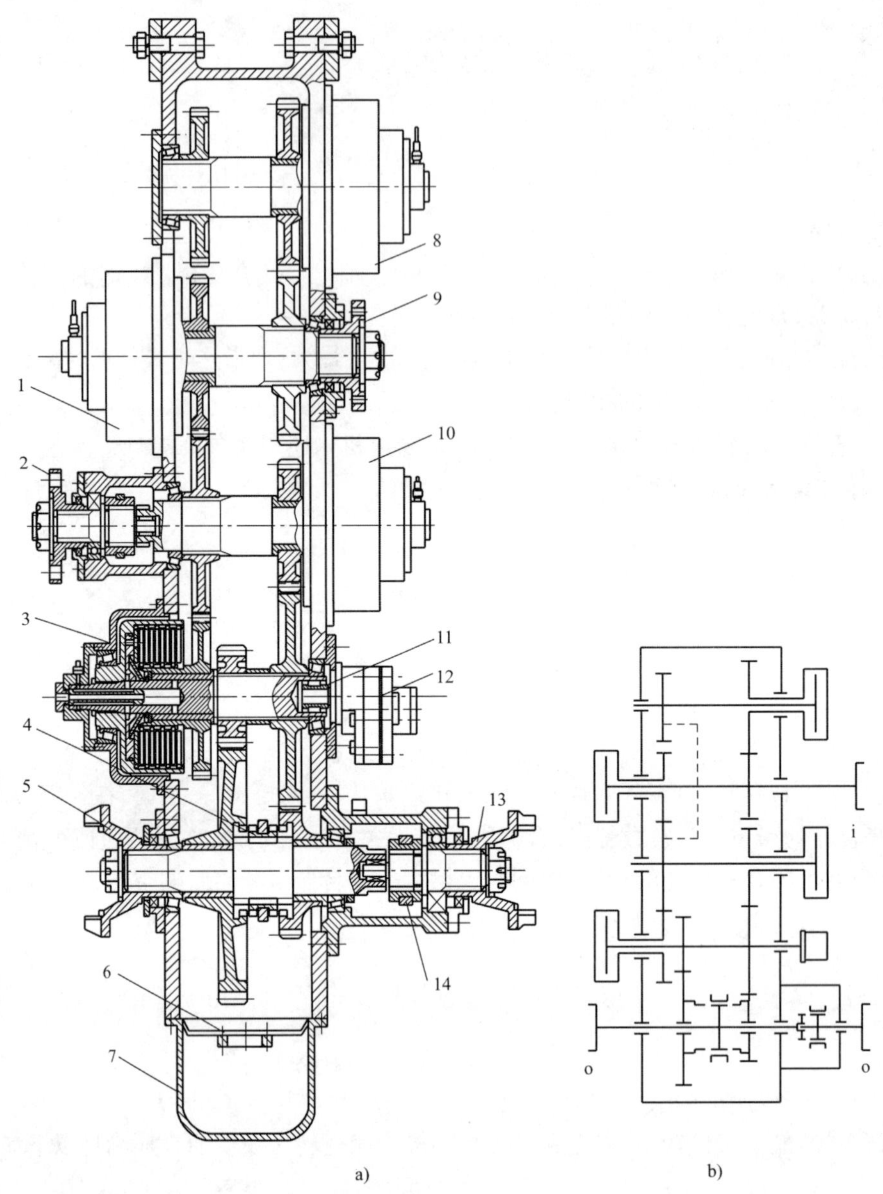

图6-5 TL160推土机变速器

1、3、8、10-离合器;2、5、9、13-接盘;4-高低挡啮合套;6-滤油网;7-油底壳;11-棘轮机构;12-液压泵;14-后桥分离机构

第二节 行星式动力换挡变速器原理

行星式动力换挡变速器中有许多行星排,图6-6为小松推土机变速器中一个行星排的结构,这种变速器的换挡动作主要是靠制动器制动各行星排的齿圈实现的,采用少数离合器(用来接合太阳轮、行星架、内齿圈这三件中的两件)。同定轴式动力换挡变速器比较,行星式动力换挡变速器的优点是:

(1)由于同时有几个齿轮传递动力,可以采用小模数齿轮。

(2)零件受力平衡,轴承、轴、壳体等受力较小,可以设计成尺寸小,结构紧凑的形式。

(3)结构刚度大,齿轮接触良好,使用寿命长。

(4)换挡主要使用制动器,并且使用固定油缸和固定密封,避免了大量的旋转油缸和旋转密封,操纵系统的可靠性得以提高。

(5)制动器布置于变速器的外周,尺寸大,容量大,而且控制方便。

(6)许多常用的行星传动形式效率较高。

其主要缺点是:

(1)结构复杂,零件多。

(2)行星架、内齿圈制造工艺难度大,精度要求高。

(3)行星传动需要满足的条件较多,设计难度大。

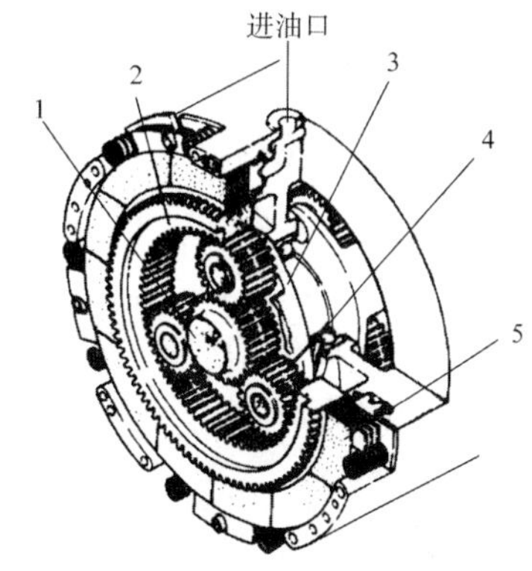

图6-6 变速器的行星排结构

1-太阳轮;2-齿圈;3-行星架;4-行星轮;5-制动器

一、行星传动的运动学、动力学分析

1. 单排行星传动运动分析

图6-7为单排行星传动的简图及其平面图。这种传动有两种形式,分别如图6-7a)、b)所示,图6-7a)为单行星轮行星排、图6-7b)为双行星轮行星排。两种形式都可以看作是由太阳轮t、行星轮x、齿圈q、行星架j组成。行星架围绕太阳轮轴线做转动,同时太阳轮、齿圈和行星轮相对行星架做啮合转动。在行星架j上建立动坐标系,太阳轮t、齿圈q相对于动坐标系的运动为定轴转动。这时,行星架的转动速度n_j为牵连运动速度,它与太阳轮的转速n_t、齿圈n_q的转速满足以下关系:

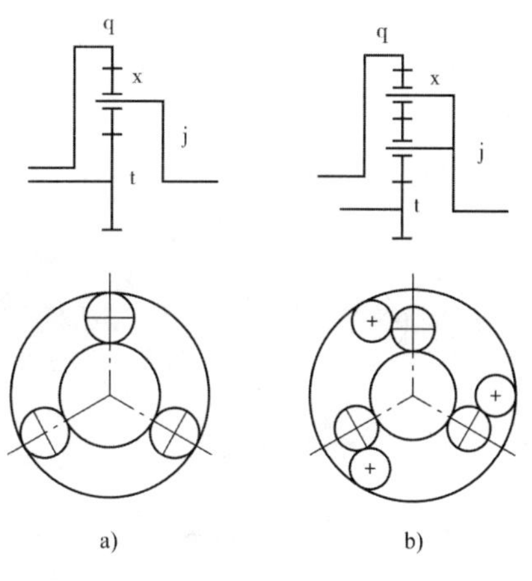

图6-7 行星排简图

a)单行星轮;b)双行星轮

$$\frac{n_t - n_j}{n_q - n_j} = \mp\frac{Z_q}{Z_t} = \mp\alpha \tag{6-6}$$

式中:Z_q——齿圈的齿数;

Z_t——太阳轮的齿数;

α——行星排的特性系数。

整理上式得:

$$n_t \pm \alpha n_q - (1 \pm \alpha) n_j = 0 \tag{6-7}$$

式(6-7)称为单排行星传动的转速方程,对于单行星轮行星排取“+”号,对于双行星轮行星排取“-”号。由于三个基本元件的转速之间只有一个方程相联系,在n_t、n_j、n_q这三个变量之间已知两个才能求得第三个,所以,一个行星排有两个自由度。方程的三个系数之和为零,所以$n_t = n_j = n_q$为方程的一个解。也就是说,在行星传动中,如果某一行星排的太阳轮、行星架、齿圈三个元件任意两个的转速相等,第三件的转速也必然与前两个相等。这实际上是该行星排成为一个整体转动,这一现象称为行星传动的“闭锁”,实际设计中,常利用这个方法实现直接挡。

在设计中验算行星轮轴承的强度时,要用到行星轮相对于行星架的转速n_x,n_x可按下式

求得:

$$n_x = -(n_t - n_j)\frac{Z_t}{Z_x} = (n_q - n_j)\frac{Z_q}{Z_x}$$

式中:Z_x——行星轮的齿数。

2. 单排行星传动的转矩分析

在等速运动的条件下,如果不考虑齿轮啮合过程中的摩擦,行星轮传动受力可以简化为图6-8的形式。图中 R_t、R_j、R_q 分别为太阳轮节圆半径、行星架半径和齿圈的节圆半径。图中取行星轮为脱离体,P_t、P_j、P_q 分别为太阳轮、行星架和齿圈对行星轮的作用力。对行星轮取力平衡得:

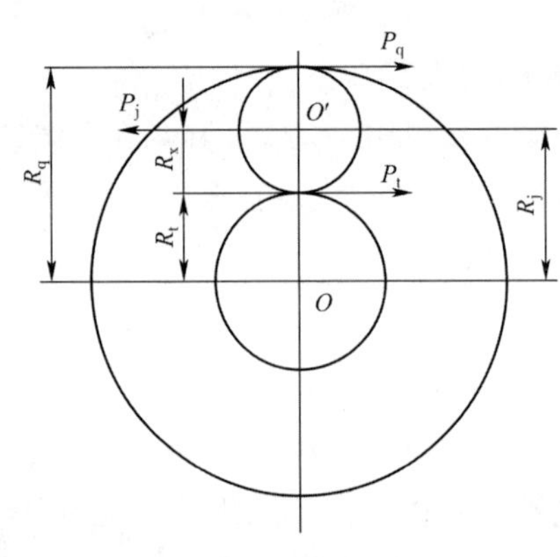

图 6-8 行星轮的力平衡

$$P_t + P_j + P_q = 0$$

由于

$$P_t = P_q$$

$$M_q = P_q R_q = P_t R_q$$

$$M_t = P_t R_t$$

式中:M_q——齿圈所承受的转矩;

M_t——太阳轮所承受的转矩。

所以:

$$\frac{M_q}{M_t} = \frac{R_q}{R_t} = \frac{Z_q}{Z_t} = \alpha \tag{6-8}$$

对于行星排整体来说,有:

$$M_t + M_j + M_q = 0$$

式中:M_j——行星架所承受的转矩。

则

$$-M_j = M_t + M_q = M_t(1+\alpha) \tag{6-9}$$

整理式(6-8)、式(6-9)得单行星轮行星排理论内转矩关系式:

$$\frac{M_t}{1} = \frac{M_q}{\alpha} = \frac{M_j}{-(1+\alpha)} \tag{6-10}$$

采用类似的方法可以得出双行星轮行星排理论内转矩关系式为:

$$\frac{M_t}{1} = \frac{M_q}{-\alpha} = \frac{M_j}{-(1-\alpha)} \tag{6-11}$$

以上两式合并得:

$$\frac{M_t}{1} = \frac{M_q}{\pm\alpha} = \frac{M_j}{-(1\pm\alpha)} \tag{6-12}$$

3. 行星传动的效率计算

行星轮系的效率计算,目前有许多方法,这里仅介绍使用比较普遍的啮合功率法。啮合功率法认为,在行星传动中动力流分为两部分:一部分通过牵连运动传递,这一部分没有齿轮啮合摩擦功率损失;另一部分通过相对运动传递,这一部分通过齿轮啮合传递,有啮合功率损失。这种通过齿轮啮合传动的功率称为啮合功率。

行星排的啮合功率 $N_x = M_t(n_t - n_j) = -M_q(n_q - n_j)$，由于计算啮合功率时不需要考虑功率的流向，所以可写为 $N_x = |M_t(n_t - n_j)| = |M_q(n_q - n_j)|$。

行星排的啮合功率损失为：

$$N_p = N_x(1 - \eta_p)$$

式中：η_p——啮合传动的功率效率。

则，行星排的效率为：

$$\eta = \frac{N_i - N_p}{N_i} \tag{6-13}$$

式中：N_i——输入功率。

表 6-2 为几种常见的单排行星传动的传动比及其效率。

几种常见的单排行星传动的传动比及其效率　　表 6-2

单排单行星轮传动方案	传动方案	行星架被动为减速		行星架主动为增速		行星架固定为逆转	
		大减	小减	大增	小增	减速	增速
	传动简图	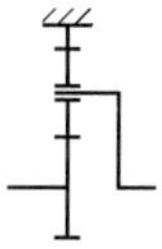	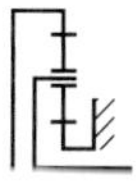	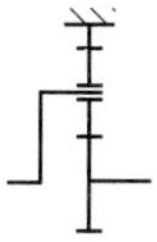	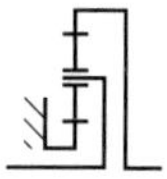	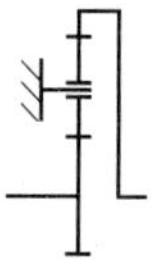	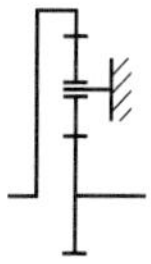
	速比	$1+\alpha$	$\frac{1+\alpha}{\alpha}$	$\frac{1}{1+\alpha}$	$\frac{\alpha}{1+\alpha}$	$-\alpha$	$-\frac{1}{\alpha}$
		2.5 ~ 5.5	1.22 ~ 1.67	0.18 ~ 0.4	0.6 ~ 0.82	−1.5 ~ −4.5	−0.22 ~ −0.67
	效率	$\frac{1+\eta\alpha}{1+\alpha}$	$\frac{\eta+\alpha}{1+\alpha}$	$\frac{(1+\alpha)\eta}{\eta+\alpha}$	$\frac{(1+\alpha)\eta}{1+\alpha\eta}$	η	η
		>0.975	>0.988	>0.975	>0.988	0.97	0.97
单排双行星轮传动方案	传动方案	齿圈被动为减速		齿圈主动为增速		齿圈固定为逆转	
		大减	小减	大增	小增	增速或减速不定	
	传动简图		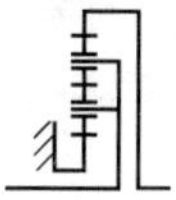	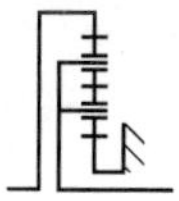		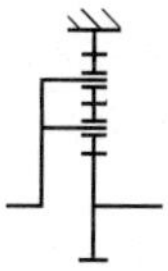	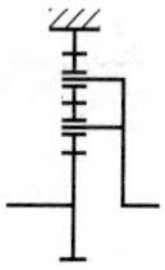
	速比	α	$\frac{\alpha}{\alpha-1}$	$\frac{\alpha-1}{\alpha}$	$\frac{1}{\alpha}$	$-\frac{1}{\alpha-1}$	$-(\alpha-1)$
		1.7 ~ 4.5	1.29 ~ 2.43	0.41 ~ 0.78	0.22 ~ 0.59	−0.29 ~ −1.45	−0.7 ~ −3.5
	效率	η	$\frac{\alpha(\alpha-1)}{(\alpha-\eta)\alpha}$	$\frac{\alpha(\alpha\eta-1)}{(\alpha-\eta)\alpha\eta}$	η	$\frac{\alpha-1}{\alpha/\eta-1}$	$\frac{\alpha\eta-1}{\alpha-1}$
		>0.95	>0.93	>0.93	>0.95	0.88	0.88

二、行星变速器的传动分析

1. 组成部分分析

行星式变速器是由若干个行星排组合而成的。如果相邻的两个行星排之间只有一个基本元件相连接，则可以把它分为两组行星传动机构研究（如图 6-9 中的虚线），这时整个变速器可以看作为由这些部分串联而成。以下分析都是对一个组成部分而言的。

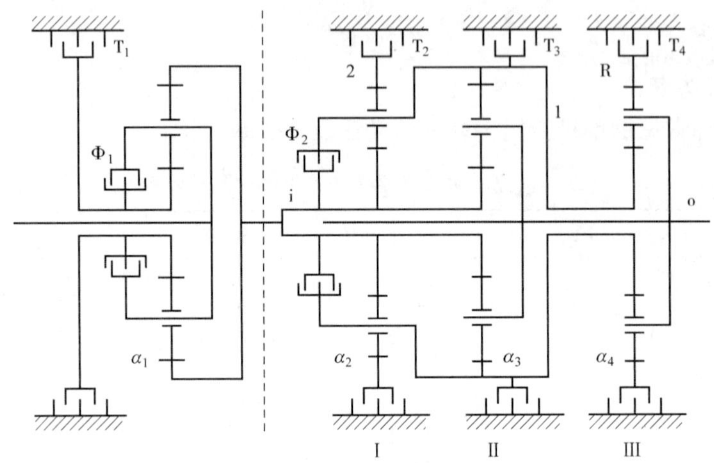

图 6-9　DZ161 铲运机变速器简图

2. 自由度分析

行星式变速器中，结构上成一体的构件看作一个旋转构件（如图 6-9 第二部分中第一排的行星架、第二排的齿圈和第三排的太阳轮）。每个旋转构件只有一个自由度，每个行星排有一个转速方程（约束方程）。因此，每组行星机构的自由度 y 为：

$$y = m - n \tag{6-14}$$

式中：m——行星机构旋转构件数（不计行星轮）；

n——行星机构行星排数。

3. 挡位数分析

变速器有确定运动的条件是只有一个自由度，每操纵一个操作件（闭合一个制动器或接合一个离合器）系统便减少一个自由度。所以，二自由度变速器有几个操作件就可以实现几个挡位。

自由度越多，在同样行星排时可实现的挡位数也越多、结构也越紧凑。例如：图 6-9 实际上是由两个二自由度变速器串联而成的一个三自由度变速器，它有六个操作件，而可以实现八个挡位。不过，自由度增多会使每次换挡操纵的操作件数也增多，导致控制系统复杂。因此，选择时要综合考虑。需要说明的是，变速器中的操作件不是能够任意组合操纵的。如图 6-9 中每操纵两个操作件可以得到一个挡位，但其中一个必须在第一部分，而另一个必须在第二部分。

行星齿轮变速器可按自由度分类，分为二自由度、三自由度、四自由度和多自由度的行星齿轮变速器。每次操纵一个换挡执行元件可得到一个挡位的是二自由度行星齿轮变速器，其操纵简单，但在挡位数多时结构复杂。为了提高传动效率，得到良好的燃料经济性，行星齿轮变速器亦向多挡发展，而二自由度行星齿轮变速器不易满足多挡要求，故采用者日益减少。每次操纵两个换挡执行元件能得到一个挡位的是三自由度行星齿轮变速器，它是目前常用的形式。由于三自由度行星齿轮变速器可在前进（或后退）各挡保持一个换挡执行元件不动，故其操纵实际上与二自由度变速器相似。

4. 转速分析

转速分析目的是求各个挡位的传动比和各旋转构件在不同挡位时的转速。

设变速器有 n 个行星排，共 $3n$ 个基本元件。

（1）列出 n 个转速方程（以单行星轮为例）：

$$n_{t1}+\alpha_1 n_{q1}-(1+\alpha_1)n_{j1}=0$$

$$n_{t2}+\alpha_2 n_{q2}-(1+\alpha_2)n_{j2}=0$$

$$\cdots$$

$$n_{tn}+\alpha_n n_{qn}-(1+\alpha_n)n_{jn}=0$$

式中：下角 1，2，…，n——第几排行星排。

（2）列出连接方程。设基本元件 X 和 Y 连成一体，则可用 $n_X-n_Y=0$ 表示它们的转速关系。由于旋转构件数 $m=n+y$，则由 $3n$ 个基本元件组成 m 个旋转构件的变速器，可列出 $3n-m=3n-(n+y)=2n-y$ 连接方程，即：

$$n_X^1-n_Y^1=0$$

$$n_X^2-n_Y^2=0$$

$$\cdots$$

$$n_X^{(2n-y)}-n_Y^{(2n-y)}=0$$

（3）列出操纵方程。制动某一基本元件 Z 可用 $n_Z=0$ 表示。用离合器连接 Z 和 Z′两基本元件可用 $n_Z-n'_Z=0$ 表示。为得到某一确定的传动比，可列出 $(y-1)$ 个操纵方程。

故总的方程数为 $n+(2n-y)+(y-1)=3n-1$ 个。若已知输入件转速 n_i，则可解方程组求得该挡工作时所有基本元件的转速。由于传动比 $i=n_i/n_o$，取 $n_o=1$，解方程组求得的 n_i 即为传动比 i。

需要校核离合器（或制动器）分离时各种状态下摩擦片之间的相对转速。利用前述方法已能求出各挡位挂挡时所有构件的转速，当然可以求出摩擦片之间的相对转速。空挡停车时，对于二自由度的变速器，所有操作件分离，取 $n_o=0$，可求得每一旋转构件的转速。对于多自由度变速器，由于只要任意组成的所有操作件分离便得到空挡，几个组成就有几个空挡，要对每个组成分别计算。

实际计算时，一般直接用旋转构件来列转速方程，这样就可不用连接方程。以图 6-9 的后一组成部分为例，可写出转速方程：

$$n_i+\alpha_2 n_2-(1+\alpha_2)n_1=0$$

$$n_i+\alpha_3 n_1-(1+\alpha_3)n_o=0$$

$$n_1+\alpha_4 n_R-(1+\alpha_4)n_o=0$$

闭合第 I 行星排制动器 T_2 时，得操作件方程 $n_2=0$，与以上三式联立，可对该挡位时的运动状态进行分析。闭合其他制动器时，得相应操作件方程，可对其对应的挡位运动状态分析。

当然，接合离合器 ϕ_2，得方程 $n_i=n_1$，也可以对这个挡位进行运动分析；不过，这个挡位实际上没有必要这样分析。我们知道,在行星传动中如果某一行星排的太阳轮、行星架、齿圈三个元件中任意两个的转速相等,第三件的转速也必然与前两个相等。利用这个原理可知:在第Ⅰ行星排有 $n_i = n_1 = n_2$,在第Ⅱ行星排有 $n_i = n_1 = n_o$,在第Ⅲ行星排有 $n_1 = n_o = n_R$。所以,这时变速器内所有太阳轮、行星架、齿圈的转速相等,所有轮齿没有啮合运动,传动比为1。其他制动器的相对转速就是输入转速。

5. 各构件的转矩分析

设变速器有 n 个行星排,挂上挡后每一行星排内存在3个内转矩,整个变速器行星机构上作用的外力矩有输入转矩 M_i、输出转矩 M_o。对于自由度为 y 的变速器,为得到一定的传动比,起作用的操纵件总数等于 $y-1$。综合以上可知:挂上一个确定挡位后,总共存在着 $3n+2+(y-1)=(3n+y+1)$ 个转矩值。因而应该有 $(3n+y+1)$ 个线性无关的方程。

(1)列出 $2n$ 个理论内转矩关系式:

$$\frac{M_{t1}}{1}=\frac{M_{q1}}{\alpha_1}=\frac{M_{j1}}{-(1+\alpha_1)}$$

$$\frac{M_{t2}}{1}=\frac{M_{q2}}{\alpha_2}=\frac{M_{j2}}{-(1+\alpha_2)}$$

$$\cdots$$

$$\frac{M_{t2}}{1}=\frac{M_{q2}}{\alpha_2}=\frac{M_{j2}}{-(1+\alpha_2)}$$

(2)以每一旋转构件为脱离体列出 m 个静力平衡方程:

由于 $y=m-n$,故静力平衡方程数 $m=y+n$。

综合以上总的转矩方程数为 $2n+m=2n+y+n=3n+y$ 个。根据所设计机器的具体情况,将输入转矩 M_i、输出转矩 M_o 中的一个作为已知量,方程组即可求得所有转矩值。

三、行星传动的功率流分析

1. 传递功率流

在定轴轮系里,功率从输入到输出通常只有一条路线,其流动方向也是显而易见的,所以,定轴轮系功率流动分析是十分简单的。在行星轮系里,功率往往有两条流动路径,我们有必要对行星轮系的功率流动情况进行讨论。

判断功率流向的一般原则是:如果一个构件受力点的运动方向与该点所受外力的方向相同,则此构件在该处输入功率;如果一个构件受力点的运动方向与该点所受外力的方向相反,则此构件在该处输出功率;如果一个构件受力点处没有运动,则此构件在该处不传递功率。

现以图6-10为例说明判断功率流向的方法。图中以符号⊕表示该点构件的运动方向指向纸内,以⊙表示该点构件的运动方向指向纸外,没有运动符号处的速度为0。用"+"表示构件所受的外力方向指向纸内,"-"表示构件所受的外力方向指向纸外。把根据转速分析求得的各旋转构件的旋转方向和根据转矩分析求得的各旋转构件在所有受力处的转矩方向示于图中,然后根据构件受力处转速和转矩的方向确定该处的功率流向并用箭头表示。图6-10a)中的功率流只有一条路线,图6-10b)中的功率流在输入轴上分成两路传递,然后在右行星排合流输出。

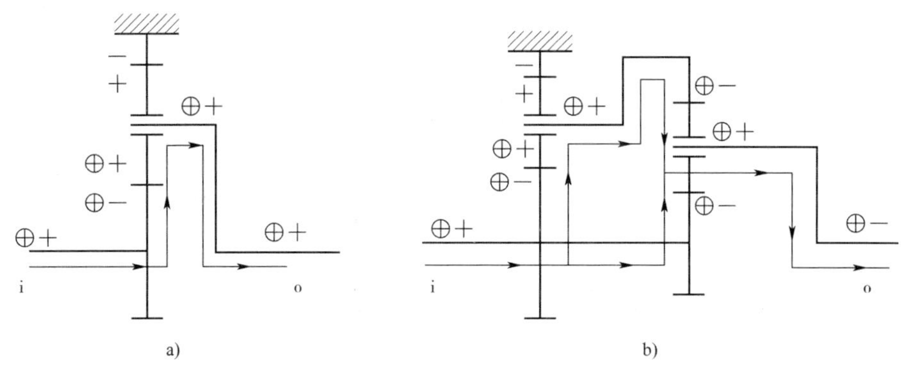

图 6-10　行星传动的功率流

2. 循环功率

在分析图 6-11 所示的行星轮系时，我们发现图中虚线所示的功率会出现倒流的现象。在输出构件上功率分成两路，一路输出，而另一路则又流回去。这样一来，整个机构的功率流可看作是两个功率流的合成，一条是传递功率流（如图中的实线所示），传递路线为从输入到输出；另一条功率流（如图中的虚线所示）的传递路线形成了一个封闭的功率回路，这部分功率始终在机构内部循环，不反映到外面来，这部分功率称为循环功率（也称为寄生功率）。循环功率流经的地方，构件传递的功率有可能大于行星机构传递的功率，而且循环功率产生附加啮合功率损失，降低传动效率，同时循环功率增加构件传递的转矩，为保证足够的强度需加大机构的尺寸。

应该指出：存在循环功率的方案，只要循环功率的数值与传递功率数值相比很小，方案和其他方案相比又有某些显著优点，例如结构布置方便、行星排特性参数合理，或者该挡位不常用等，仍可采用。例如，图 6-9 的铲运机变速器中就使用了图 6-11b）的方案实现倒挡。

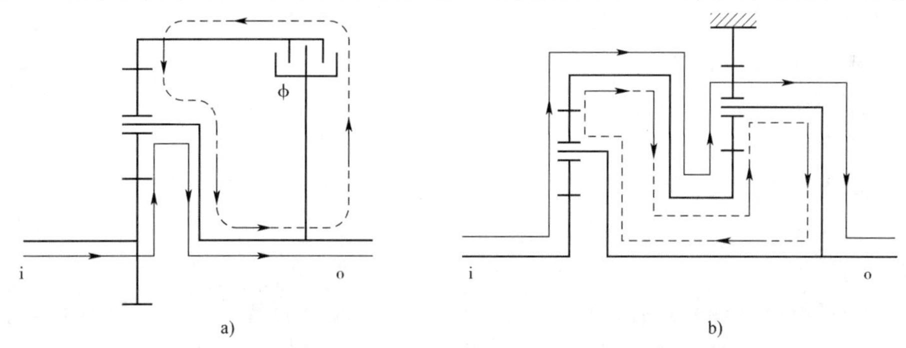

图 6-11　功率循环

第三节　行星式动力换挡变速器结构设计

一、传动简图设计

1. 概述

如果仅从理论上讲，能满足一定挡位数和各挡传动比要求的传动方案是很多的，但实际设计时，由于要考虑结构、工艺、装配、控制等因素，确定一个合理的变速器方案需要做的工作是很多的。通常设计时，应首先考虑如下几个问题：

1）能以最少的行星排实现所需的挡位数

如采用闭锁离合器取得直接挡（即 $i=1$），用串联行星机构的方案来减少行星排数。例如：设计一个具有六个非直接挡的二自由度行星齿轮变速器，若不采用串联的办法，则需要六个行星排，如果串联分别具有两个和三个挡位的二自由度行星机构，则总共只需五个行星排。这时整个变速器的行星机构有三个自由度。

2）各行星排的特性参数 α 值恰当，使结构紧凑

以采用标准齿的单行星轮行星排为例（图 6-8），由于：

$$\alpha=\frac{Z_q}{Z_t}=\frac{R_q}{R_t}=\frac{R_t+2R_x}{R_t} \tag{6-15}$$

$$R_q=R_t+2R_x$$

要结构紧凑，应该使 R_q 最小，也就是需要 R_t、R_x 最小。将 $R_t=R_x=R_{xmin}$ 代入式（6-15）得 $\alpha=3$。通常，取 $\alpha=1.5\sim4.5$。

3）在各挡位工作时，行星轮相对行星架的转速 n_x 不得过高

在行星排中，一般采用若干个（常见的为 3～4 个）沿圆周均匀分布或和行星架旋转轴线对称分布的行星轮。在行星排传递功率时，理论上齿圈和太阳轮轴上都不受径向载荷，但行星轮轴上有径向载荷，因此除了在结构上保证行星轮轴承具有良好的润滑外，还应限制其最高转速。一般当行星排传递功率时，$n_x<5000\text{r/min}$。

4）在各挡位工作时，各操纵件（离合器、制动器）的空转相对转速 n_ϕ 不能过高

n_ϕ 过高，在操纵件接合过程中，将产生过大的滑摩功和滑摩功率，增大了摩擦元件的热负荷，严重时甚至引起摩擦元件的烧损。此外，在空转时，n_ϕ 过高会增加操纵件的空转功率损失。一般，控制摩擦元件的平均半径处的圆周线速度不超过 60m/s。

采用串联的行星机构，可以减少空转操纵件的数目，合理地分配各组成部分的传动比，还可以降低空转操纵件的相对转速。

5）各挡啮合传动效率高

一般要求各前进挡位的效率 $\eta>0.925$；倒退挡位可以适当放宽一点，各倒退挡位的效率 $\eta>0.87$。

6）结构简单

例如：使所有行星排的齿圈齿数相等，相邻行星排基本元件连成一个旋转构件时，尽量采用同名元件相连，尽可能用齿圈作为制动件，采用多排方案时尽量使用公用排等。

采用串联的行星机构，可以简化变速器结构。例如：一个二自由度的行星机构由三个行星排组成，则有九个基本元件，而旋转构件数 $m=y+n=2+3=5$。因此，必须有四个基本元件和其他基本元件连接，排数越多，连接越复杂。

综上所述，采用串联的传动方案具有一系列优点，它的缺点是功率通过多个串联的组成部分传递，增加了传递功率的行星排数，使效率下降。此外，由于增加了整个变速器的自由度，为得到一个挡位，同时作用的操纵件增多，从而使操纵机构较复杂。

2. 传动方案设计

1）单排行星传动方案

单排行星传动方案就是用一个行星排实现一个挡位的传动比。结构简单，啮合消耗功率

少，应该为优先考虑的方案。

取单行星轮行星排的特性参数 $\alpha=1.5\sim4.5$，传动效率 $\eta=0.97$，双行星轮行星排的 $\alpha=1.7\sim4.5$，$\eta=0.95$。用单行星轮行星排传动可以实现的传动比和效率列于表6-2。双行星轮行星排的行星轮多、结构复杂、效率低、工艺难度大，前进挡采用较少。由于这种结构可用齿圈作为制动件实现倒挡，在结构布置时比较方便，所以，在倒挡中有采用。

［**例6-1**］　用单排行星传动方案设计一个两挡变速器，使 $i_F=3.5$，$i_R=-2.9$。

解：i_F 采用图6-12a)的方案，由表6-2可得 $\alpha_F=2.5$；i_F 采用图6-12b)的方案，由表6-2可得 $\alpha_R=3.9$。将图6-12a)、图6-12b)两图的输入件连接起来、输出件也连接起来，便得到了要设计的变速器简图(图6-12c)。

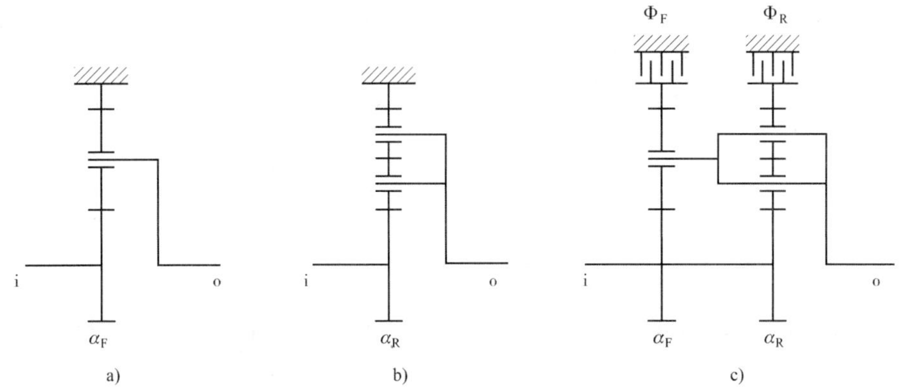

图6-12　单排行星传动方案设计

由表6-2中单排行星传动的六种方案可知，单排行星传动也难以使 i_F 实现较大的传动比，而且这种方案可以实现的传动比是不连续的，例如当传动比在1.67～2.5之间时就不容易实现，这时可以采用多排行星传动的方案。

2）双排行星传动方案

双排行星传动方案就是用两个行星排实现一个挡位的传动比。从理论上讲，双排行星传动方案应该有许多种，但实际上，考虑到效率、行星轮转速、结构的可能性等因素后，常见的双排行星传动方案见表6-3。采用双排行星传动方案时，应该尽量将其中一个行星排与其他挡位共用。

双排行星轮传动方案　　表6-3

传动类型	传动简图	速　比	效　率
前进	α_1　α_2	$\dfrac{1+\alpha_1+\alpha_2}{(1+\alpha_1)(1+\alpha_2)}$	$\dfrac{\dfrac{1+\alpha_1/\eta+\alpha_2/\eta}{(1+\alpha_1/\eta)(1+\alpha_1/\eta)}}{\dfrac{1+\alpha_1+\alpha_2}{(1+\alpha_1)(1+\alpha_2)}}$
		$\dfrac{(1+\alpha_1)(1+\alpha_2)}{1+\alpha_1+\alpha_2}$	$\dfrac{\dfrac{(1+\alpha_1\eta)(1+\alpha_2\eta)}{1+\alpha_1\eta+\alpha_2\eta}}{\dfrac{(1+\alpha_1)(1+\alpha_2)}{1+\alpha_1+\alpha_2}}$

续上表

传动类型	传动简图	速　比	效　率
前进	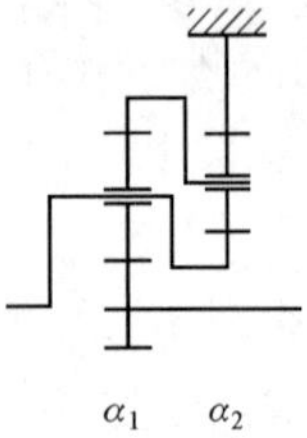 α_1　α_2	$\frac{1+\alpha_2}{1+\alpha_2+\alpha_1\alpha_2}$	$\dfrac{\frac{1+\alpha_2/\eta}{1+\alpha_2/\eta+\alpha_1\alpha_2/\eta^2}}{\frac{1+\alpha_2}{1+\alpha_2+\alpha_1\alpha_2}}$
		$\frac{1+\alpha_2+\alpha_1\alpha_2}{1+\alpha_2}$	$\dfrac{\frac{1+\alpha_2\eta+\alpha_1\alpha_2\eta^2}{1+\alpha_2\eta}}{\frac{1+\alpha_2+\alpha_1\alpha_2}{1+\alpha_2}}$
后退	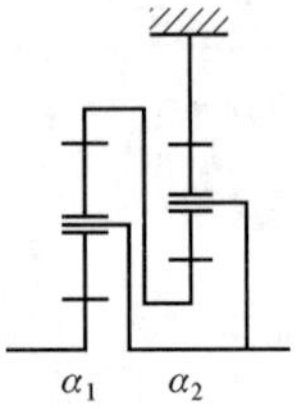 α_1　α_2	$1-\alpha_1\alpha_2$	$\frac{\alpha_1\alpha_2\eta^2-1}{\alpha_1\alpha_2-1}$
		$\frac{1}{1-\alpha_1\alpha_2}$	$\frac{\alpha_1\alpha_2-1}{\alpha_1\alpha_2/\eta^2-1}$
前进	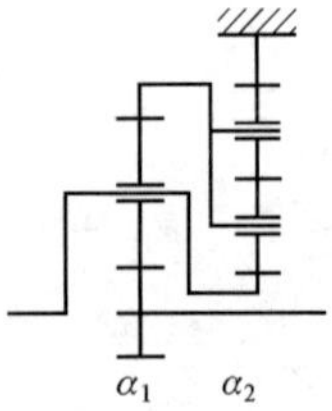 α_1　α_2	$\frac{\alpha_2-1}{\alpha_1\alpha_2+\alpha_2-1}$	$\dfrac{\frac{\alpha_2\eta'-1}{\alpha_1\alpha_2\eta'/\eta+\alpha_2\eta'-1}}{\frac{\alpha_2-1}{\alpha_1\alpha_2+\alpha_2-1}}$
		$\frac{\alpha_1\alpha_2+\alpha_2-1}{\alpha_2-1}$	$\dfrac{\frac{\alpha_1\alpha_2\eta/\eta'+\alpha_2/\eta'-1}{\alpha_2/\eta'-1}}{\frac{\alpha_1\alpha_2+\alpha_2-1}{\alpha_2-1}}$
前进	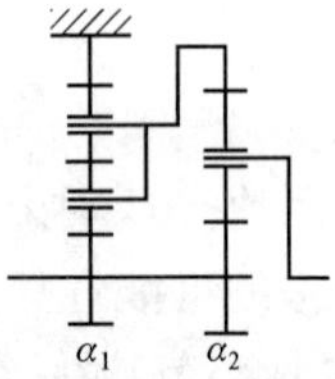 α_1　α_2	$\frac{(\alpha_2+1)(\alpha_1-1)}{\alpha_1-\alpha_2-1}$	
		$\frac{\alpha_2-\alpha_1-1}{(\alpha_2+1)(\alpha_1-1)}$	
后退	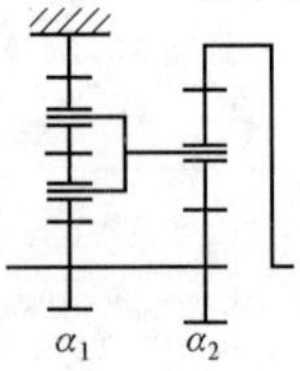 α_1　α_2	$\frac{\alpha_2(1-\alpha_1)}{\alpha_1+\alpha_2}$	$\dfrac{\frac{(\alpha_1\eta'-1)\alpha_2/\eta}{\alpha_2/\eta+\alpha_1\eta'}}{\frac{\alpha_2(1-\alpha_1)}{\alpha_1+\alpha_2}}$
		$\frac{\alpha_1+\alpha_2}{\alpha_2(1-\alpha_1)}$	

[**例 6-2**]　设计一个三挡行星传动变速器，使 $i_1=1$、$i_2=0.514$、$i_3=0.286$。

解：$i_1=1$ 可以用闭锁离合器形成直接挡实现；由表 6-2 可看出，用单行星排传动时 $i_2=0.514$ 不可能实现；$i_3=0.286$ 可以用单行星排传动实现。考虑到实现二挡时借用三挡的行星排，预定实现的两个挡位行星轮系如图 6-13a)、b)所示。

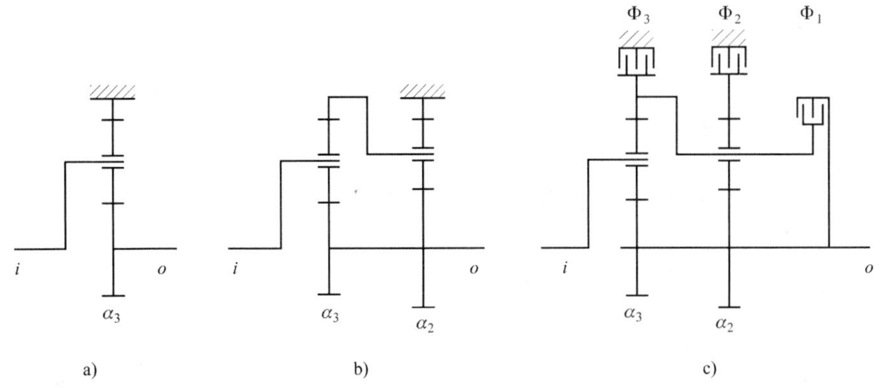

图 6-13　行星传动方案设计

对于图 6-13a)，由表 6-2 得：

$$i_3 = \frac{1}{1+\alpha_3} = 0.286$$

可求得 $\alpha_3 = 2.5$。

对于图 6-13b)，由表 6-3 得：

$$i_2 = \frac{1+\alpha_3+\alpha_2}{(1+\alpha_3)(1+\alpha_2)}$$

将 $\alpha_3 = 2.5$，$i_2 = 0.514$ 代入得 $\alpha_2 = 2.1$。

将图 6-13a)、b)综合起来，考虑空转速度、接合转矩、结构简单、控制方便等因素布置闭锁离合器 Φ_1 实现 $i_1 = 1$。可得到所要布置的变速器简图，见图 6-13c)。

事实上，将上两例设计的变速器串联起来，就是 D155A 推土机变速器的主要部分(图 6-14)。

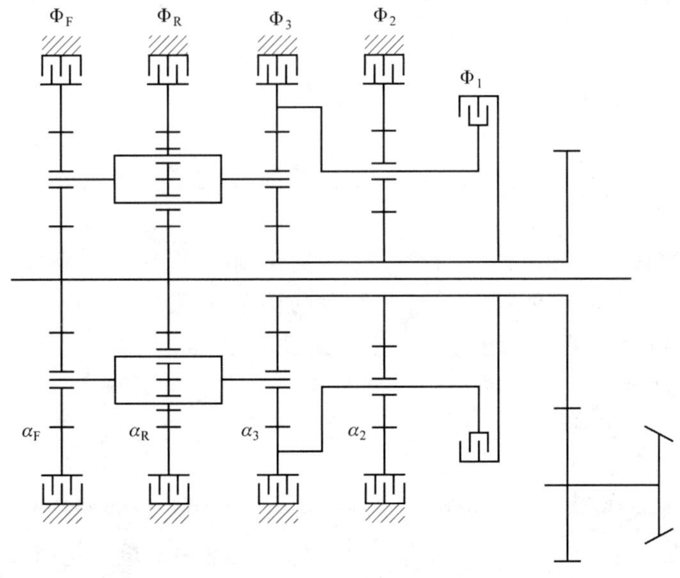

图 6-14　D155A 推土机变速器简图

采用两排以上的行星传动实现一个挡位的方案，由于其功率路线长、效率较低，目前工程实际上很少采用。

3. 著名传动轮系简介

巧妙的设计结构,可有效地提高产品性能、降低产品成本。下面介绍几个著名行星轮系变速器简图,供设计时参考。

1)辛普森轮系

如图6-15a)所示,辛普森式行星机构是由齿轮几何参数完全相同的两个简单行星排组成,其中两个太阳轮相连,后行星排的齿圈与前行星排的行星架相连。换挡执行元件最多时有四个:两个离合器和两个制动器。可实现三个前进挡及一个倒挡。每接一个挡需要两个执行元件工作,因此为三自由度的行星机构。具有传动效率高、构件的转速较低、内部无功率循环等优点。多为两个前进挡一个后退挡的行星齿轮变速器所采用。

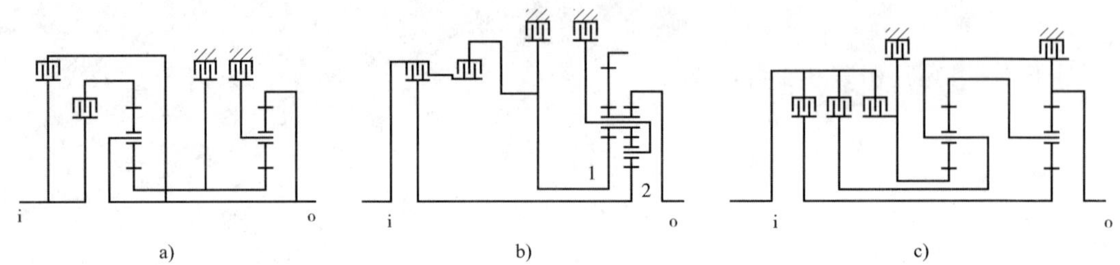

图6-15　几个著名行星传动轮系的基本形式

[**例6-3**]　ZL50装载机上使用的行星变速器是辛普森轮系的一种形式(图6-16),$\alpha_1=\alpha_F=2.72$,试分析这个变速器的传动。

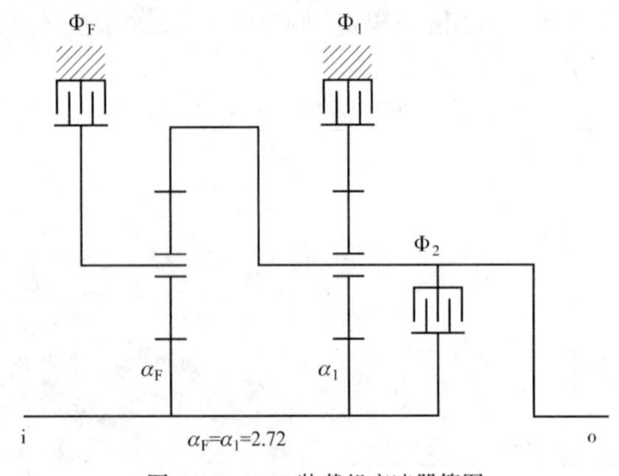

图6-16　ZL50装载机变速器简图

解:

(1)自由度分析。

该变速器的旋转构件数 $m=4$;

行星排数 $n=2$;

由于 $y=m-n=2$,所以它有两个自由度。

(2)挡位数分析。

有三个操作件(两个制动器、一个离合器)能实现三个挡位。

(3)传动比计算:

①制动器 Φ_1 闭合时,只有右面的行星排参与传动,传动比 $i_1=1+\alpha_1=3.72$。

②离合器 Φ_2 闭合时,两个行星排都处于闭锁状态,传动比 $i_2=1$。

③制动器 Φ_F 闭合时,只有左面的行星排参与传动,传动比 $i_2=-\alpha_F=-2.72$。

所以,该变速器能实现两个前进挡和一个后退挡。

2)拉威挪(Ravigneavx)式行星机构

如图6-15b)所示,拉威挪式行星机构实际上是由一个单行星轮结构和一个双行星轮结构组合而成的复合式行星机构。其中的双联行星齿轮其实是一个长齿轮,它与太阳轮1啮合组成一个单行星轮的行星轮系,长齿轮又和短行星轮一起与另一个太阳轮2相啮合,组成另一个双行星轮的行星轮系。前、后行星轮共用一个行星架,省掉一个齿圈。其结构紧凑、轴向尺寸短,构件数量少、转速较低。根据换挡执行元件数的不同,它可有两、三、四个前进挡和一个倒挡。与辛普森式比较,其结构较复杂,传动效率略低。轿车的液力机械变速器也有不少采用这种行星机构方案。图 6-17 为丰田轿车的二自由度变速器,有两个前进挡、一个后退挡。

3)CR-CR 式行星机构

如图 6-15c)所示,CR-CR 式行星机构是由两个单行星排组成,且其前、后排的齿圈分别与另一排的行星架相连。具有传动效率高、构件转速较低以及可得到大传动比的特点。

图 6-18 是红旗轿车的变速器,它也是两个自由度,有两个前进挡、一个后退挡。

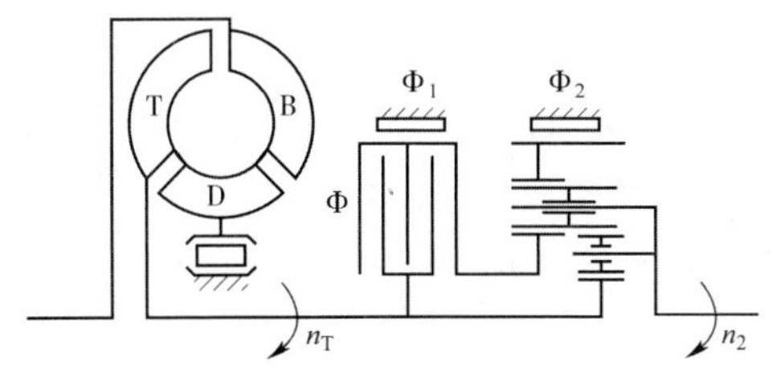

挡位	起作用元件			传动比n_T/n_2
一		Φ_1		$i_1=1+(\alpha_2/\alpha_1)$
二	Φ			$i_1=1$
倒			Φ_2	$i_R=1-\alpha_2$

图 6-17　丰田轿车的拉威挪变速器

挡位	起作用元件			传动比n_T/n_2
一		Φ_1		1.72
二	Φ			1
倒			Φ_2	2.39

图 6-18　红旗轿车的变速器

必须指出,行星排之间是不能任意相互连接的,一定要考虑连接件的运动干涉情况。图 6-19 中的虚线就是一个不可能实现的连接方法。

二、行星传动的配齿条件

1. 传动比条件

传动比是行星轮系设计中应该首先满足的条件。传动比的计算方法前面已有详细的讨论,实际设计中由于各种因素的限制,往往不能与理想值完全相同,但必须在要求允许的范围内。

2. 同心条件

为了保证太阳轮、行星架、齿圈的轴心线相重合,太阳轮与行星轮的中心距应该等于齿圈与行星轮的中心距(图 6-20),对于标准齿轮有:

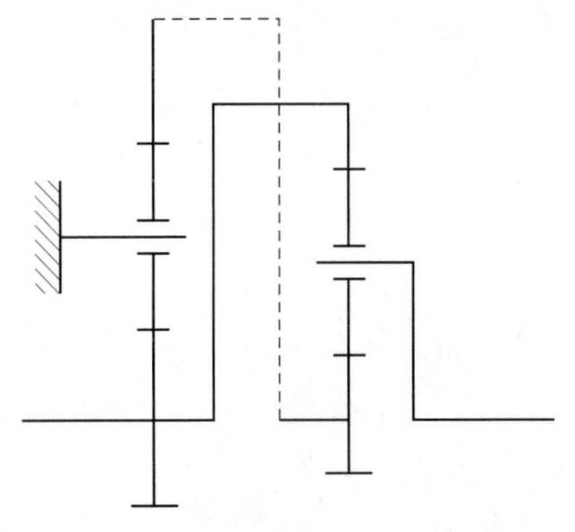

图 6-19　结构上干涉的双排行星传动

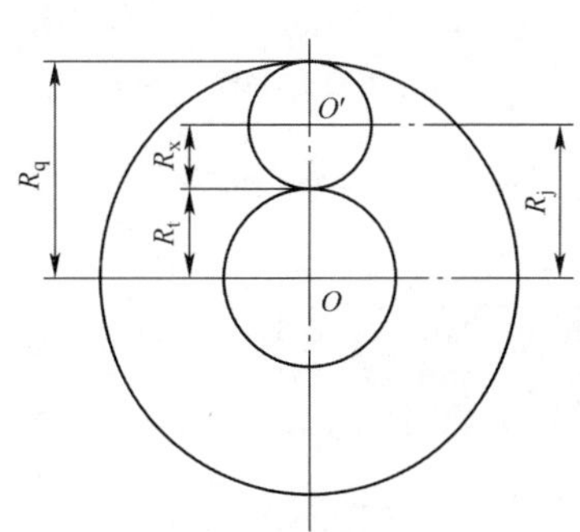

图 6-20　同心条件

$$R_t + R_x = R_q - R_x \tag{6-16}$$

$$R_q - R_t = 2R_x$$

式中：R_t、R_x、R_q——太阳轮、行星轮、齿圈的节圆半径。

对于标准齿轮，上式简化为：

$$Z_q - Z_t = 2Z_x \tag{6-17}$$

式中：Z_t、Z_x、Z_q——太阳轮、行星轮、齿圈的齿数。

3. 装配条件

如图6-21所示，在齿圈式单排行星传动中，行星轮1装入后，此时太阳轮上A点与行星轮上B点啮合，行星轮上C点与齿圈上D点相啮合。如果想在与行星轮1相隔θ_j角处再装入行星轮2，则应该满足一定条件，否则将很有可能装不进去。图6-21就是因轮齿的干涉而齿轮2不能装配的实例。

为了证明装配条件，设齿圈固定不动，转动太阳轮使行星架转过θ_j角，如图6-22所示。此时太阳轮上A点已转过θ_t角而由A'点占据了原A点位置，从图中可以看出，如果要想在A'处再装入行星轮2，除非A与A'处轮齿的形状完全相同（例如图中A点正在轮齿的对称线上，则A'点也必须在轮齿的对称线上），这也就是说太阳轮上AA'弧间所包括的齿数，应为整数。用公式表示则为：

$$\frac{\theta_t}{\frac{360°}{Z_t}} = N$$

式中：N——任意整数。

由上式可得：

$$\theta_t = N\frac{360°}{Z_t}$$

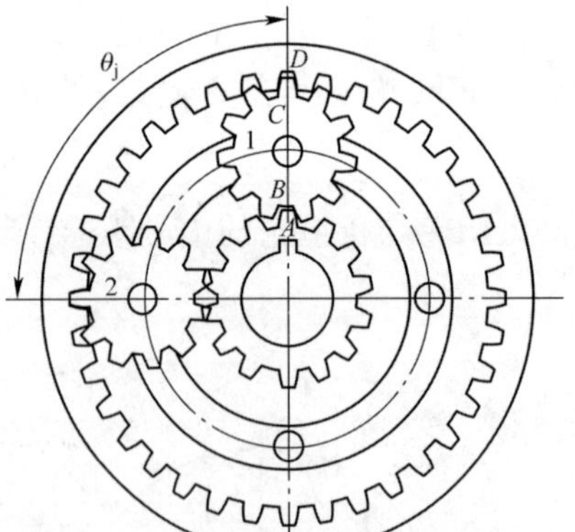

图6-21　未满足装配条件的实例

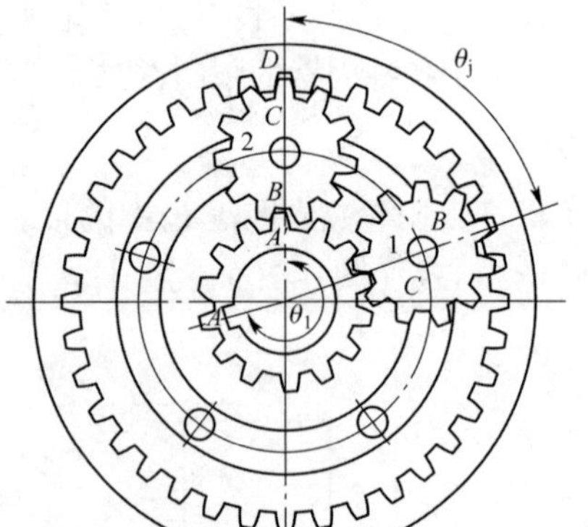

图6-22　装配条件证明图

太阳轮、齿圈与行星架回转角之间的关系，可通过行星排运动学特性方程对时间积分得到。即：

$$\theta_t \pm \alpha\theta_q - (1 \pm \alpha)\theta_j = 0$$

将$\theta_q = 0$，$\theta_t = N\frac{360°}{Z_t}$，$\alpha = \frac{Z_q}{Z_t}$代入上式得：

$$\frac{\theta_j(Z_t \pm Z_q)}{360^\circ} = N \tag{6-18}$$

这即为装配条件公式。其中“+”、“-”号,分别适用于单行星轮和双行星轮传动。

为了使行星传动各构件所受径向力平衡,在结构布置上一般使行星轮均匀分布。这时装配条件公式可简化为:

$$\frac{Z_t \pm Z_q}{n} = N \tag{6-19}$$

式中:n——行星排上行星轮的数目。

从理论上讲,增加行星轮的数目,可以减少轮齿的负荷,但会使结构复杂。行星轮太多时,一般会使 α 值减小,各齿轮负荷的不均匀问题会更加严重。最常见的行星轮数为 3~4 个,很少有超过 6 个的情况。

4. 相邻条件

为了保证不干涉并减少搅油损失,一般相邻两行星轮的齿顶间隙应大于 5~8mm。

以上仅为行星传动应该满足的条件。作为齿轮传动的一种形式,行星传动配齿时还应该考虑以下条件:如齿轮的最小齿数条件、行星轮与齿圈之间的内啮合齿轮的干涉条件等。如果设计中齿轮有变位,还应该考虑变位的因素。

三、行星传动变速器零件强度的计算特点

行星变速器齿轮强度计算,可参照定轴式齿轮传动进行,计算时应该考虑以下几点:

(1)由于行星传动采用了若干个行星轮,虽然理论上各轮平均分配负荷,但实际上由于行星架与各齿轮的制造偏差,每一行星轮的负荷是不一样的。太阳轮(或齿圈)节圆上的圆周力 F_t 可以计算如下:

$$F_t = \frac{\Omega}{n} \cdot \frac{2000M_t}{D_t} \tag{6-20}$$

式中:F_t——节圆上的圆周力,N;

M_t——太阳轮所承受转矩,N·m;

D_t——太阳轮的节圆直径,mm;

n——行星轮数量;

Ω——载荷不均匀系数,其值与行星轮数目、各机件加工精度、刚度等因素有关。对于齿圈、太阳轮、行星架浮动的行星轮系,$\Omega = 1.1 \sim 1.15$。

(2)行星传动齿轮许用应力计算中,行星轮按对称循环,太阳轮按脉动循环。其循环次数按相对行星架运动的啮合次数计算。

(3)行星轮轴承计算中,应取内环与外环的相对转速作为计算转速并考虑离心力的影响。这是因为行星架旋转时,行星轮的质量(也包括轴承的一部分质量)引起的离心力,也作用在行星轮的轴承上,故计算时应取轴承传递的圆周力与离心力的合力为工作负荷。

四、行星轮系结构设计要点

1. 齿轮

在行星变速器齿轮几何计算中,为了提高其强度需考虑下列问题。

提高外啮合齿轮的强度。行星传动中，齿圈与行星轮之间通常为内啮合，内啮合强度比外啮合要好得多。为了合理的利用金属材料，减小结构尺寸和质量，应提高外啮合齿轮（也就是太阳轮与行星轮）强度，使之与内啮合的强度接近，为此应考虑对外啮合齿轮（太阳轮与行星轮）进行正变位。

此外在行星传动中，因为有行星轮与齿圈的内啮合齿轮传动，故比较容易发生齿形干涉。为了避免干涉，常把齿圈的齿顶圆扩大或对齿圈的齿顶修形。齿圈齿顶圆扩大后必须检验重叠系数，不应使其过小。

行星传动齿轮的加工精度要求应比定轴传动高。一般情况下，齿轮和齿圈的加工精度推荐采用7级。此外，考虑到工艺变形对零件精度的影响，对热处理中易变形又难以精加工的齿圈，多用合金钢38CrMoAl制造，加工后氮化处理。而对太阳轮、行星轮则采用合金钢20CrMnTi、20CrMnMo等制造，加工后进行渗碳淬火。

2. 构件的支承与浮动件选择

(1)行星传动中包括很多旋转构件，为使这些构件的中心对准，传统的方法是使每一旋转件都有可靠的支承。由于有些构件受结构布置限制，不可能直接支承在壳体上，故不可避免地将会出现互相重叠的支承方式或称其为套轴支承。显然当套轴层数多时，会使整个机构径向尺寸和外层轴承尺寸加大，此外由于径向尺寸的累积误差过大，也会给机构带来附加载荷。为此在方案设计中，要尽量避免多层套轴的传动简图。

(2)对于承受径向力的旋转构件应使其具有两点支承方为可靠。而对其中受径向力较大的旋转构件，应尽可能将其支承在壳体上。

(3)对不受径向力的旋转构件，可令其浮动以消除不平衡径向力的影响。如行星变速器通常把齿圈浮动地支承在行星轮上，使其自行对中以求均载。同理，这种浮动支承也适用于太阳轮。

3. 行星架和行星轮

行星架与行星轮的设计，应尽量满足行星轮负荷小、行星架结构重量轻、行星轮轴承寿命长和工艺简单装配方便等要求。为此，应做到以下两点。

(1)行星架结构有整体铸造和铆接式两种，两者比较，铆接式结构简单、制造方便、重量较轻；整体铸造结构强度高、刚度好。

(2)由于行星轮在行星架上的位置精度要求比较高，传统的做法是在行星架各行星轮的位置镗孔，将行星轮轴安装到轴孔中，这样加工精度容易保证，但行星轮轴的强度比较差；近年来出现了将行星轮轴与行星架制成一体的结构，工艺难度大，强度好。

4. 行星变速器润滑

行星变速器中全部齿轮、轴承以及离合器和制动器的摩擦片，均应采用压力润滑与冷却。其中，以行星轮轴承的润滑更为重要，因为该轴承承受齿轮负载及离心力，所以负载较大，且转速很高，一般的飞溅润滑难以获得良好效果。行星轮轴承的压力润滑系统如图6-33所示；在行星轮芯轴上加工有轴向和径向孔，压力油经行星架上油道，引进行星轮芯轴，润滑行星轮轴承后再从两端排出。为了减小回油阻力，在行星轮两侧端面与垫圈之间，应该保持0.1mm的间隙，同时在垫圈上开有润滑油槽。

除上述外，变速器壳体设计应留有一定的油底壳容积以存放操纵、润滑、冷却以及变矩器液压系统的部分油液。此外,为了减少搅油损失及油的起泡变质,变速器中齿轮都应该在油面以上。

第四节　换挡离合器、制动器设计

动力换挡变速器是通过操纵相应离合器或制动器实现换挡的,这两类元件都是多摩擦片式,由于制动器的设计工作要比离合器简单一些,所以本节重点介绍换挡离合器的设计。由于摩擦片的设计计算与主离合器类似,本节不再介绍。

一、换挡离合器的结构类型

图 6-23 为 TL160 推土机的变速器的换挡离合器,该机采用了结构相同的四个多片湿式摩擦离合器。它由内、外鼓,内、外摩擦片,活塞以及外壳等组成。内鼓与传动齿轮 20 制成一体,用铜衬套 21 滑动支承在传动轴 19 上,并用左、右端卡环做轴向定位。内鼓的外圆上用花键套装有带摩擦衬片的六个内摩擦片 4。外鼓 3 用花键和传动轴 19 连接,并用螺母 14 轴向定位。外鼓右端的内壁上用花键分别与内压盘 6、五片外摩擦片 5 和外压盘 2 连接。外压盘的右端用挡圈 1 做轴向定位。

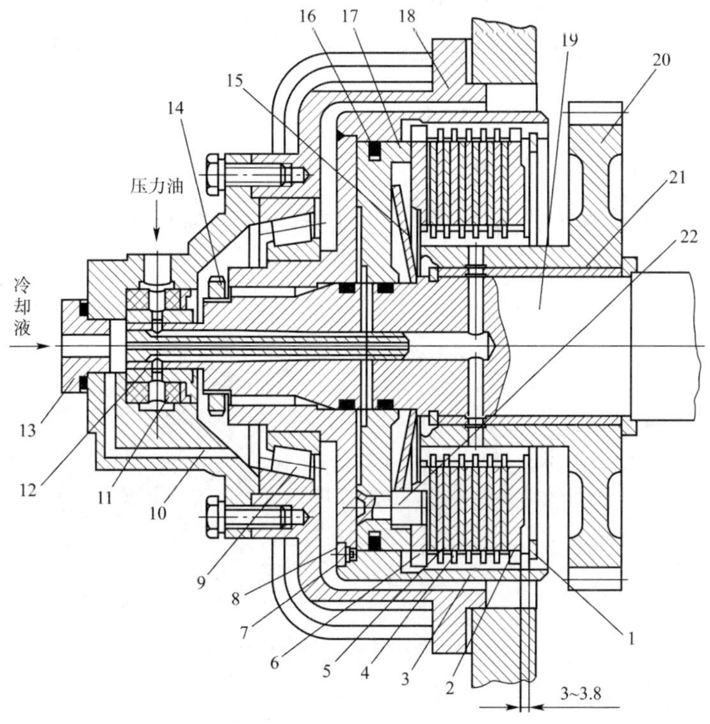

图 6-23　TL160 推土机的换挡离合器

1-挡圈;2-外压盘;3-外鼓;4、5-内、外摩擦片;6-内压盘;7-阀芯;8-阀座;9-轴承;10-罩壳;11、16-密封圈;12、21-衬套;13-凸缘;14-螺母;15-碟形弹簧;17-活塞;18-轴承套圈;19-传动轴;20-齿轮;22-活塞定位销

活塞 17 装在外鼓内的内压盘的左侧,经油管、传动轴的径向孔送来的压力油推动活塞右移,压缩碟形弹簧 15,通过内压盘将内、外摩擦片压在一起,使离合器接合,此时传动齿轮、传动轴连为一体旋转。油液卸压时活塞在碟形弹簧的作用下左移,内、外摩擦片间的压力消失,

换挡离合器分离,传动齿轮与传动轴各自运动。由于活塞的导向长度较短,为保证活塞的左右移动,离合器设置一定位销22,其左端悬臂固定在内活塞上,右端插入内压盘上相应的定位孔内,起导向作用,并防止活塞相对油缸转动。

在活塞与传动轴、活塞与外鼓之间,分别设有O形密封圈,防止油液泄漏。

根据结构需要,换挡离合器有单离合器和双离合器。图6-23为单离合器,双离合器一般布置于变速器内部,将两个单离合器“背靠背”布置(图6-24)。

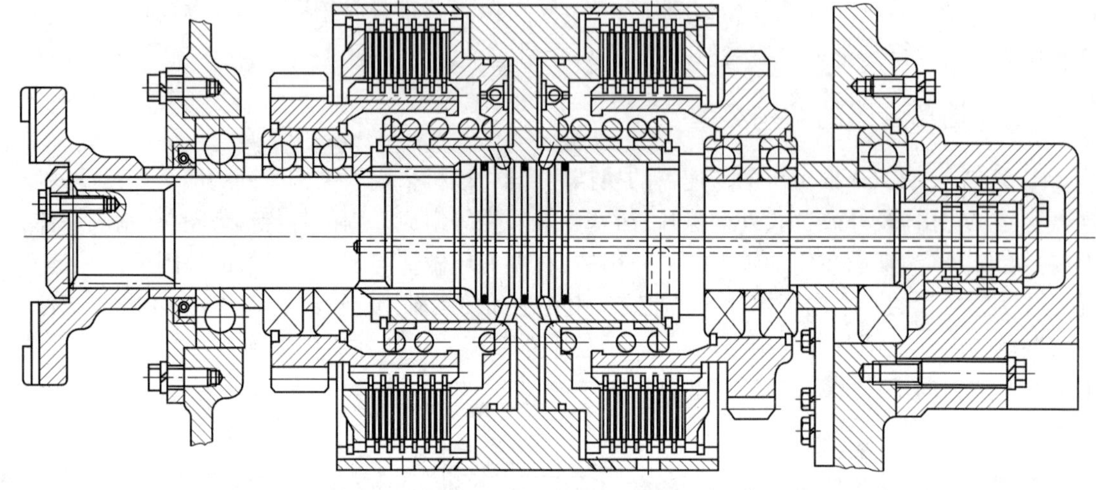

图6-24　双离合器

二、油缸旋转离心力压力及措施

离合器中的液压缸是旋转的,液压缸中的液压油由于旋转会产生离心压力 p_c。这个离心压力可按以下办法计算(图6-25)。

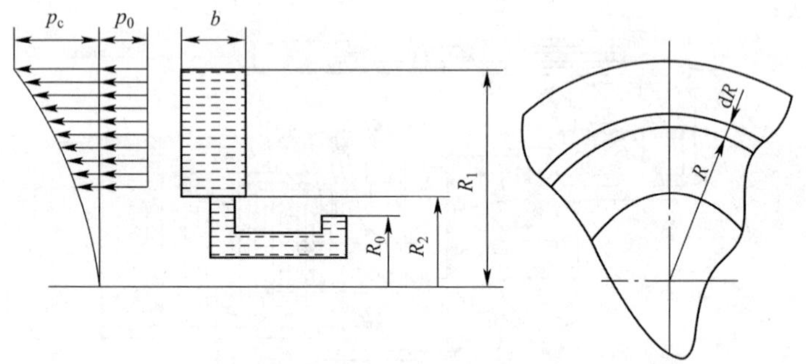

图6-25　液压缸内的离心压力计算

在半径 R 处取环形微元 dR,微元的质量 dm 为:

$$\mathrm{d}m = 2\pi Rb\rho \mathrm{d}R$$

式中:b——液压油缸的长度,m;

ρ——液压油的密度,kg/m^3。

由于 dm 的离心力产生的压力增量 dp 为:

$$\mathrm{d}p = \frac{\omega^2 R}{2\pi Rb}\mathrm{d}m = \rho\omega^2 R\mathrm{d}R$$

对上式积分得半径 R 处的离心压力 p_c：

$$p_c = \int_{R_0}^{R} \rho\omega^2 R\mathrm{d}R = \frac{1}{2}\rho\omega^2(R^2 - R_0^2)$$

由于 p_c 的作用，在活塞上产生的附加作用力为：

$$F_c = \int_{R_2}^{R_1} p_c 2\pi R\mathrm{d}R$$

$$F_c = \frac{1}{4}\pi\rho\omega^2(R_1^2 - R_2^2)(R_1^2 + R_2^2 - 2R_0^2) \tag{6-21}$$

尽管离心压力有促进离合器压紧的作用，但它也影响了离合器的分离，造成分离迟钝，应该设法消除。常用的办法有以下几种：

1. 增大分离弹簧的压力

增大分离弹簧的压力可以克服离心压力，但这种方法为了保持离合器的压紧力不变，需要提高离合器操纵系统的压力。

2. 在液压缸或活塞上开泄油小孔

如图 6-28b)、c)所示，将小孔开在靠近活塞外径处，一般孔径为 1.5mm 左右。由于此孔是常开的，因此在离合器接合时要补充足够的流量。孔太大，泄油太多，不易建立一定的油压，孔太小，泄油不畅，孔径最好经试验确定。在图 6-2 中，W90-3 型装载机变速器离合器用泄漏的油液润滑另一个处于分离状态的离合器。

3. 减小活塞面积与分布圆直径

减小活塞面积与分布圆直径后，可以减小离心压力，而且活塞外径减小便于密封，这种方法也要提高离合器操纵系统的压力。例如：图 6-2 中的换挡离合器活塞是一个环带，而且分布圆直径也不大。

4. 采用液压缸筒移动的双离合器

图 6-26 活塞固定在轴上，当压力油进入 A 腔时，液压缸筒左移，左侧离合器接合，右侧离合器分离；当压力油进入 B 腔时，液压缸右移，右侧离合器接合，左侧离合器分离。由于 A、B 两腔的液压油始终是充满的，所以作用于液压缸上的离心力始终是平衡的。油缸移动式双离合器还可以实现左右两个离合器之间的互锁。

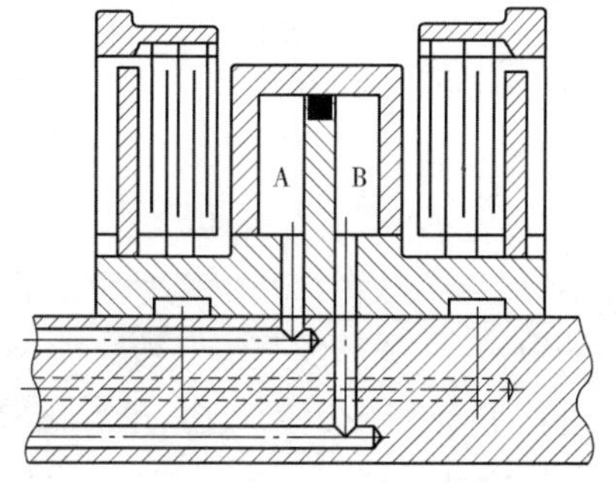

图 6-26　液压缸筒移动的双离合器

5. 自动排油球阀

在液压缸的内侧，靠近活塞外径的位置，安装泄油钢球(图 6-24)。其工作原理，如图 6-27 所示。

由于排油阀球体的重力较小可忽略不计，球体总共受三个作用力，分别为离心力 F、支座反力 N、液压油的压力 P。

(1)离心力 F 始终在过球心的半径方向上，并始终向外。可按下式计算：

$$F = mR\omega^2 \tag{6-22}$$

式中：F——球体所受的离心力，N；

m——球体的质量，kg；

R——球心到轴心的距离，m；

ω——安装球体的离合器元件转动角速度，rad/s。

一般采用锥形阀座，而且：

$$d_1 < d_0 \cos\alpha$$

式中：d_0——球体直径，m；

d_1——泄油孔直径，m；

α——阀座锥角。

所以在临界状态下，支座反力 N 在图示的方向上。

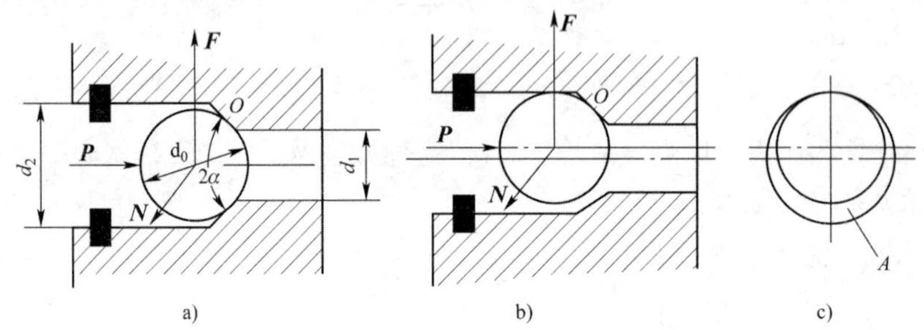

图 6-27　自动排油球阀原理

（2）球阀在关闭时，P 通过球心沿泄油孔中心方向，如图 6-27a）所示，我们称这时的 P 为 P_1。

$$P_1 = (p_0 + p_c)\frac{\pi d_0^2 \cos^2\alpha}{4} \tag{6-23}$$

式中：P_1——球在关闭位置时所受的油压，N；

p_0——油缸内的静压力，Pa；

p_c——液压缸中的液压油由于旋转产生的离心压力，Pa。

球在打开位置时，油经球和孔之间月牙形通道 A 排出，由于节流作用，使液压缸中建立一定的油压。在略去球体背压的条件下，液压油的压力 P 通过球心，沿泄油孔的中心方向上，称为 P_2，可按下式计算：

$$P_2 = k_p(p_0 + p_c)\frac{\pi d_0^2}{4} \tag{6-24}$$

式中：P_2——球在打开位置时所受的油压，N；

k_p——球阀的节流系数。

其中 k_p 影响因素较多，最好试验确定。

离合器的操纵压力解除后，球阀打开前，作用于球体上的液压油压力 P_3 按下式计算：

$$P_3 = p_c\frac{\pi d_0^2 \cos^2\alpha}{4} \tag{6-25}$$

球阀打开和关闭。可看作球心绕支点 O 的转动，F 所产生的力矩要使球阀打开；P 所产生的力矩则要使球阀关闭。

①球阀在打开状态时，离合器接通压力油要使其自动关闭，应满足如下条件：

$$P_2 \cos\alpha > F\sin\alpha$$

②球阀在打开状态下保持关闭的条件为：

$$P_1 \cos\alpha > F\sin\alpha$$

③离合器的操纵压力解除后,要使球阀打开的条件为:

$$P_3\cos\alpha < F\sin\alpha$$

由以上分析可知:在结构上增加球的直径和密度等,可增大 F,有利于球阀打开;增大阀座锥角 α,也有利于球阀打开;增加油压力 p_0 则有利于关闭;通过调整球周小月牙形通道面积等,也可以调整阀的工作状态。

由于球阀的离心力和离心油压都和液压缸转速的平方成正比,而油压 p_0 和转速无关。因此,随着液压缸转速的增加,球阀容易打开,所以要校核液压缸转速最高时球阀能否关闭。液压缸转速越低,球阀越不易打开,所以要校核液压缸在较低工作转速时球阀能否打开。至于液力机械传动,变矩器输出轴的转速有时太低,可能为零,不可能满足球阀打开的条件,这种情况可不考虑,因为离心压力也不存在了。

三、结构设计

1. 分离弹簧

分离弹簧有螺旋弹簧和碟形弹簧两种,常见的布置方式见图 6-28。图 6-28a)采用一个中央螺旋弹簧,故其径向尺寸比较紧凑。图 6-28b)采用了一组内置螺旋弹簧,其恢复力较大。图 6-28c)采用了一组外置螺旋弹簧,除弹簧恢复力较大外,还便于装配。与以上螺旋弹簧的布置方案比较,图 6-28d) ~ 图 6-28f)采用碟形弹簧布置方案的最大特点是轴向尺寸较小,但制造工艺上比较复杂。为了保证接合平顺、分离彻底,有的离合器或制动器外摩擦片间夹有小分离弹簧(如图 6-34 中的弹簧垫圈 3)。

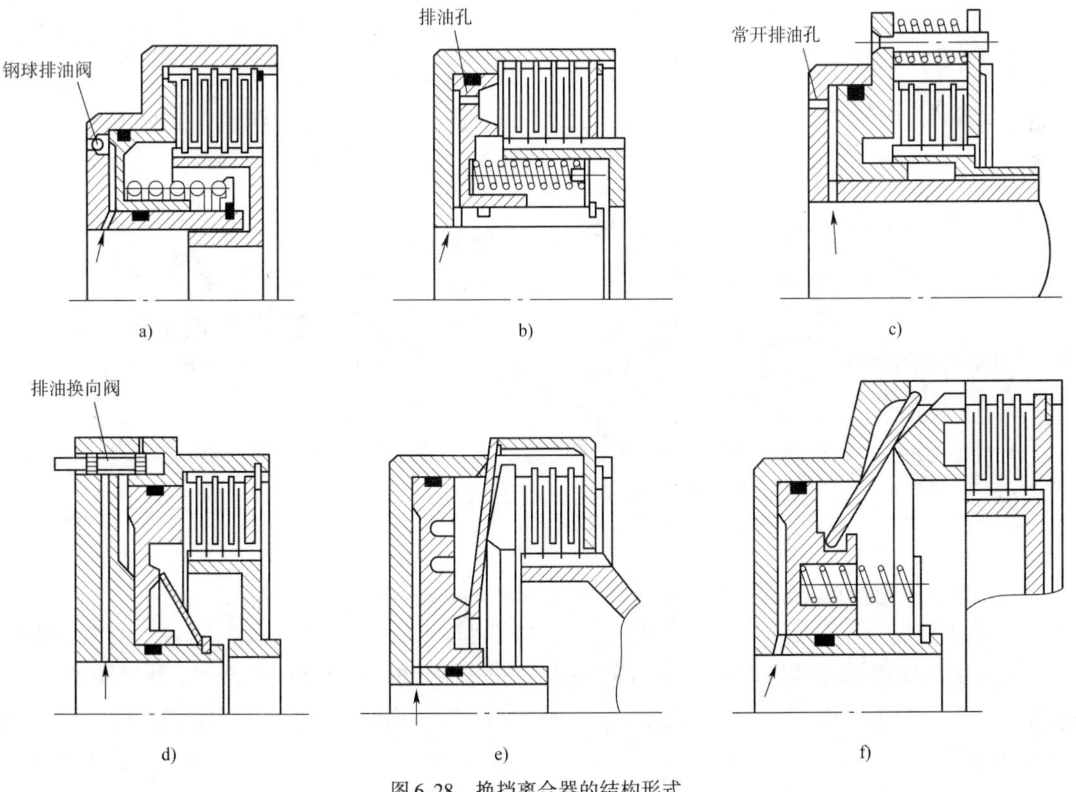

图 6-28　换挡离合器的结构形式

2. 活塞

活塞尽量采用内孔导向，而且导向长度足够。离合器内的活塞由于是旋转的，为了防止活塞由于惯性作用旋转，造成密封件磨损，必须有防止其相对油缸转动的措施，如图6-23中的活塞定位销22。如果活塞的转动惯量较小，密封件的阻力可以防止其旋转，也可以不设专门机构。活塞材料可以使用45钢，进行调质处理。

3. 液压缸

液压缸可以和外鼓作成一个整体（图6-24），也可以焊接在一起（图6-23）。为了避免工作时发生变形，影响活塞移动，液压缸要有一定的刚度，通常壁厚应该大于10mm。液压缸的行程要保证离合器分离后各摩擦片之间有0.2～0.5mm的间隙。

4. 摩擦片

为了提高换挡执行元件的工作质量以及使用的可靠性与耐久性，摩擦副材料的力学性能应是：摩擦系数稳定、动摩擦和静摩擦系数值相差不大，具有足够的强度、导热性和耐磨损性良好等。目前，广泛使用的摩擦材料是：以高碳钢（含碳0.5%以上）或65Mn制成的外摩擦片，厚2～6mm，表面硬度不低于40HRC；内摩擦片以厚2～3mm的45钢或65Mn制成钢背，在其上烧结钢基粉末冶金衬面，烧结层厚0.5～1.5mm，烧结后内摩擦片总厚度为3～5mm。

为了对摩擦副进行强制冷却，在摩擦片的粉末冶金衬面上还加工有油槽；其设计原则与主离合器相同。

为了把润滑油通到摩擦片上，在内传动鼓上沿径向开有许多小孔，这些小孔应按梅花形排列，以便向摩擦片均匀供油，同时也利于离合器分离。

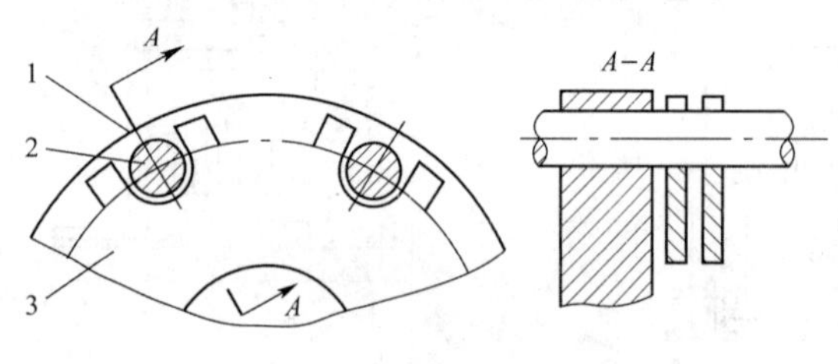

图6-29　外摩擦片的导销连接

1-变速器壳体；2-导销；3-外摩擦片

内传动鼓与内摩擦片多用齿形花键连接，而外传动鼓与外摩擦片有的用齿形花键连接，有的多片制动器的外摩擦片用导销和变速器壳体连接（图6-29）。还有在外传动鼓上加工矩形导向槽的，用以外圆处的矩形凸缘与摩擦片镶嵌（图6-30）。

施压盘和推力盘必须连接可靠并具有足够的刚度，这样才能保证摩擦片承压均匀。

把没有摩擦衬片的摩擦片加工成碟形或波浪形也有利于离合器接合平顺、分离彻底。碟形的高度、波浪形的高度通常为0.15～0.2mm。

由于摩擦衬片是烧结在钢板上的，烧结过程会影响钢板的强度，如果出现内摩擦片中心的花键强度不够时，也可以将摩擦衬片制作在外摩擦片上。

5. 密封

活塞的内外径处的密封，可以采用橡胶密封圈，也可以采用铸铁密封环。

在操纵油进、出离合器轴中的油道处，需要用旋转密封。应尽量减少旋转密封处的相对线速度，并合理选择套和轴之间的配合间隙以防止卡死，然后采用间隙密封（参见图6-33中间轴右端）。如果难以避免，则应该采用铸铁密封环，常用的铸铁密封环接口有两种形式，如图6-31所示。

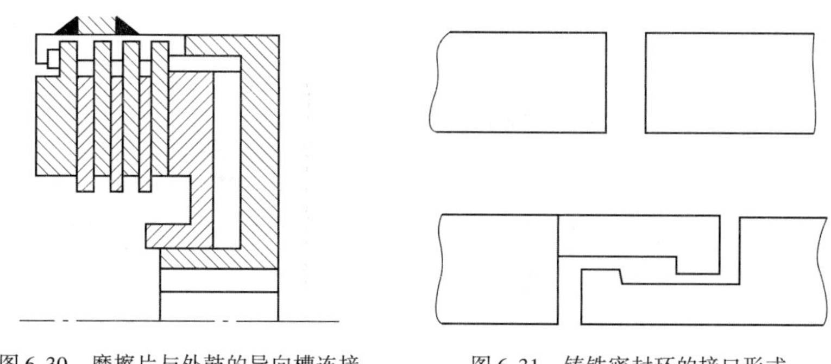

图6-30　摩擦片与外鼓的导向槽连接　　　图6-31　铸铁密封环的接口形式

第五节　动力换挡变速器典型结构介绍

一、ZL50装载机的变矩器—变速器系统

1. 变矩器

ZL50型装载机采用双涡轮液力机械变矩器(图5-24)。变矩器与变速器连接关系见图6-32。变矩器泵轮B与发动机飞轮相连,一级涡轮$T_{Ⅰ}$和二级涡轮$T_{Ⅱ}$各自通过一根轴将动力传递给变速器,二级涡轮轴套装在一级涡轮轴上。一级涡轮经一对减速齿轮,再经大超越离合器(自由轮)将动力传给变速器输入轴。二级涡轮经一对增速齿轮将动力直接传给变速器输入轴。这个变矩器的详细工作原理见第五章第六节。

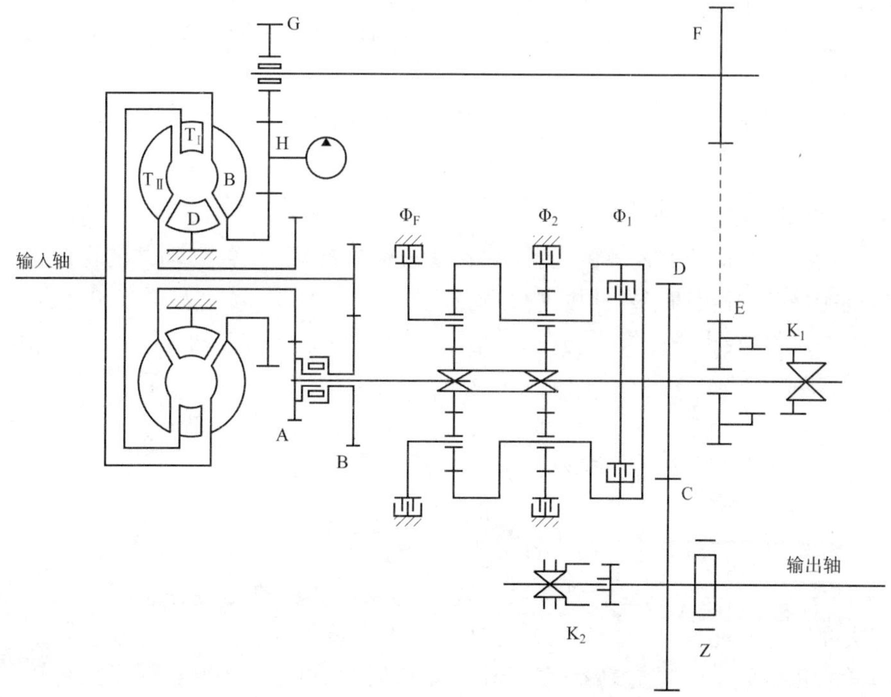

图6-32　ZL50装载机变矩器—变速器系统简图

这种二级涡轮变矩器的缺点是:本身结构比较复杂,变矩器的最高效率比耦合器或简单变矩器低,但由于它的采用,简化了变速器的结构和操纵。从各挡速度来看,基本满足轮胎式装载机运行作业的要求,故这种传动组合有其特色。

2. 变速器

如图6-32所示,此变速器采用辛普森轮系。由两个行星排、制动器 Φ_F、制动器 Φ_2、离合器 Φ_1 等组成。两行星排的太阳轮、行星轮、齿圈的齿数都分别相同。两行星排的太阳轮制成一体,经花键与变速器的输入轴、离合器的主动轴相连。前行星排齿圈、后行星排行星架和离合器被动轮(亦即变速器的输出轴)三者经花键等连成一体,在前行星排行星架和后行星排齿圈上分别设制动器 Φ_F 和 Φ_2。

前进低速挡:制动器 Φ_2 接合,将后行星排齿圈制动住不转。这时前行星排不起作用,仅后行星排传动。前进高速挡:离合器 Φ_1 接合,制动器不起作用,输入轴和输出轴直接经离合器连接,得直接挡。后退挡:制动器 Φ_F 接合,将前行星排行星架制动住,此时后行星排不起作用,仅前行星排传动。具体的分析计算见本章例6-3。

变速器的结构,见图6-33。两制动器的外摩擦片通过导销与壳体连接,它们共用一组外置螺旋弹簧分离。由于弹簧较长,在弹簧内布置了导向轴防止其工作时弯曲。离合器采用碟形弹簧分离,活塞上设有防止其转动的定位销。离合器的操纵油液直接从中间轴的中心孔中进入,有效地缩小了轴与壳之间旋转密封面的直径,便于密封。

从变矩器流出的工作液经过冷却后,从变速器输入轴的中心孔进入变速器,对所有摩擦面进行润滑、冷却。为了冷却行星轮中心的滚针轴承,在行星轮轴内斜向打有油孔,利用离心力的作用将油甩到轴承位置。

将前行星排的齿圈加宽,使其除了与本排行星轮啮合外,还与后行星排行星架上的外齿啮合,这样既可以使两元件之间没有相对转动,又可以利用啮合间隙实现前行星排的齿圈浮动,达到均载的目的。

在后行星排的齿圈制作外齿,使其与制动器摩擦片的内齿啮合,可以实现摩擦片的轴向相对滑动,也可以实现齿圈浮动。

3. “三合一”机构

采用变矩器、动力换挡变速器的工程机械,变速器换挡离合器、制动器的操纵油泵和行驶转向操纵油泵由发动机驱动。发动机熄火,这些油泵也都不转,因此无压力油,变速器处于空挡位置,无法进入各挡,也不能操纵转向。另外,一般变矩器反向传动性能差,即输出轴(涡轮轴)将力矩反传到输入轴(泵轮轴)的能力很差。

变速器挂不上挡,变矩器又不能反向传力,一旦机械由于起动系统故障或其他原因发动机不能起动时,就不能用其他机器拖起动它。

发动机熄火时,油压转向系是不起作用的,也不能利用发动机制动。因此,一旦发动机熄火就不能拖走,这对设备维修工作带来许多不便。

解决上述矛盾的方法一般是在变矩器泵轮和涡轮之间设超越离合器(自由轮)或闭锁离合器,以解决变矩器不能反向传力的问题。外加变速器操纵油泵和转向操纵油泵各一个,与行走部分(车轮)相连接,只要车轮转动,这两个油泵就转动,供给压力油操纵换挡和转向。

ZL50型装载机设计了结构简单的“三合一”机构(图6-33),这一套机构解决了拖起动、拖

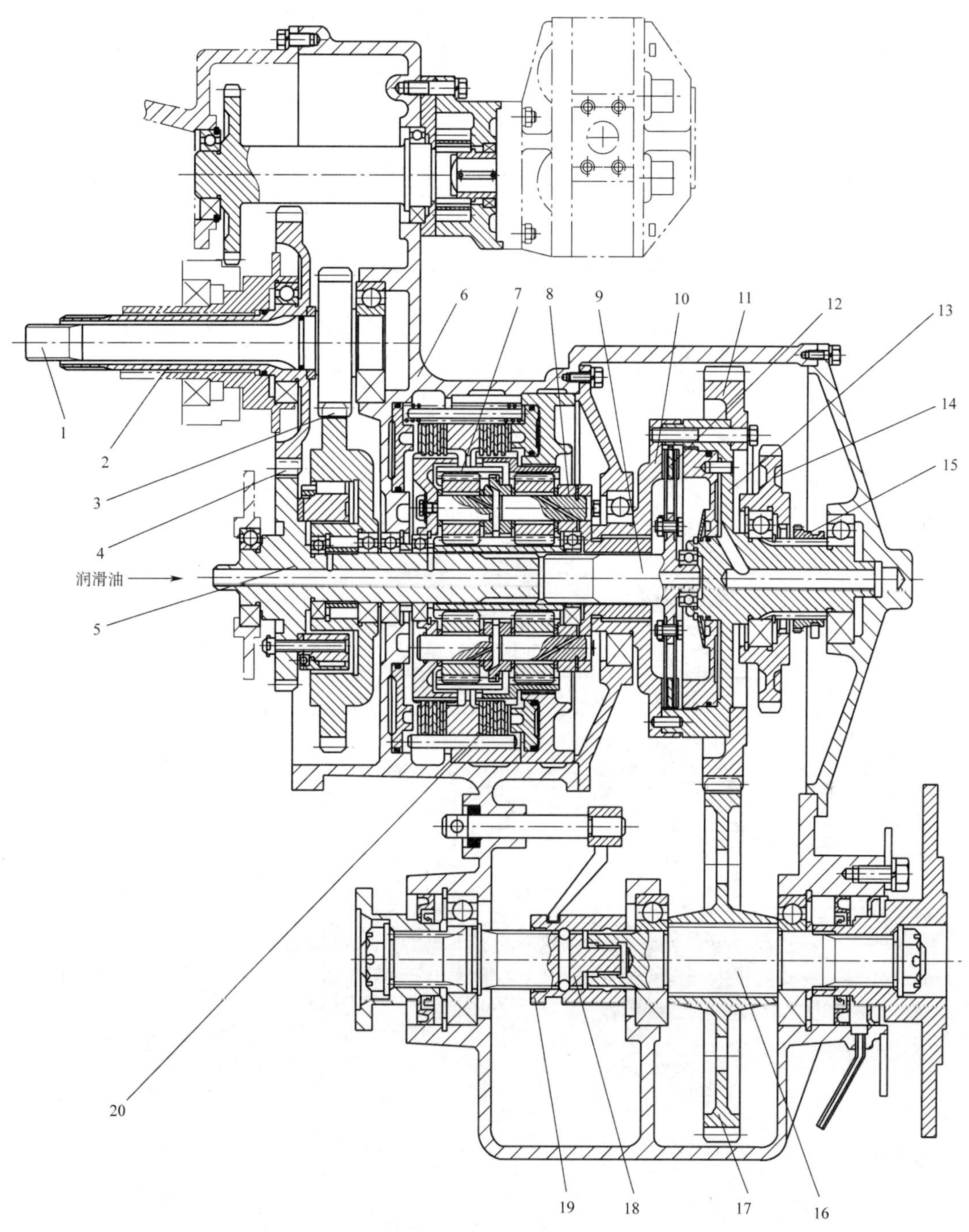

图 6-33　ZL50 装载机的动力换挡变速器

1-变矩器第一涡轮输出轴;2-第二涡轮输出轴;3-第一涡轮输出轴减速齿轮副;4-第二涡轮输出轴增速齿轮副;5-变速器输入轴;6-变速器壳体;7-前行星排;8-后行星排;9-变速器输出轴;10-离合器从动鼓;11-中间轴输出齿轮;12-离合器;13-离合器油缸体(中间轴);14-齿轮;15-齿套;16-前输出轴;17-输出轴齿轮;18-后输出轴;19-滑套;20-后行星排制动器

转向和拖运行时利用发动机制动这三项任务，故称作"三合一"机构。

将啮合套 K_1(图 6-32)接合上，则车轮转动带动变速器输出轴 C 转动，通过齿轮 D、E、F、G 和 H 带动转向泵和发动机转动。

当发动机起动后，由于在齿轮 G 上设置有小超越离合器，不能反向传动，这条传动路线便自动切断。否则，如果驾驶员忘记脱开啮合套 K_1 时，这条传动链就会与主传动链发生矛盾，可能使机器损坏。

二、D155A 推土机动力换挡变速器

图 6-34 是 D155A 推土机的动力换挡变速器结构，该变速器的原理见图 6-14，各挡位齿轮的工作状况分析见本章例 6-1、例 6-2。

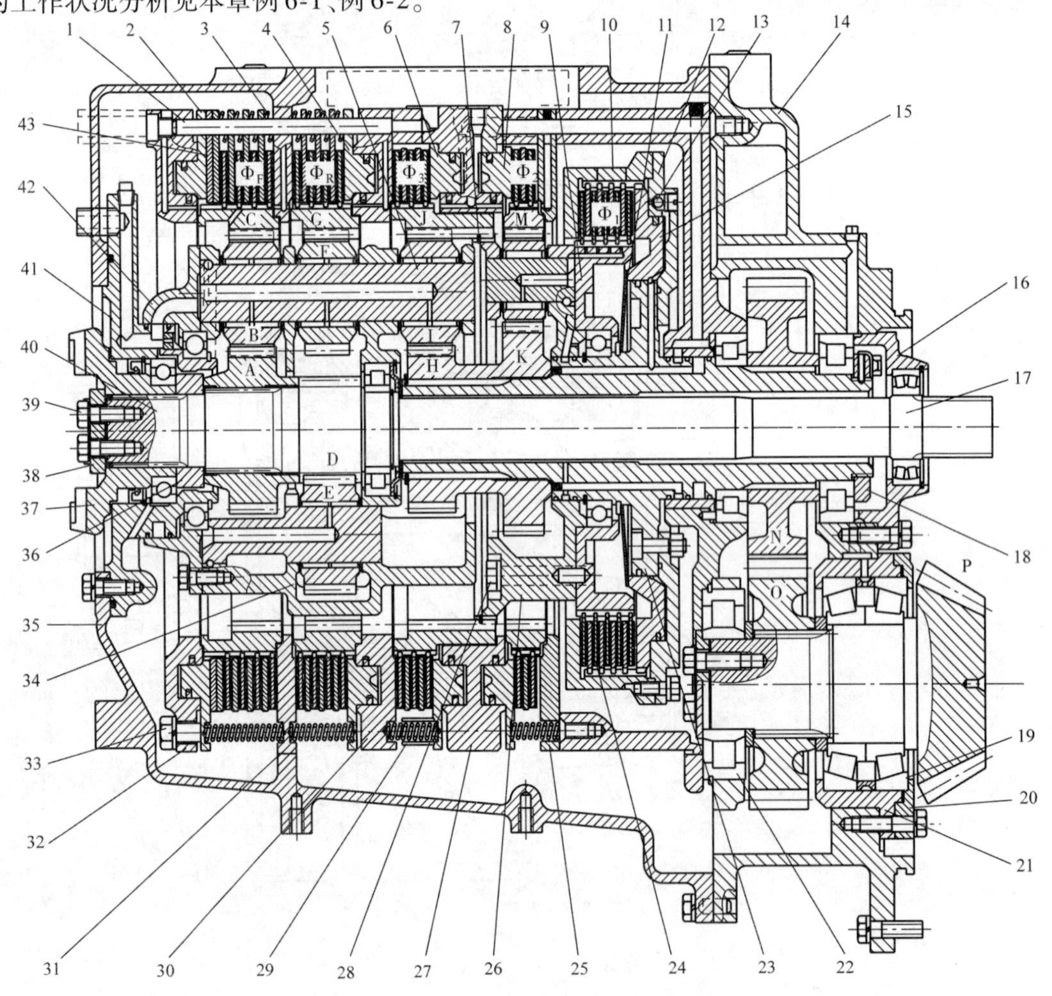

图 6-34　D155A 推土机动力换挡变速器

1-导销；2-前进制动器活塞；3-弹簧垫圈；4-后退制动器活塞；5-行星轮轴；6-三挡制动器活塞；7-卡环；8-二挡制动器活塞；9-一挡离合器主动鼓；10-一挡离合器从动鼓；11-碟形弹簧；12-一挡离合器缸体；13-自动排油阀；14-齿轮室；15-一挡离合器活塞；16-轴承座；17-动力输出轴头；18-定位螺母；19-轴承；20-轴承盖；21-轴承座；22-轴承；23-输出轴；24-摩擦片；25-压盘；26-二挡行星架；27-二、三挡制动器油缸；28-螺栓；29-套筒；30-后退制动器油缸；31-压盘；32-前进制动器油缸；33-螺栓；34-行星架；35-壳体；36-隔套；37-输入轴接盘；38-压板；39-螺栓；40-输入轴；41-支座；42-行星架轴承座；43-压板

变速器各行星排结构与连接特点是：输入轴40与行星排Φ_R的太阳轮D制成一体，通过滚动轴承支承在壳体前后壳壁的支座上，在其上经花键装有行星排Φ_F的太阳轮A，输入轴由其前端的轴承轴向定位。输出轴23以轴套形式装在输入轴上，在其上通过花键装行星排Φ_2、Φ_3的太阳轮H、K以及减速机构的主动齿轮N；整个输出轴总成用两副滚动轴承支承定位在齿轮室14上；输出轴还通过连接盘以螺栓固连着闭锁离合器Φ_1的从动鼓10。行星排Φ_F、Φ_R、Φ_3的行星架为一体，其后端经一副圆柱滚子轴承（在D、H两齿轮中间）支承在输入轴上，前端在壳壁支座上的深沟球轴承上支承，行星架由其前端轴承轴向定位。行星排Φ_2的行星架26前端通过齿盘外齿与行星排Φ_3的齿圈J固连，而后端则经销钉、螺栓与闭锁离合器主动鼓9相连，并通过滚动轴承支承在输出轴上。闭锁离合器的主动鼓9与从动鼓10的齿形花键上交错布置着内外摩擦片，在施压活塞15与主动鼓之间还装有分离离合器的碟形弹簧11。

在各行星排齿圈的外花键齿鼓上，分别装着四组多片摩擦制动器的动摩擦片，制动器静摩擦片、施压油缸和活塞压盘等，均以销钉与壳体定位。此外，在制动器压盘与推力盘之间装有分离复位螺旋弹簧；在制动器静摩擦片之间，也装有分离弹簧垫圈3，保证制动器良好分离。

制动器静摩擦片通过导销1与变速器壳体连接，导销还有阻止各制动器活塞转动的作用。由于齿圈C、G、J、M是装在制动器动摩擦片的内齿上的，利用齿隙实现了齿圈的浮动均载。所有制动器的油孔都与壳体连接（见图6-6中的进油口），离合器的操纵油液是由壳体通过输出轴内的油道进入的，离合器缸体12上还有自动排油阀13。在支座41内，有油道对行星排Φ_R、Φ_F、Φ_3的行星轮轴承进行润滑。行星排Φ_2的行星轮轴承润滑油道在输出轴内。在缸体27、30、32内，除了有制动油缸的操纵油路外，还有对制动器摩擦片的润滑油路。在压盘25、31内，也有制动器摩擦片的润滑油路。

变速器壳体35与齿轮室14之间采用螺栓连接，并有定位销定位。

第六节　动力换挡变速器的液压控制系统

一、对变速器换挡操纵系统的要求

对换挡操纵系统的设计要求，是从保证变速器操纵的平顺性和可靠性方面提出的。

1. 离合器接合平顺性对换挡操纵系统的要求

对于动力换挡变速器而言，无论是手动或自动变速，换挡的平顺性都是极为重要的。所谓换挡平顺性，是指从一个挡位换到另一个挡位时，在传动系中发生最小的转矩扰动。平顺换挡与粗暴换挡的比较见图6-35，可见粗暴换挡与平顺换挡的转矩峰值虽然接近，但粗暴换挡在接合离合器时，其转矩变化率是很高的，从而导致相应构件是受力急剧变化，产生加速度的快速变化，使驾驶员感到“颠簸”或冲击，引起疲劳，影响生产率。

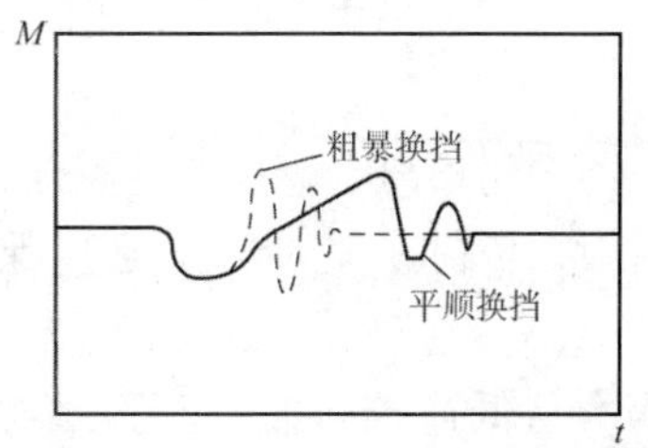

图6-35　换挡平顺性比较

换挡过程也不能太缓慢，如果原挡位离合器切断后，新挡位没有及时挂上，机器将处于空挡状态靠惯性行驶。对于负荷很大的工程机械，机器会急剧减速甚至停车，造成起步困难。如果原挡位未彻底分离新挡位就挂上，系统会产生强烈振动甚至卡死，其后果比挂挡缓慢更严重。

换挡平顺性除了和离合器尺寸、离合器摩擦系数的变化以及变速器速比间隔有关外，还与离合器压力特性的配置有密切的关系。有的产品为了使离合器接合平顺，采用阶梯油缸（图6-36），但总的来说，结构参数的调整往往比较困难。实际上，通过对离合器液压系统的作用压力特性的正确选择，可以弥补许多结构参数的不合理对产品性能的影响。因此在换挡操纵系统设计中，一般都采用离合器压力特性调节的方法，实现以恰当的速度合上新挡位离合器。至于离合器的快速分离，要通过液压系统快速卸压，活塞密封松紧恰当，分离弹簧弹性足够来实现。

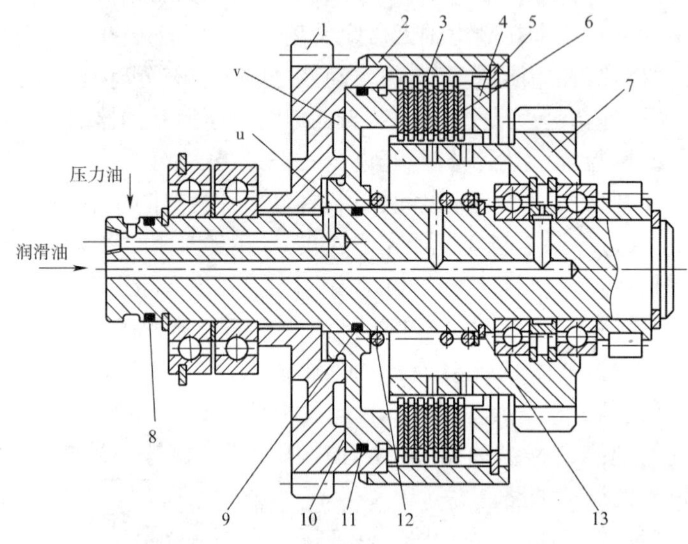

图6-36 采用阶梯油缸的换挡离合器

1-齿轮；2-外鼓；3-钢片；4-压盘；5、13-卡环；6-摩擦片；7-内鼓；8、9、11-密封圈；10-活塞；12-分离弹簧

目前，在换挡操纵系统设计中，广泛采用由节流孔与储能器所构成的容量调节方案。以节流孔直径、储能器柱塞面积和弹簧刚度来控制离合器接合时施压油缸中油压的上升速度。如小松D85、D155推土机变速器和我国ZL50装载机变速器等，均采用了上述容量调节方案。

2. 离合器工作可靠性对换挡操纵系统的要求

从减小动负荷，保护车辆传动系的要求出发，换挡操纵系统设计还需要满足以下要求。

（1）轮式车辆行走制动器与换挡离合器操纵上应实现联锁。即用制动器对车辆制动时，要自动切断换挡操纵油路，以使动力换挡离合器施压油缸和油箱连通，离合器分离，实现空挡传动系切断动力。这样，既可避免损坏传动系机件，又可提高车辆制动效能和减少制动器的磨损。

（2）换挡操纵油路中具有变矩器自动闭锁油路的脱开系统，当变矩器过渡到耦合器工况（$K=1$）时，变矩器泵轮与涡轮即自动闭锁，形成直接传动。用于此种场合下换挡时，应保证变矩器的闭锁离合器能自动脱开，否则发动机的巨大惯性力矩将使换挡离合器严重磨损。换挡后根据负荷工况的要求，还应保证变矩器闭锁离合器可以平稳地重新接合。

（3）换挡操纵系统最好采用一根变速杆换挡，前进、后退分列在空挡位置的两侧，且分别依次从低速挡过渡到高速挡，从而保证车辆起步后平顺地加速与减速，或逐渐地变换行驶方向。

(4)换挡操纵系统一般应备有起动安全装置,以避免当误将变速杆置于行驶位置起动发动机时,车辆失去控制而自行起步。

二、ZL50 轮式装载机动力换挡变速器的液压控制系统

ZL50 装载机变速器的液压操纵系统,如图 6-37 所示。

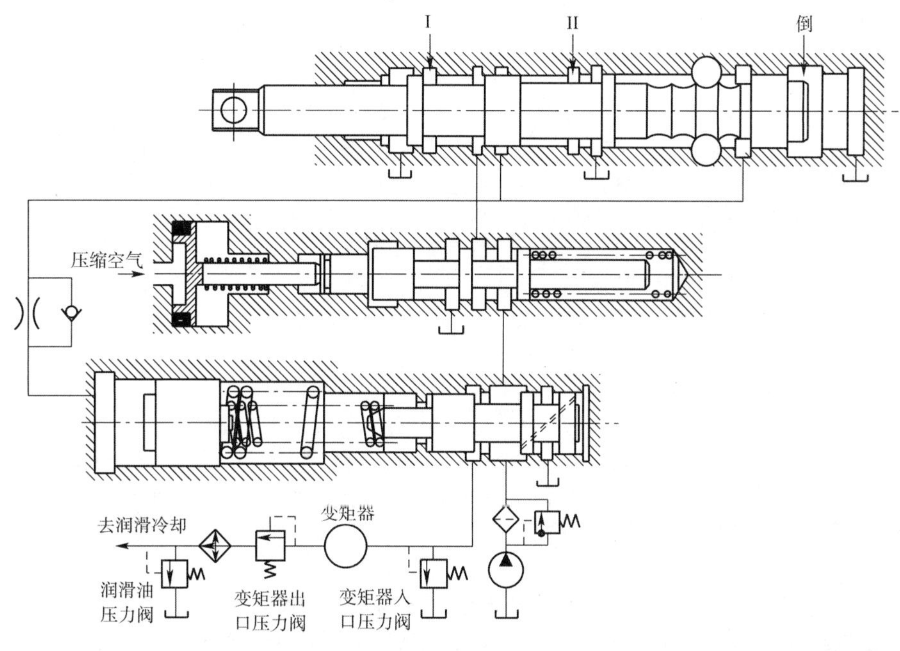

图 6-37 ZL50 装载机的变速器液压系统

从液压泵输出的油经滤油器至调压阀,当油压达到一定值时,调压阀打开,油经调压阀进入变矩器,流出变矩器的油经出口压力阀和油冷却器流至变速器中需要润滑、冷却的地方。变矩器入口压力阀控制变矩器内的压力不超过规定值,出口压力阀则保持变矩器内有一定压力,以防止变矩器内产生汽蚀现象。润滑油压力阀的作用是控制冷却润滑油的压力。与油泵出口处的滤油器一起装有旁通阀,在滤油器阻塞到一定阻力时,旁通阀打开让油绕过滤油器进入系统,防止滤油器损坏,保证系统正常工作。在这种情况下,系统的报警装置(蜂鸣器、指示灯等)应该能够报警。

变速器液压操纵部分包括调压阀、制动卸压阀和换挡操纵阀,这三个阀组成一体,其结构如图 6-38 所示。

调压阀的功用是限制最高操纵油压,并使油压平稳上升,减少换挡冲击。调压阀由阀杆 2、大弹簧 9、小弹簧 8 和储能器活塞 7 组成。

从液压泵输出的油从进油口进入阀体后,经阀杆上斜向小孔到阀杆端部。当油压达到一定值时,克服小弹簧使阀杆左移,打开通变矩器的油道 A_2。它与一般压力阀的差别是:控制油压的小弹簧左端不是支承在固定的阀体上面,而是支承在可移动的活塞 7 上。当活塞移动时,改变了弹簧力,从而改变控制的油压值。储能器活塞背面的油腔,通过单向节流阀和操纵件油道沟通,油流入该腔时经节流孔,流出时经单向球阀而不经节流孔(图 6-37)。从离合器或制动器接通压力油,油充填油道进入油缸,直到活塞移动消除摩擦片间隙,储能器活塞处于左端

极限位置，如图 6-38 所示。随后油压开始上升，压力油通过节流孔进入储能器克服大弹簧推力，推动活塞右移，使小弹簧压缩，油压便逐渐上升最后活塞移到右端极限位置如图 6-37 所示，油压达到规定的数值，离合器彻底接合。

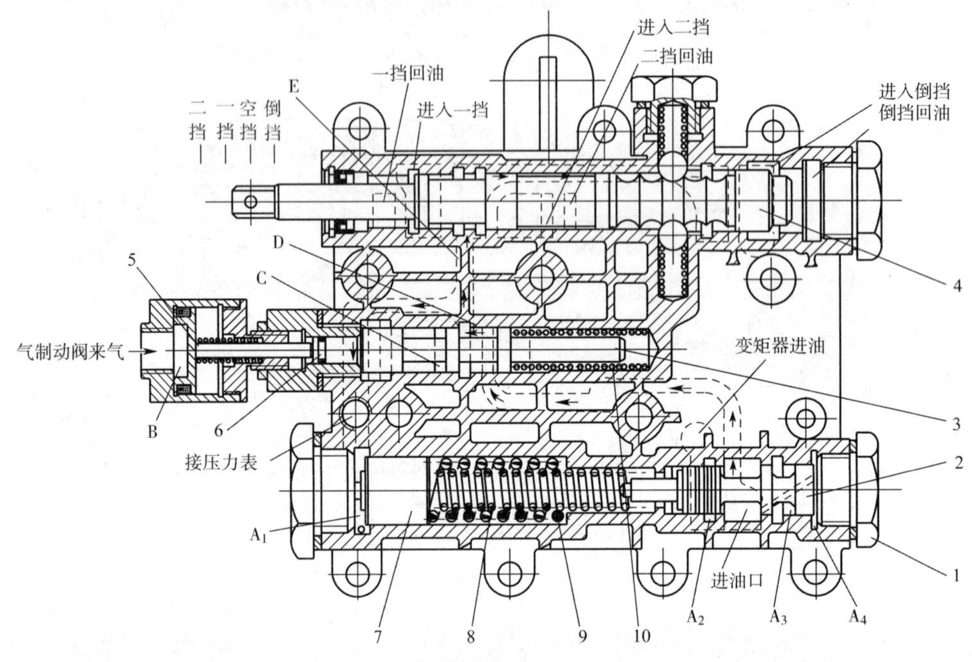

图 6-38　ZL50 装载机变速器换挡操纵阀

1-螺塞；2-阀杆；3-短流阀；4-变速杆；5-气阀杆；6-圆柱塞；7-活塞；8-小弹簧；9-大弹簧；10-断流阀弹簧

离合器或制动器油压上升的快慢取决于小弹簧力增加的快慢，也就是储能器活塞右移的快慢，由于进入储能器的油要经过节流孔，流量很小，活塞移动缓慢，因此使操纵油压平缓地上升。

当离合器或制动器泄油卸压时，储能器中的油不经节流孔而通过单向球阀迅速排出，保证下次挂挡时正常工作。

制动卸压阀由阀杆、圆柱塞 6、阀杆弹簧 10、气阀杆 5 和活塞弹簧组成（图 6-37）。不制动时，阀杆和活塞杆在弹簧作用下处于左端位置，从调压阀来的压力油与进入离合器、制动器油道相通。制动时，压缩空气进入气缸推动活塞杆和阀杆移至右端位置。此时，从调压阀来的油被堵住，离合器、制动器的进油道接通泄油口，离合器或制动器因油缸中的压力油泄出而分离，变速器处于空挡状态，变矩器卸载，减少发动机的功率损失。

换挡操纵阀为一个四位方向阀，由定位钢球定位，依次为二、一、空、倒挡。当阀处于空挡位置时（图 6-38）进入操纵阀的压力油被堵住不能通过，而所有离合器、制动器都和泄油道相通分离。当阀处于某挡位置时，该挡的制动器（或离合器）与压力油相通，而其他挡位的操纵件仍然处于卸压状态。

三、D155A 推土机的动力换挡变速器控制系统

图 6-39 所示为 D155A 履带推土机液力机械传动系的液压控制系统。液压油在油泵作用下，经过带有安全阀的滤油器输入动力换挡变速器的操纵阀组，然后分成两路，一路经过阀组

中调压阀的溢流口和进口压力阀进入液力变矩器；而另一路则经操纵阀组中所有的控制阀件，通往换挡离合器的操纵油缸。由变矩器溢出的液压油再经出口压力阀，冷却器后与进口压力阀溢出的油合流，注入变速器冷却与润滑系统，背压阀对变速器冷却润滑系统的压力进行控制。

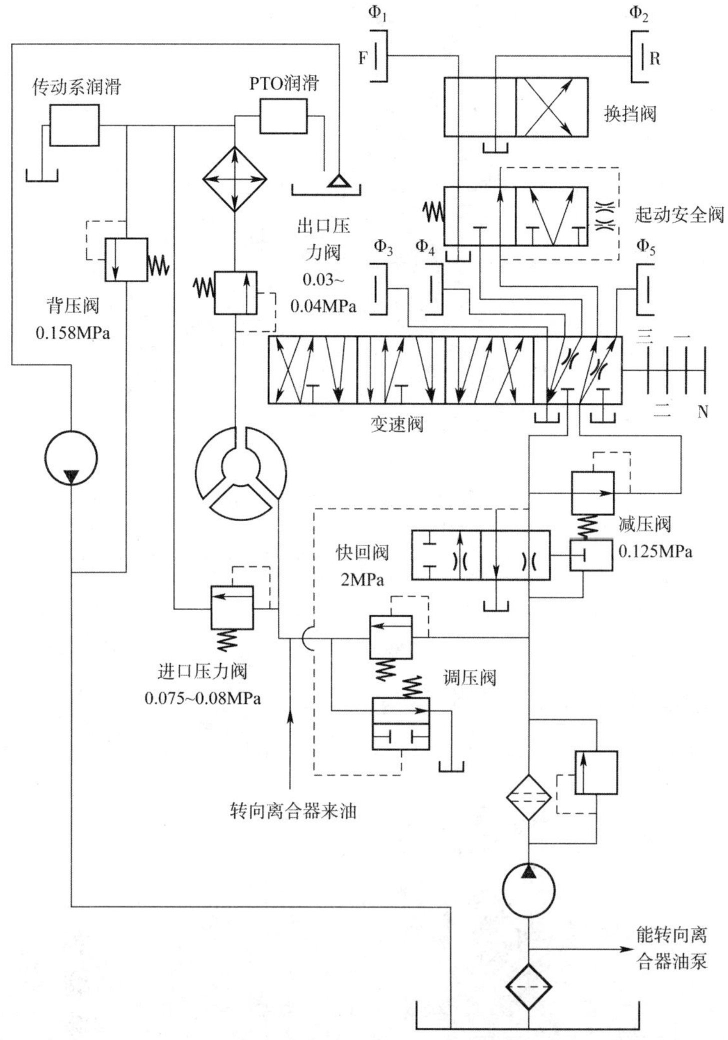

图6-39　D155A 推土机的传动系控制系统

变速器的操纵阀组系由调压阀、快速返回阀（快回阀）、减压阀、起动安全阀、变速阀以及换向阀等组成，现将各阀工作原理简述如下：

1. 调压阀和快速返回阀

调压阀与快速返回阀的作用是供给换挡离合器油缸以所需的工作压力和进行离合器的转矩容量调节。其工作原理可通过任一挡的变速过程来加以说明。

当推土机由某挡换入前进一挡时，液压油在阀中的流动情况是：

（1）充油过程。自油泵进入变速器操纵阀的液压油，由于变速阀和换向阀的作用，分别注入前进离合器（Φ_1）与一挡离合器（Φ_5）油缸，直到管路和离合器油缸的封闭空间被完全充满为止,这一过程中离合器油缸和管路中的压力,均可近似地被视为零压,此时调压阀和快速返回阀均处于非工作状态,其排列位置,详见图 6-40。

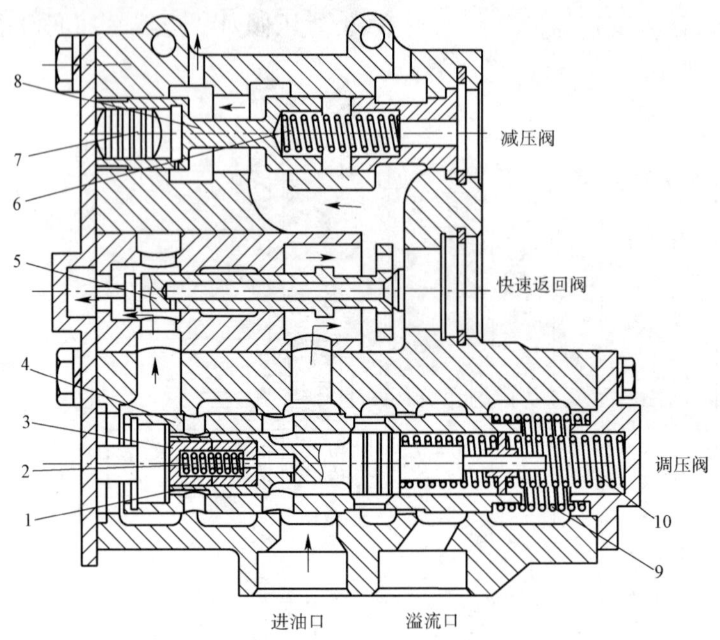

图 6-40　油压为零时的操纵液压系统

1-调压阀杆;2-弹簧;3-活塞;4-调压阀套;5-快回阀杆;6-弹簧;7-活塞;8-减压阀杆;9-调压阀杆压缩弹簧;10-调压阀套压缩弹簧

(2)升压过程。如图 6-41 所示,当离合器油缸等封闭空间一旦被油充满后,压力即开始上升。这一压力作用在阀杆 1 背腔 A_2 内的活塞上,由此所产生的反作用力便推动阀杆 1 本身压缩弹簧 10,相对于阀套 4 向右移动,从而打开了被阀 1 封闭的溢流口 A_3,液压油便以 p_1 的压

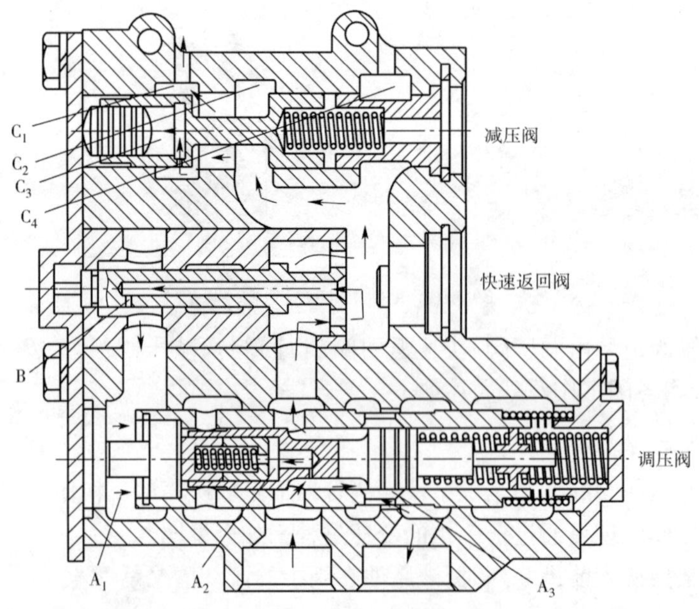

图 6-41　油压为 p 时的操纵压力图

A_1-滑阀背室;A_2-压力阀背室;A_3-溢流口;B-节流口;C_1、C_2、C_4-减压阀环形油腔;C_3-减压阀背室

力沿箭头所示方向，溢流到变矩器冷却油路中。伴随着这一升压过程，油压还推动快速返回阀5左移，从而切断A_1室和回油路的通道，并使液压油沿快速返回阀之节流孔B注入调压阀阀套背室A_1中。由于节流效应，显然A_1室中压力低于p_1，通常把这一压力称为调压阀背压。由于以上背压的作用，使调压阀阀套4压缩弹簧9跟随阀杆1右移，并重新关闭了溢流口A_3，因此系统压力将由p_1升至p_2，在p_1压力作用下，由于背腔A_2中油压的反作用，阀杆1继续右移重新开启溢流口。当然与此相同，阀套的背压也会相应增大，继续推动其随阀杆1向右移动。如果上述作用继续下去，离合器油缸内的压力将不断地提高，当调压阀套4移至右端锁止位置时，阀杆1的溢流压力p_{ZH}即为离合器的预定工作油压，由于这种场合下阀套不可能继续随动，故离合器的压力将保持在一额定值下工作，同时保持变矩器的油路于开启状态。图6-42曲线即表示了上述系统离合器的油压上升过程。

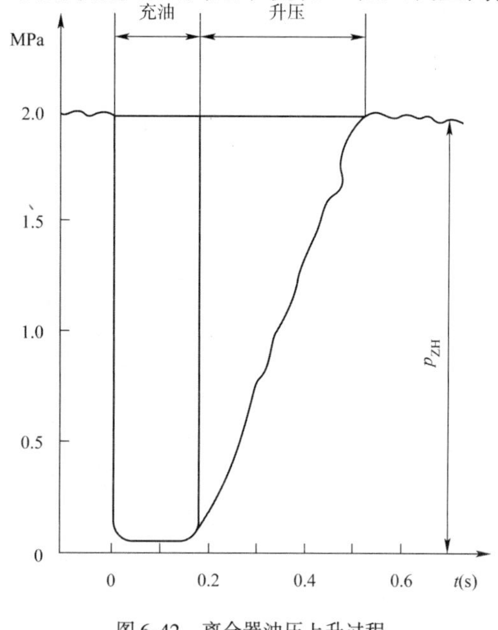

图6-42　离合器油压上升过程

综上所述，具有调压阀和快速返回阀的动力换挡变速器液压操纵系统，由于保持了油压的合理上升梯度，使其不因换挡阀的操纵速度而变化，故使离合器得以自动平顺接合，从而保证了车辆平稳地变速和起步。

2. 减压阀

减压阀结构如图6-41所示，其工作原理为：通过向阀杆背室C_3引入液压油，对活塞7施压，在反作用油压作用下阀杆8压缩弹簧6右移，从而减小了通往C_1腔油口的开度，由此产生节流效应，故使C_1腔油压低于调压阀的预定油压。

减压阀的功用是控制一挡离合器油压，使其低于其他离合器的工作油压。

3. 变速阀

变速阀为一个四位多路阀。如图6-43所示，它由阀体和阀杆组成，具有两个进油腔和六个排油腔，分别与减压阀C_1腔，调压阀C_4腔，一、二、三挡离合器施压油缸以及起动安全阀的油路相通，此外阀体两端及中部D_5腔均和油箱连通以构成零压回路。

变速阀的工作原理是：

(1)当操纵杆置于空挡位置时，变速阀阀杆处于图示位置，此时其上凸缘1、2将D_3腔封闭，使E_2和D_1相通，凸缘2、3把D_4、D_5腔连通；凸缘3、4将D_6、D_7腔和D_8腔连通，而凸缘5则将阀体右端零压口封闭。于此位置时，该阀的液流情况是：自调压阀C_4腔引入的液压油被封闭在D_3腔内，二、三挡离合器油缸均与阀体零压口相通，故它们处于分离状态，自减压阀C_1腔引入的液压油一方面经凸缘4内油路从D_7腔注入一挡离合器油缸，另一方面则经阀体上虚线油孔，从右端进入起动安全阀背室E_5，并通过活塞推动阀杆压缩弹簧左移，从而把E_2腔左右两端的油孔开启并将E_3腔左侧油孔封闭。安全阀开启便使换向阀F_2腔与变速阀左端零压口相通，使前进与后退离合器分离。由此可知：在位置N时，仅有一挡离合器接合，故不足以构成动力输出。

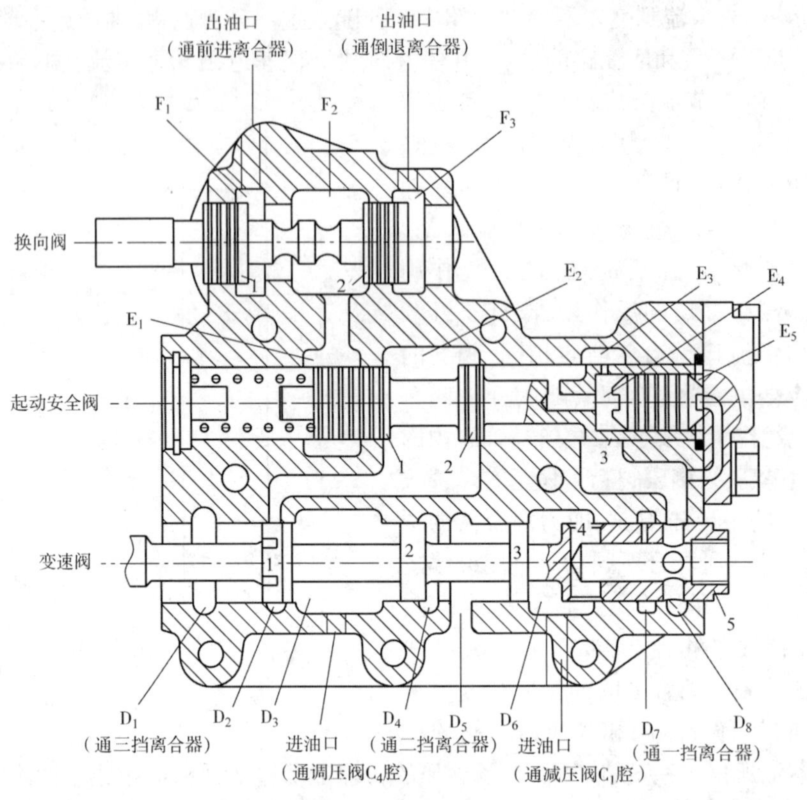

图 6-43　变速阀、起动安全阀、换向阀构造

(2)当操纵杆置于一挡位置时,变速阀阀杆向左移动一相应距离,其上凸缘 1 开启了 D_3 至 E_2 油路,凸缘 2、3 仍保持 D_4、D_5 腔相通;凸缘 4、5 间的径向通孔处于 D_7 腔内;而凸缘 5 则开启了阀体右端的零压口,同时把此口与起动安全阀之 E_3、E_5 腔连通。于此位置时,该阀的液流情况是:在 N 挡起动安全阀开启的条件下,自调压阀 C_4 腔引进的液压油进入 E_2 腔后,一面经节流孔流进安全阀背室 E_4,并推动其中活塞使阀杆保持在锁止位置,也即保持了安全阀的开启,另一方面则经 E_2、E_1 孔道进入换向阀 F_2 腔。自减压阀 C_1 腔引入的液压油仍经 D_6、D_7 腔注入一挡离合器油缸。由此可知,于位置 F-1 或 R-1 时,可以同时接合换向离合器和一挡离合器,故车辆可以一挡速度进、退行驶。

(3)当操纵杆置于二挡位置时,变速阀阀杆上凸缘 1、3 将 D_2、D_3、D_4 腔封闭在同一油路内,凸缘 1 移至 D_1 腔,而凸缘 4、5 封闭了 D_6 腔。与一挡动作原理相同,此时自调压阀 C_4 腔引进的液压油,可通入二挡离合器油缸,并经安全阀 E_2、E_1 腔注入换向阀,即此位置可以同时接合换向离合器和二挡离合器,故车辆可以二挡速度进、退行驶。

(4)当操纵杆置于三挡位置时,变速阀阀杆上凸缘 1、3 将 D_1、D_2、D_3 三腔封闭在同一油路内,凸缘 3、4 将 D_4、D_5 腔连通,凸缘 4、5 则把 D_6 腔封闭。与前述相同,此时自调压阀 C_4 腔引入的液压油,可通入三挡离合器油缸,并经安全阀 E_1、E_2 腔注入换向阀,即此位置可以同时接合换向离合器和三挡离合器,故车辆可以三挡速度进,退行驶。

4. 起动安全阀

起动安全阀的功用是当误将操纵杆置于工作挡位置而起动发动机时防止车辆自行起步。

起动安全阀(图 6-43)的工作原理和动作程序是：

(1)如图 6-44a)所示，首先向安全阀背室右端引入压力油，对活塞施以一次操纵油压，推动阀杆左移，从而开启 E_2(图 6-43)腔左右两侧油孔，并封闭 E_3 腔左侧油道。

(2)如图 6-44b)所示，继上述动作后，将液压油引入 E_2 腔，并经节流孔进入安全阀阀杆背室 E_4 腔，对其内活塞施以二次操纵油压，推动活塞相对阀杆右移至锁止位置，从而保持通往换向阀油路的开启。

(3)如图 6-44c)所示，如未按以上程序对活塞施加一次操纵油压，即从变速阀向 E_2 腔引入压力油时，显然安全阀将始终处于关闭位置，换向离合器不能充入压力油，而要对安全阀施加一次操纵油压，必须先把变速阀放到空挡 N 位置，从而防止了挂挡状态下，车辆起动时自行起步。

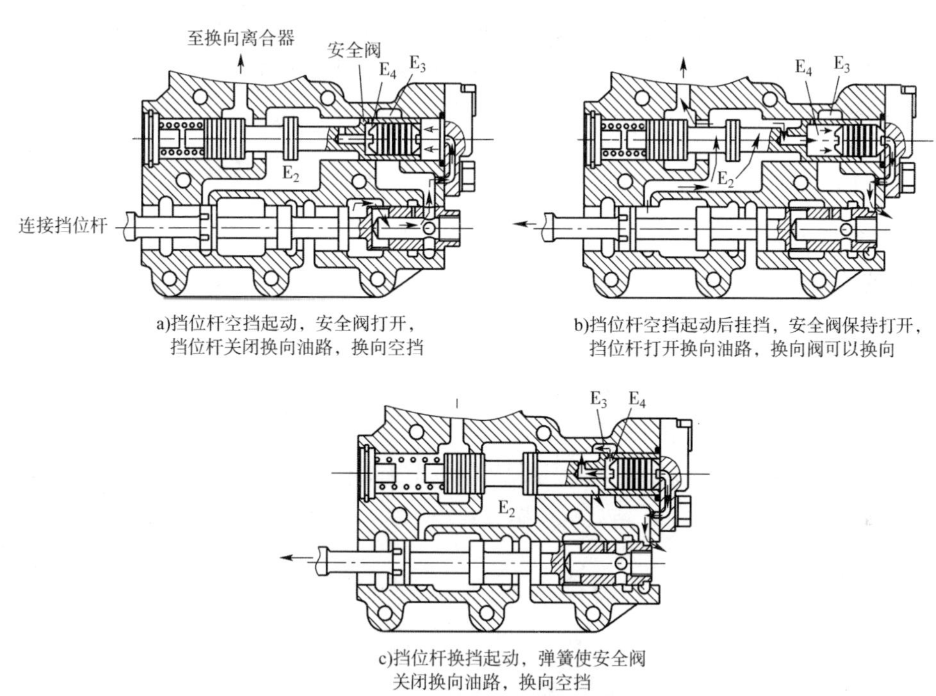

a)挡位杆空挡起动，安全阀打开，挡位杆关闭换向油路，换向空挡

b)挡位杆空挡起动后挂挡，安全阀保持打开，挡位杆打开换向油路，换向阀可以换向

c)挡位杆换挡起动，弹簧使安全阀关闭换向油路，换向空挡

图 6-44　起动安全阀工作原理

四、液力机械传动系液压控制系统主要参数的选择

1. 油泵流量的选择

油泵流量根据冷却的需要可按下式确定：

$$Q=(0.45\sim0.6)N_{eH}$$

式中：Q——油泵流量，L/min；

N_{eH}——发动机额定功率，kW。

2. 液压控制系统压力的选择

换挡离合器的操纵油压通常为 1.2 ~ 1.6MPa，也有的高达 2.0 ~ 2.3MPa。

润滑系统压力为 0.1 ~ 0.2MPa。

3. 换挡离合器的操纵时间

根据有关资料推荐的离合器换挡时间,可取为0.4 ~1s。

【练习题】

1. 何谓动力换挡变速器？对定轴式动力换挡变速器的特点进行分析。

2. 定轴式动力换挡变速器传动方案简图设计的一般原则是什么？换挡离合器的位置如何合理地确定？

3. 何谓变速器的传动比范围 D？在定轴式动力换挡变速器传动方案简图设计时,如何根据挡位数和传动比范围 D 合理地选择变速方案？

4. 行星齿轮传动的特点是什么？行星传动的配齿有哪些条件？

5. 多挡位行星变速器为什么多采用串联组成方式？

6. 图6-45是两个行星传动方案,图中 α_1、α_2 为已知,$Z_{q1}=Z_{q2}$,分别在 $\alpha_1>\alpha_2$ 和 $\alpha_1<\alpha_2$ 的条件下,完成如下工作:

(1)计算传动比。

(2)在图上标出动力传递路线。

(3)判断是否存在功率循环。

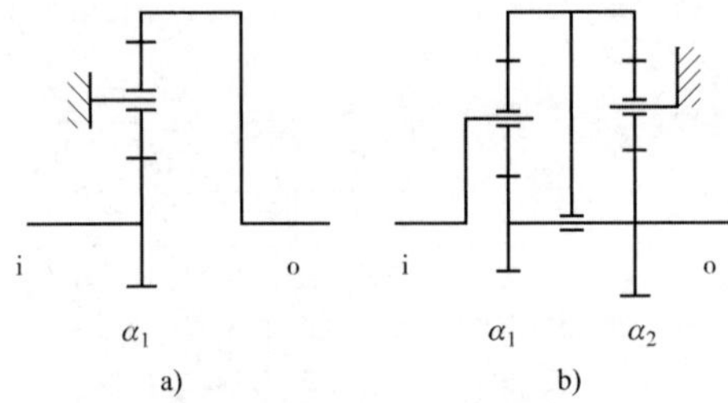

图 6-45

第七章

万向节与传动轴

【学习目标与要求】

理解十字轴万向节的结构原理和设计计算方法,重点掌握十字轴万向节的等角速条件,了解常见等角速万向节的类型及其结构原理,理解传动轴的结构及其设计要点。

在行走式机械的底盘中,万向节传动装置主要用于以下几个方面的动力传递。

(1)两根轴之间的距离较远,而且相对位置可能发生变化的时候。例如:汽车、装载机的变速器与驱动桥。

(2)两根轴之间相交于一点,但它们之间存在夹角,而且这个夹角会发生变化的时候。例如:转向驱动桥的半轴与驱动轮轴。

(3)理论上两轴之间是同轴的,但为了弥补制造过程中的各种误差,便于装配;或者为了适应使用过程中机架的变形。例如:推土机的主离合器或液力变矩器与变速器之间的连接。

常见的万向节分为普通十字轴万向节和等角速万向节两大类。一般来说,十字轴万向节可以用于各种场合,而等角速万向节只能用于前述的第二种情况。

第一节　十字轴万向节

一、十字轴万向节的构造和原理

1. 基本原理

图 7-1 为十字轴万向节的原理示意图。输入轴 1 与输入轴叉 2 固定在一起,输出轴 3 与输出轴叉 4 固定在一起。在输入轴叉与输出轴叉的端部,各有一对相互同轴的轴孔,十字轴 5 为两个相互垂直的轴固定在一起,将其四个轴颈安装在输入轴叉和输出轴叉的轴孔中。当输入轴 1 以角速度 ω_1 转动时,十字轴带动输出轴 ω_2 旋转。

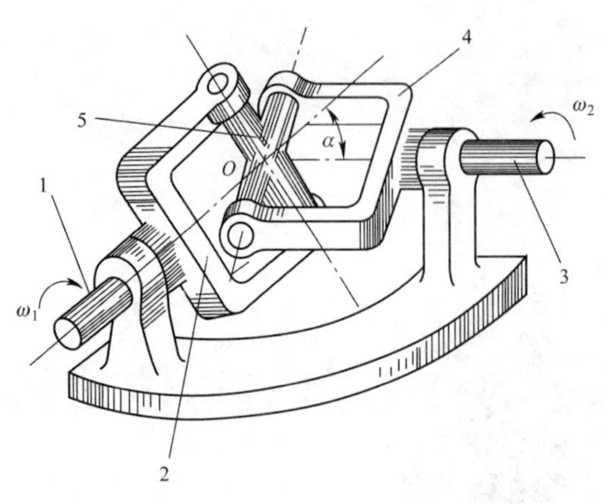

图 7-1　十字轴万向节的原理示意图

1-输入轴;2-输入轴叉;3-输出轴;4-输出轴叉;5-十字轴

2. 基本结构

图 7-2 为一种常见的十字轴万向节传动轴结构图。万向节叉 1 与输入轴用四个螺栓相连接。万向节叉 1 的一对孔和滑动叉 10 上的一对孔通过四套滚针轴承 4 分别与十字轴 6 的两个相互垂直的轴颈相铰接。这样,当主动轴带动万向节叉 1 转动时,滑动叉 10 既可随之转动,又可绕十字轴中心在任意方向摆动。为了防止滚针轴承 4 在离心力的作用下被甩出,万向节叉上用轴承盖 8 固定滚针轴承的套筒 5。为了润滑轴承,十字轴做成空心的,并在轴端开有润滑油道通向轴颈。在十字轴的轴颈上套着带金属座圈的毛毡油封 3,以防止润滑油流失或灰尘进入轴承。通过黄油嘴 15 可以向轴承加油,当油压过高时,安全阀 2 打开,防止油封损坏。

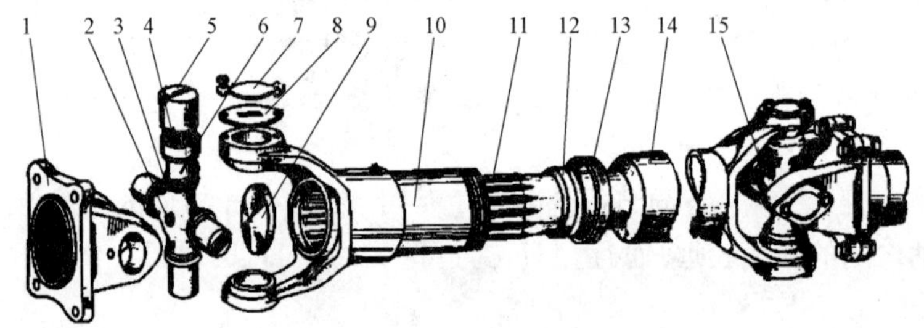

图 7-2　万向节传动轴总成

1-万向节叉;2-安全阀;3-油封;4-滚针轴承;5-套筒;6-十字轴;7-螺栓锁片;8-轴承盖;9-滑动叉堵盖;10-滑动叉;11-花键轴;12-滑动叉油封;13-油封盖;14-传动轴;15-黄油嘴

3. 运动学分析

图 7-3 为十字轴万向节传动的运动分析图。万向节的输入轴Ⅰ与十字轴的 Aa 轴相连接;输出轴Ⅱ与十字轴的 Bb 轴相连接。当Ⅰ轴旋转的时候,Aa 轴的轨迹是一个与Ⅰ轴垂直的圆平面,也就是图 7-3a)中的圆 1;Bb 轴的轨迹是一个与Ⅱ轴垂直的圆平面,即图 7-3a)中的圆 2。这两个圆的圆心都在 O 点,圆所在平面的夹角为 α。设输入轴上的 A 点转动到 A_1 点时,输出轴上的 B 点转至 B_1 点,两轴转过的角度分别为 ϕ_1、ϕ_2。

如图 7-3b)所示,从Ⅰ轴方向投影,轨迹圆 1 的投影是一个半径为 R 的圆,轨迹圆 2 的投影是一个长半轴 R、短半轴为 $R\cos\alpha$ 的椭圆,如图 7-3b)中的虚线所示。由于 Aa 与投影面平行,转过后的 A_1 点仍用 A_1 表示,B_1 点由于不在投影面上,转过后的 B_1 点的投影用 B_1'表示。由于十字轴两臂始终互相垂直,根据投影原理可知 $\angle A_1OB_1'$应该为直角,所以 $\angle AOA_1 = \angle BOB_1' = \phi_1$。为了求得实际的角 $\angle BOB_1 = \phi_2$,绕 Bb 轴将圆 2 转过 α 角,这时,圆 1 与圆 2 将互相重合,B_1'将在垂线 CB_1'的延长线上移动到 D 点,直线 OB_1 与直线 OD 重合,$\angle BOD = \angle BOB_1 = \phi_2$。从图 7-3b)中可知:

$$OC = \frac{CB_1'}{\tan\phi_1} = \frac{CD}{\tan\phi_2}, \tan\phi_1 = \frac{CB_1'}{CD}\tan\phi_2$$

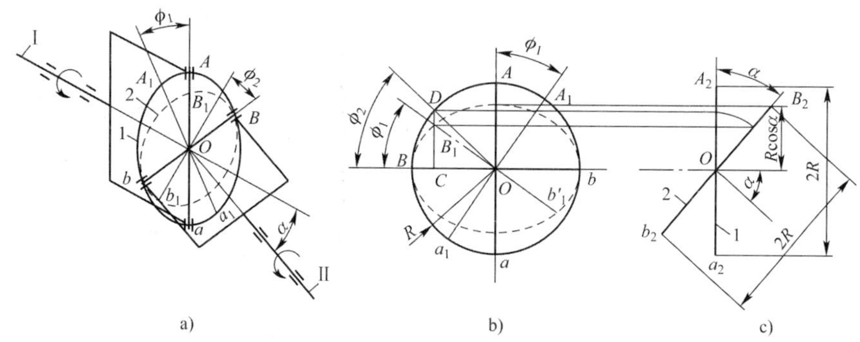

图 7-3　十字轴万向节运动分析图

a)运动原理;b)输入轴方向投影图;c)侧向投影图

从侧视图 7-3c)中可知,$\dfrac{CB'_1}{CD}=\cos\alpha$,所以

$$\tan\phi_1=\tan\phi_2\cos\alpha \tag{7-1}$$

这就是简单十字轴万向节的输入轴和输出轴的转角随两轴之间夹角变化的关系式。由(7-1)可得:

$$\phi_2=\arctan\left(\frac{\tan\phi_1}{\cos\alpha}\right) \tag{7-2}$$

在 α 不变的条件下,(7-2)式对时间 t 求导,考虑到 $\mathrm{d}\phi_1/\mathrm{d}t=\omega_1$,$\mathrm{d}\phi_2/\mathrm{d}t=\omega_2$,整理可得:

$$\frac{\omega_2}{\omega_1}=\frac{\cos\alpha}{1-\sin^2\alpha\cos^2\phi_1} \tag{7-3}$$

由此可见,在 $\alpha\neq0$ 的条件下,当主动轴以角速度 ω_1 匀速转动时,从动轴转动的角速度 ω_2 是不均匀的。

当 ϕ_1 等于 0°、180°时,ω_2 为极大值,由式(7-3)可得:

$$\omega_2=\frac{\omega_1}{\cos\alpha} \tag{7-4}$$

当 ϕ_1 等于 90°、270°时,ω_2 为极小值,由式(7-3)可得:

$$\omega_2=\omega_1\cos\alpha \tag{7-5}$$

一个十字轴只能用于两轴线相交于十字轴中心点的传动,而且由以上分析可知两轴之间有夹角时它们的转速不等。因此,通常用两个以上十字轴万向节组成万向节传动装置。最常见的是将两个十字轴万向节成对使用,当一个十字轴减速时另一个实现增速,如图 7-4 所示。当输入轴与输出轴在同一平面时,传动的等角速条件为:

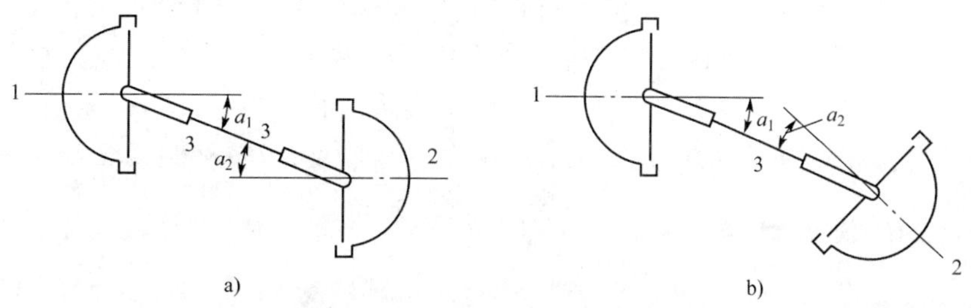

图 7-4　双十字轴传动的等角速布置

1-主动轴;2-从动轴;3-中间轴

（1）主动轴 1 与中间轴的夹角 α_1 与从动轴 2 与中间轴的夹角 α_2 相等。

（2）中间轴两端的万向节叉应该在同一平面。

当主动轴、从动轴不在同一平面时，第二条应为：中间轴上和主动轴连接的万向节叉在中间轴和主动轴组成的平面内时，中间轴上和从动轴连接的万向节叉在中间轴和从动轴组成的平面内。

4. 动力学分析

以十字轴为脱离体，设主动轴作用于其上的力矩为 M_1，从动轴作用于其上的力矩为 M_2，如果不计转动时的摩擦损失，则：

$$M_1\omega_1 = M_2\omega_2$$

对于图 7-5a）的情况，由于这时 $\phi_1 = 0°$，$\omega_2 = \dfrac{\omega_1}{\cos\alpha}$，所以有：

$$M_2 = M_1\cos\alpha$$

明显，在 M_1、M_2 作用下，十字轴不可能处于平衡状态。要使十字轴处于平衡状态下，必须使其承受一个力矩 $M_2' = M_1\sin\alpha$，由于 M_2'是与从动叉的十字轴线垂直的，所以从动叉要承受附加弯矩 M_2'。

同理，对于图 7-5b）的情况，$\phi_1 = 90°$，主动叉要承受附加弯矩 $M_1' = M_1\tan\alpha$。

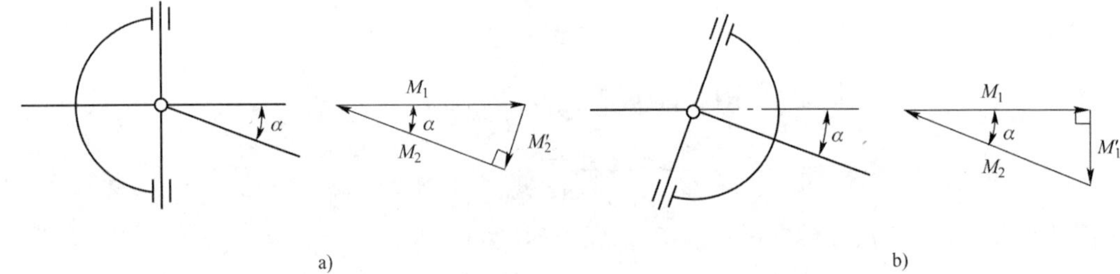

图 7-5　十字轴万向节的动力学分析

随着主动轴的转动，主动叉承受的附加弯矩在零与 M_1'之间变化，从动叉承受的附加弯矩在零与 M'_2 之间变化，它们的变化周期都为 180°。这些附加弯矩会使万向节轴承受周期变化的径向载荷，当 α 较大时不可忽略。

不难看出，随着 α 的增大，十字轴万向节承受的附加弯矩增大，传动效率、使用寿命会减小，在总体布置时应该尽量减少 α 值。通常 α 应该尽量小于 8°，对于重型车辆和铲土运输机械可以放宽，但不宜超过 18°～20°。

二、铰接式车架万向节的布置

采用铰接式车架的工程机械，在机械直行时，传动轴的中点和车架的铰点 O 要在一条铅垂线上（图 7-6a）；输入轴、中间轴、输出轴应该在机器的纵向中心面内。这样，机器转向时，两个十字轴的中心和铰点形成一等腰三角形，该三角形两个底角相等，即 $\alpha_1 = \alpha_2$（图 7-6b）。如果偏离这种情况，如图 7-6c）所示，$\alpha_1 \neq \alpha_2$，采用双十字轴万向节将不能实现等速。

三、十字轴的设计计算

1. 轴颈弯曲强度

图 7-7 为十字轴受力示意图，轴颈处的弯曲应力为：

$$\sigma = \frac{32d_j Ps}{\pi(d_j^4 - d_k^4)} < [\sigma] \tag{7-6}$$

式中：P——十字轴一个轴颈上的圆周力，N，$P = M_j/2a$；

s——作用力 P 到十字轴中心的距离，mm；

d_j——十字轴轴颈的直径，mm；

d_k——十字轴油孔的内径，mm

$[\sigma]$——十字轴许用弯曲应力，MPa。

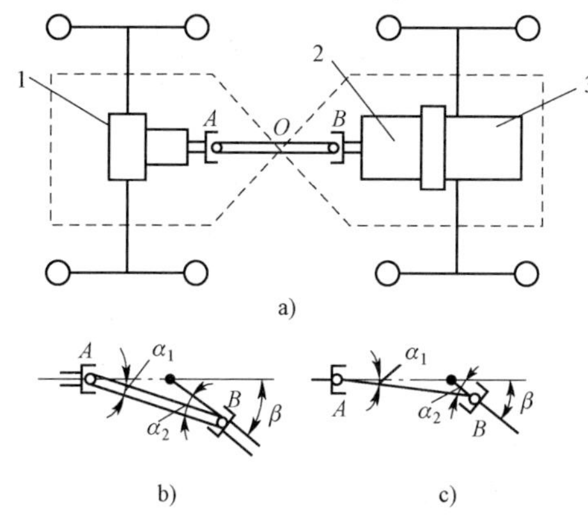

图 7-6　铰接式车架万向节的布置

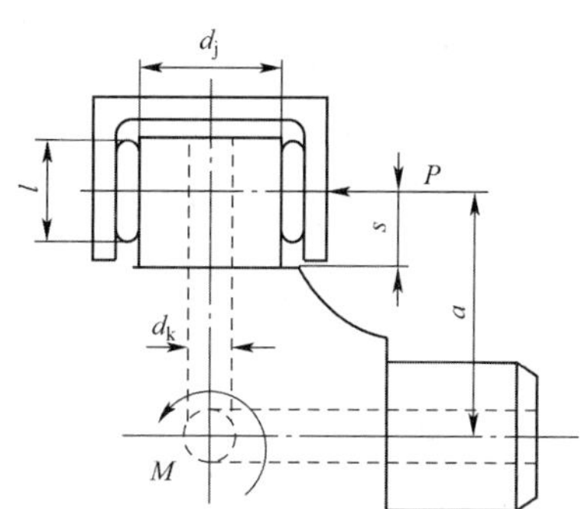

图 7-7　十字轴受力示意图

十字轴通常用合金结构钢（如 20MnVB、20CrMnTi、20Cr 等）模锻制成，表面渗碳淬火。表面硬度为 58 ~ 63HRC，心部硬度为 33 ~ 48HRC。最好进行表面喷丸处理。在上述条件下，$[\sigma]$ 可取 450MPa。

2. 滚针接触强度

滚针接触强度按下式计算：

$$\sigma_c = 272.3\sqrt{\left(\frac{1}{d_j} + \frac{1}{d_z}\right)\frac{Q}{l}} < [\sigma_c] \tag{7-7}$$

式中　σ_c——接触应力，MPa，$[\sigma_c] = 3000 \sim 3200$MPa；

l——滚针有效工作长度，mm；

Q——每个滚针的负荷，MPa，$Q = 4.6P/z$；

z——每个轴承的滚针数；

d_z——滚针直径，mm。

3. 滚针轴承的承载能力

滚针轴承的最大载荷 P_{max} 为：

$$P_{max} = \frac{P}{\cos\alpha} < [P]$$
$$[P] = 79\frac{zld_z}{\sqrt[3]{n}} \tag{7-8}$$

式中：α——十字轴两边轴的夹角；

n——传动轴的转速，r/min；

[P]——滚针轴承上的许用作用力,N。

实际工程机械设计中,为了减少成本应该尽量选用汽车十字轴。表 7-1 为几种常见十字轴总成的参数。

几种常见的十字轴总成　　　　表 7-1

车　　型	D(mm)	L(mm)
解放 CA141	39	118
跃进 NJ130	35	98
黄河 JN162	50	135
北京 BJ130C	32	93
东风 EQ153	47	140
红岩玛斯 525KH	62	149
柳州 LZ110	20	55

第二节　等角速万向节

在使用转向驱动桥的轮式机械上,转向驱动轮的偏转角通常较大,达到 35°~40°,车桥的空间一般不足以布置两个十字轴,这时就用到了等角速万向节。常见的等角速万向节有球笼式、球叉式、三销式和双联式等。

一、球笼式等角速万向节

1. 结构、原理

球笼式和球叉式等角速万向节的原理,见图 7-8。工作时的作用力是通过几个钢球从一个万向节叉传到另一个万向节叉,通过设计两边万向节叉的结构,实现不论 α 怎样变化,这些钢球始终位于两轴夹角的等分面上。这样一来,两轴之间的传动就像一对齿数相同的锥齿轮啮合传动,啮合点为 P,实现角速度相等。

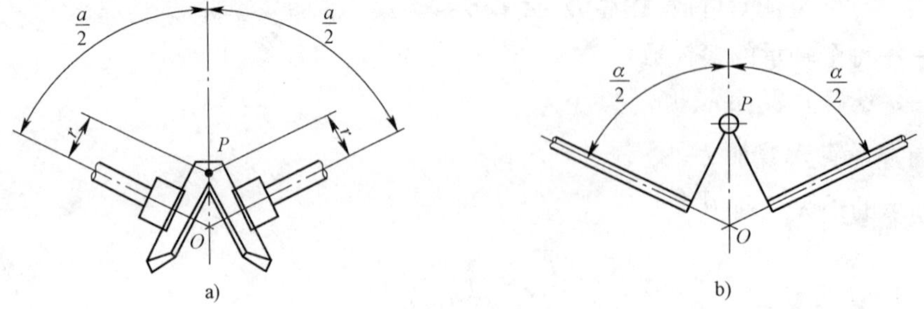

图 7-8　球式等速万向节原理图

球笼式等角速万向节的结构,见图 7-9。它是由外滚道 3、内滚道 6、球笼 5、钢球 4 等组成。其中,钢球 4 共有六个,均布在球笼 5 上。内滚道 6 的半径 R_1,中心在 B(图 7-10)点;外滚道 3 的半径 R_2,中心在 A 点;球笼 5 的中心在 O 点。内滚道的大径也是以 O 为中心的球体,与球笼的内径相同;外滚道的小径也是以 O 为中心的球体,与球笼的外径相同。这样,内外滚道和球笼只能以 O 为中心做相对运动,如果运动的过程中内滚道迫使上面的钢球向外滚动,则球笼迫使下面的钢球向内滚动,合理设计几何尺寸后可以实现钢球的运动轨迹位于 $\alpha/2$ 平面内。

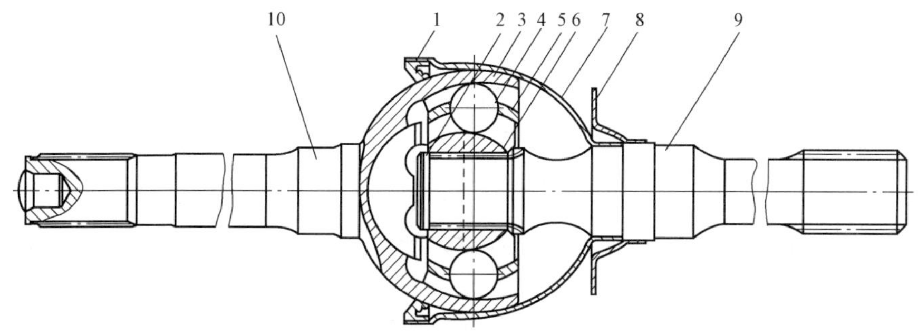

图 7-9　WYL-60 挖掘机球笼式万向节

1-密封圈;2-弹簧挡圈;3-球形壳(外滚道);4-钢球;5-保持架(球笼);6-星形套(内滚道);7-外罩;8-防尘罩;9-输入轴;10-输出轴

球笼式等角速万向节磨损小,由于工作时同时有六个钢球传递动力,故承载能力、寿命较球叉式高,且能在夹角 35° ~42° 下传力,适用于重型车辆。

2. 球笼式等角速万向节设计要点

球笼式万向节目前有许多专业厂家生产,应该优先选用。必要时,可按如下方法设计。

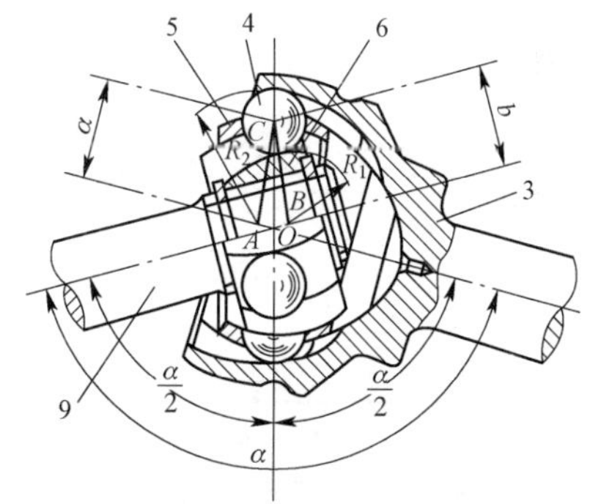

图 7-10　球笼式等速万向节原理

(图注同图 7-9)

O-万向节中心;A-外滚道中心;B-内滚道中心;C-钢球中心

球笼式万向节的失效形式主要是钢球与接触滚道表面的疲劳点蚀。在特殊情况下,因热处理不妥、润滑不良或温度过高等,也会造成磨损而损坏。由于内滚道接触点的纵向曲率半径小于外滚道的纵向曲率半径,所以前者上的接触椭圆比后者上的要小,即前者的接触应力大于后者。因此,应控制钢球与星形套滚道表面的接触应力,并以此来确定万向节的承载能力。不过,由于影响接触应力的因素较多、计算较复杂,目前还没有统一的计算方法。

外滚道和内滚道常用 40Cr 淬火、回火,或用 15NiMo、20CrMnTi 渗碳、淬火、回火制成;钢球采用轴承钢 GCr15。

假定球笼式万向节在传递转矩时六个钢球均匀受载,则钢球的直径可按下式确定:

$$d=\sqrt[3]{\frac{M_s}{2.1\times10^2}} \tag{7-9}$$

式中:d——传力钢球直径,mm;

M_s——万向节的计算转矩,N · m。

计算所得的钢球直径应圆整并取最接近标准的直径。

当球笼式万向节中钢球的直径 d 确定后,其中的球笼、星形套等零件及有关结构尺寸,可参见图 7-11 并按表 7-2 关系确定。

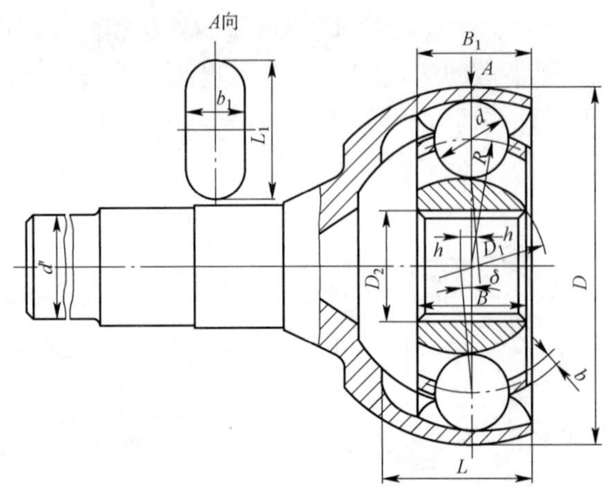

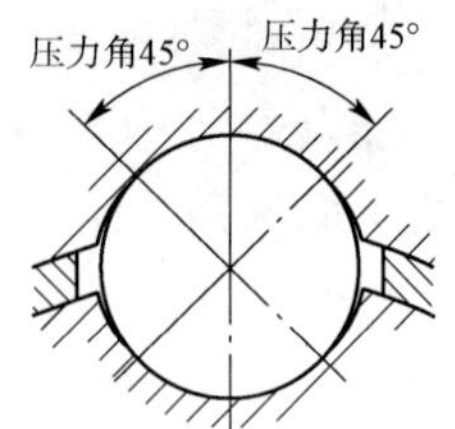

图 7-11　球笼式万向节的基本尺寸图

球笼式万向节的基本尺寸　　　表 7-2

钢球中心分布圆半径	$R=1.71d$	球笼槽宽度	$b_1=d$
内滚道宽度	$B=1.8d$	球笼槽长度	$L=(1.33\sim1.80)d$
球笼宽度	$B_1=1.8d$	滚道中心偏移距	$h=0.18d$
内滚道底径	$D_1=2.5d$	轴颈直径	$d'\geqslant1.4d$
万向节外径	$D=4.9d$	内滚道花键外径	$D_2\geqslant1.55d$
球笼厚度	$b=0.185d$	球形壳外滚道长度	$L_1=2.4d$
中心偏移角	$\delta\geqslant6°$		

二、球叉式等角速万向节

球叉式等角速万向节(图 7-12)的主动叉 6 和从动叉 1 上各有四个弧形凹槽,主从动叉装配后形成四条滚道,每条滚道内装一个传力钢球 5。主动叉上的滚道在以 O_1(图 7-13)为中心的球面上,从动叉上的滚道在以 O_2 为中心的球面上,两个球面的直径相等,而且 $O_1O=OO_2$。当主从动叉做相对运动时,四个传力钢球必然位于两球面相交圆上,也就是主从动轴夹角的平分面上。

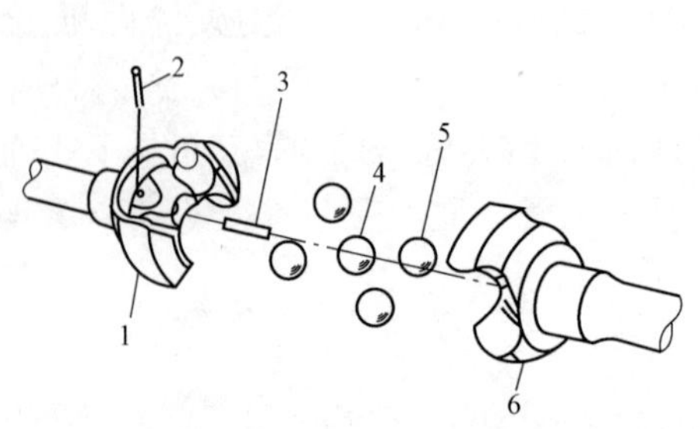

图 7-12　球叉式等角速万向节

1-从动叉;2-锁止销;3-定位销;4-定位钢球;5-传力钢球;6-主动叉

图 7-13　球叉式等角速万向节原理

为了工作时保证 $O_1O=OO_2$,在两个万向节叉中间装有一定位钢球 4,用定位销 3 和锁止销 2 将定位钢球固定于一球叉中。工作时在传力球与滚道之间应施加一定的预紧力以保证定位钢球与两传动叉紧密接触。

这种等角速万向节结构简单、零件少,两轴之间的夹角可达 32°~33°。但由于它工作时仅有两个钢球传力,另两个钢球在反向转动时才传递动力,故接触应力大,磨损快,寿命短,而且滚道的工艺较复杂。

三、双联式等角速万向节

图 7-14a)为双联式等角速万向节原理图。可以看出,双联式等角速万向节是将双十字轴万向节的传动轴缩短为一个中间架后形成的。为了满足等角速条件 $\alpha_1=\alpha_2$,有的还在一个轴头上制作球头 8,如图 7-14b)所示,在另一个轴端部的孔内安装球座 9,为了保证球座 9 始终与球头 8 接触,采用弹簧 11 将球座压在球头上,这样两轴之间就成为球铰相连。当两轴之间相对摆动时,球铰中心与两个十字轴中心近似成为一个等腰三角形,α_1、α_2 为三角形的底角,近似满足等速条件。

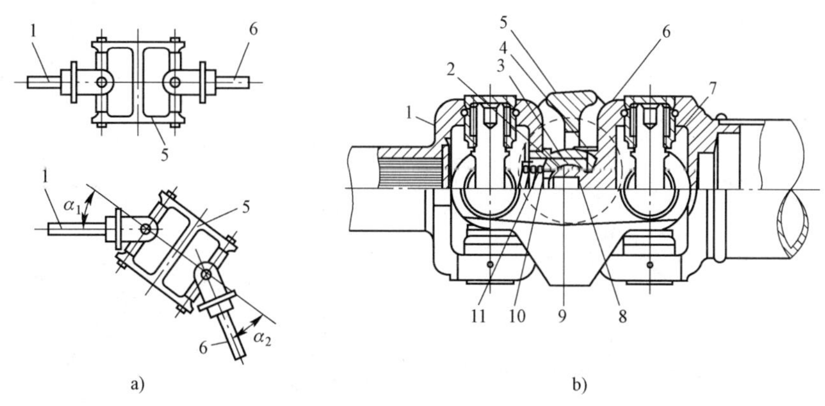

图 7-14　双联式等角速万向节

1、6-万向节叉;2-支承套;3-衬套;4-防护圈;5-双联叉(中间架);7-油封;8-球头;9-球座;10-垫圈;11-弹簧

双联式万向节的主要优点是允许两轴间的夹角大(一般可达 50°),轴承密封好,效率高,工作可靠,加工方便;其缺点是外形尺寸较大,结构复杂,零件数目多而且非完全等速等。另外,由于双联式十字轴万向节滚针轴承的挤压应力受到限制,因此它传递的转矩受到一定限制。

四、三销式等角速万向节

三销式等角速万向节是双十字轴万向节的另一种转化形式(图 7-15),它将两个十字轴转化为两个三销轴 1、3 插在一起,取消了中间架。输入叉和输出叉变成了偏心轴叉 2、4。图 7-15b)为传动原理示意图。由于它的输入销轴线 $Q_1Q'_1$ 与输出销轴线 $Q_2Q'_2$ 都不在传动轴线上,工作时应该使 $Q_1Q'_1$、$Q_2Q'_2$ 的一条在其轴线方向有少量运动。在与从动偏心轴叉 4 相连的三销轴 1 的两个轴颈端面和轴承座之间装有推力垫片 5(图 7-15a)。其余各轴颈端面均无推力垫片,且端面与轴承座之间留有较大空隙,以保证在转向时三销轴与万向节不发生运动干涉现象。

图 7-16 为三销式万向节的装配图。这种传动也为一种近似的等速传动,两轴线的最大夹

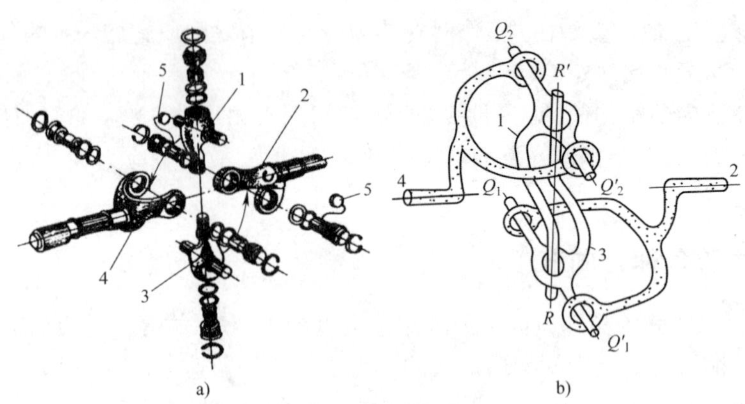

图 7-15　三销式等角速万向节

a）零件形状；b）装配示意图

1、3-三销轴；2-主动偏心叉；4-从动偏心叉；5-推力垫片

角可达 45°。主要用于中、重型越野车辆的转向驱动桥，可直接暴露在外而不需要加外球壳和密封，属于开式万向节。其另一优点是对万向节与转向节的同心度要求不太严，不需要像球笼、球叉及其他定心式万向节那样需在转向主销的轴向和内外半轴的轴向进行调整而设置调整机构，这是因为它是属于不定心式万向节，即当万向节中心与转向节中心不一致时，可由万向节内三销的轴向滑动来补偿。其所允许的两轴间的夹角亦较大，但外形尺寸较大，零件形状复杂，毛坯需精锻，万向节的两轴受附加弯矩和轴向力等。

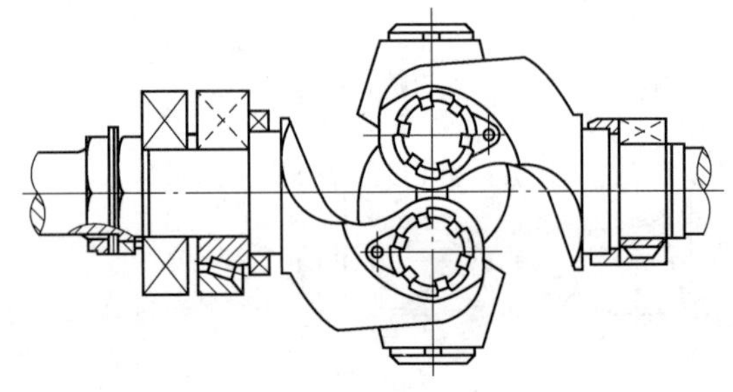

图 7-16　三销式万向节装配图

第三节　传　动　轴

传动轴的作用是传递转矩，许多机械（例如：汽车、装载机等）工作时驱动桥壳相对于机架是有运动的，这就要求从变速器到驱动桥的传动轴工作时的长度是能自动变化的。为了实现这种功能，传动轴一般由两段轴用花键连接而成（图 7-17）。由于普通花键伸缩时的摩擦会降低传动效率，目前已有采用滚动花键的传动轴（图 7-18）。

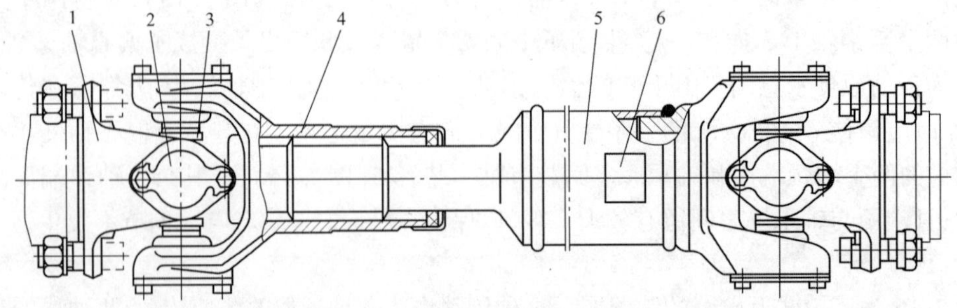

图 7-17　十字轴万向节传动轴装配图

1-万向节叉；2-滚针轴承盖；3-十字轴；4-滑动叉；5-传动轴；6-平衡片

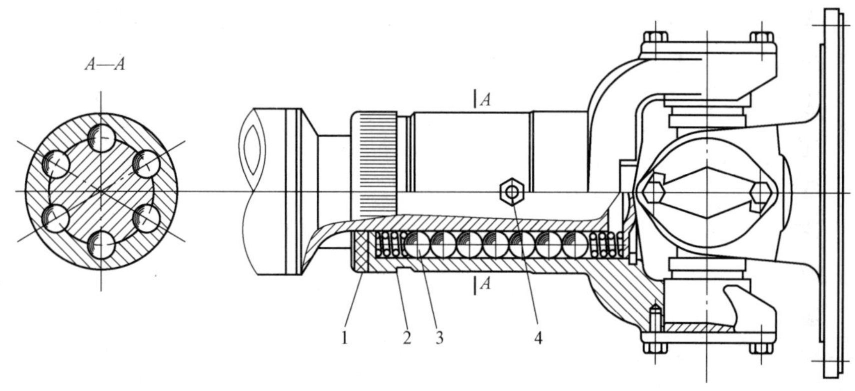

图 7-18　采用滚动花键的传动轴

1-油封;2-弹簧;3-钢球;4-黄油嘴

传动轴一般为细长轴,当由于某些原因(如质量不匀、加工偏心、自重弯曲等)使轴的质心不在中心线上时,转动旋转产生的离心力会使轴产生横向弯曲振动。当轴的转速等于轴的弯曲振动固有频率时会产生共振,使轴的挠度增大甚至断裂。根据机械振动原理,两端铰接、等截面空心圆轴的临界转速为:

$$n_K = 10.25 \times 10^8 \cdot \frac{\sqrt{D^2 + d^2}}{L^2} \tag{7-10}$$

式中:n_K——临界转速,r/min;

D——传动轴外径,mm;

d——传动轴内径,mm;

L——两万向节中心间的距离,mm。

设计时,应该使传动轴的最高转速 $n_{max} < 0.7n_K$。

从上式还可以得出,在外径 D 不变的条件下,内径 d 越大 n_K 值越大,而且空心轴的重量轻,所以传动轴一般采用空心钢管焊接而成。大多数传动轴要进行动平衡试验,图 7-17 中平衡片 6 是在动平衡试验后焊上去的,用于补偿原轴的动不平衡。对传动轴的动平衡要求见表 7-3,表中的不平衡度是轴的重量与其偏心距的乘积。

计算传动轴的抗扭强度时,要考虑其扭转振动问题。

传动轴转速与不平衡度的关系　　表 7-3

传动轴转速(r/min)	<2000	2000～3000	3000～4000	4000～5000
不平衡度(N·cm)	0.50～0.75	0.25～0.50	0.15～0.25	0.10～0.15

第四节　多万向节传动

当传动距离太长时,传动轴会变得很长,传动轴的固有频率会变得很低,为了提高刚度、避免共振,可以将传动轴作成两根或者三根。在重型机械上常采用这种方式。图 7-19 为两根万向节传动过程原理图。设 ϕ_1、ϕ_2、ϕ_3、ϕ_4 分别为输入轴、传动轴Ⅰ、传动轴Ⅱ、输出轴转过的角度；输入轴与传动轴Ⅰ的夹角为 α_1，传动轴Ⅰ与传动轴Ⅱ的夹角为 α_2，传动轴Ⅱ与输出轴的夹角为 α_3。根据式(7-1)可以得到：

$$\tan\phi_1 = \tan\phi_2\cos\alpha_1 \tag{7-11}$$

$$\tan\phi_2 = \tan\phi_3\cos\alpha_2 \tag{7-12}$$

$$\tan\phi_4 = \tan\phi_3\cos\alpha_3 \tag{7-13}$$

由(7-13)得：

$$\tan\phi_3 = \frac{\tan\phi_4}{\cos\alpha_3} \tag{7-14}$$

将(7-14)带入(7-12)以后，再带入(7-11)，整理得：

$$\frac{\tan\phi_1}{\tan\phi_4} = \frac{\cos\alpha_1\cos\alpha_2}{\cos\alpha_3} \tag{7-15}$$

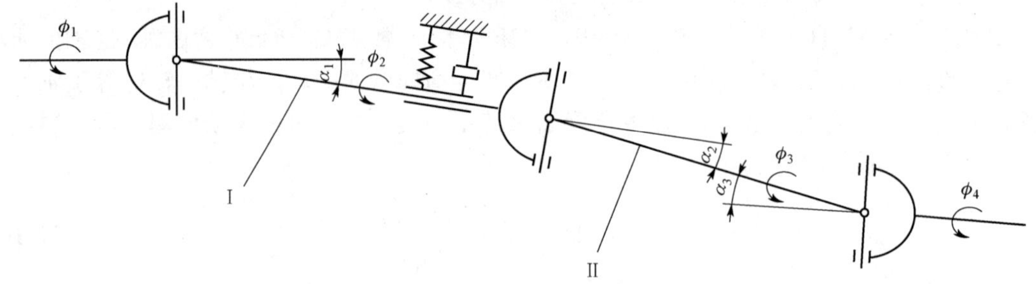

图 7-19　一种三万向节传动示意图

可以看出，按图 7-19 的方式，采用三个万向节传动时，输入轴与输出轴的等速条件为：

$$\cos\alpha_1\cos\alpha_2 = \cos\alpha_3 \tag{7-16}$$

给定 α_1、α_2、α_3 中的任意两个，利用式(7-16)可以求出第三个。许多机器为了设计方便，通常取 $\alpha_2 = 0$、$\alpha_1 = \alpha_3$。按上述的 α_1、α_2、α_3 的关系配置万向节传动时，万向节叉之间的相互关系必须与图 7-19 相同，也就是：传动轴Ⅰ两端的万向节叉相互垂直，传动轴Ⅱ两端的万向节叉在同一平面。

在采用多根传动轴传动时，中间万向节附近需要布置中间支承。中间支承通常安装在机架上，由于发动机一般是通过减振器安装在机架上的，工作时发动机会有振动位移，机架会产生弹性变形，所以被支承的传动轴的轴线相对于安装面是变化的，中间支承应该能适应这种变化。

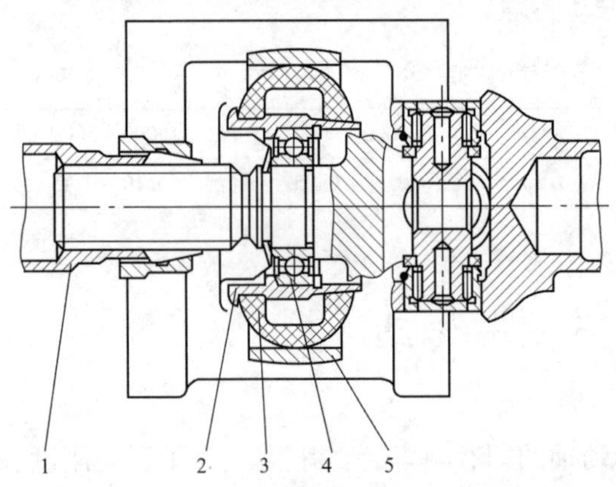

图 7-20　橡胶弹性传动轴中间支承

1-传动轴；2-轴承套；3-橡胶套；4-轴承；5-钢套

图 7-20 是一种目前广泛使用的中间支承的结构。一个深沟球轴承 4 通过轴承套 2 安装在橡胶套 3 上，橡胶套 3 安装在钢套 5 中间，钢套 5 固定在机架上，组成中间支承。一段传动轴直接安装在深沟球轴承中间，橡胶套 3 能吸收传动轴Ⅰ的振动。由于发动机也会前后振动，这种支承不能承受轴向力，只能承受传动轴因不平衡所产生的径向力，发动机的前后振动由传动轴的伸缩来适应。

图 7-21 为一种摆臂式传动轴中间支承，当发动机振动使传动轴在轴向窜动时，摆臂随着摆动；橡胶衬套可以适应传动轴在径向平面内的位置变化。

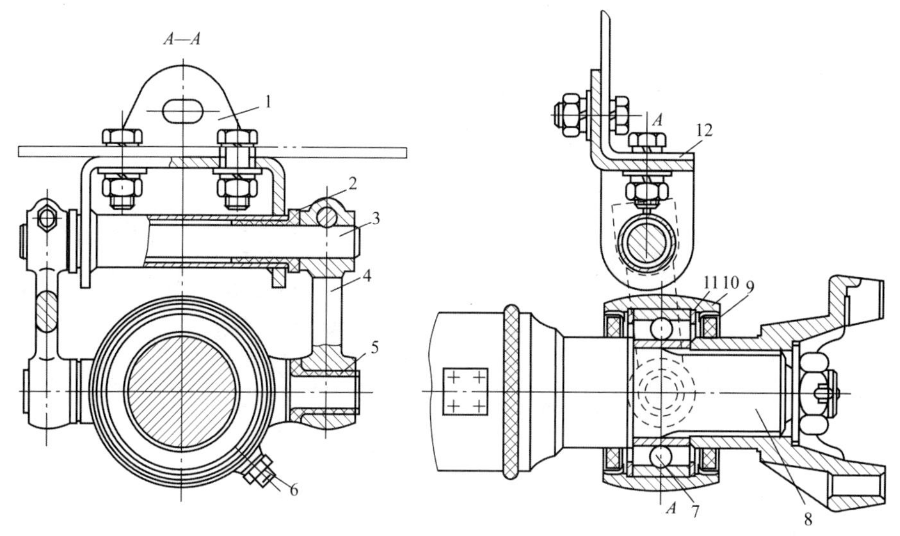

图 7-21　摆臂式传动轴中间支承

1-支架；2-橡胶轴套；3-支承轴；4-摆臂；5-橡胶轴套；6-黄油嘴；7-轴承；8-传动轴；9-油封；10-支承座；11-卡环；12-车架横梁

【练习题】

1. 在传动系中，经常在哪些情况下采用万向节传动？

2. 为什么需要等速万向节？请叙述其构造和工作原理。

3. 万向节传动由哪几部分组成？它分为几种类型？

4. 双十字轴万向节在一个平面内传动时的等速条件是什么？

5. 试分析双联式万向节、球叉式万向节和三销式万向节为何能实现等角速传动？它们的特点和使用条件是什么？

6. 何谓传动轴的临界转速？为提高临界转速，在制造方面有哪些措施？

第八章

轮胎式工程机械驱动桥

【学习目标与要求】

了解主传动的形式和设计要点,理解差速器的作用,掌握差速器、差速锁和限滑差速器的工作原理及差速器的设计要点,理解多桥驱动功率循环产生的原因和消除功率循环的方法,掌握半轴、桥壳、最终传动的结构和设计要求。

第一节 概 述

驱动桥是变速器或传动轴之后,驱动轮或驱动链轮之前所有的传动机件与壳体的总称。驱动桥的功用是将来自变速器的发动机动力经降速增矩并改变转动方向后,分配给左、右驱动轮,并且允许左、右驱动轮以不同转速旋转,以便于在行驶过程中转向。

轮胎式工程机械的驱动桥,按其桥壳的形式可划分为整体式驱动桥和转向式驱动桥两类;按照车轮处的结构可以分为有轮边减速器和无轮边减速器两类。

图 8-1 为东风 EQ240 型 2.5t 汽车的整体式驱动桥,由图中可见,驱动桥由齿轮 8 和 17、差速器、半轴 46、驱动桥壳 27 等组成。大型机械的发动机多为纵向布置,主传动用来改变转矩的方向,以便于驱动横向布置的驱动轮;同时,也起到降低转速和增加转矩的作用。差速器的作用是保证在机械转向时能自动地改变两边车轮的转速。半轴把转矩从差速器传到驱动轮。驱动桥壳支承机械的部分重量,承受驱动轮上的各种力及力矩,并起到保护主减速器、差速器和半轴的作用。

图 8-2 为 ZL40B 装载机的整体式驱动桥,由图中可见,该驱动桥除主传动器 1、差速器、半轴 5、驱动桥壳 8 以外,还有行星式轮边减速器。轮边减速器进一步起到减速和增矩的作用,有了它可以减少传动系其他构件的负荷。

图 8-3 为 WYL-60 型液压挖掘机的转向驱动桥,与非转向驱动桥相比,其桥壳上增加了转向主销 4,在半轴上主销的中心处,布置了等角速万向节 5。

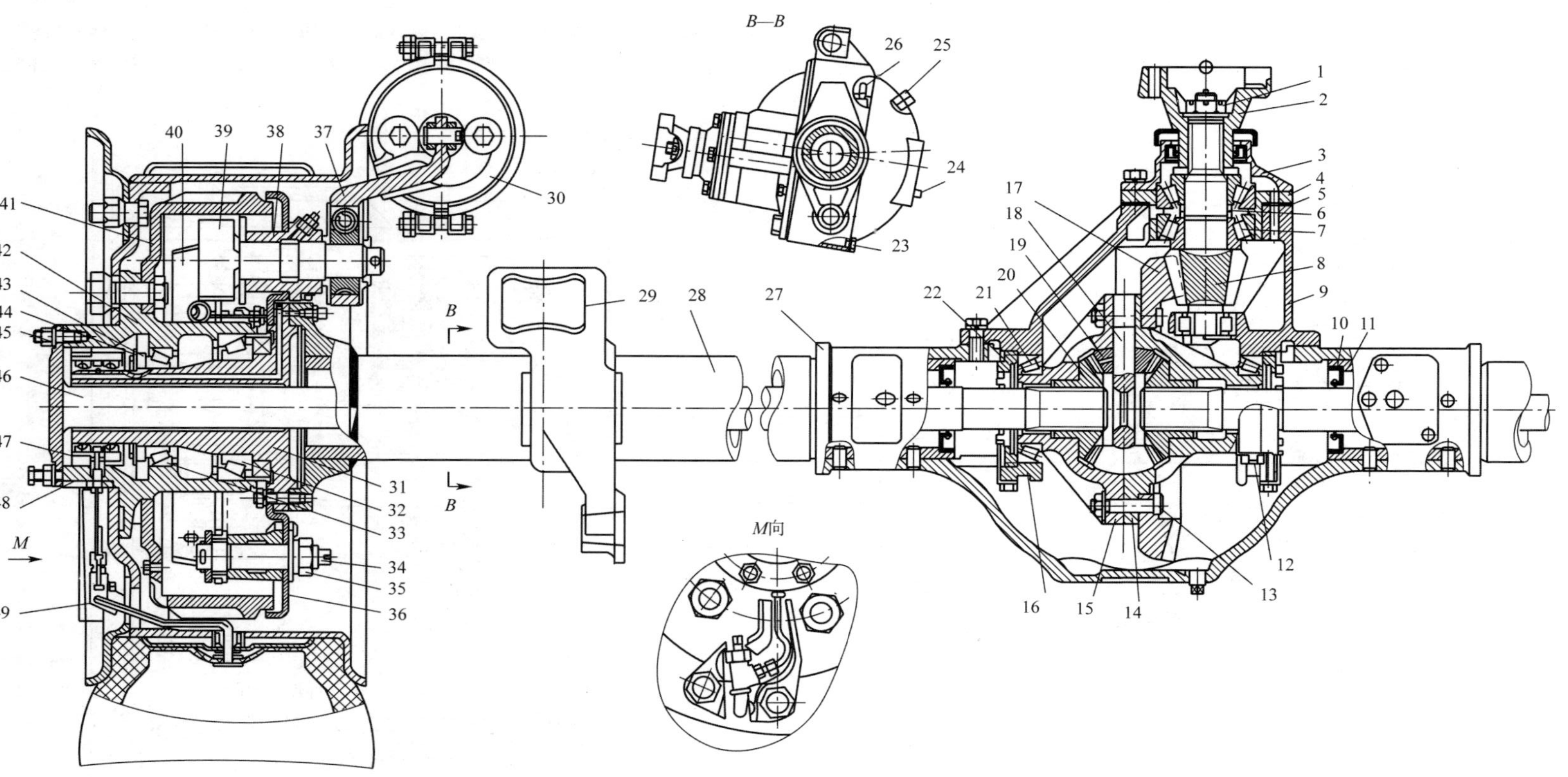

图 8-1 东风 EQ240 型 2.5t 汽车整体式驱动桥

1-槽形螺母；2-叉形凸缘；3-油封座；4-轴承座；5-调整垫片；6-调整垫圈；7、21、32、33-轴承；8-双曲面主动齿轮；9-主减速器壳；10-半轴油封；11-导向套；12-轴承盖螺栓；13-铰制孔螺栓；14-差速器右壳；15-差速器左壳；16-差速器轴承盖；17-双曲面从动齿轮；18-十字轴；19-行星齿轮；20-半轴齿轮；22-调整螺母；23-放油塞；24-油面检查孔塞；25-加油孔塞，26-通气孔塞；27-桥壳；28-半轴套管；29-板簧端座；30-制动室；31-轮毂轴管；34-制动蹄摩擦片轴；35-螺母；36-制动底板；37-调整臂；38-凸轮支架；39-制动凸轮；40-制动蹄摩擦片；41-制动鼓；42-轮毂；43-内螺母；44-锁紧垫圈；45-外螺母；46-半轴；47-轮毂导气套；48-通气接头；49-轮胎导气阀

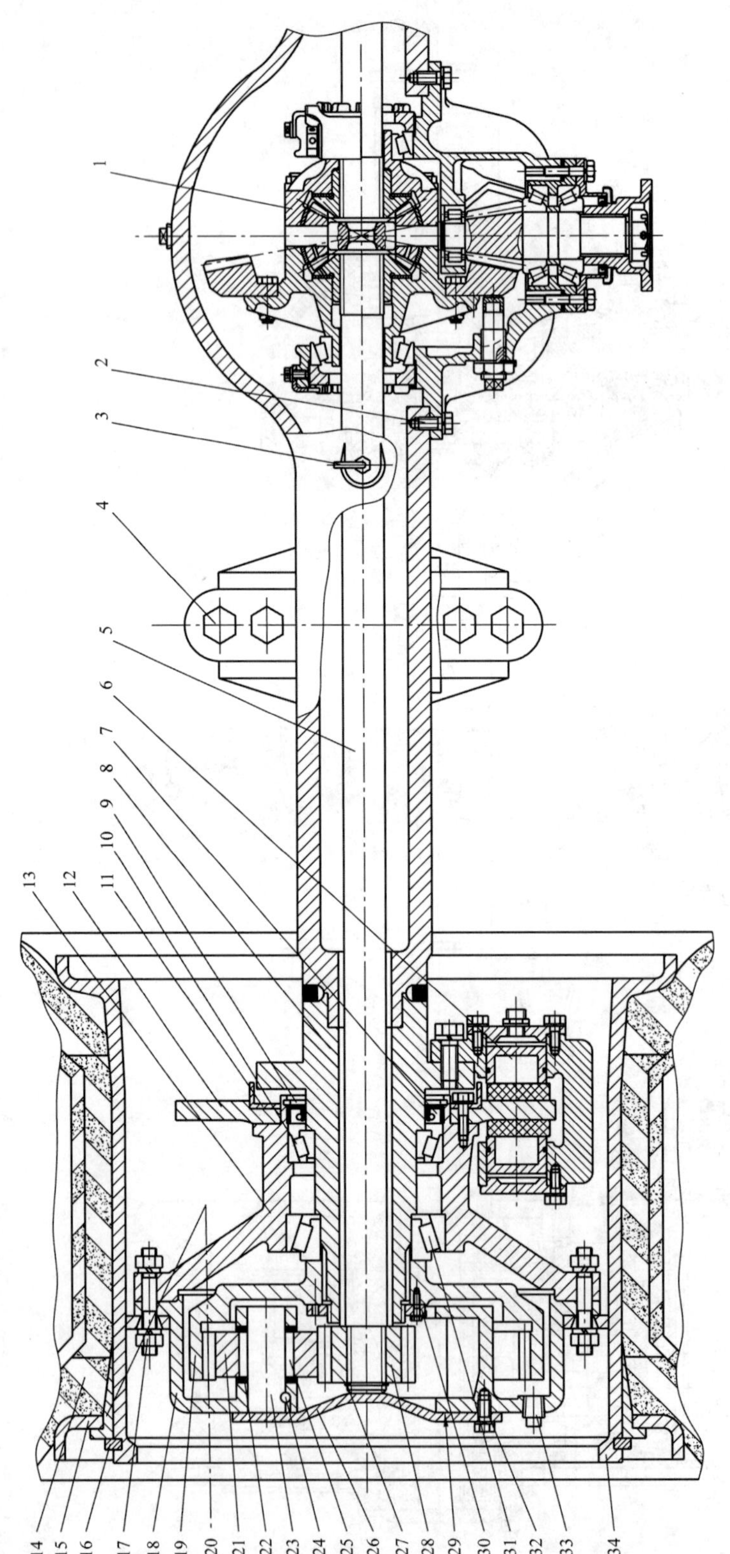

图 8-2　ZL40B 型装载机整体式驱动桥

1-主传动器;2-螺栓;3-透气管;4-螺栓;5-半轴;6-钳盘式制动器;7-油封;8-驱动桥壳;9-卡环;10-轴承;11-防尘罩;12-制动盘;13-轮毂;14-轮胎;15-轮辋轮缘;16-锁环;17-轮辋螺栓;18-行星轮架;19-内齿圈;20-挡圈;21-行星轮;22-垫片;23-行星齿轮轴;24-钢球;25-滚针轴承;26-盖;27-挡圈;28-太阳轮;29-密封垫;30-圆螺母;31-轴承;32-螺栓;33-螺塞;34-轮辋

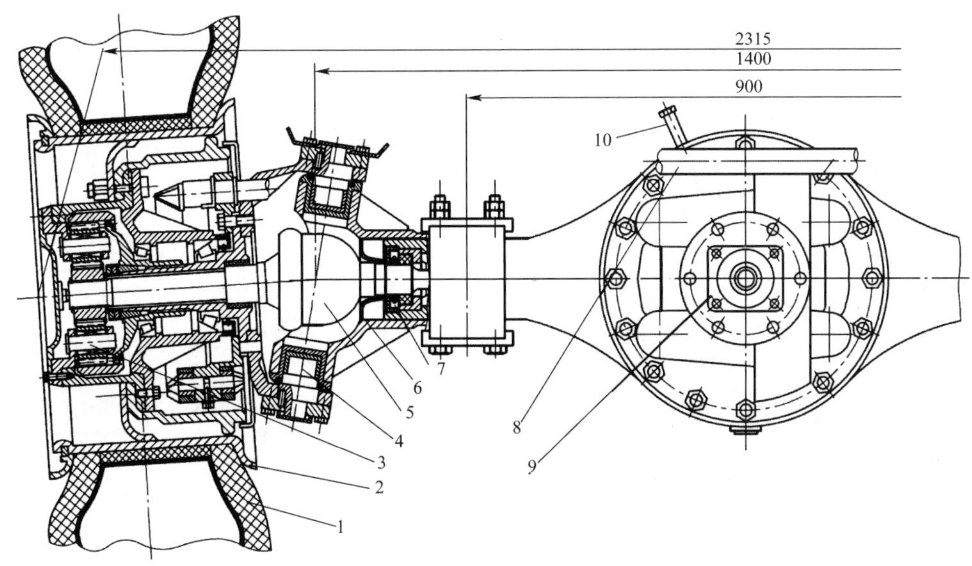

图 8-3　WYL-60C 型液压挖掘机的转向驱动桥

1-轮胎;2-轮辋;3-轮边减速器;4-转向主销;5-球笼式等速万向节;6-挡尘圈;7-橡胶密封圈;8-转向横拉杆;9-主传动输入接盘;10-加油口

第二节　主传动器设计

主传动器又叫中央传动器,大多数行走式机械的发动机曲轴的轴线与车轮的轴线是垂直的,而且传动系需要较大的减速比,因而需要一对大传动比锥齿轮传动。履带式机械的中央传动一般只有一对弧齿锥齿轮;轮式机械的中央传动往往与差速器做成一体。

一、锥齿轮传动简述

主传动和差速器中广泛地使用了锥齿轮,由于锥齿轮种类较多,设计计算比较复杂,本书限于篇幅不便叙述,但不同形式锥齿轮的布置有较大区别,这对总体方案设计影响较大,所以,这里仅对锥齿轮的特点做简要介绍,读者在实际设计时请参阅其他书籍。常见几种锥齿轮的主要特点,见表 8-1。

常见几种锥齿轮的特点　　表 8-1

种类	直齿	弧齿	双曲面齿
形式			

续上表

种类	直齿	弧齿	双曲面齿
承载能力	小	大	最大
传动平稳性	差	好	最好
小齿轮齿数	一般大于14	一般大于6	可以为1
两轴关系	交于一点	交于一点	空间交叉
传动时沿齿长滑动	无	无	有
传动效率	高	高	较高
润　滑	同普通齿轮	同普通齿轮	特殊齿轮油
工艺性	简　单	复　杂	复　杂
设计计算	简　单	复　杂	更复杂
轴向力	总是在将两齿轮推开的方向	随着转动方向和轮齿旋向的改变,可以将两齿轮推开,也可以拉近	随着转动方向和轮齿旋向的改变,可以将两齿轮推开,也可以拉近

实际设计中,由于弧齿锥齿轮、双曲面齿锥齿轮具有承载能力强,传动平稳,容易实现大传动比的优点,广泛应用在汽车、拖拉机和工程机械的主传动上;差速器齿轮由于相对运动少,而且同时啮合的齿轮数量较多,通常采用直齿锥齿轮。

二、主传动的形式

主传动起着降低转速、增加转矩以及改变传力方向的作用。常见的主传动结构形式如下:

1. 单级减速主传动器

图8-4所示的ZL50装载机的主传动器是单级主减速器,其主要特征是从输入到差速器壳只有一级齿轮传动。这种形式结构简单、重量较轻、尺寸小、成本低;但由于仅一级减速,传动比不能过大,一般不超过7.6。特别是轮胎直径较小的时候,为了保证离地间隙,能实现的传动比往往会更小。单级减速主传动器大量用于中、小型工程机械和汽车中。

2. 双级减速主传动器

图8-5、图8-6为双级减速主传动器的结构,它们的主减速器都有两级齿轮传动,第一级为圆锥齿轮传动,第二级为圆柱齿轮传动。与单级减速主传动器相比,双级减速主传动器构造复杂,尺寸(尤其纵向尺寸)大、质量大,也相应增大了传动轴的夹角,但可得较大的传动比,一般为7~9,最大可达12,也容易保证离地间隙。

有的机械将前置的第一级圆锥齿轮改为上置,如上海SH-361型汽车、PY-160B型平地(图8-5)等。它适用于机架较高、车轮较大的工程机械。这样的布置也可以减小传动轴之间的夹角。

3. 贯通式主传动器

多桥驱动的车辆,为了将动力传到后桥,常用其中桥的输入轴直接将动力传到后桥。这样,中桥的主传动器便成为贯通式主传动器。图8-7为贯通式主传动器。

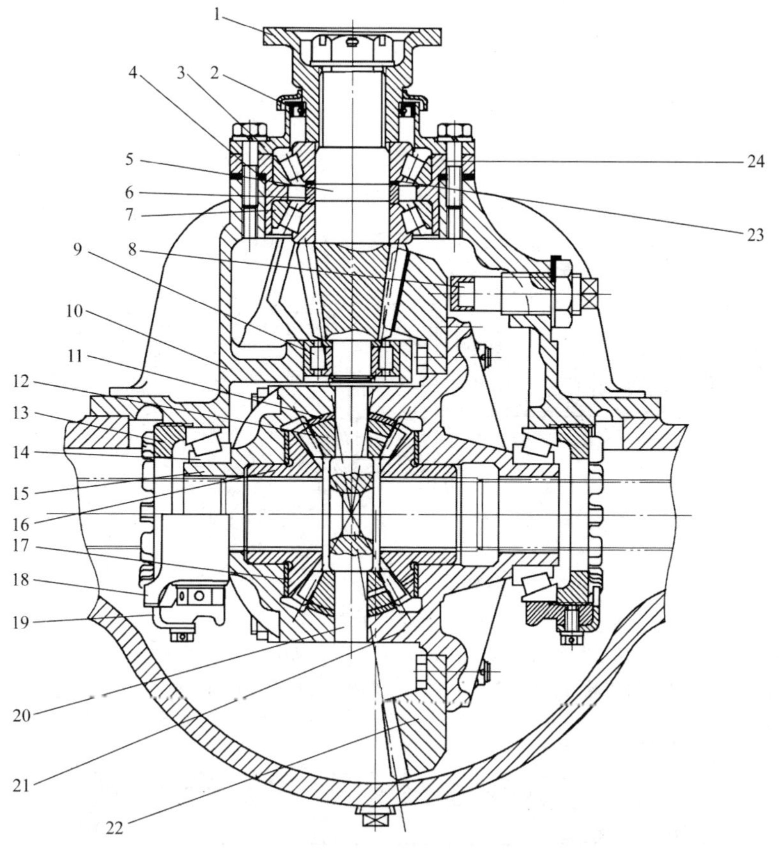

图 8-4　ZL50 装载机主传动器

1-联轴器;2-油封;3-轴承盖;4、23-调整垫片;5-锥齿轮轴;6-轴套;7-圆锥滚子轴承;8-推力螺栓;9-圆柱滚子轴承;10-主传动器壳;11-球面垫片;12-行星齿轮;13-调整螺母;14-圆锥滚子轴承;15-差速器左壳;16-半轴齿轮;17-推力垫片;18-轴承盖;19-锁片;20-十字轴;21-差速器右壳;22-从动锥齿轮;24-轴承座

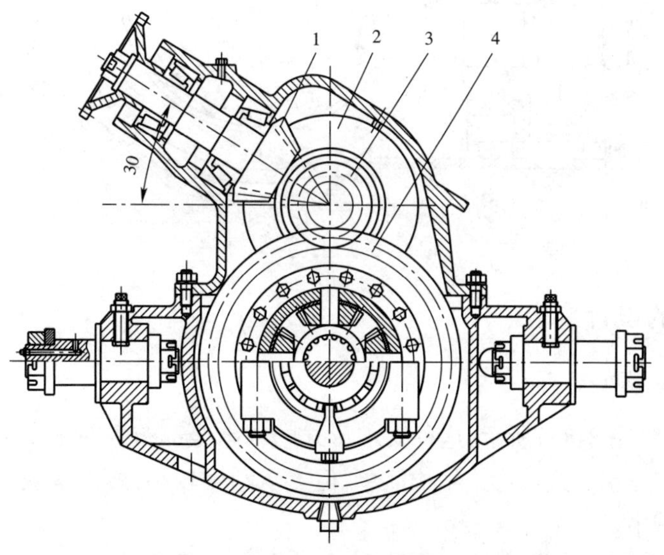

图 8-5　PY-160B 平地机的主传动器

1-第一级主动锥齿轮;2-第一级从动锥齿轮;3-第二级主动圆柱齿轮;4-第二级从动圆柱齿轮

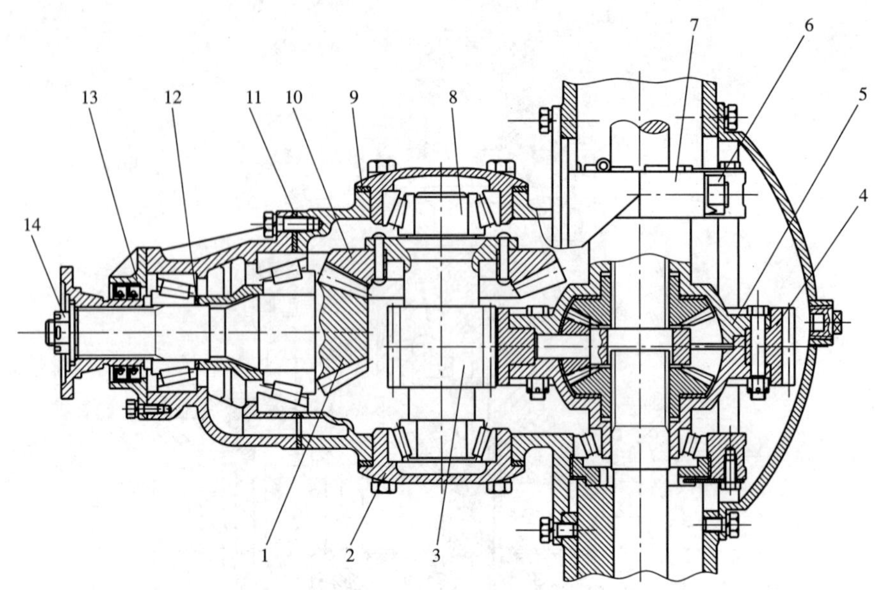

图 8-6　解放汽车的主传动器

1-第一级主动锥齿轮；2-轴承盖；3-第二级主动圆柱齿轮；4-第二级从动圆柱齿轮；5-差速器壳；6-螺母；7-轴承盖；8-中间轴；9-调整垫片；10-第一级从动锥齿轮；11、12-调整垫片；13-轴承盖；14-预紧螺母

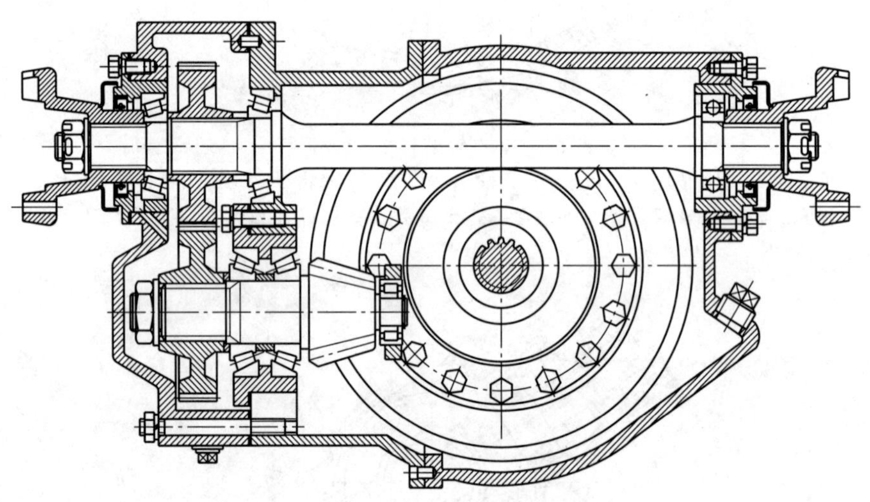

图 8-7　贯通式主传动器

三、主传动的设计要点

1. 主动锥齿轮的支承形式

(1)悬臂式。如图 8-8a)所示，这种支承形式的轴承全部布置在主动小锥齿轮大端一侧，齿轮小端一侧没有支承。这种形式结构简单，但支承刚度较小，所以承载能力较跨置式小，一般用于中小型机械中。

(2)跨置式(骑马式)。如图 8-8b)所示，主动小锥齿轮两端都设置轴承支承。这种支承形式刚度大、轴承受力小、齿轮啮合条件好、轴向尺寸小，目前广泛使用于大中型工程机械及车辆中。但由于空间和结构的限制,齿轮小端的支承设计制造都比较困难。

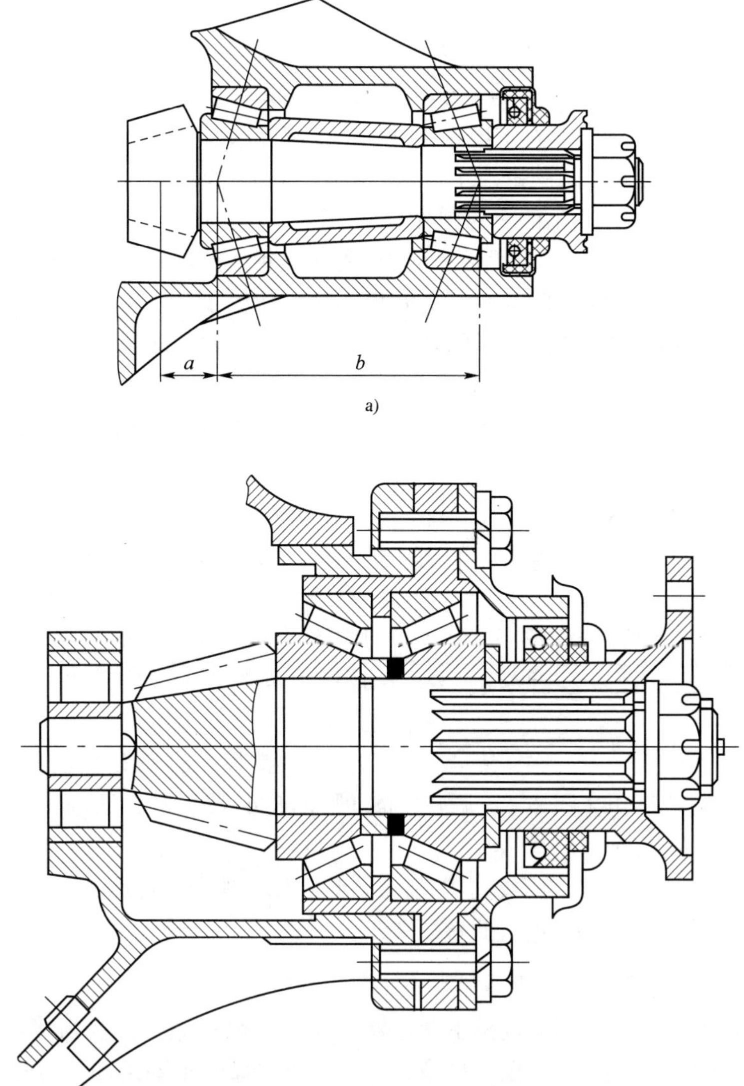

图 8-8　主动锥齿轮的支承

a)悬臂式;b)跨置式

2. 锥齿轮的设计要点

由于中央传动的传动比及负荷都比较大,而且传动要求平稳,大多采用弧齿锥齿轮或准双曲面齿锥齿轮。对于单级传动,小齿轮齿数一般大于 5 个;对于双级传动,小齿轮的齿数可以多一些,一般大于 9 个。设计弧齿锥齿轮的螺旋方向时,应该保证在大多时间(通常为机器前进时)锥齿轮啮合的轴向力处于将两齿轮推开的状态。

齿轮材料通常采用 20CrMnTi、22CrMnMo、20CrNiMo、20MnVB 等渗碳淬火,齿面硬度为 58 ~

64HRC,心部硬度为29~45HRC。

3. 轴承定位

支承主减速器齿轮的圆锥滚子轴承需预紧,以消除安装的原始间隙和磨合期间该间隙的增大量从而增强支承刚度。预紧力的大小与安装形式、载荷大小、轴承刚度特性及使用转速有关。以图8-8a)所示的一对支承着主减速器主动锥齿轮的圆锥滚子轴承为例,当拧紧调整螺母给轴承副以预紧力后,轴承的圆锥滚子及内、外圈的工作表面之间将产生压力。在压力作用下两轴承实际上好像图8-9所示的一对弹簧一样,将产生弹性变形。设弹簧Ⅰ、Ⅱ的刚度等于前、后轴承的刚度且等于c。当轴承无预紧时,作用在齿轮上的轴向力F_a,仅作用于后轴承上,也就是弹簧Ⅰ,使之产生弹性变形$\delta = F_a/c$,δ实际也是齿轮的轴向位移量。当有预紧时,设两弹簧的预紧变形均为δ_0,则在施加同样的轴向力F_a时,齿轮的轴向位移δ可由下式求得:

$$F_a - c(\delta_0 + \delta) + c(\delta_0 - \delta) = 0$$

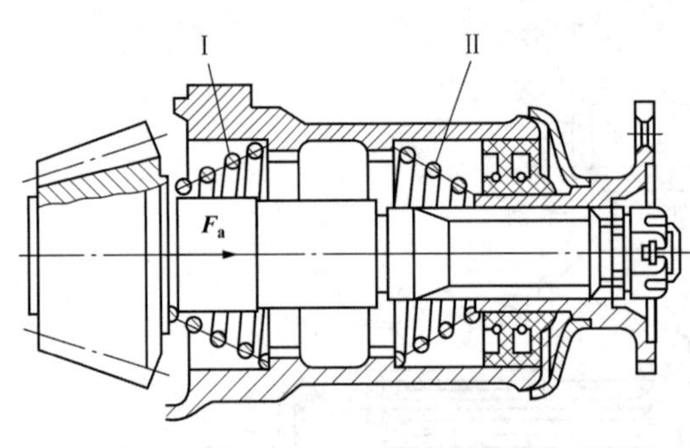

图8-9　圆锥滚子轴承的预紧

由此求得:$\delta = F_a/2c$,也就是轴承的支承刚度提高了一倍。

支承刚度增强,从而改善了齿轮的啮合和轴承的工作条件。但当预紧力过大时,轴承寿命将急剧下降。研究表明,当预紧力F_0达到轴向力F_a的40%时,轴承寿命不会低于无预紧时的寿命。但继续增大预紧时,则轴承寿命将急剧下降。

主动锥齿轮轴承预紧度的调整,可通过精选两轴承内圈间的套筒长度(图8-8)、调整垫圈12(图8-6)厚度的方法进行,也可以将垫圈加在齿轮处的轴肩与轴承之间。

主减速器从动锥齿轮轴承的预紧是用轴承外侧的调整螺母13(图8-4),或主减速器壳与轴承盖间的调整垫片9(图8-6)进行调整。

4. 锥齿轮啮合间隙和啮合印痕的调整

在调整轴承预紧度之后,还应进行主减速器齿轮的啮合调整。因齿面接触区和齿侧间隙的正确调整是保证齿轮正确啮合、运转平稳和延长齿轮寿命的重要条件。为此,在锥齿轮支承结构上应保证能对主、从动锥齿轮进行轴向调整。可采用改变主减速器壳与轴承座之间的调整垫片4的厚度(图8-4)或增减主动锥齿轮与其后轴承间的调整垫片等方法对主动锥齿轮做轴向调整。采用将从动锥齿轮轴承外左、右两调整螺母13(图8-4)分别拧进和拧出相同角度或主减速器壳一侧的部分调整垫片9移至另一侧(图8-6)等方法对从动锥齿轮做轴向调整。在无负荷时,主减速器锥齿轮的齿面接触区应位于齿高的中部略偏小端。齿轮副大端处的齿侧间隙应按齿轮设计要求进行调整。

5. 从动锥齿轮的推力螺栓

当从动锥齿轮的尺寸较大时,在大负荷下会产生较大的变形,使齿轮的啮合状况变差。常在齿轮背面设计推力装置。如图8-4所示,推力装置由推力螺栓8、锁紧螺母和装在螺栓头部的推力块组成。推力块通常为青铜制造,装配时它到从动锥齿轮的间隙为0.3mm左右。

第三节　差速器设计

由于以下原因,轮胎式工程机械行驶时两侧车轮转速可能不相等。

(1)转向时,外侧车轮走过的路程要比内侧车轮走过的距离长。

(2)当在高低不平的地面上行驶时,左右车轮走过的路面长度不总是相等的。

(3)当左右驱动轮轮胎气压不等、胎面磨损程度不同或左右负载不均时,两侧轮胎的滚动半径不是绝对相等的。

如果这时用一根轴将两侧车轮刚性地连接起来,使左右两侧驱动轮的转速相同,则行驶时机器轮胎会产生滑摩,使轮胎磨损加快,能量消耗增大,转向困难。所以,轮胎式机械左右两侧的驱动轮不能刚性连接,需要一个构件在出现上述情况时自动地使两边轮胎速度不等,而且能保证机器的驱动正常。这个构件就是差速器。

一、锥齿轮差速器的工作原理

图 8-10 为锥齿轮差速器工作状态图。差速器的主要构件为两个半轴齿轮 5、行星轮 3 和差速器壳 7。两个半轴齿轮的齿数相同。动力由主传动从动齿轮 6 传到差速器壳 7,然后经过行星轮 3 分配到两边的半轴齿轮输出。

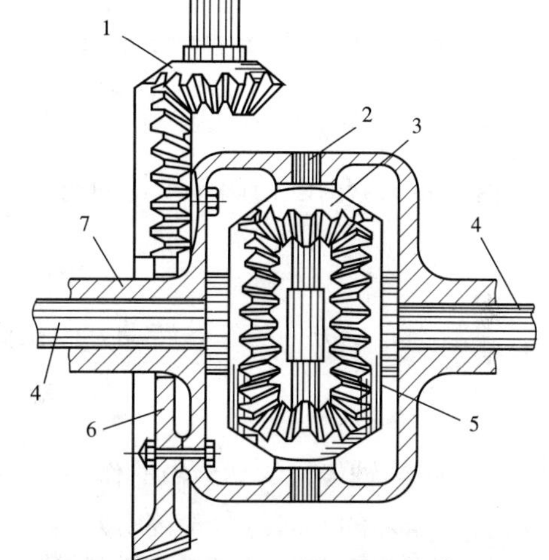

图 8-10　差速器

1-主传动主动齿轮;2-行星轮轴;3-行星轮;4-半轴;5-半轴齿轮;6-主传动从动齿轮;7-差速器壳

1. 差速器的运动学分析

图 8-11 为差速器的工作原理图。在差速器壳上建立动坐标系,差速器壳的角速度 ω 为牵连运动;左驱动轮的绝对角速度 ω_1,其相对于差速器壳的转动角速度 $\omega_1' = \omega_1 - \omega$;右驱动轮的绝对角速度 ω_2,其相对于差速器壳的转动角速度为 $\omega_2' = \omega_2 - \omega$。不难看出,在动坐标系里:

$$\frac{\omega_1'}{\omega_2'} = \frac{\omega_1 - \omega}{\omega_2 - \omega} = -\frac{z_x}{z_1} \cdot \frac{z_2}{z_x} = -\frac{z_2}{z_1}$$

式中:z_x、z_1、z_2——行星轮、左半轴齿轮、右半轴齿轮的齿数。

“-”号表示两边车轮的相对运动方向相反。

由于 $z_1 = z_2$,所以

$$\frac{\omega_1'}{\omega_2'} = -1$$

令 $\omega_1' = \omega_1 - \omega = \Delta\omega$,

则有 $\omega_2' = \omega_2 - \omega = -\Delta\omega$,即

$$\begin{aligned} \omega_1 &= \omega + \Delta\omega \\ \omega_2 &= \omega - \Delta\omega \end{aligned} \tag{8-1}$$

两式相加得

$$\omega = \frac{\omega_1 + \omega_2}{2} \tag{8-2}$$

行星轮相对于差速器壳的运动速度 ω_x 为：

$$\omega_x = \frac{z_1}{z_x} \cdot \Delta\omega \tag{8-3}$$

2. 差速器的动力学分析

实际差速器工作时，由于各构件的相对运动，行星轮和半轴齿轮都要受到摩擦阻力。如图8-12所示，以行星轮为脱离体，设行星轮相对行星架运动的速度为 ω_x，则行星齿轮所受的摩擦阻力矩为 ΔM。由于 ΔM 的存在，使两半轴齿轮对行星轮产生附加作用力 ΔP，其方向如图所示。

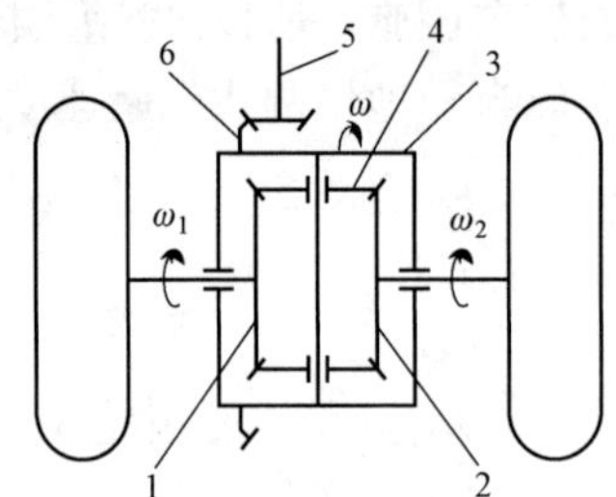

图 8-11　差速器的工作原理图

1-左半轴齿轮；2-右半轴齿轮；3-差速器壳；4-行星轮；5-主传动主动齿轮；6-主传动从动齿轮

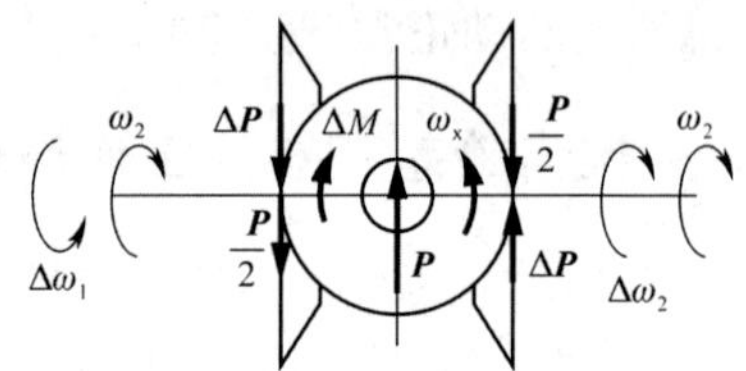

图 8-12　差速器行星轮的受力分析

由于 ω_x 的存在，使两侧车轮的速度分别发生变化 $\Delta\omega_1$、$\Delta\omega_2$，明显：

$$\Delta\omega_1 = \Delta\omega_2 = \frac{z_1}{z_x}\omega_x = \frac{z_2}{z_x}\omega_x \tag{8-4}$$

左侧 $\Delta\omega_1$ 的方向与车轮转动方向相反，速度较慢，左侧车轮的驱动力矩 M_1 为：

$$M_1 = \left(\frac{P}{2} + \Delta P\right)r \tag{8-5}$$

式中：r——半轴齿轮的啮合力的作用半径。

右侧 $\Delta\omega_2$ 的方向与车轮转动方向相同，速度较快，右侧车轮的驱动力矩 M_2 为：

$$M_2 = \left(\frac{P}{2} - \Delta P\right)r \tag{8-6}$$

也就是说，慢侧车轮的驱动力较大，快侧车轮的驱动力较小。

3. 讨论

（1）机器直线行驶时，如果忽略其他情况，$\omega_1 = \omega_2 = \omega$，由式（8-1）得 $\Delta\omega = 0$；由式（8-3）得 $\omega_x = 0$。也就是行星轮、半轴齿轮、差速器壳之间没有相对运动，它们作为一个整体一起转动。

（2）机器转弯时，由于地面的附着作用，两侧车轮在平均转速不变的条件下，内侧车轮速度较慢，同时由于 ΔM 的存在，使内侧车轮驱动力矩较大；外侧车轮速度较快，其驱动力矩较小。

（3）当地面附着条件不同时，如果不计 ΔM，则两车轮的驱动力矩相同。这时，附着条件差的一侧滑转率 δ 较大，转速较快。严重时（如一侧陷入泥坑或者架空），可能出现一侧完全打滑，并以 2ω 的速度转动，而另一侧完全不动的情况。这种情况下，另一侧的驱动力矩完全取决于差速器的内部摩擦力 ΔM。

(4)在 $\omega=0$ 时,$\omega_1=-\omega_2$。也就是说,用传动系的驻车制动紧急制动时,差速器壳的速度迅速降为零,但由于两侧车轮的附着条件不可能完全相同,它们不可能同时停止,这时可能会出现两车轮转向相反,造成车辆甩尾。

二、克服锥齿轮差速器缺点的常见方法

克服锥齿轮差速器当一侧车轮陷入泥泞时另一侧车轮也失效的缺点,目前有许多方法,下面介绍其中比较常见的几种:

1. 差速锁

差速锁的原理是利用离合器将一个半轴齿轮和差速器壳连接在一起。这时 $\omega=\omega_1=\omega_2$,即强制两车轮同步,差速器不工作。这样,即使一侧车轮的驱动能力失效,另一侧车轮仍然可以提供驱动力。

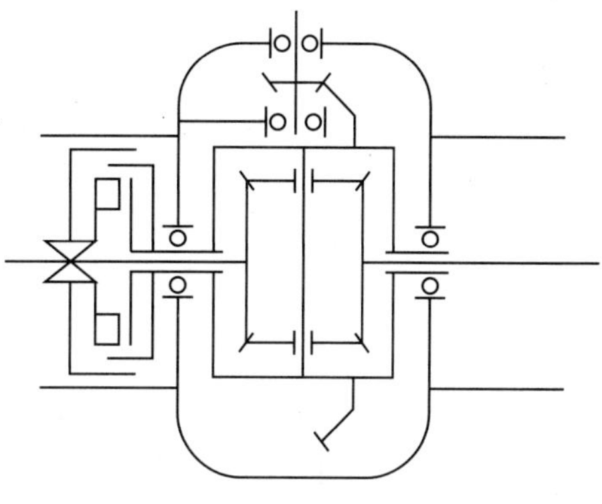

图 8-13 差速锁原理

图 8-13 为轮胎式自行铲运机驱动桥差速锁示意图,其相应的结构如图 8-14 所示。该差速器是采用

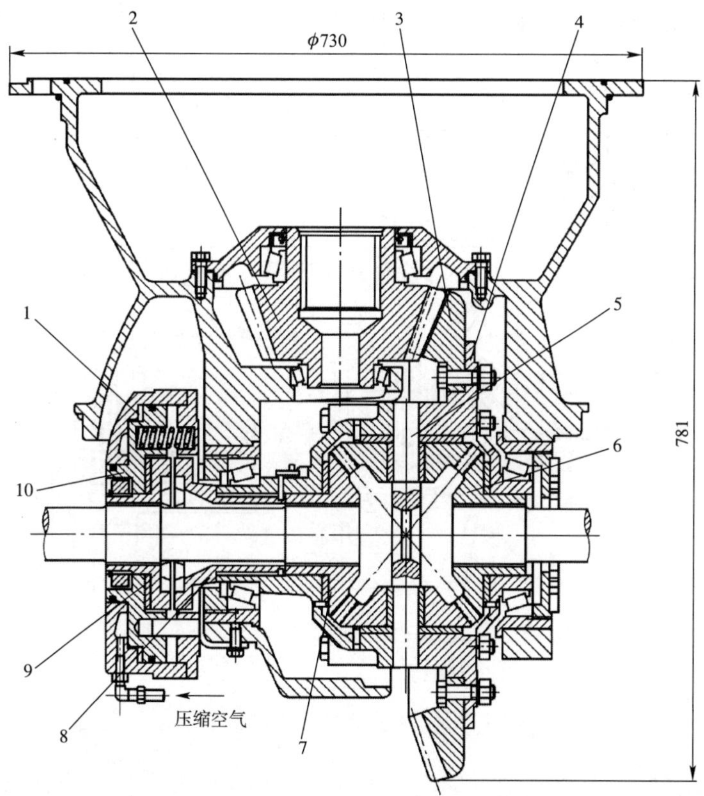

图 8-14 621 型铲运机的差速器与主传动

1-气缸;2-小圆锥齿圈;3-大圆锥齿轮;4-差速器壳;5-十字轴;6-右半轴圆锥齿轮;7-左半轴圆锥齿轮;8-用花键固装在差速器壳上的右接合器;9-用花键滑套在左半轴上的左接合器;10-活塞

带气控差速锁的普通差速器。接合器8、9形成一个牙嵌式离合器，当一侧轮胎打滑时，可向气缸1供入压缩空气，推动活塞10带着左接合器9右移，并与右接合器8接合。左接合器是用花键滑套在左半轴上，右接合器用花键固装在差速器壳上。这样，差速器不起差速作用，起到了防止打滑的作用。越过打滑泥泞路面后，排出气缸1内的压缩空气，弹簧使左接合器9随活塞10左移，与右接合器8分离，差速器恢复差速功能。

这种离合器式差速锁结构简单，制造容易。可以传递全部转矩，但操作时需要停车。有的车辆上的差速锁是摩擦式离合器，不停车就能操作。在行驶到良好地面时，差速锁要及时分离，不宜接合过早或分离过晚，否则会使转向沉重，甚至造成某些构件损坏。

为了便于操作，有的车辆采用摩擦离合器制作差速锁，图8-15是摩擦离合器作为差速锁的一个例子。

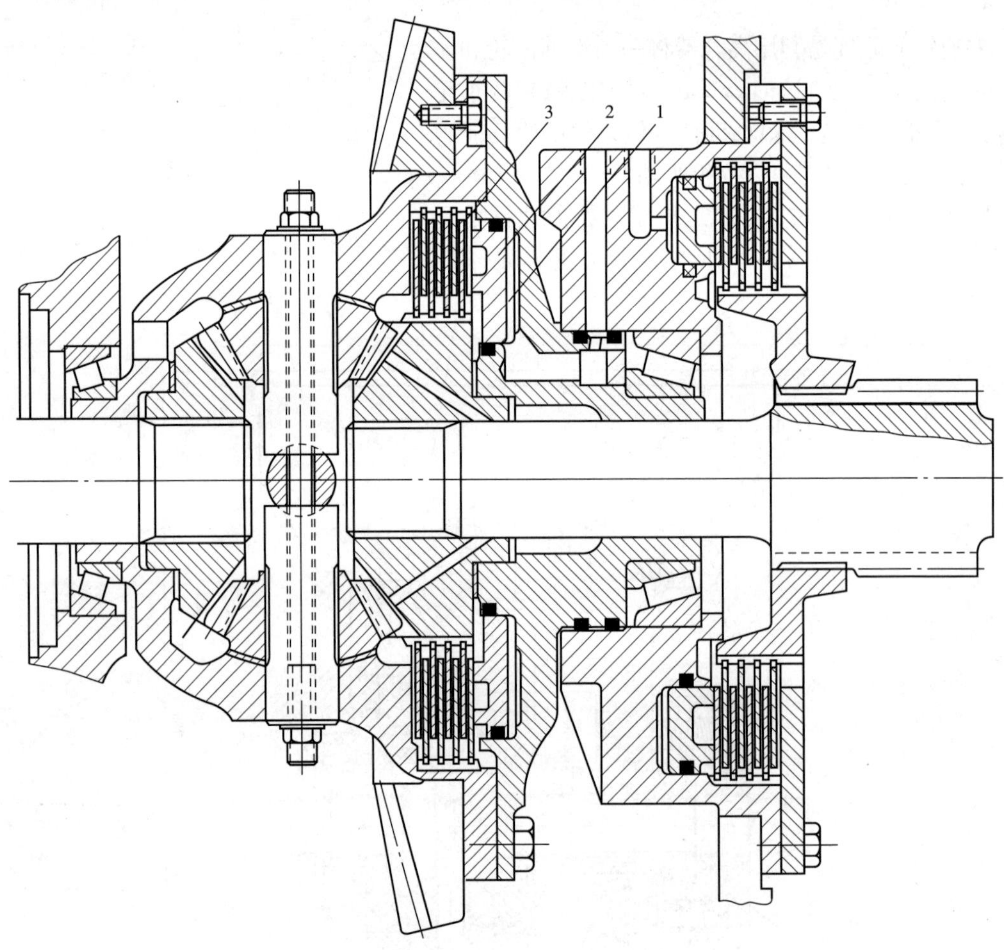

图8-15　采用摩擦离合器的差速锁

1-油缸压紧腔；2-活塞；3-摩擦片

2. 限滑差速器

限滑差速器是利用差速器内部摩擦阻力增大时，低速车轮驱动力增大的原理，在差速器内部设计摩擦离合器，人为增加差速器的内部阻力，保证一侧车轮无法驱动时另一侧车轮仍有相当的驱动力。

图 8-16 所示为摩擦片式限滑差速器。这种差速器中装行星轮的十字轴由两根垂直轴 5 合成,轴的端部做成斜面,插入差速器壳 1 上相应形状的孔中,孔的斜面方向,一对向左,一对向右。在半轴齿轮和差速器壳之间装有压板 3 和摩擦片 2,两片主动片外齿装入差速器壳体的花键孔内,两片从动片的内齿套在压板 3 的外花键上。由于差速器壳通过斜面传力,使两根行星轮轴向两边分开,从而通过压板 3 压紧摩擦片,也增大了行星齿轮自转要克服的摩擦转矩,从而增大了传给慢侧半轴的转矩。

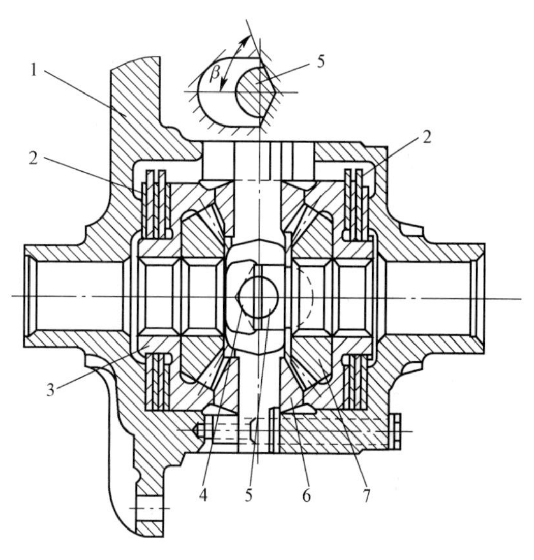

图 8-16　摩擦片式差速器

1-差速器壳;2-摩擦片;3-压板;4-V 形面;5-行星齿轮轴;6-行星齿轮;7-半轴齿轮

这种差速器使用中不需要操作,它可以自动地增加慢速一侧的驱动力。但是,过大的摩擦转矩将影响差速性能,导致轮胎磨损加剧、燃油消耗增多、转向沉重等不良后果。而且这一问题随着离合器摩擦力矩的增加会更加严重,这一点设计时应该注意。它特别适用于在非硬质路面上行驶的越野车辆,例如:轮式挖掘机、起重机、装载机等。

3. 单边制动

对于一些只有驱动轮制动的低速机械,左右两侧的车轮可以采用单独的制动系统,将两个制动踏板布置在同一位置,并用锁止机构将两个脚踏板固定在一起。机械正常行驶时,由于两个脚踏板固定在一起,能实现两侧车轮同时制动。当一侧车轮陷到泥里面后,脱离两个制动踏板之间的锁止机构,用脚踩陷到泥里一侧车轮的制动踏板,该侧的半轴齿轮承受制动力所产生的转矩,另一侧的车轮就会产生与制动转矩相等的驱动力矩。尽管这种方法产生驱动力比较小,但由于它简单、有效,因而广泛地使用在拖拉机等机械上。

三、差速器设计要点

差速器的外壳与主传动的从动锥齿轮安装在一起,因而确定从动锥齿轮尺寸时,要考虑差速器的安装空间。反过来讲,确定差速器外壳尺寸时也受到从动锥齿轮以及主动小锥齿轮前支承的限制。从差速器载荷情况来看,由主传动传来的转矩要通过差速器分配给车轮,所以在差速器行星齿轮上承受的力也比较大。

1. 行星轮的数目

行星齿轮的数目需要根据承载情况确定。重型作业机械均采用四个行星齿轮,大于四个行星齿轮的差速器在装配时有困难。采用四个行星齿轮后,每个行星齿轮牙齿上的力比较小。轻型作业机械可以采用两个行星齿轮。与普通行星传动一样,差速器的行星轮也存在装配关系。装配关系式为:

$$\frac{z_1+z_2}{n}=\text{整数} \tag{8-7}$$

式中：z_1、z_2——左右两侧半轴齿轮的齿数；

n——行星轮的数目。

也就是说，当行星齿轮数为4个时，两半轴齿轮的齿数必须是偶数；当采用两个行星轮时，两半轴齿轮的齿数相同即可装配。

2. 差速器齿轮

差速器齿轮的齿形通常为直齿。由于差速器齿轮实际啮合频率不高，主要进行弯曲强度计算。

差速器齿轮相对其轴的转动速度不大，而且内部有一定的摩擦阻力还可以起到类似限滑差速器的作用，因而行星齿轮、半轴齿轮的支承均没有必要采用滚动轴承。通常，要在行星轮背面安装铜质推力垫片（图8-4中的序号8）。

为了获得较大的模数和较高的弯曲强度，应该使行星轮的齿数尽量少，但不宜少于10齿，半轴齿轮的齿数一般为15～25。通常，采用齿高系数为0.8的变位齿轮。

差速器齿轮的材料及其热处理与主传动器相同。由于差速器齿轮的转速不高、精度较低，目前精锻的差速器齿轮已经得到广泛使用。

四、工程机械用其他差速器简介

前面叙述的差速器都是普通锥齿轮差速器，由于它结构简单、紧凑，在各种车辆上得到了广泛使用。但这种差速器也有强度较低、对路况的适应性较差的缺点，下面介绍几种工程机械上使用的其他形式的差速器。

1. 圆柱齿轮差速器

图8-17为圆柱齿轮差速器的工作原理图。在差速器壳体2内装着第一行星齿轮3和第二行星齿轮7各四个。第一行星齿轮3与右半轴齿轮4相啮合，第二行星齿轮7与左半轴齿轮6相啮合，两种行星齿轮3与7都为长齿轮，它们又在中部互相啮合。这样，在差速器壳不动时，两半轴齿轮的转动也是大小相等、方向相反的。这一点与前面的圆锥齿轮差速器完全相同。不难证明，这种差速器可以产生与圆锥齿轮差速器一样的差速效果。

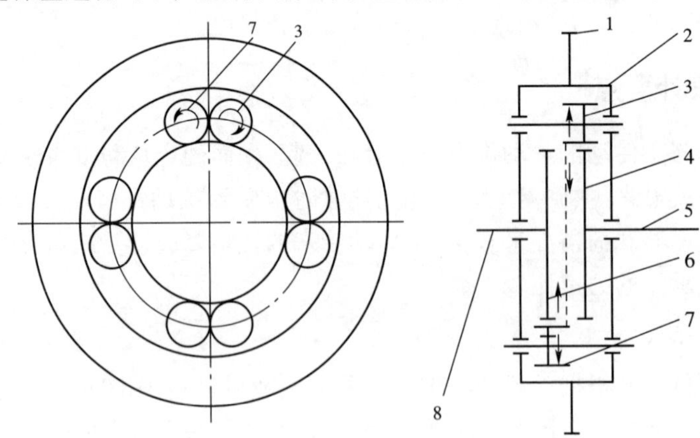

图8-17　圆柱齿轮差速器工作原理

1-中央传动从动大齿轮；2-差速器壳体；3-第一行星齿轮；4-右半轴齿轮；5-右半轴；6-左半轴齿轮；7-第二行星齿轮；8-左半轴

圆柱齿轮差速器的结构比较简单、轴向尺寸小，而且其承载能力较强。它的主要缺点是径向尺寸大，用于轮式机械驱动桥时离地间隙难以保证。一般用于轴向空间小，但高度方向空间足够的地方。图 8-18 为洛阳产三轮二轴静作用压路机差速器的结构。

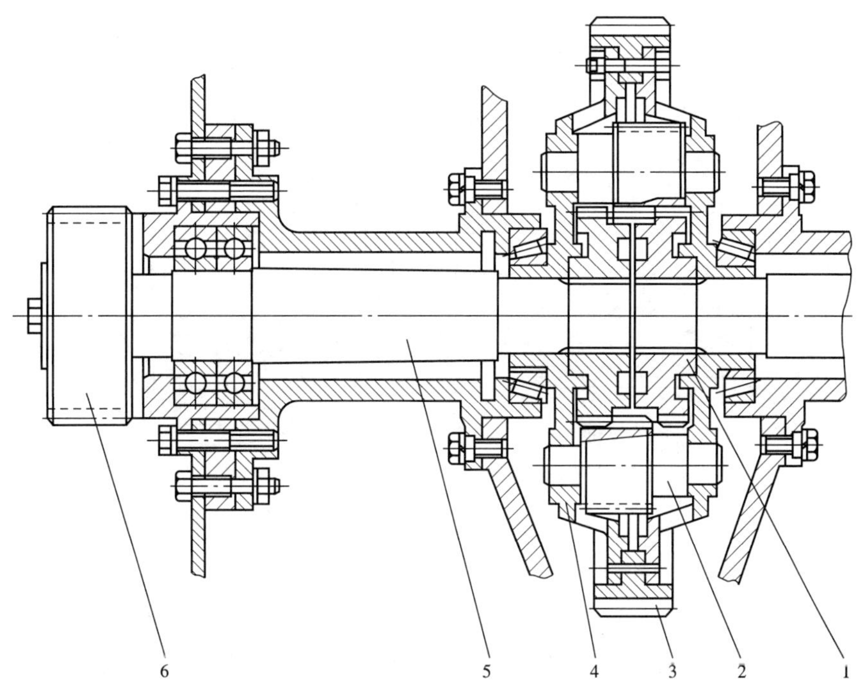

图 8-18　压路机圆柱齿轮差速器

1-差速齿轮;2-行星齿轮;3-主传动齿圈;4-差速器壳体;5-左半轴;6-小齿轮

2. 蜗轮差速器

蜗轮式高摩擦差速器主要用于在各种道路条件下和无路地区行驶的重载自行式机械。由于蜗轮传动阻力较大,并且设计时可以通过调整其螺旋角进行调整,因此在附着系数变化剧烈的复杂道路条件下,能得到较好地防止车轮滑转的效果。如图 8-19 所示,4 个行星蜗轮 3 分别与其左、右两侧的 4 个蜗杆啮合,而后者又分别与左、右侧的半轴蜗轮 1、5 啮合,构成具有 16 对啮合副的行星轮系统。

如果把蜗轮式差速器的两半轴蜗轮看作普通差速器的两半轴齿轮,则它们与普通差速器的运动关系是相同的,只是内摩擦阻力较普通差速器大。当机械在平坦的硬路面上直行时,转矩通过差速器壳、行星蜗轮、蜗杆、半轴蜗轮传到左右半轴上,它们像一个整体一样在一起转动而不起差速作用。当车辆转弯或左、右驱动车轮需有转速差时,差速器起差速作用。这时,它必须克服各蜗轮副中的摩擦阻力所造成的较大内摩擦力矩,使较慢一侧车轮的驱动力增大。

在设计时,可用选择蜗杆螺旋角的方法,来得到所需要的差速器内摩擦数值,以获得所要求的转矩在两个半轴间的不等分配。但蜗杆的螺旋角不宜太小,以便保证蜗轮传动的可逆性。蜗轮式差速器在使用中可以自动、及时地锁紧,而且工作过程十分平滑,无脉动和冲击,其结构也很紧凑。此外,其差速性能实际上与它零件的磨损无关,这也是它的一个优点。其缺点是结构复杂,对制造精度及材料要求高。由于内摩擦阻力大,在机械行驶过程中车轮的转矩分配变化较大,故作用在半轴上的载荷有时很大,需要增强其结构强度。由于同一原因,机械转向操纵的灵活性也稍有降低。卡特 966C 装载机上使用的是这种差速器。

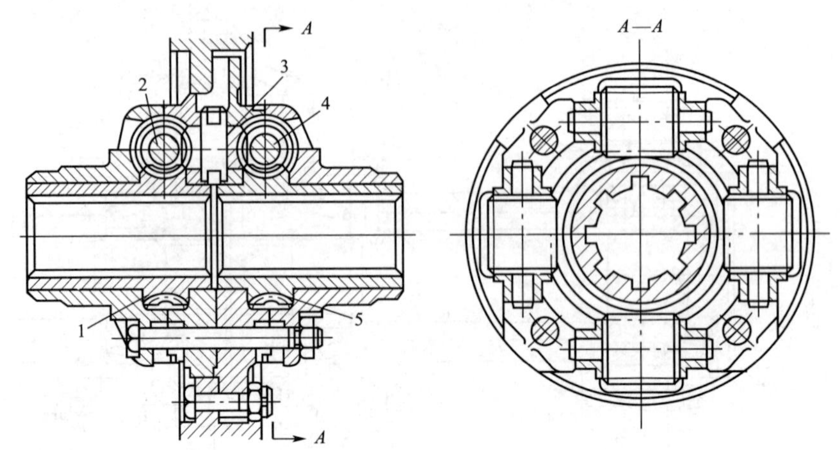

图 8-19　蜗轮式差速器

1-左半轴蜗轮;2-左侧蜗杆;3-行星蜗轮;4-右侧蜗杆;5-右半轴蜗轮

可采用优质低碳铬镍合金钢(12Cr2Ni4A)制造蜗杆、蜗轮、蜗杆轴及行星蜗轮轴,并经渗碳淬火,渗碳层深 0.8 ~ 1.2mm,表面硬度为 58 ~ 62HRC,心部硬度为 30 ~ 42HRC。

3. 变传动比差速器

图 8-20 为小松 WA380-3 轮式装载机差速器原理图。从外表来看,变传动比差速器与普通圆锥齿轮差速器相类似,只是它有较少的齿数和特殊的齿形。

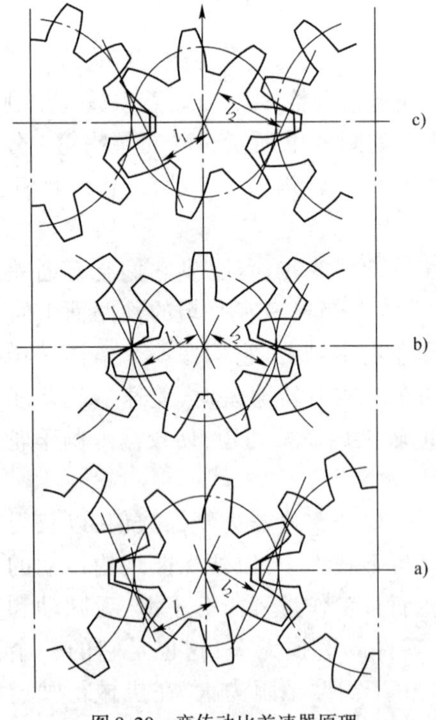

图 8-20　变传动比差速器原理

普通圆锥行星齿轮差速器的行星齿轮对左右半轴齿轮的作用力臂的大小是始终相等($l_1 = l_2$)的,而变传动比差速器的行星齿轮对左右半轴齿轮的作用力臂的大小,是随着其转角位置的不同而变化,如图 8-20 所示。

当机械直线行驶时,如果左右驱动车轮与地面的附着情况相同、转速也相等时,行星齿轮将自动地位于图 8-20b)所示位置,这时($l_1 = l_2$)左右驱动车轮得到相等的驱动力矩;当某侧驱动车轮与地面的附着情况变差时,则行星齿轮将自动地位于图 8-20a)所示($l_1 > l_2$)或图 8-20c)所示($l_1 < l_2$)的位置,将更大的转矩传给另一侧与地面附着较好的车轮上。但当一个驱动车轮与地面完全失去附着而滑转时,则这种差速器与普通圆锥齿轮差速器的作用没有什么区别。在机器转弯时,行星齿轮不断地自转,行星齿轮对左右半轴齿轮的作用力臂将做周期性变化,这时传给左右半轴的转矩也随着做周期性变化。

这种差速器所能实现两边力矩的最大比值为 1∶1.5,与前面几种有自锁能力的差速器比较,其不等矩能力是最小的,但从理论上讲,没有增加差速器的内摩擦损失,机器的有效功率得到了保证。

第四节　多桥驱动的功率循环

采用多桥驱动,是提高轮式工程机械牵引附着性能的最有效方法之一。现以最常见的四轮前后桥驱动的轮式机械为例,分析其牵引特点。

一、功率循环

在图 8-21 所示的装载机中,发动机的功率经变速器分别传给前、后驱动轮。传动系是按直线行驶时前轮的理论速度 $v_{T1}=r_{d1}\omega_{K1}$ 等于后轮的理论速度 $v_{T2}=r_{d2}\omega_{K2}$ 设计的。式中的 r_d 和 ω_K 分别为车轮的动力半径和角速度。在实际工作中,由于轮胎充气压力的差别,各轮胎的磨损不均匀,作用在前、后车轮上的垂直载荷不同,各车轮的动力半径与设计时的预定值不同等原因,使直行时的 $v_{T1}\neq v_{T2}$,当机械在平坦的地面上直线行驶时,由于前后车轮都和车架相连,前、后车轮的实际速度 $v_1=v_2$,因此前后轮的滑转率不等,即 $\delta_1\neq\delta_2$。

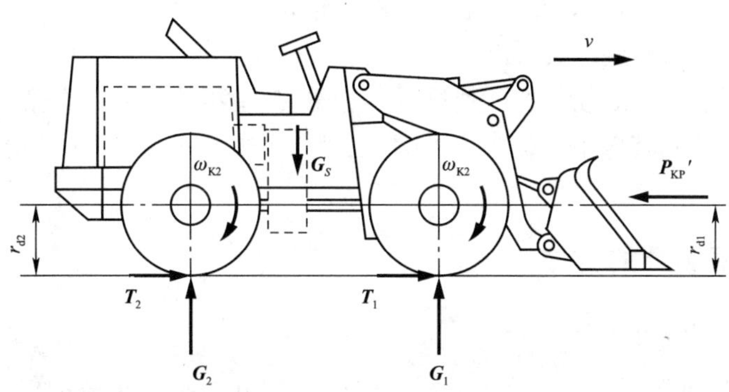

图 8-21　多桥驱动的功率循环

由于滑转率 $\delta=(v_T-v)/v_T$,$\delta>0$ 时,车轮滑转,地面对车轮作用力的方向与车辆运动方向相同,但其产生的力矩与车轮的转动方向相反,地面阻止车轮转动,车轮输出功率推动机器前进;当 $\delta<0$ 时,车轮滑移,地面对车轮作用力的方向和车辆运动方向相反,但其产生的力矩与车轮的转动方向相同,地面推动车轮转动,车轮从地面接受功率。

为了便于讨论,只考虑 $v_{T1}<v_{T2}$ 的情况。$v_{T1}>v_{T2}$ 时的情况基本与其类似。

由于 $v_1=v_2=v$,由滑转率的定义得:

$$v_{T1}(1-\delta_1)=v_{T2}(1-\delta_2)$$

因假设 $v_{T1}<v_T$,所以 $\delta_1<\delta_2$。

当机械等速行驶时,作业阻力 $P'_{KP}=T_1+T_2$(式中 T_1、T_2 分别为地面对前、后轮的作用力）。根据牵引力大小及地面的性质，可能出现以下几种情况：

（1）作业阻力 P'_{KP}很大，地面土壤较松软。这时 $v < v_{T1} < v_{T2}$，即 $0 < \delta_1 < \delta_2$，$T_2 > T_1 > 0$，前、后轮都滑转，说明前后轮都是驱动轮，$P'_{KP} = T_1 + T_2$。

（2）P'_{KP}逐渐减小或在较密实的土壤上作业。这时前、后轮的滑转率都将减少，当达到 $v = v_{T1} < v_{T2}$时，$\delta_1 = 0$，$\delta_2 > 0$；所以，$T_1 = 0$，$T_2 > 0$，仅后轮驱动。

（3）P'_{KP}进一步减小并在坚实的地面上工作。这时滑转率会变得更小，当速度达到 $v_{T1} < v < v_{T2}$时，$\delta_1 < 0$ 而 $\delta_2 > 0$，即后轮滑转而前轮滑移，在前轮上作用有与车轮运动方向相反的力（$-T_1$）。尽管 $P'_{KP} = T_1 + T_2$ 仍然成立，但在这种情况下，地面作用在前轮上的力矩改变了方向。由原来的阻碍前轮转动变为推动前轮转动。这样，有一部分功率就从前轮进入了传动系。这部分功率先后经过前主传动器、变速器、后主传动器传到后轮。这时，传到后轮的功率有两路：一路是由发动机经变速器、后主传动器传到后轮；另一路是由前轮上的力矩 $T_1 r_{d1}$ 产生的功率。这部分功率始终在下列封闭回路中循环，前轮→前主传动器→变速器→后主传动器→后轮→车架→前轮。这种现象称为功率循环，循环的这部分功率称为循环功率。存在循环功率是有害的，它不能改善机械的牵引性能，反而在循环功率通过处增加传动零件的载荷并产生附加的功率损失（功率循环时的损失，前轮滑移时的功率损失）。另外，后轮为克服额外的阻力（改变了方向的 T_1）而增加了滑转率，前轮还由于滑移而加速轮胎的磨损。所以在这种情况下采用双桥驱动其性能反而不如单桥驱动。

由以上讨论可知：循环功率（又称为寄生功率）是由于前、后驱动轮一个滑转，另一个滑移引起的。因此，功率循环不仅是在前、后车轮的理论速度不相等时才可能产生，而且当机械在高低不平的地面上直线行驶时，即使前、后驱动轮的理论速度相等，但由于在相同时间内前、后轮的行程不同，也就是前、后轮的实际速度并不相等时，也可能引起功率循环。又如，机器在转弯时，如果前、后车轮到转向中心的距离不等，也可能会由于在相同时间内前、后轮的行程不同而产生功率循环。

二、消除功率循环的方法

1. 在传动系统中布置脱桥机构

在轻载、路面坚实的条件下工作时，利用脱桥机构分离某一车桥的传动，采用单桥驱动。在重载或松软地面上工作时，接合脱桥机构采用全桥驱动。在图 6-33 中，ZL50 装载机变速器的滑套 19 就是用来脱离后桥的（越野车的分动箱也有这个作用）。

2. 采用轴间差速器

在前面叙述的差速器中，两个半轴齿轮实际为行星传动的太阳轮。如果利用发动机驱动差速器壳，用这两个太阳轮驱动前、后车桥，就形成了轴间差速器。同驱动桥的差速器一样，轴间差速器可以保证前、后桥的驱动转矩相等，而转速不等。图 8-22a）为带有轴间差速器的贯通式驱动桥的例子，图 8-22b）为其原理图。

采用普通齿轮式差速器做轴间差速器的机器，由于共有三个差速器，当一个轮胎陷入泥坑后，其余三个轮胎的驱动能力都要变差。这个问题可以用布置轴间差速锁的方法解决，带有轴间差速锁的贯通式驱动桥，如图 8-23 所示。

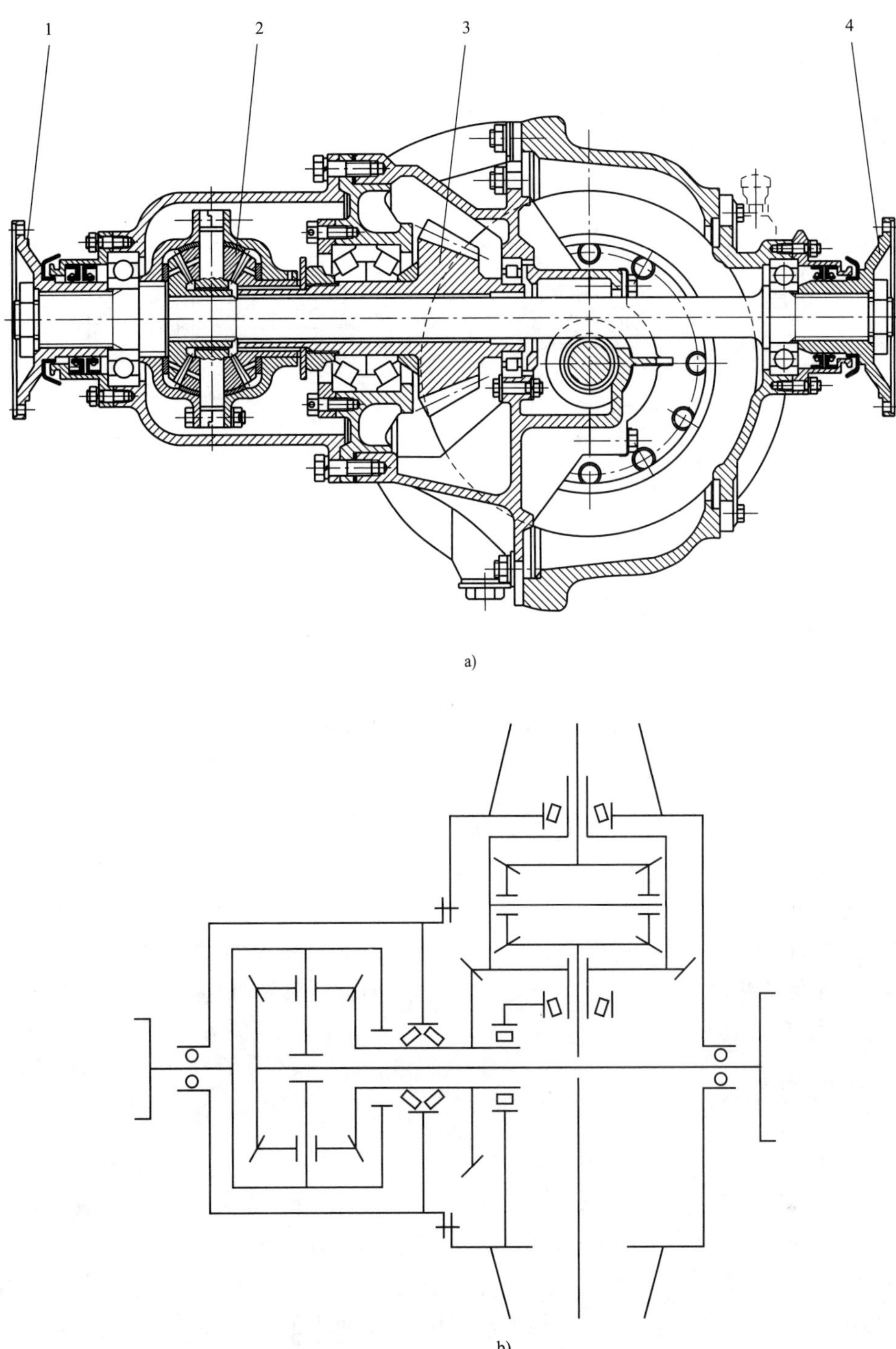

图 8-22　带有轴间差速器的贯通式驱动桥

1-输入轴接盘;2-轴间差速器;3-主传动锥齿轮;4-输出轴接盘

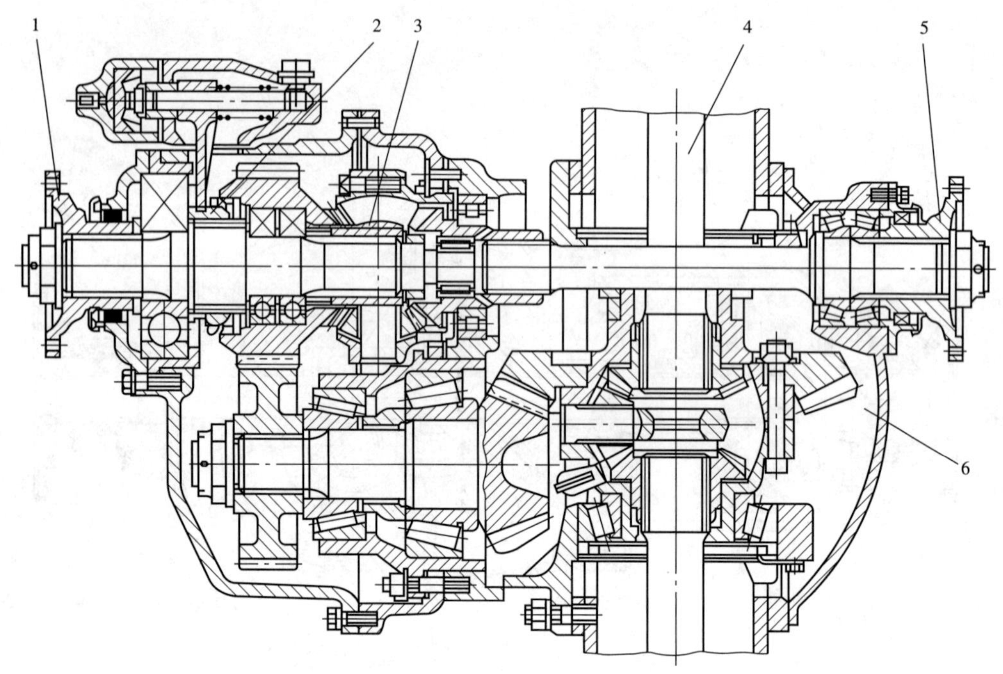

图 8-23　带有轴间差速锁的贯通式驱动桥

1-输入轴接盘;2-轴间差速锁;3-轴间差速器十字轴;4-中驱动桥半轴;5-输出轴接盘;6-中驱动桥主传动齿轮

第五节　半轴和桥壳

半轴是在差速器与驱动轮之间传递动力的实心轴,由于有时左右车轮有转速不同的工况,故它又必须左右分开,称为半轴。通常,其内端与差速器内的半轴齿轮用花键连接,而外端一般与驱动轮的轮毂相连,当有轮边减速器时,则与轮边减速器的主动齿轮相连,如图 8-2 中的半轴 5。半轴的首要任务是传递转矩,但由于轮毂的安装结构不同,常见的有全浮式、半浮式两种形式。全浮式半轴工作时只承受转矩;半浮式半轴除受转矩外还与轴壳一起构成支承梁,承受部分车重与侧向力。

一、半轴的形式

1. 半浮式半轴

半浮式半轴为半轴通过一个轴承直接支承在桥壳外端上的结构(图 8-24)。不难看出,半轴外端除传递驱动转矩外还承受由于地面反力产生的弯矩、轴向力。而半轴内端并不承受差速器的重量和差速器齿轮啮合所产生的推力,仅承受来自差速器齿轮的转矩。因此,称其为半浮式半轴。

为使半轴和车轮不在侧向力的作用下轴向移动,半轴上的轴承必须能承受轴向力。此外,在差速器行星齿轮轴的内部套着推力块,使半轴内端正好能顶靠在推力块的平面上,因而不会在朝内的侧向力作用下向内窜动。

因其结构简单、质量小,主要用于反力弯矩较小的车辆上。有些大型机械,最终传动布置在差速器两侧,也采用这种形式驱动车轮。

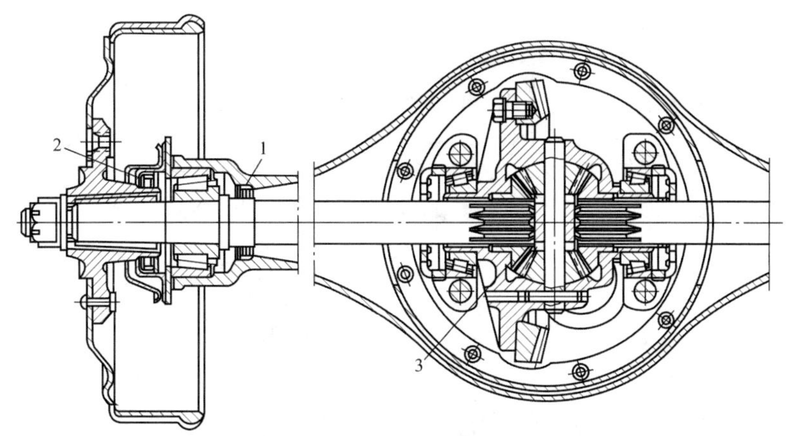

图 8-24　半浮式半轴

1、2-油封;3-推力块

2. 全浮式半轴

将桥壳用两副相距较远的轴承支承在车轮的轮毂上,这样在外端的路面对驱动轮的作用力(包括垂直、横向和切向反力以及由它们形成的弯矩)均由桥壳来承受。半轴的两端只承受驱动转矩而不承受任何其他反力和弯矩,这种半轴为全浮式半轴。图 8-1、图 8-2 的半轴均为全浮式半轴。

为防止轮毂连同半轴在侧向力作用下发生横向窜动,轮毂内两轴承锥顶相对安装,用锁紧螺母锁紧(参见图 8-2 中轴承 10、轴承 31,锁紧圆螺母 30),并有一定的预紧力。虽然该形式轮毂结构比较复杂,但因车轮轴承较大、便于拆装,而且承载能力好,广泛应用在工程机械等各种自行式车辆上。

半轴的材料通常采用 40Cr、40MnB,表面淬火硬度为 50 ~ 60HRC;受力较大的半轴,可以采用 40CrMnMo、35CrMnSi,热处理至表面硬度为 380 ~ 420HB。

二、驱动桥壳

驱动桥壳通常为钢材制成。有的采用整体铸钢,也有的是分体铸造后焊接而成的。近年来,出现了许多钢管扩张锻造制成的驱动桥壳,其强度好、重量轻、造型美观。有些重型车辆,由于批量较少,采用钢板焊接制作驱动桥壳。

工程机械作业过程中,驱动桥受力复杂,一般按以下几种工况进行强度计算:

1. 最大牵引力工况

最大牵引力工况是假定机械在满载状态,并且驱动轮产生最大牵引力。不计偏载,如图 8-25 所示,认为 $G_{a\mu}=0$,则 $Y_1=Y_2=0$;驱动桥壳承受垂直力 $Z_1=Z_2=Z$,水平力 P_K 的作用产生的弯曲应力。

(1)地面作用于车轮上的垂直反力 Z 产生的弯矩 M_Z:

$$M_Z=Z\cdot l \tag{8-8}$$

式中:l——车轮的宽度中线到危险断面的距离。

(2)水平驱动力 P_K 产生的弯矩最大值 M_{PK}:

$$M_{PK}=Z\varphi l \tag{8-9}$$

式中：φ——车轮与地面的附着系数。

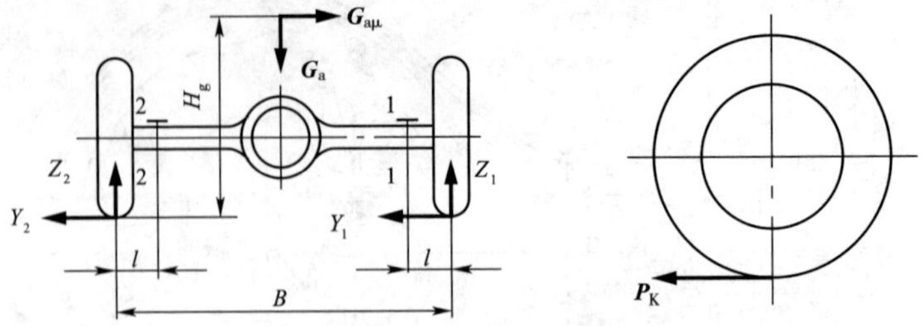

图 8-25　驱动桥壳受力简图

合成后得总弯矩 M_u：

$$M_u = \sqrt{M_Z^2 + M_{PK}^2} \tag{8-10}$$

弯曲应力 σ_u 为：

$$\sigma_u = \frac{M_u}{W_u} \tag{8-11}$$

式中：W_u——桥壳危险断面的抗弯截面模量。

(3)半轴产生 P_K 的转矩，也要通过中央传动主动齿轮的轴承作用到桥壳上，所以桥壳承受转矩 M_τ 的最大值为：

$$M_\tau = Z\varphi r_d \tag{8-12}$$

式中：r_d——车轮的动力半径。

扭转应力 τ 为：

$$\tau = \frac{M_\tau}{W_\tau} \tag{8-13}$$

式中：W_τ——桥壳危险断面的抗扭截面模量。

合成应力：

$$\sigma = \sqrt{\sigma_u^2 + 3\tau^2} \tag{8-14}$$

2. 满载制动工况

满载制动工况是假定机械在满载状态紧急制动，驱动桥承受负荷力、地面附着力、惯性力共同产生的弯曲应力。

(1)垂直作用力产生的弯矩 M_Z：

$$M_Z = \frac{m_1 G_a l}{2} \tag{8-15}$$

式中：m_1——制动时，驱动桥上的载荷分配系数；

G_a——满载时驱动桥上的负荷。

(2)水平作用力产生的弯矩 M_{PK}：

$$M_{PK} = \frac{m_1 G_a \varphi l}{2} \tag{8-16}$$

(3)制动力产生的转矩 M_τ：

$$M_\tau = \frac{m_1 G_a \varphi r_d}{2} \tag{8-17}$$

需要说明的是，这时的转矩 M_T 主要是通过制动器传到桥壳的。

3. 侧滑工况

侧滑工况是机器在坡道上横向行驶或高速拐弯时的情况。这时，由于重力（或离心力）产生了侧向力 $G_{a\mu}$，使车轮受到了一个侧向力 Y，要考虑这个力产生的弯矩。这时，地面对两边车轮的反力不相等（即 $Z_1 \neq Z_2$），应该两边分别计算。这时，可以不考虑驱动力 P_K 的影响。

如图 8-25 所示，取静力平衡得 Z_1 的最大值为：

$$Z_1 = \frac{G_a}{2} + \frac{H_g}{B} G_{a\mu} \tag{8-18}$$

Y_1 的最大值为：

$$Y_1 = Z_1 \varphi \tag{8-19}$$

Z_2 的最小值为：

$$Z_2 = \frac{G_a}{2} - \frac{H_g}{B} G_{a\mu} \tag{8-20}$$

Y_2 的值为：

$$Y_2 = Z_2 \varphi \tag{8-21}$$

需要说明的是，就图 8-25 而言，存在 1—1、2—2 两个危险断面。在最大牵引力工况或满载制动工况中，1—1、2—2 断面的应力是相同的。但在侧滑工况中，Z_1 增大，其产生的弯曲应力增大，但 Y_1 产生的弯曲应力与 Z_1 的方向相反；Z_2 减小，其产生的弯曲应力减小，但 Y_2 产生的弯曲应力与 Z_2 的方向相同。我们难以直接判断 1—1、2—2 哪一个是危险断面，往往需要分别计算。

第六节　最　终　传　动

最终传动是指最靠近驱动轮的传动装置，一般为减速装置。采用最终传动后，可以减少主传动器的负荷、减小主传动的传动比、缩小主传动的尺寸、提高机器的离地间隙。但最终传动必须给每个车轮配备一套，造成机器结构复杂。一般来说，如果驱动桥的总传动比大于 12，设计最终传动是比较合理的。

1. 轮边减速器

轮边减速器一般布置在车轮轮辋空间处，常见的轮边减速器多为以下两种行星传动减速器。

（1）如图 8-26a）所示，太阳轮为主动件与半轴相连，被动件为行星架与车轮相连，齿圈固定不动与桥壳相连，传动比为 $1+\alpha$。

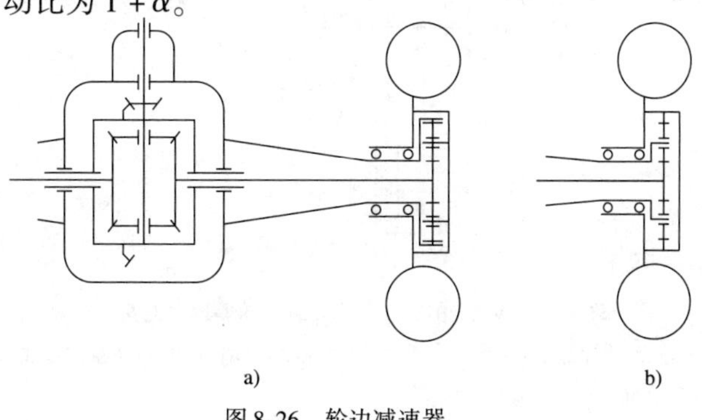

图 8-26　轮边减速器

(2)如图 8-26b)所示,太阳轮为主动件与半轴相连,被动件为齿圈与车轮相连,行星架固定不动与桥壳相连,传动比为 $-\alpha$。

图 8-26a)所示方案可得较大的传动比和较高的传动效率,故轮式机械的轮边减速器大多采用此方案。为了改善太阳轮与行星轮的啮合条件,使荷载分布比较均匀,太阳轮和半轴外端在行星轮系中完全是浮动的、不加径向支承,如图 8-2 所示。这样,太阳轮和半轴总是位于几个行星齿轮对太阳轮作用力的平衡点,实现行星轮均载。有的机器将齿圈也做成浮动的(图 8-3),其均载效果更好。

2. 差速器两侧减速器

采用轮边减速器可以利用轮辋中心的空间,不同规格的轮边减速器可以与不同规格的主传动器组合,形成许多系列产品。但这种结构比较零散,使用维护不太方便,桥端结构也比较复杂。

小松公司的 WA380-3 轮式装载机驱动桥没有轮边减速器,而是将行星减速器连同制动器布置在差速器两侧(图 8-27)。图 8-28 为 WA380-3 装载机驱动桥的原理图。这样布置以后,结构紧凑,维护方便。该驱动桥的制动器是湿式多片制动器,布置在最终减速的太阳轮上,制动力矩较小,使用寿命长。由于半轴传递的转矩很大,所以需要较大的直径,WA380-3 装载机把半轴的直径加大了许多,采用半浮式半轴。这种驱动桥方案的缺点是难以实现模块化设计。

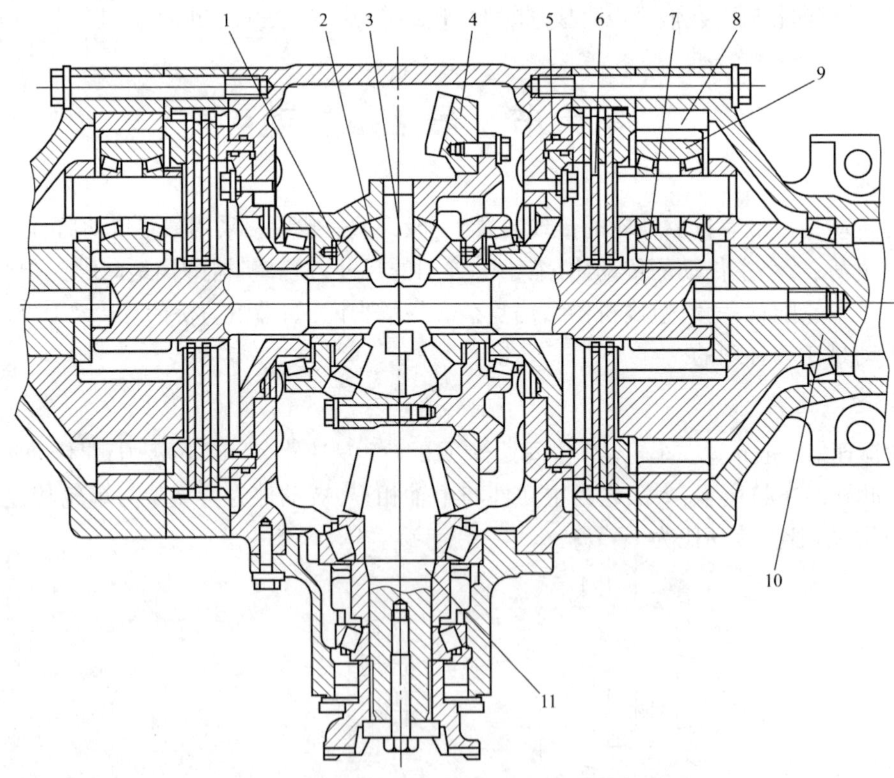

图 8-27　WA380-3 型轮式装载机的差速器与最终传动

1-半轴齿轮;2-差速器行星轮;3-十字轴;4-主传动从动齿轮;5-制动器活塞;6-制动器;7-最终传动太阳轮;8-最终传动齿圈;9-最终传动行星轮;10-驱动轮轴;11-主传动主动齿轮

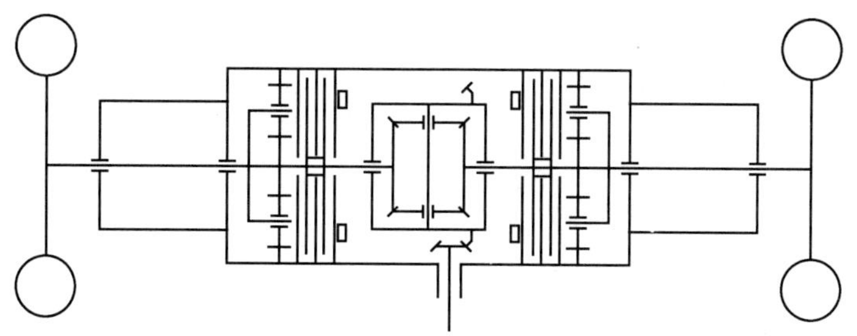

图 8-28　WA380-3 装载机驱动桥原理图

【练习题】

1. 主传动器主动锥齿轮的支承形式有哪几种？每一种支承形式有何特点？

2. 主动锥齿轮有几种主要形式？试分析其优缺点及使用条件。

3. 轮胎式机械的传动系中，为何须设置差速器？

4. 在轮胎式机械转向时忘记脱开差速锁会有什么影响？为防止这种现象产生，通常在设计上要采用什么措施？

5. 试用简图说明简单差速器与带差速锁的差速器的结构和工作原理。

6. 试说明轮式装载机的主传动和差速器中：

(1)从动锥齿轮与差速器壳是怎样固定的？

(2)锥齿轮在传递动力过程中，将产生轴向力而引起齿轮轴的轴向位移，因此对其轴承应有什么要求？

(3)圆锥滚子轴承的轴向间隙是怎样调整的？主、从动锥齿轮的正确啮合是通过什么来实现的？

7. 多桥驱动在什么条件下会产生功率循环？有什么危害？怎样预防？

8. 简述半轴的形式及其特点与使用范围。

9. 轮边减速器的作用是什么？对于要求有较大牵引力的轮式装载机是否可以不设置轮边减速器？如设置了轮边减速器，有什么好处？

第九章

履带式工程机械驱动桥

【学习目标与要求】

了解履带驱动桥的类型,掌握履带式工程机械的转向运动学和动力学,理解履带式机械的转向条件和转向原理,掌握履带式驱动桥结构设计要点,了解高驱动推土机驱动桥的结构。

第一节　概　　述

一、常规驱动桥

常规驱动桥是常见的履带式工程机械用驱动桥。图 9-1 为履带推土机常规驱动桥的结构简图,由中央传动 5、转向离合器 4、制动器 3、最终传动 2 以及驱动链轮 1 组成。中央传动的作用为降低转速、增加转矩,并把动力分配给两边履带。

利用转向离合器可以实现转向。在水平地面上,当机器需要左转弯时,脱开左面的离合器 4,左面的履带处于自由状态,在行驶阻力的作用下速度变慢,而右面的履带仍然按原来速度前进,这样机器便实现了向左转。如果机器需要向左紧急转向,在脱开左边转向离合器的同时,再操纵左边的制动器 3,左边的履带停止前进,机器会以左边履带为中心实现紧急转向。当然,利用右边的离合器、制动器也可以实现机器向右转向。在机器下坡的时候,如果分离左边的离合器,由于重力的作用,左边的履带可能加快使机器向右转弯。遇到这种情况,驾驶员常常在分离转向离合器的同时操纵相应的制动器,利用制动力抵消重力使机器正常转向,也可以反向操作。

两级齿轮减速形成的最终传动将进一步降低转速、增加转矩,同时把动力向下传递到驱动轮的位置。

常规驱动桥结构简单,性能可靠,造价也比较低,目前在履带推土机、履带装载机中得到了广泛使用。但这种结构转向时一边履带的工作能力不能充分发挥;其转向时的运动轨迹往往是折线,难以控制;拆装困难,维修不方便。

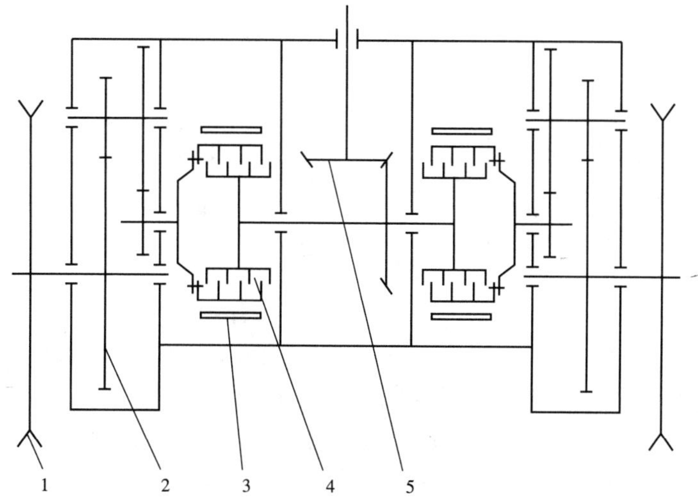

图 9-1　履带推土机常规驱动桥

1-驱动链轮;2-最终传动;3-制动器;4-转向离合器;5-中央传动

二、高驱动式驱动桥

卡特公司生产的履带式高驱动推土机,其驱动桥是模块式结构。由于这种机器的驱动链轮与中央传动在一条直线上,位置较高,所以称为高驱动式驱动桥(图 9-2)。

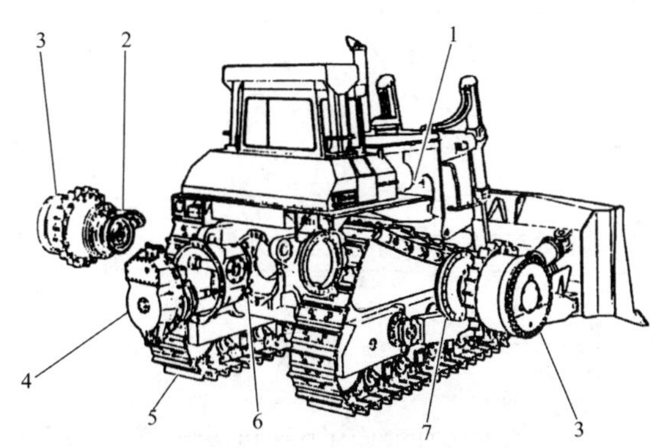

图 9-2　高驱动推土机

1-发动机和变矩器;2-差速转向和制动器组;3-最终传动减速器;4-动力换挡变速器;5-履带;6-主传动锥齿轮;7-行星减速器与制动器

高驱动式驱动桥行走系统将驱动链轮高置,履带呈三角形布置,驱动链轮脱离了行走架,完全消除了地面直接传递到驱动链轮上的垂直载荷,极大限度地改善了传动系统的工作条件。制动器以湿式多片常制动离合器代替了传统的带式制动,减少了制动功耗,提高了行车及作业安全性。

高驱动式驱动桥结构复杂,制造难度大,成本高。但由于它实现了传动部件的模块化装配,许多较大的构件可以在施工现场更换,易于拆装及维修,具有发展前景的。

卡特履带式高驱动推土机驱动桥有离合器转向和差速转向两种转向方式。图 9-3 为其离合器转向方案,转向原理与图 9-1 类似。

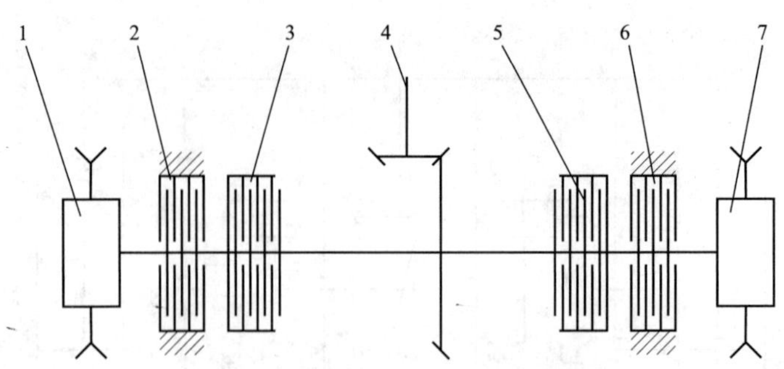

图 9-3　高驱动履带推土机离合器转向桥

1-左最终传动;2-左制动器;3-左转向离合器;4-主传动主动齿轮;5-右转向离合器;6-右制动器;7-右最终传动

图 9-4 为卡特推土机驱动桥差速转向的传动方案。该机器的转向原理可以简述如下:机器直线行驶时,转向马达 3 不转动,动力由主传动齿轮 5 进入中行星排 4。然后分为两路,一路从左行星排 2 进入左最终传动 1 驱动左边履带行走;另一路通过右行星排 6 进入右最终传动 7 驱动右边履带行走。在转向马达不动的条件下,两边履带的速度是相同的。转向马达转动时,随着马达转动方向和速度的变化,两边履带的运动速度产生差别,机器实现转向。采用差速转向后,机器转向时可以走出一条光滑的轨迹,而不像离合器转向方式转向时走折线。这时,机器的平均速度与直行时相同,而且转向时两边履带的驱动力都能保证,生产率得到了提高。这种转向方式也不存在下坡时反方向操作的问题。

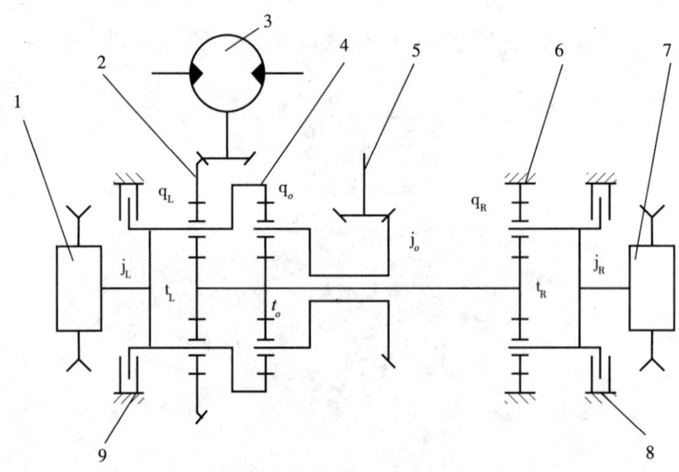

图 9-4　高驱动履带推土机差速器转向桥

1-左最终传动;2-左行星排;3-转向马达;4-中行星排;5-主传动主动齿轮;6-右行星排;7-右最终传动;8-右制动器;9-左制动器

第二节　履带式工程机械转向原理

一、履带式机械的转向运动学

图 9-5 是轨距为 B 的履带式机械在水平地面上绕中心 O 以角速度 ω_T 转向时的示意图。设转向轴线位于通过两侧履带支承面中点 O_1、O_2 的横向垂直面内,从中心 O 到机械的纵向对

称平面的距离 R，称为履带式机械的转向半径。

以两个履带在中心 O_T 的运动速度 v' 表示履带式机械在转向时的平均速度，则履带式机械转向角速度 ω_T 为：

$$\omega_T = \frac{v'}{R}$$

左履带中心的速度 v_1' 为：

$$v_1' = \left(R - \frac{B}{2}\right)\omega_T$$

右履带中心的速度 v_2' 为：

$$v_2' = \left(R + \frac{B}{2}\right)\omega_T$$

在上两式中消去 ω_T，得到机器中心的转弯半径 R：

$$R = \frac{B}{2} \cdot \frac{v_2' + v_1'}{v_2' - v_1'} \tag{9-1}$$

二、履带式机械的转向动力学

1. 几点假设

图 9-6 为转向时机器在水平面内的受力状态示意图。图中 P_{K1}、P_{K2} 分别为左右两侧履带转向时所承受的驱动力；P_{f1}、P_{f2} 分别为左右两侧履带这时所承受的滚动阻力；P'_{KP} 为机器所承受的作业阻力。因为转向时履带边滚边侧滑，受力状况比较复杂。特做以下假设：

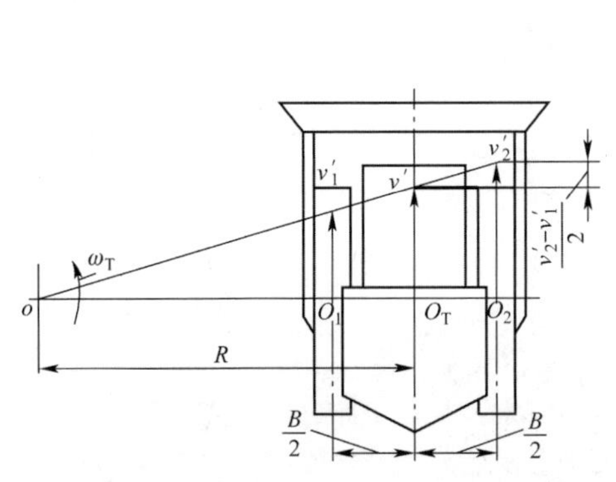

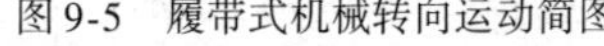

图 9-5　履带式机械转向运动简图

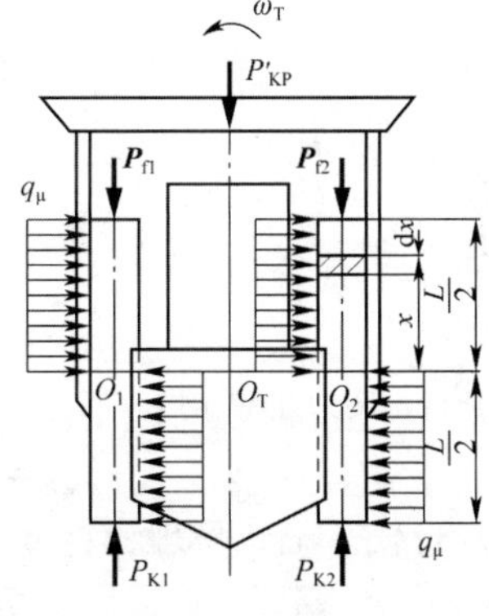

图 9-6　转向时履带的受力状态

(1)由于履带的接地长度 L 远远大于它的宽度，所以将履带与地面的接触可看作线接触，转向时机器的转向阻力主要来自履带的侧滑，履带两端受力分布的变化对转向阻力矩的影响忽略不计。

(2)因为转向时机器的速度比较低，离心力忽略不计；转向时机器的切向速度 v 为一常量，其切向加速度略去不计。

(3)机器的重心位于两个履带所形成四边形的中心 O_T，两个履带的附着重量相同，并且都均匀作用于履带的接地中心线上。两个履带所产生的最大驱动力(即附着力)数值相同，即：

$$P_{\varphi 1} = P_{\varphi 2} = G_S \frac{\varphi}{2} \tag{9-2}$$

式中：G_S——机器的附着重量；

φ——附着系数；

$P_{\varphi1}$、$P_{\varphi2}$——分别为左右两侧履带的附着力。

(4)转向时，履带的滚动阻力系数 f 与直行时相同。这样，转向时两个履带所受的滚动阻力数值相等，并且与直线行驶时的阻力相同。即：

$$P_{f1} = P_{f2} = G_S \frac{f}{2} \tag{9-3}$$

式中：f——滚动阻力系数。

(5)机器所受的作业阻力 P'_{KP} 仍然在机器的纵向中心平面内。

(6)在履带支承段长度 L 范围内，每侧履带负荷重量为 $G_S/2$，履带支承段上单位长度的负荷 $q = G_S/2L$，并作用在履带的纵向对称中心线上；履带在回转时，其上各点所受土壤的横向反力 q_μ 与该点负荷 q 成正比(图 9-6)，即：

$$q_\mu = \mu_R q \tag{9-4}$$

式中：μ_R——转向半径为 R 时履带式机械的转向阻力系数。μ_R 是转向半径 R 的函数，在转向半径稳定时，可认为是常数。

根据这些假设，转向时地面对履带支承段的反作用力的分布，如图 9-6 所示。在履带支承段上任一微小单元长度 dx，转向时该单元长度上所受的土壤横向反力为 $\mu_R(G_S/2L)\mathrm{d}x$，该微元所受的转向阻力矩 dM_R 为：

$$\mathrm{d}M_R = \mu_R \frac{G_S}{2L} x \mathrm{d}x$$

将 μ_R 取两履带转向时的平均值，两侧履带所受的总阻力矩 M_R 为：

$$M_R = 4\int_0^{+\frac{L}{2}} \mu_R \frac{G_S}{2L} x \mathrm{d}x$$

$$M_R = \frac{\mu_R}{4} G_S L \tag{9-5}$$

2. 力学分析

在前进方向取力平衡得：

$$P'_{KP} = (P_{K1} + P_{K2}) - (P_{f1} + P_{f2})$$

把式(9-3)代入上式整理，有：

$$P'_{KP} = P_{K1} + P_{K2} - G_S f \tag{9-6}$$

转向时，设机器以角速度 ω_T 绕瞬心 O 点(图 9-5)转动。根据理论力学原理，将机器的运动分解为随质心 O_T 的平动和绕质心 O_T 的转动，这样所有的阻力(作业阻力、滚动阻力、侧向阻力)对 O_T 的力矩形成了转向阻力矩 M_f，两个履带驱动力对 O_T 的力矩形成了转向动力矩 M_K。

机器所受的转向阻力矩 M_f 为：

$$M_f = \frac{\mu_R}{4} G_S L + \frac{B}{2} P_{f2} - \frac{B}{2} P_{f1}$$

将式(9-3)代入上式并整理得：

$$M_f = \frac{\mu_R}{4} G_S L \tag{9-7}$$

机器所产生的转向动力矩 M_K 为：

$$M_K = \frac{B}{2}P_{K2} - \frac{B}{2}P_{K1} \tag{9-8}$$

明显，要使机器实现转向应该满足：

$$M_f \leqslant M_K \tag{9-9}$$

将式(9-7)、式(9-8)代入式(9-9)整理，得：

$$P_{K1} \leqslant P_{K2} - \frac{L}{2B}G_S\mu_R \tag{9-10}$$

由式(9-6)得：

$$P_{K1} = P'_{KP} - P_{K2} + G_S f$$

把上式代入式(9-10)整理：

$$P'_{KP} \leqslant 2P_{K2} - G_S f - \frac{L}{2B}G_S\mu_R \tag{9-11}$$

在极限情况(外侧打滑)下，P_{K2}变成为 $P_{\varphi2}$可由式(9-2)求出，上式中的 P'_{KP}等于转弯时的最大牵引力 P'_φ，则有：

$$P'_\varphi = G_S(\varphi - f) - \frac{L}{2B}G_S\mu_R \tag{9-12}$$

3. 讨论

1)牵引力

在直线行驶时，机器的最大牵引力 P_φ 满足下式：

$$P_\varphi = G_S(\varphi - f) \tag{9-13}$$

比较式(9-12)、式(9-13)两式可知：

$$P_\varphi \geqslant P'_\varphi \tag{9-14}$$

即转向时机器所能产生的最大牵引力小于直行时所能产生的最大牵引力。

2)转向条件

在机器处于行驶状态，不承受作业阻力转向的极限条件下，$P'_{KP}=0$、$P_{K2}=P_{\varphi2}=G_S\varphi/2$，式(9-11)可变为：

$$\frac{L}{B} \leqslant \frac{2(\varphi - f)}{\mu_R} \tag{9-15}$$

这就是履带式机器行驶时正常转向应满足的几何条件。Hock 推荐的转向阻力系数 μ_R 与履带式机器转弯半径 R 的关系式如下：

$$\mu_R = \frac{\mu_0}{\left(1 + \frac{2R}{B}\right)^n}\left(1 - \frac{R}{R_K}\right) \tag{9-16}$$

式中：μ_0——原地转向时的转向阻力系数；

R_K——自由转向半径，可取 500m；

n——履带张力指数，可在 0.2～0.5 的范围内选取。

履带式机器最困难的转向工况是在松软土壤上进行原地转向。这时可认为 $R=0$，由式(9-16)可知这时 $\mu_R=\mu_0$，取 $\mu_0=\varphi=0.7$、$f=0.1$，由上式可求得履带机器能原地转向的条件为：

$$\frac{L}{B} \leqslant 1.71 \tag{9-17}$$

像履带式挖掘机、装载机、推土机及拖拉机等要求转向灵活的机器，为了能够保证可靠的原地转向，实际 L/B 值可取在 1.2 ~ 1.5 之间。

有些特殊的工程机械，如露天采矿机，由于其重量大，需要的接地面积大，整机宽度不能太宽，这时就需要比较长的接地长度 L，式(9-17)的条件难以满足，这时可以按照最小转向半径 $R>0$ 进行设计。即先确定一个最小转向半径 R，用式(9-16)求得 μ_R，再用式(9-15)求这时机器的 L/B 值。

三、履带式机械差速转向过程分析

1. 卡特推土机差速转向机构运动学分析

如图 9-7 所示，三个行星排的运动学方程为：

$$n_{t_L} + \alpha_L n_{q_L} - (1+\alpha_L) n_{j_L} = 0 \tag{9-18}$$

$$n_{t_o} + \alpha_o n_{q_o} - (1+\alpha_o) n_{j_o} = 0 \tag{9-19}$$

$$n_{t_R} + \alpha_R n_{q_R} - (1+\alpha_R) n_{j_R} = 0 \tag{9-20}$$

式中：n_{t_L}、n_{t_o}、n_{t_R}——分别表示左、中、右三个行星排太阳轮的转速；

n_{q_L}、n_{q_o}、n_{q_R}——分别表示左、中、右三个行星排齿圈的转速；

n_{j_L}、n_{j_o}、n_{j_R}——分别表示左、中、右三个行星排行星架的转速；

α_L、α_o、α_R——分别表示左、中、右三个行星排的特性系数。

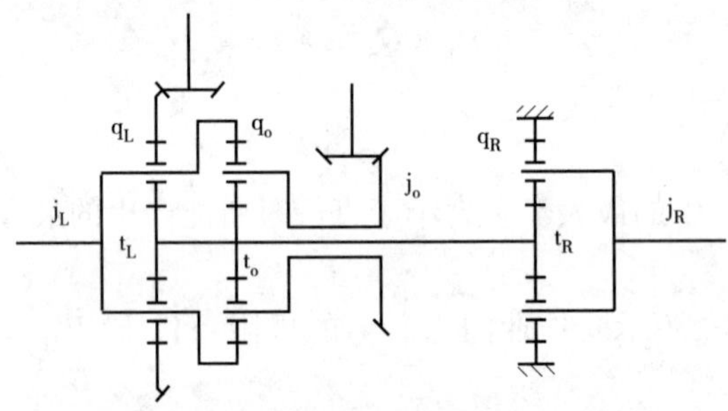

图 9-7　卡特匹勒推土机转向机构运动学分析

连接方程：

$$n_{t_L} = n_{to} = n_{t_R}$$

$$n_{j_L} = n_{q_o}$$

约束方程：

$$n_{q_R} = 0$$

将上式代入式(9-20)得：

$$n_{t_R} = (1+\alpha_R) n_{j_R} \tag{9-21}$$

将 $n_{t_L} = n_{t_o}$ 代入式(9-18)后，与式(9-19)相减得：

$$\alpha_L n_{q_L} - \alpha_o n_{q_o} - (1+\alpha_L) n_{j_L} + (1+\alpha_o) n_{j_o} = 0$$

由于 $n_{j_L} = n_{q_o}$，上式可以化为：

$$n_{j_L} = \frac{\alpha_L n_{q_L} + (1+\alpha_o) n_{j_o}}{1+\alpha_L+\alpha_o} \tag{9-22}$$

由式(9-18)得：

$$n_{t_L}=(1+\alpha_L)n_{j_L}-\alpha_L n_{q_L} \tag{9-23}$$

由于 $n_{t_R}=n_{t_L}$，将式(9-21)代入式(9-23)得：

$$(1+\alpha_R)n_{j_R}=(1+\alpha_L)n_{j_L}-\alpha_L n_{q_L} \tag{9-24}$$

将式(9-22)代入上式整理，得：

$$n_{j_R}=\frac{(1+\alpha_o)(1+\alpha_L)n_{j_o}-\alpha_o\alpha_L n_{q_L}}{(1+\alpha_o+\alpha_L)(1+\alpha_R)} \tag{9-25}$$

讨论：

1)直线行驶条件

转向马达不转动时，要使机器直线行驶。也就是要求 $n_{q_L}=0$ 时，$n_{j_L}=n_{j_R}$。代入式(9-22)、式(9-25)整理得机器直线行驶条件为：

$$\alpha_L=\alpha_R \tag{9-26}$$

2)转向对称条件

要求机器转向对称，就是要求转向马达转动时，一边履带速度的增加量与另一边履带速度的减少量相等。作为一个特殊情况，机器停止时($n_{j_o}=0$)，操纵转向马达使 $n_{q_L}\neq 0$，机器应该可以原地转向，即 $n_{j_L}=-n_{j_R}$。这样，可以得到机器转向对称条件为：

$$\alpha_o=\alpha_R+1 \tag{9-27}$$

3)机器转向时两边履带的平均速度

将式(9-26)、式(9-27)代入式(9-22)、式(9-25)整理：

$$n_{j_L}=\frac{\alpha_o+1}{2\alpha_o}n_{j_o}+\frac{\alpha_o-1}{2\alpha_o}n_{q_L} \tag{9-28}$$

$$n_{j_R}=\frac{\alpha_o+1}{2\alpha_o}n_{j_o}-\frac{\alpha_o-1}{2\alpha_o}n_{q_L} \tag{9-29}$$

将上两式相加平均，整理得：

$$\bar{n}=\frac{\alpha_o+1}{2\alpha_o}n_{j_o} \tag{9-30}$$

由上式可以看出，机器转向时两边履带的平均速度仅与主传动的速度 n_{j_o} 有关而与转向马达的转速 n_{q_L} 无关。所以，上述机构可以实现转向时机器的行驶速度不变。

2. 卡特匹勒推土机差速转向机构动力学分析

列出三个行星排的转矩方程：

$$\frac{M_{t_L}}{1}=\frac{M_{q_L}}{\alpha_L}=\frac{M_{j_L}}{-(1+\alpha_L)} \tag{9-31}$$

$$\frac{M_{t_o}}{1}=\frac{M_{q_o}}{\alpha_o}=\frac{M_{j_o}}{-(1+\alpha_o)} \tag{9-32}$$

$$\frac{M_{t_R}}{1}=\frac{M_{q_R}}{\alpha_R}=\frac{M_{j_R}}{-(1+\alpha_R)} \tag{9-33}$$

式中：M_{t_L}、M_{t_o}、M_{t_R}——分别表示左、中、右三个行星排行星轮作用于太阳轮的转矩；

M_{q_L}、M_{q_o}、M_{q_R}——分别表示左、中、右三个行星排行星轮作用于齿圈的转矩；

M_{j_L}、M_{j_o}、M_{j_R}——分别表示左、中、右三个行星排行星轮作用于行星架的转矩。

列出连接件的静力平衡方程：

$$M_L + M_{j_L} + M_{q_o} = 0 \tag{9-34}$$

$$M_{t_L} + M_{t_o} + M_{t_R} = 0 \tag{9-35}$$

$$M_{j_R} + M_R = 0 \tag{9-36}$$

式中：M_L——由左最终减速传来的阻力矩；

M_R——由右最终减速传来的阻力矩。

式(9-31)～式(9-36)共有9个方程，11个变量。将两个阻力矩 M_L、M_R 看作已知量求解得：

$$M_{j_o} = \frac{\alpha_o + 1}{2\alpha_o}(M_L + M_R) \tag{9-37}$$

$$M_{q_L} = \frac{\alpha_o - 1}{2\alpha_o}(M_L - M_R) \tag{9-38}$$

这就是说，转向马达的转矩只与两边履带的转矩差有关，而与两边履带的转速无关。尽管直线行驶时 $n_{j_L} = n_{jR}$，转向马达不转动，但这时如果机器有偏载，导致 $M_L \neq M_R$，转向马达仍然承受转矩；机器转向时，虽然转向马达转动，使 $n_{j_L} \neq n_{j_R}$，但如果出现 $M_L = M_R$ 的情况时，转向马达也不承受转矩。

3. 小松推土机差速转向机构

小松公司的推土机差速转向驱动桥原理，见图9-8。其主传动也是中间的锥齿轮，转向也采用液压马达。两边的两个行星排结构参数完全相同。在转向马达不动时，两边都为齿圈输入、行星架输出的行星传动，它们的传动比也相同，所以机器直线行驶。转向马达转动时，两个太阳轮的转向相反，转速相同，一边履带增速，而另一边履带减速，实现机器转向。

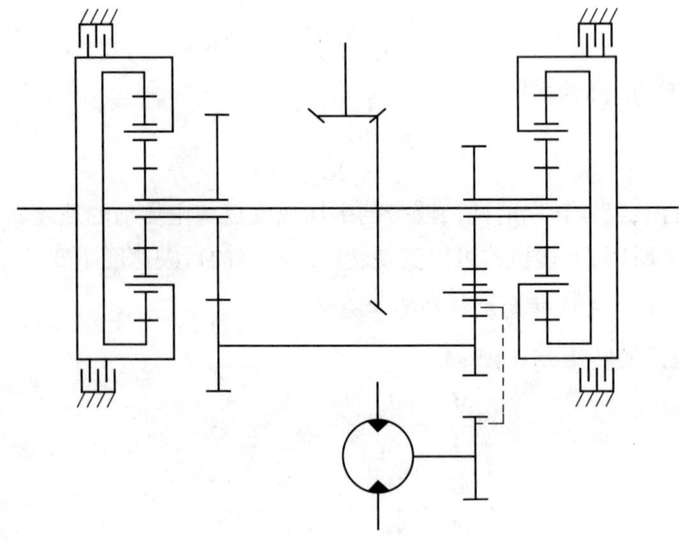

图9-8 小松履带推土机驱动桥原理图

小松的差速转向机构原理简单，设计配齿比较容易。但对主传动来说，两个行星排的减速比都不大，会造成传动系其他部分的传动比增大。

第三节　履带式驱动桥结构设计要点

一、中央传动

履带式机械的中央传动是由一对圆锥齿轮组成。主动小圆锥齿轮驱动从动大圆锥齿轮，其中心线互呈 90°，因此它兼增大转矩和改变旋转方向两个作用。由于中央传动位于变速器之后，承受的负荷比较大，所以要求中央传动的齿轮有较高的承载能力，即齿不易折断、齿面不易点蚀和不易磨损。此外，由于中央传动的结构尺寸对履带式机械后桥的尺寸、重量等影响较大，所以要求它在强度允许的条件下尽量减少主动齿轮的齿数，这样可以使其在结构尺寸较小的情况下获得较大的传动比。

由于以上原因，中央传动都采用弧齿锥齿轮。由于弧齿锥齿轮的轴向力为两个方向，通常前进时应使轴向力处于将两齿轮推开的状态，后退时轴向力处于将两齿轮拉近的状态。由于履带式机械后退频繁，中央传动齿轮应该良好定位。齿轮的轴向位置应能调整，以便于调整啮合印痕。许多机器把中央传动主动齿轮与变速器的输出轴做成一体，设计变速器时要充分考虑中央传动齿轮的影响。

在图 9-9 中，轴承 5 的游隙和齿轮 8 的啮合印痕都是通过调整轴承座 4、13 下面的调整垫片 9 实现的。齿轮 8 与中央传动轴的连接方式应该采用铰制孔螺栓，也可以进行铆接。

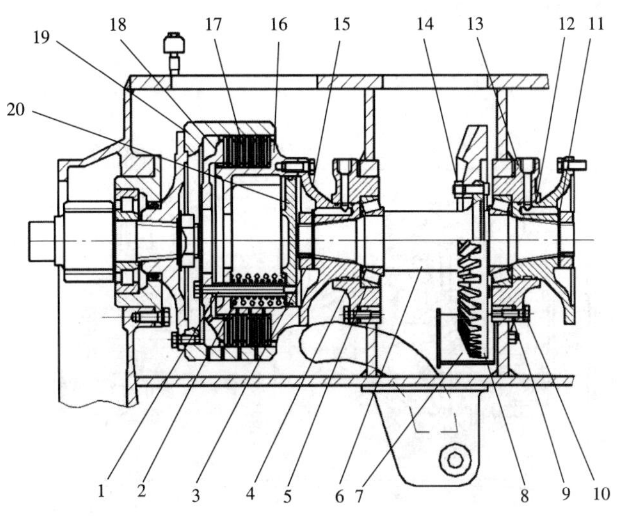

图 9-9　单作用转向离合器与中央传动

1-螺栓；2-弹簧；3-螺母；4-轴承座；5-轴承；6-中央传动轴；7-盖；8-中央传动从动齿轮；9-调整垫片；10-螺栓；11-锁紧垫片；12-密封圈；13-轴承座；14-螺母；15-接盘；16-主动鼓；17-摩擦片；18-压板；19-从动鼓；20-分离活塞

二、转向离合器

发动机的动力由于经过变速器、中央传动几次减速增矩，到转向离合器时转矩已经增大了许多，加上又要考虑转向时发动机的全部转矩可能经过一个转向离合器传给一侧的履带，因此转向离合器的设计容量较大。由于结构上的原因，转向离合器允许的径向尺寸通常没有主离合器大，因此它不能采用单片或双片，履带式机械的转向离合器几乎都采用多片式摩擦离合器。目前，国内外各种履带式推土机的转向离合器多采用湿式结构，这样可以减少磨损，延长使用寿命。

1. 单作用式转向离合器

图9-9为小松D155A履带式推土机的转向离合器结构示意图。离合器的主动钢片通过内齿与主动鼓16连接，主动鼓用螺栓与接盘15连接，接盘再用锥形花键与中央传动轴6连接，压板18则与活塞20用螺栓1固接为一体。带有摩擦衬面的被动片通过外齿与从动鼓19连接。

在操纵油口没有压力时，弹簧2推动活塞20右移，通过螺栓1拉动压板18将主从动摩擦片压在一起，使离合器接合。当操纵油口有压力油时，其压力推动活塞左移，压缩弹簧并通过螺栓1外的套管推动压板左移，使离合器分离。

这种转向离合器为弹簧压紧、液压系统分离，所以称为单作用式。单作用离合器结构简单、可靠，而且便于控制，但其弹簧刚度较大，需要较大结构空间。单作用式转向离合器常用于大型履带式工程机械。如果机械在施工现场转向液压系统出故障时，则转向离合器无法分离，机器因无法转向而不能拖回修理，必须就地修复或用平板车装运送到修理地点修理。

2. 双作用式转向离合器

图9-10为小松D80履带推土机双作用转向离合器，弹簧17推动活塞21右移时，通过活塞中间的导杆拉动压板18接合离合器。但弹簧产生的压紧力不足以使离合器传递推土机的动力，必须利用液压系统从油道1施加压力进一步使离合器接合。这种离合器分离过程的原理与单作用离合器相似，对于左离合器，压力油从分离油道5进入。由于它的分离利用液压系统，压紧也要利用液压系统，所以称为双作用式。

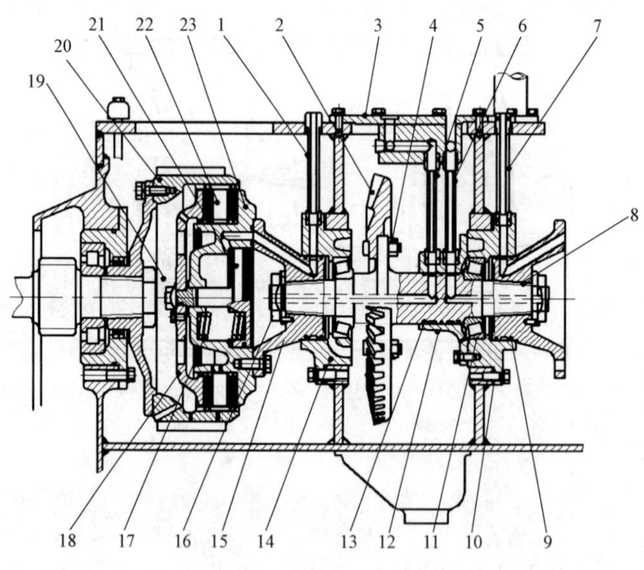

图9-10 双作用转向离合器

1-左离合器接合油道；2-中央传动从动齿轮；3-盖；4-螺母；5-左离合器分离油道；6-右离合器分离油道；7-右离合器接合油道；8-中央传动齿轮轴；9-密封圈；10-调整垫；11-轴承；12-油路接盘；13-密封圈；14-轴承座；15-接盘；16-螺母；17-弹簧；18-压板；19-螺母；20-从动鼓；21-活塞；22-摩擦片；23-主动鼓

双作用式离合器由于利用了液压接合，压紧弹簧的尺寸较小，结构紧凑，通常用于中型工程机械。双作用式转向离合器压紧弹簧的压紧力一般占总压紧力的25%左右。这些压紧力所产生的摩擦力矩可以在拖起动时传力带动发动机转动。而当机械出故障需要拖回修理地点时,操作转向制动器可将一侧履带制动,这时该侧转向离合器主动摩擦片与从动摩擦片之间打滑,可以实现转向。

3. 转向离合器基本参数的确定

转向离合器的基本参数(摩擦片内径、外径、压紧力、摩擦面对数)是根据转向离合器所需传递的摩擦力矩确定的。

转向离合器所需传递的摩擦力矩的大小,即转向离合器的容量,取决于它在工作中可能遇到的最大载荷。这可以从两个方面来考虑:一是发动机额定转矩经变速器最低挡传到转向离合器上的值;二是由地面附着条件所限制的转向离合器传递的转矩最大值。从中取较小的一个作为转向离合器的设计容量。对于铲土运输机械,在变速器挂最低挡时,由发动机传来的额定转矩值,通常大于由地面附着条件所限制的最大值。因此,可以按地面附着条件确定转向离合器所需传递的最大摩擦力矩。

由附着条件所决定的转向离合器所传递的最大摩擦力矩 M_{fmax},是推土机在斜坡上转向,由一侧履带传递全部转矩的工况下确定的。此时低侧履带承受整机重量的75%。因此,转向离合器的设计转矩 $M_{\varphi max}$ 可以按下式进行计算:

$$M_{\varphi max}=\beta\frac{0.75G_S\varphi r_K}{i_B\eta_{mB}\eta_q} \tag{9-39}$$

式中:$M_{\varphi max}$——离合器的最大摩擦力矩,N·m;

β——储备系数,考虑接合时有冲击载荷,使用中摩擦片有磨损、弹簧力有下降后仍能正常工作,干式转向离合器通常取2.5~4.5;湿式转向离合器由于离合器摩擦片磨损较小,且接合时受冲击负荷很少,可取1.5~2;

G_S——推土机使用重量,N;

φ——附着系数;

r_K——驱动链轮半径,m;

i_B——最终传动传动比;

η_{mB}——最终传动的传动效率;

η_q——履带驱动区段效率,一般取0.95~0.96。

转向离合器的其他设计计算基本与主离合器、换挡离合器类似,可以参考相应章节。单作用离合器的弹簧压力较大,为了节省空间,常将两个弹簧套在一起安装。为了防止两个弹簧的钢丝卡在一起,内外簧的旋向应该相反。

4. 转向离合器的液压控制系统

1)双作用式转向离合器

图9-11为D85A推土机转向离合器的液压操纵系统,液压控制阀由两个两位四通阀组成,它们分别控制两个转向离合器的接合或分离。

当操纵杆处于放松位置时,在定位弹簧作用下,两个滑阀处于如图9-11所示位置,油泵来的压力油被引向两个转向离合器油缸的压紧腔中,使转向离合器保持在接合状态。此时,两个转向离合器油缸的分离腔中的油液经阀体与油箱相通。

当需要分离某个转向离合器时,可以操纵相应的滑阀。这时,滑阀使压力油通向其所控制离合器的分离油腔,并使其压紧油腔的油液经阀体与油箱相通。

这种液压控制阀的结构比较简单,但没有明显的随动作用与操纵感觉。液压操纵系统的油压通常取为1MPa。

2)单作用式转向离合器

图9-12为D155A型推土机的转向液压操纵系统。在采用液力传动的D155A型推土机上,当转向液压系统不工作时,压力油通往变矩器后再排出。

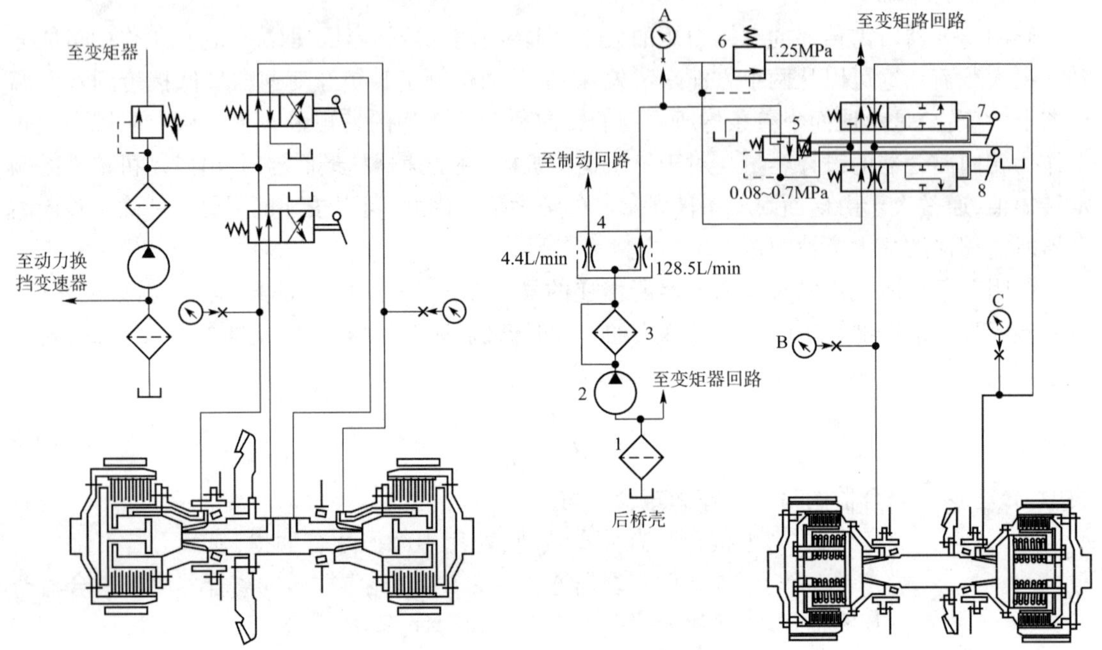

图9-11　D85A推土机转向离合器操纵系统

图9-12　D155A推土机转向离合器操纵系统

1、3-滤油器;2-齿轮泵;4-流量分配阀;5-调压阀;6-溢流阀;7、8-转向离合器控制阀

整个系统由滤油器1与3、齿轮泵2、流量分配阀4、溢流阀6、转向离合器控制阀7与8和调压阀5组成。

在转向离合器控制阀处增加一个调压阀5,目的是改善转向的平稳性和减轻操纵。在没有调压阀的条件下,在操纵转向控制阀时,进入转向离合器的油液压力上升较快,转向容易产生急动现象。在转向液压系统中增设调压阀5后,由油泵通往转向离合器控制阀的油路改由调压阀控制,其作用原理如下:当转向液压系统的操纵杆处于放松位置时,两个控制阀处于中位状态,分别关闭通往左、右转向离合器的油路。因此,转向离合器处于接合状态,转向液压系统的油液充满在控制阀体中。

当要分离一侧转向离合器时,则应拉动该侧操纵杆,此时操纵杠杆推动滑阀向左侧移动,同时通过弹簧带动调压阀芯也向左侧移动。调压阀与滑阀开启油泵通向该侧转向离合器油缸的通路,使转向离合器分离。同时,压力油经调压阀一端的小孔,充入阀芯左侧的空腔,推动调压阀芯向右移动,逐步减小通往转向离合器的油量。如果操纵手柄到了极限位置,则调压阀在其出口压力达到最大值(0.7MPa)时彻底关闭。

如果将操纵杆停在某一中间位置,则调压阀弹簧处于半压缩状态下,调压阀可以在0.08~0.7MPa之间的任意位置关闭,使转向离合器处于半接合状态下转向,有良好的随动作用和操纵感觉，便于操纵。

当释放操纵杆时，转向离合器控制阀在其弹簧作用下复位，转向离合器重新接合，转向油缸中的油液经阀座上的泄油口放泄到后桥壳内。阀芯中的节流阀可以使转向离合器接合平稳。在转向系统的压力升高到 1.25MPa 时，主油路溢流阀 6 开启，油液由此泄出，实现过载保护。

T180 推土机的转向离合器是一个单作用转向离合器。在两离合器接合时调压阀两端口的压力相等，系统效率高，结构简单。调压阀仅对离合器的最高工作压力进行限制，没有明显的随动作用与操纵感觉，这一点同 D85A 推土机一样。

3）换挡离合器液压系统设计计算

（1）双作用式转向离合器。在分离转向离合器时，作用到活塞上的力有油泵来的压力油的总压力 P_b、由于油缸旋转而产生的油液离心力 P_l 以及压紧弹簧反抗活塞运动的弹簧力 P_d。对于图 9-10 所示的结构，活塞移动时所受的作用力为：

$$P_b = P_d - P_1 \tag{9-40}$$

式中：P_b——分离离合器时需要的活塞总压紧力，N；

P_1——活塞两边油液离心力的合力，N；

P_d——离合器分离时压紧弹簧的总压力，N。

由此得出分离转向离合器时液压系统的压力 p_{z1} 为：

$$p_{z1} = \frac{P_b}{\pi R_1^2} \tag{9-41}$$

式中：p_{z1}——分离时液压系统的油压，Pa；

R_1——分离时活塞受力面的外半径，m。

在接合转向离合器时，作用到活塞上的力有来自油泵的压力油的总压力 P_b'、由于油缸旋转而产生的油液离心力 P_1'以及压紧弹簧对活塞的压紧力 P_d'。因此，活塞移动时所受的作用力为：

$$P_b' = P + P_1 - P_d' \tag{9-42}$$

式中：P_b'——接合离合器时需要的活塞总压紧力，N；

P_d'——离合器接合时压紧弹簧的总压力，N；

P——离合器接合时压盘上的压紧力，N。

由此得出接合转向离合器时液压系统的油压 p_{z2} 为：

$$p_{z2} = \frac{P_b'}{\pi(R_1'^2 - R_2'^2)} \tag{9-43}$$

式中：p_{z2}——接合时液压系统的油压，Pa；

R_1'、R_2'——接合时活塞受力面的外半径与内半径，m。

（2）单作用式转向离合器。对于图 9-9 所示的结构，单作用转向离合器分离时的液压压力计算可按式（9-41）计算。

以上计算所得的油压，应保持在 0.5～1.5MPa 的范围内，油压过大会使油缸密封困难。

4）确定液压系统流量 Q 的原则

确定液压系统流量 Q 时，应该保证在同时操作两离合器时，系统能在 0.5s 内完成动作。为此，活塞直径不能太大，主、从动摩擦片之间的间隙一般取 0.35～0.5mm。

三、最终传动

由于履带式推土机运行速度低，牵引力大，传动系统总减速比大，同时为了降低中央传动、变速器所传递的力矩，以减小零部件尺寸，总是希望增加最终传动的速比。目前，最终传动一般都采用二级减速。

多数履带式推土机两级最终传动采用外啮合直齿圆柱齿轮传动，也有的利用一级圆柱直齿轮和一级行星减速传动。

1. 双级直齿轮最终传动

双级直齿轮最终传动的特点是结构较简单。图9-13为D85A推土机最终传动结构图，驱动链轮9与轮毂19之间的传递转矩大，单键不可能传递如此大的力矩，所以采用六个平键传递力矩。为了便于定心，链轮与轮毂之间采用锥面。

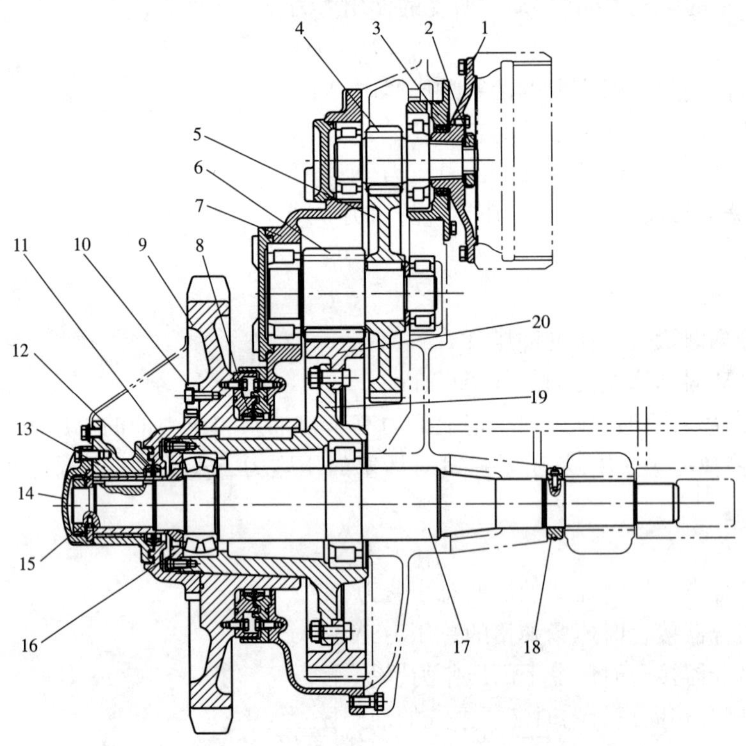

图9-13　D85A最终传动结构图

1-接盘；2-螺母；3-轴承座；4-第一级主动齿轮；5-第一级从动齿轮；6-第二级主动齿轮；7-最终传动外壳；8-浮动油封；9-驱动链轮；10-链轮定位螺母锁块；11-链轮定位螺母；12-浮动油封；13-轴承；14-轴承盖；15-螺母；16-轴承盖；17-半轴；18-螺母；19-轮毂；20-第二级从动齿轮

由于六个键槽加工时存在分度误差与对称度误差，使装配困难，而且各键受力也不均匀，容易损坏。因此，小松公司已经改用锥形连接花键，锥形连接花健的特点有：

(1)在齿长方向上内外齿侧全面接触，齿侧形成过盈配合，连接强度高。

(2)锥面配合无间隙，定心精度高，自锁性能好。

(3)尺寸小，传递转矩大。

由于最终传动齿轮的负载大、转速低，轴承通常采用滚子轴承。其中，第一级主动齿轮轴和第二级主动齿轮轴一般采用圆柱滚子轴承。轮毂轴承由于在推土机转向或坡道行驶时要承受轴向力，应该采用对轴向力承受能力较强的轴承，图9-13为一副球面滚子轴承和一副圆柱滚子轴承；小松公司的D155A型推土机两副轴承都是球面滚子轴承；卡特匹勒公司的推土机上则是两副圆锥滚子轴承。采用圆锥滚子轴承后，结构上应该能够保证轴承游隙可调。

布置最终传动外壳时，结构上应保证履带作业机械所需要的离地间隙，同时应该使履带驱动桥有较小的横向外廓尺寸，为此应尽可能将最终传动外壳包在履带内。应当保证壳体有较好的连接刚度。最终传动的壳体，有的是单独铸造的，它用螺栓与驱动桥壳相连，有的则是直接铸在驱动桥壳上，有的则一半铸在驱动桥壳上，一半单独铸出，如图9-13所示。

螺母18用来对半轴17进行轴向定位。

在强度计算时，最终传动应该能传递推土机3/4的附着重量所产生的驱动力。

2. 有行星减速的最终传动

天津移山推土机的最终传动第一级为圆柱齿轮减速，第二级为行星齿轮减速，如图9-14所示。由于行星传动的承载能力强，其第二级行星减速齿轮的模数可以减小，另外结构尺寸也可以减小，而且零部件受力均匀，但结构复杂。

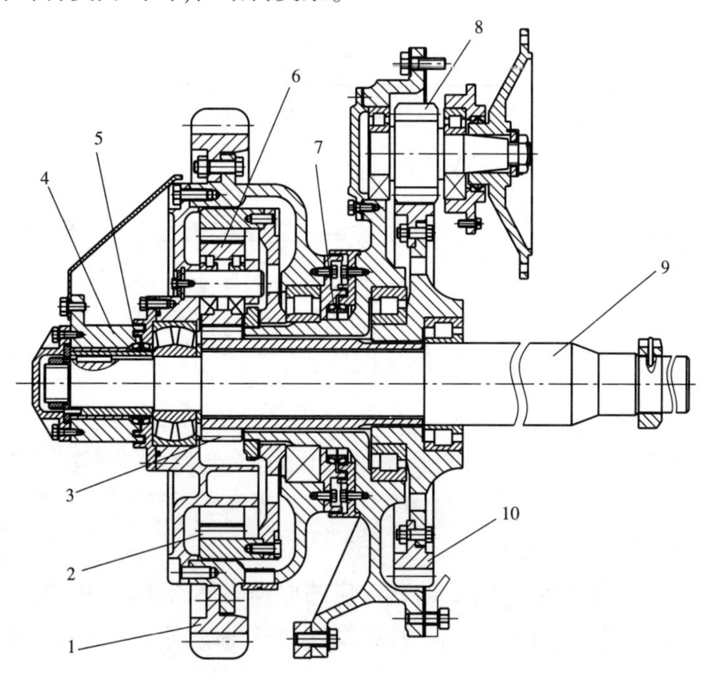

图9-14　天津移山推土机的两级终传动

1-驱动轮；2-第二级齿圈；3-太阳轮；4-轴承；5-外浮动油封；6-第二级行星轮；7-内浮动油封；8-第一级小齿轮；9-半轴；10-第一级大齿轮

从图9-14可以看出，第一级大齿轮是利用两副圆柱滚子轴承支承的，其中一副轴承支承在半轴上，而另一副支承在最终传动外壳上。太阳轮一端通过花键与第一级大齿轮连接，另一端直接与行星轮啮合，这说明太阳轮是浮动的，可以实现均载。行星架与驱动轮连接作为动力输出，其载荷较大，行星架的内侧用圆柱轴承支承在最终传动外壳上，外侧用球面滚子轴承支承在半轴上。

第四节　高驱动推土机驱动桥结构简介

一、差速转向高驱动推土机驱动桥

图 9-15 为卡特匹勒 D8N 高驱动履带式推土机的传动系简图。该机的动力换挡变速器安装在机器后桥壳的后壁上(图 9-2)，其结构原理与前述动力换挡变速器类似，这里不再作介绍。这里主要介绍其驱动桥部分。

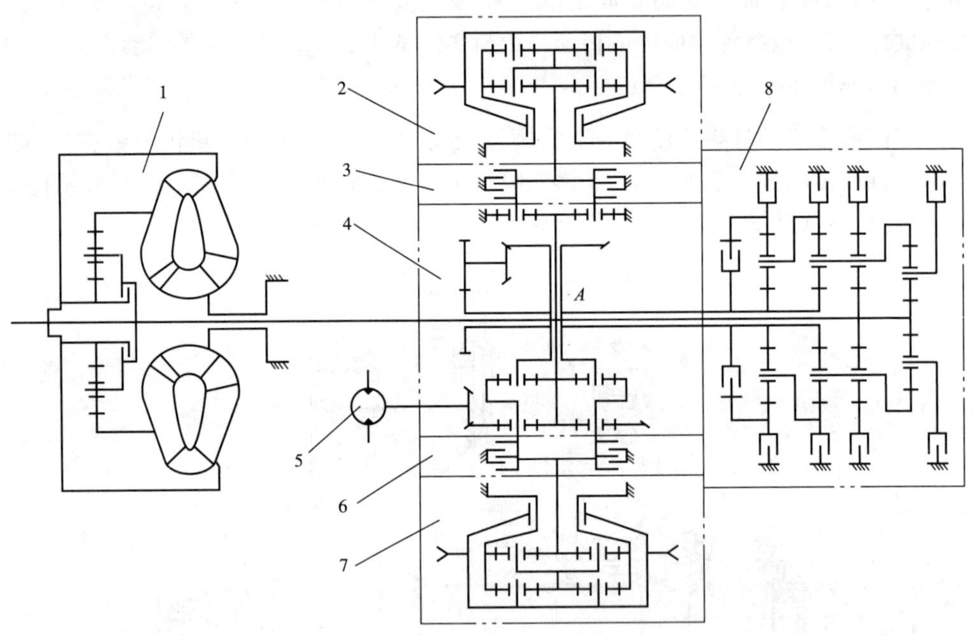

图 9-15　D8N 推土机传动系(A 处的纵向与横向是空间交叉的)

1-液力变矩器;2-右最终传动;3-右制动器;4-中央传动与差速转向传动;5-转向马达;6-左制动器;7-左最终传动;8-动力换挡变速器

1. 差速式转向装置

图 9-16 为差速式转向装置结构图，与其对应的原理图见图 9-7。中央传动锥齿轮 16 的安装方式见图 9-17。锥齿轮 4 做成齿圈结构，用螺栓与其轴 3 连接。轴的左端采用两副"背靠背"安装的推力滚子轴承 2 支承，锥齿轮传动中的轴向力通过这两副轴承传到壳体。推力轴承的游隙用螺母 1 调整。在轴右端的轴承座 5 内，装有一副圆柱滚子轴承，对轴向没有限位作用。锥齿轮的轴向位置通过调整推力轴承座 6 的位置调整。

中行星排、左行星排的太阳轮制成一个整体，形成双联太阳轮 6(图 9-16)，该双联太阳轮与右行星排太阳轮 25 用传动轴 17 连接。这三个太阳轮都仅与各自的行星轮啮合，再没有其他支承，所以，这三个太阳轮是浮动的。中行星排的齿圈 4 也是浮动安装的。左行星排的齿圈 9 内外有齿，其内齿与行星轮啮合，外齿与转向大齿轮支座 11 的内齿啮合，这实际上起花键作用，这就是说，左行星排的齿圈也是浮动的。所以，这个行星传动装置的均载机构比较完善。

所有行星轮都用滚针轴承支承在行星架上。

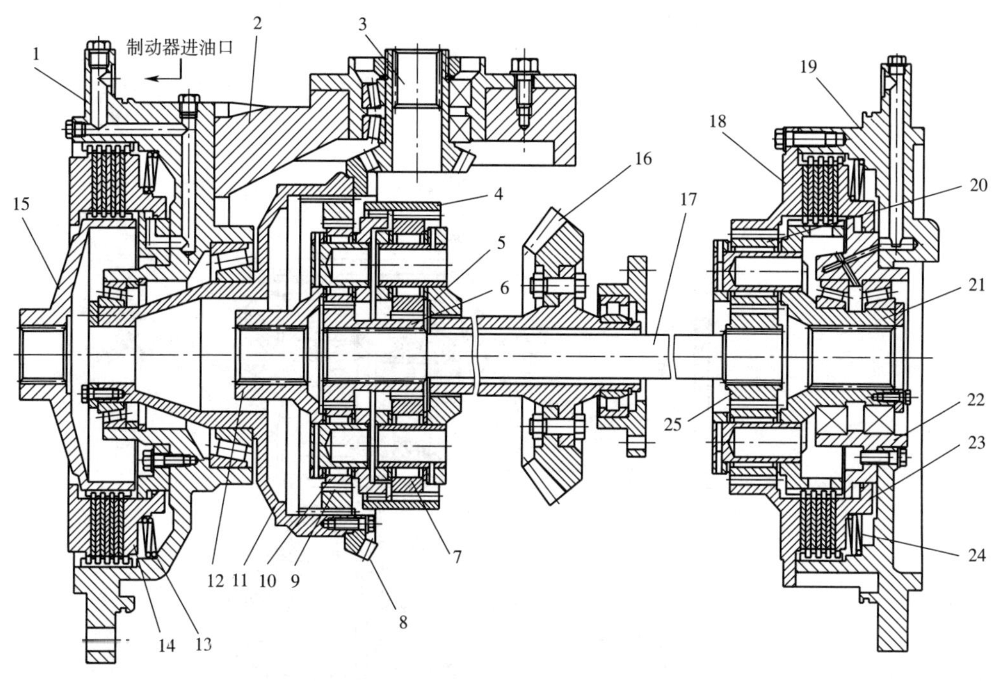

图 9-16　差速式转向装置结构图

1-制动器壳体;2-支承座;3-转向小齿轮;4-中行星排齿圈;5-中行星排行星架;6-双联太阳轮;7-中行星排行星轮;8-转向大齿轮;9-左行星排齿圈;10-左行星排行星轮;11-转向大齿轮支座;12-左行星排行星架;13-左制动器压紧弹簧;14-左制动器分离活塞;15-左制动器轮毂;16-中央传动大锥齿轮;17-传动轴;18-右行星排齿圈;19-制动器壳体;20-右行星排行星轮;21-右行星排行星架;22-轴承座;23-右制动器分离活塞;24-右制动器压紧弹簧;25-右行星排太阳轮

两边的摩擦片式制动器是常闭式的,在发动机熄火时,压紧弹簧 13、24 推动分离活塞 14、23 将制动器闭合,保证机器停车时可靠制动。发动机起动后,液压系统的压力油从制动器壳体 1、19 上的油道进入活塞 14、23 的油腔,将制动解除。

2. 最终传动装置

最终传动为两级行星传动的结构,见图 9-18。两个太阳轮 5、6 都没有径向支承,为浮动元件;齿圈 11 为两个行星排共用,也与机座 15 浮动连接。最终传动的力矩较大,所以第二级行星轮采用了两副圆锥滚子轴承与行星架支承。最终传动的转速较低,且直齿轮行星传动没有轴向力,所以,两个太阳轮两边采用隔环 8、10 和推力帽 7 定位,大大简化了结构。驱动链轮 2 受力最大,所以轮毂 13 采用两副圆锥滚子轴承支承在机座 15 上,而且利用了履带内侧的空间,将两副轴承的距离布置得较大,提高了结构刚度。减速机输

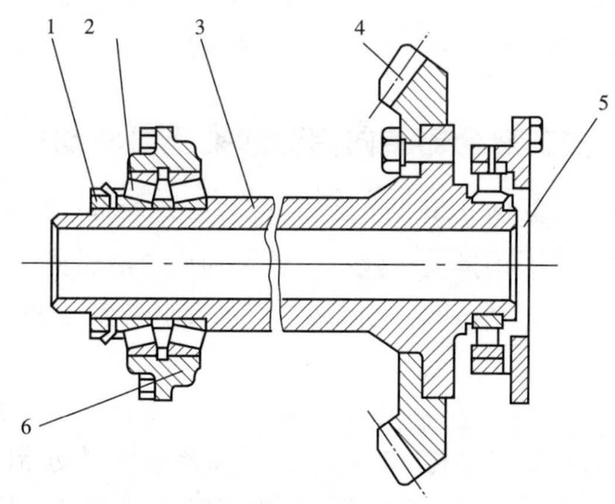

图 9-17　中央传动齿轮的安装

1-螺母;2-圆锥滚子轴承;3-锥齿轮轴;4-中央传动锥齿轮;5-轴承座;6-推力轴承座

入轴的尺寸小、转速高,使用骨架式油封。减速机的输出轴处的结构尺寸较大,由于转速很低,采用浮动油封14与外界密封。

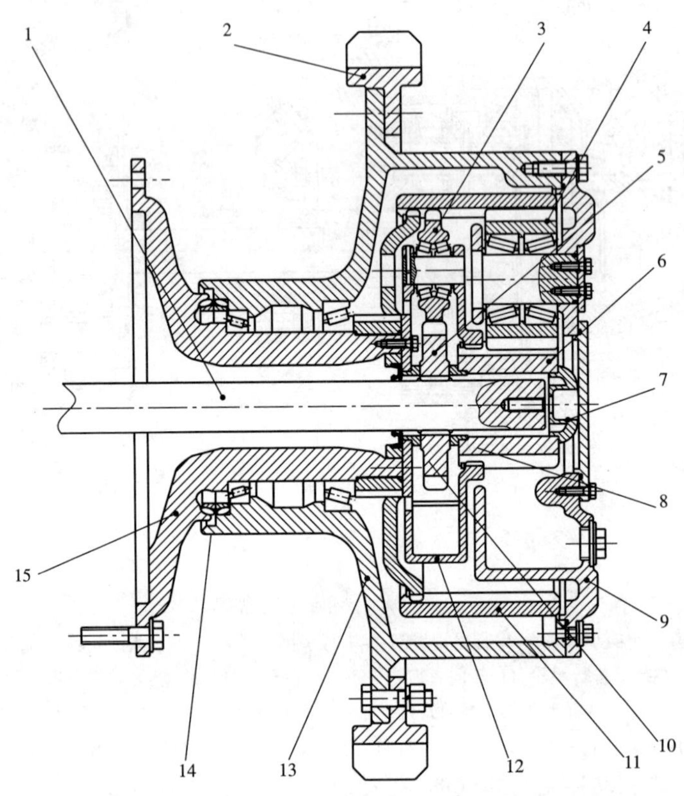

图9-18 最终行星传动

1-输入轴;2-驱动链轮;3-内行星轮;4-外行星轮;5-内太阳轮;6-外太阳轮;7-推力帽;8-隔环;9-外行星架;10-隔环;11-齿圈;12-内行星架;13-轮毂;14-浮动油封;15-机座

二、离合器转向高驱动推土机驱动桥

比较图9-3、图9-4可知,只要将差速转向机构换为转向离合器,再取消转向油泵,差速转向的高驱动推土机就可以转化为离合器转向。所以,对于离合器转向高驱动推土机驱动桥,只需要介绍其转向离合器。卡特高驱动推土机的转向离合器也是多片式的,图9-19为其结构图。

图9-19中油道8共有三条,图上仅画出一条。一条经内毂9通往离合器油腔11,另一条通往制动器油腔10,第三条是离合器与制动器的润滑油道。

推土机直线运行时,压力油进入油腔10,使制动器在分离状态。行驶转弯时,拉动相应的转向操纵杆将压力油供入相应的油腔11,使相应的转向离合器分离,实现转向。急转弯时,将此操纵杆拉至极限位置,将油腔10中的压力油排出,接合制动器。

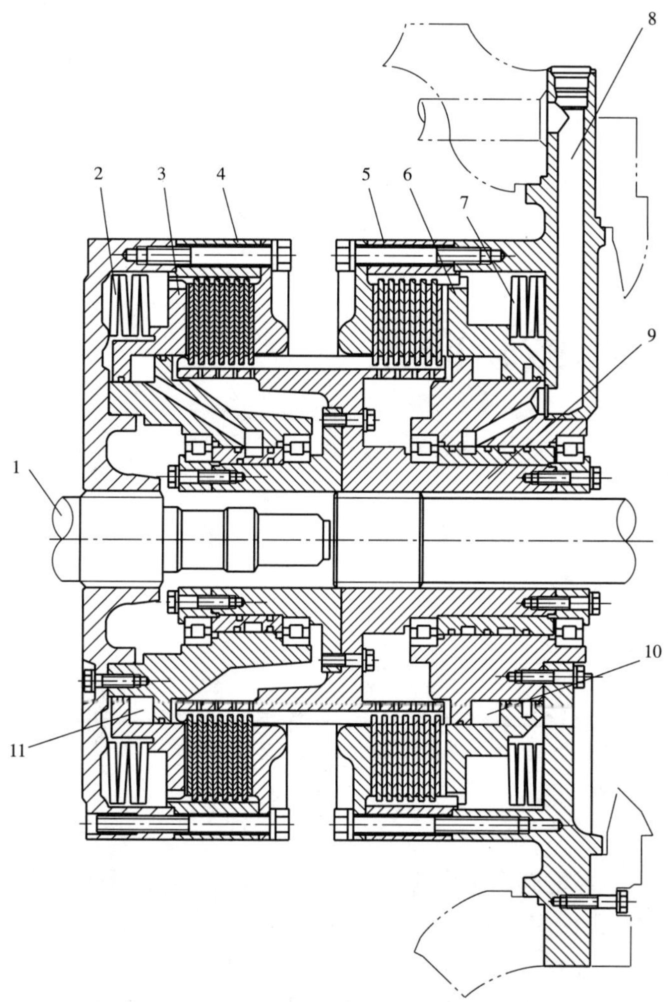

图9-19 高驱动推土机的转向离合器与制动器

1-半轴(接中央传动);2-碟形弹簧;3-转向离合器压盘;4-转向离合器;5-转向制动器;6-转向制动器压盘;7-碟形弹簧;8-油道;9-内毂;10-油腔;11-油腔

【练习题】

1. 履带式工程机械的驱动桥包括哪几套传动部件?如果用液压马达分别传动左右履带,如何构成行走传动?

2. 履带式推土机的最终传动主要有几种形式?有什么特点?

3. 试分析履带式机械的转向机构主要有哪些结构形式?它们的使用条件是什么?履带式机械对转向机构设计的要求是什么?

4. 为什么履带式机械急速转向必须在空载条件下进行?

5. 试分析设有制动器的履带行走机构按内侧履带制动、外侧履带转向的转向条件(要求绘图说明)。

第十章

轮胎式工程机械转向系

【学习目标与要求】

掌握轮胎式工程机械常见转向方式的特点，学会车轮转向时的转向阻力矩计算和四连杆转向机构的设计计算，了解铰接式车架转向系、滑移转向系统的设计计算，了解机械式转向系统、机械反馈式动力转向系统特点，学会简单全液压转向系统的液压回路设计，简单了解微机控制转向系统的原理。

一般来说，轮胎式机械的转向系由转向器和转向传动装置两个基本部分组成。由于轮胎式工程机械及其他大型机械广泛采用了动力转向，所以动力转向的转向系除上述两大基本组成部分外，还有动力转向装置。转向系应该符合以下要求：

(1)要保证工作可靠，转向系的可靠程度与工程机械的运行安全性有至关重要的关系，因此转向系的零部件应该有足够的强度、刚度和寿命。采用动力转向时，发动机在怠速状态下也应该能正常转向。

(2)操纵轻便灵活，转向盘的操纵力要小，一般中型车辆不大于360N，重型车辆不大于450N。转向盘的回转圈数要恰当，当机械向一个方向急转弯时，转向盘的转动圈数为1.5～2.5圈。

(3)行驶时系统应该稳定。工程机械行驶时，转向盘不能有严重的抖动和摆动；要减少通过转向操纵系统传到转向盘上的路面冲击力。

(4)在行驶中转向后，在驾驶员松开转向盘的条件下，转向轮应有自动回到直线行驶的能力。

(5)为了减少轮胎磨损，实现转向轻便，对于采用偏转车轮转向的机械，最好保证全部车轮时刻绕同一瞬心旋转，所有车轮没有侧滑。

(6)转向盘的自由行程要小，直线行驶时车轮不能有明显晃动。

(7)为了保证机械的机动性，能使机器实现尽可能小的转弯半径。

(8)在使用过程中，转向机构由于磨损产生的间隙应该可以通过调整消除。

第一节　转向方式的选择

轮胎式工程机械根据工作要求的不同,有 6 种转向方式:

1. 偏转前轮式

这种转向方式前外轮的转弯半径最大,便于避过障碍、估计运行路线,是一种常用的转向方式(图 10-1a)。

2. 偏转后轮式

这种转向方式后外轮的转弯半径最大,估计运行路线、避过障碍较偏转前轮的转向方式困难。但前行时对中性能较好,前桥的承载能力较好。工作装置前置的机器(例如:叉车、翻斗车等)使用这种转向方式后,可以提高其作业能力、简化结构(图 10-1b)。

3. 全轮转向式

转向时前后轮同时偏转,转弯半径小、机动性好,但其动力系统、转向控制系统的结构都较前两种方式复杂。一般用于机身较长、常在狭窄场地工作的机器,如大型轮胎式起重机等(图 10-1c)。

4. 斜行(蟹行)转向

蟹行转向方式见图 10-1d),实际上是全轮转向的另一种形式。机器可以斜行,即运行方向与机器纵向轴线之间偏斜一个角度,这可以方便地靠近或离开受结构物或地形限制的作业面。如图 10-2 所示,机器横坡作业时,采用斜行法,可以提高作业时整机稳定性。

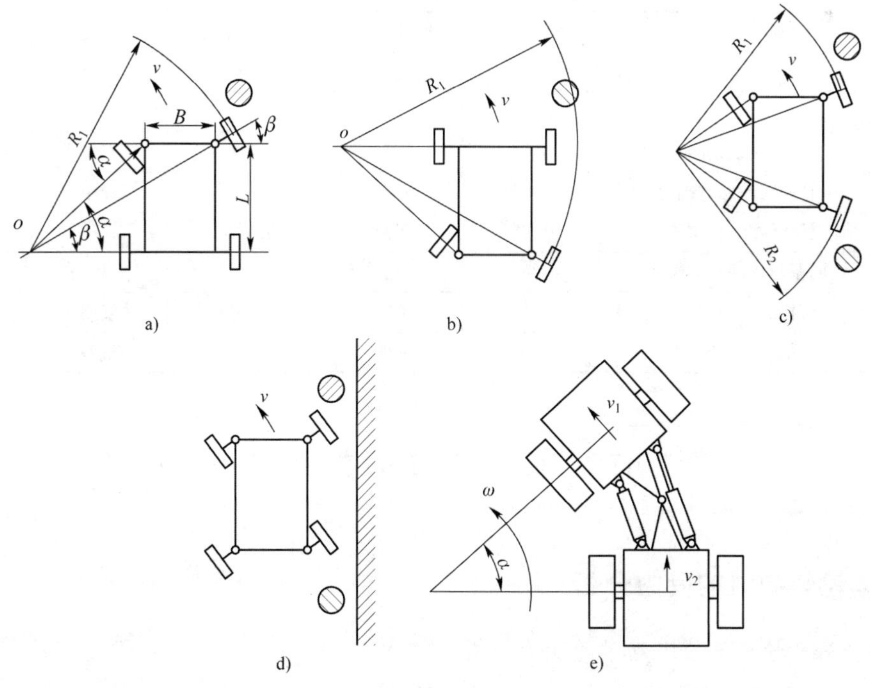

图 10-1　偏转车轮转向方式示意图

5. 铰接转向式

使用铰接在一起的前后车架相互偏转实现转向(图 10-1e),故前后桥均可用非转向桥实现全桥驱动,结构简单,转向灵活;但行驶稳定性较差,前后车架之间传动较困难。采用全桥驱动的铰接式机械,当铰点不在前后桥中间时,转向过程中可能会产生循环功率。一般用于驱动力较大、速度较低的工程机械上,如装载机、压路机等。

6. 滑移转向方式

如图 10-3 所示,左右两侧的车轮以不同的角速度旋转,从而达到机器转向的目的。滑移转向式机械为整体刚性车架,转向时不偏转车轮,它是利用左右车轮角速度不同来实现转向的,灵活方便,并可原地转向。但转向时轮胎在地面上有侧滑现象,转弯越急侧滑越严重,既增加转向阻力又加速轮胎磨损。滑移转向只是在要求结构紧凑的小型机械上有所采用。

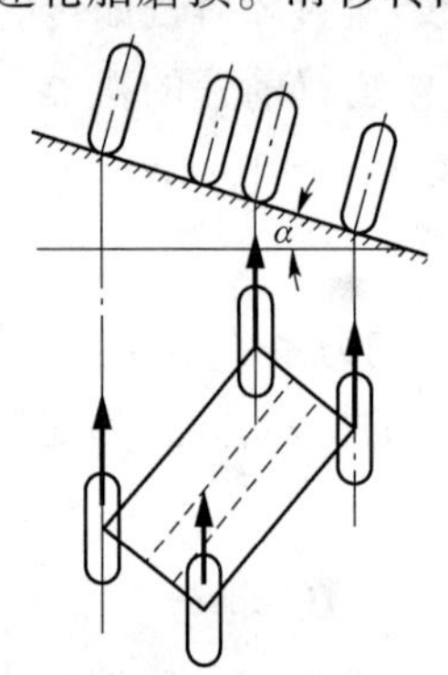

图 10-2　斜行转向机械的横坡行驶示意图

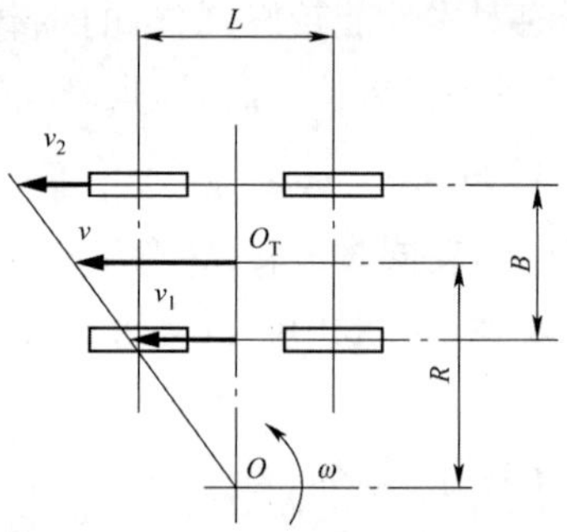

图 10-3　滑移转向运动示意图

为便于选择,将几种转向方式的特点列在表 10-1 中。

不同转向方式的比较　　　　表 10-1

序号	项　　目	偏转前轮	偏转后轮	偏转前后轮	铰接转向	滑移转向
1	转向半径	大	大	小	较小	最小
2	对准工作面	一般	方便	一般	方便	方便
3	驾驶路线判断	方便	较差	方便	方便	方便
4	转向时轮胎磨损	一般	一般	一般	较小	最大
5	结构复杂程度(全驱动时)	复杂	复杂	最复杂	简单	简单
6	转向系与传动系的关系	不相关	不相关	不相关	不相关	相关
7	整机纵向稳定性	良好	良好	良好	较差	差
8	整机横向稳定性	一般	一般	一般	略差	一般

第二节　车轮转向时的受力分析

一、车轮转向时的受力分析

1. 单个从动轮沿直线滚动时的受力分析

单个从动轮在水平地面上做直线滚动时,机架在其轴心作用有一个垂直于地面的载荷 G_1

和一个沿机架纵轴方向的水平力 P，车轮的自重 G_L 直接作用于地面，如图 10-4 所示。上述作用力可综合成垂直力 $Q=G_1+G_L$ 及水平推力 P。在这些力的作用下，地面给车轮一个反作用力 R。R 可分解成垂直分力 Z 和水平分力 P_f，车轮滚动时，滚动阻力 $P_f=Z\cdot f$，其中 f 为滚动阻力系数。车轮做等速滚动时，车轮上水平力平衡，有 $P=P_f$ 成立。

滚动阻力是随着水平推力的产生而产生的，在 $P<P_f$ 的时候，停止的车轮不滚动，运动的车轮做减速运动；当 $P=P_f$ 时，车轮保持原有的运动状态（或者停止，或者等速滚动）；在 $P>P_f$ 时，车轮将加速运动。

从动轮与地面之间的滑动摩擦阻力是车轮滚动的必要条件。如果车轮与地面的滑动摩擦系数为 μ，则地面给车轮的最大阻力 $P_{fmax}=Z\mu$。当地面给车轮的阻力 $P_f=Z\mu$ 时，车轮将不再滚动，而是向前滑动。

车轮沿直线方向滚动的条件为 $P\geqslant P_f$；不产生滑动的条件为 $P_f<Z\mu$。

2. 单个从动轮转向时的受力分析

从动轮在水平地面上做转向行驶时，机架对车轮的作用力 P 与机器的前进方向产生夹角 β（图 10-5）。将 P 力分解为 P_X、P_Y，地面在 P_X 方向对车轮的作用力为滚动阻力 P_f，在 P_Y 方向的作用力为侧向滑动摩擦阻力 W。车轮匀速滚动时 $P_X=P_f$，由此得出车轮滚动条件为：

$$P_X=P\cos\beta\geqslant P_f \tag{10-1}$$

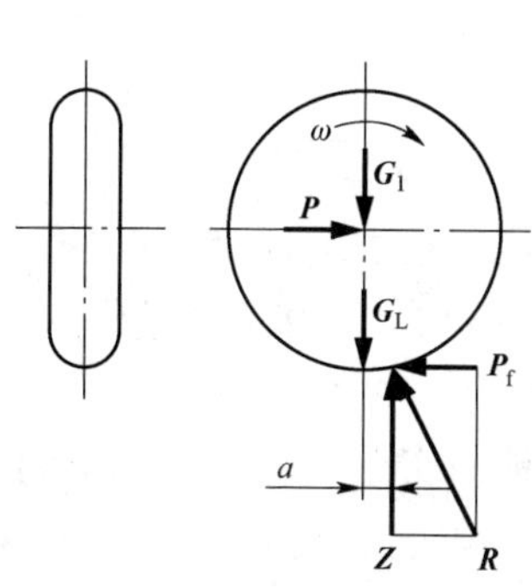

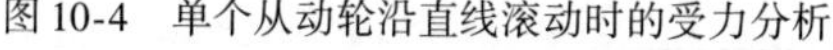
图 10-4　单个从动轮沿直线滚动时的受力分析

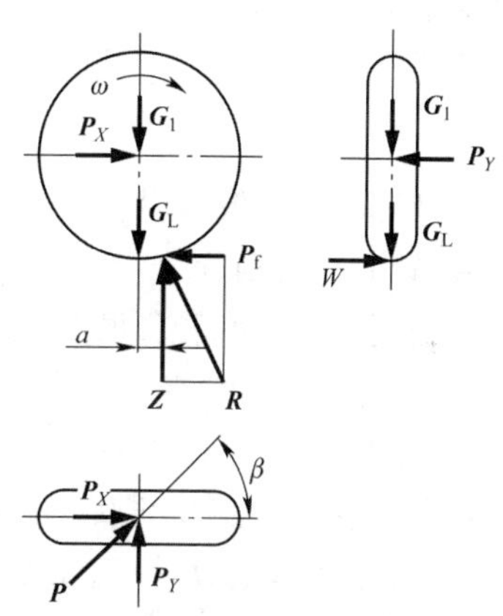

图 10-5　从动轮转向时的受力

车轮在推力 P 方向不产生侧向滑动的条件为：

$$P<Z\mu \tag{10-2}$$

尽管由式(10-1)可以得出在 $\beta<90°$ 时只要增大 P 总能克服 P_f 的结论，但是由式(10-2)可知，P 必须小于 $Z\mu$，否则导向轮将失效。所以 $P=Z\mu$ 时的 β 角应该为车轮偏转角的极限值。即：

$$P_X=Z\mu\cos\beta_{max}=P_f$$

$$\beta_{max}=\arccos\left(\frac{f}{\mu}\right) \tag{10-3}$$

在 $\beta>\beta_{max}$ 时，增大驱动力 P 车轮将不再滚动，而是沿 P 力的方向滑动。在沙地上，$f=0.18$，$\mu=0.45$，$\beta_{max}=66.4°$。实际设计时，考虑到急速转向时的离心力会使机器严重失稳，高速机械的 β_{max} 值一般为 30°～40°，不宜超过 45°。

3. 单个驱动轮转向时的受力分析

由驱动轮的动力学可知，在驱动轮的转动平面内有驱动转矩 M_K 作用，地面支承处将产生一个使驱动轮沿着车轮平面切线方向运行的反作用驱动力。当驱动轮的车轮平面相对直线行驶方向偏转某一角度时，驱动力也就沿着新的车轮平面推动车轮。不论在直线或弯道上行驶时，只要轮胎与地面之间有足够的附着力，驱动力总可以使车轮滚动。

实际上，机械传动的越野车辆，由于结构上的原因，也为了高速稳定，其转向驱动轮的最大偏转角通常小于45°。目前，液压全轮驱动的轮胎式起重机已经可以将车轮偏转90°。

二、转向阻力矩计算

转向阻力矩 M_z 与转向桥负荷、轮胎结构和气压、前轮定位、地面状况等许多因素有关。由于影响因素很多，精确计算转向阻力矩有困难。研究表明，在停止的状态下偏转车轮（即原地转向）时的转向阻力是运行时转向阻力的 2 ~ 3 倍，所以，研究原地转向的结果是有代表性的。下面是根据汽车原地转向的试验结果总结出来的两个经验公式，可供设计轮胎式工程机械转向系时参考。

1. 雷索夫推荐公式

$$M_z = G_1(fa + \mu x) \tag{10-4}$$

2. 塔布莱克推荐公式

$$M_z = \xi G_1 \sqrt{a^2 + \frac{b^2}{8}} \tag{10-5}$$

式中：M_z——转向轮的转向阻力矩，N · mm；

G_1——转向桥负荷，N；

μ——轮胎和地面间滑动摩擦系数，一般可取 $\mu = 0.7$ 左右；

f——轮胎的滚动摩擦系数，一般路面上可取 $f = 0.01 \sim 0.02$，在工地作业时另行确定 f 值；

b——轮胎宽度，mm；

a——轮胎接地面中心到转向主销中心线与地面交点的距离（图 10-6），mm；

ξ——有效摩擦系数，根据 a/b 关系由图 10-7 确定。

雷索夫公式中的 x 按下式计算：

$$x = 0.5\sqrt{r_z^2 - r_j^2}$$

式中：r_z——轮胎的自由半径，mm；

r_j——轮胎的静力半径，mm。

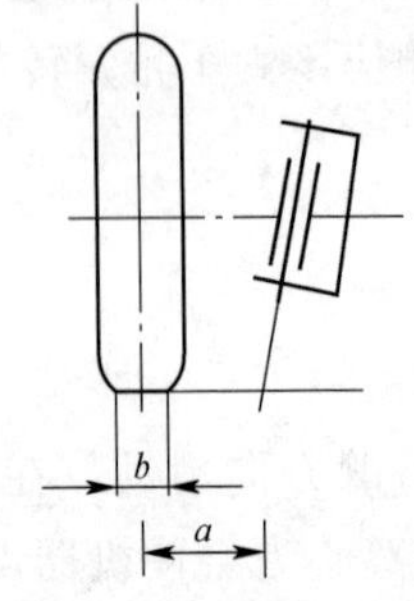

图 10-6　转向阻力矩计算

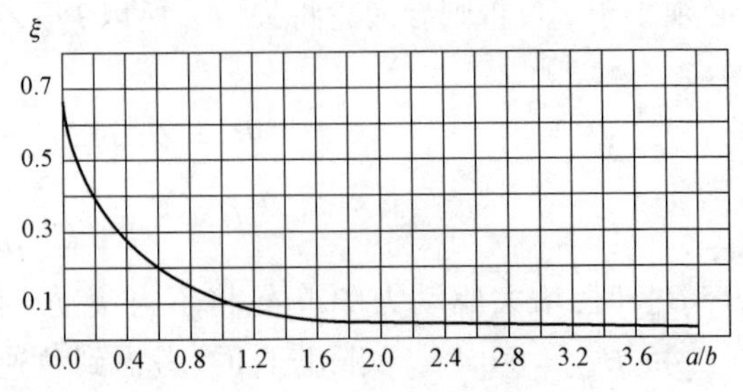

图 10-7　ξ 和 a/b 关系图

第三节　偏转车轮转向系设计

偏转车轮转向时车轮不得发生侧向滑动，否则会增加转向阻力、加速轮胎磨损。为此，应使转向时所有车轮均绕一个共同的瞬时中心做弧形滚动，如图10-1a)～图10-1c)所示。此瞬时中心(即为转向中心，图10-8)应是非转向桥轴线和两个转向轮轴线的交点。所以有：

$$\cot\beta = \frac{N+B}{L}$$

$$\cot\alpha = \frac{N}{L}$$

由此可得：

$$\cot\beta - \cot\alpha = \frac{B}{L} \tag{10-6}$$

式中：B——主销中心距离，mm；

L——轴距，mm。

距转向中心最远的一个车轮在转向时其轨迹的曲率半径称为转向半径。对于偏转前轮的机械，转向半径为由转向中心到外前轮中心的距离R_1。转向半径越小，机械转向所需场地面积就越小。车辆的最小转向半径R_{min}就表示车辆能在尽可能小的面积中活动的能力(图10-8)。

$$R_{min} = \frac{L}{\sin\beta_{max}} \tag{10-7}$$

为了使左右车轮的偏转角满足式(10-6)，在两侧车轮之间需要一个联动机构(或联动系统)。转向四连杆机构和对顶曲柄机构是目前工程机械上常见的近似机构，微机控制联动系统目前已有采用。

一、转向四连杆机构

转向四连杆机构，也叫转向梯形机构，图10-9为其示意图。对于前轮转向，可以将其分为转向梯形前置式和转向梯形后置式。

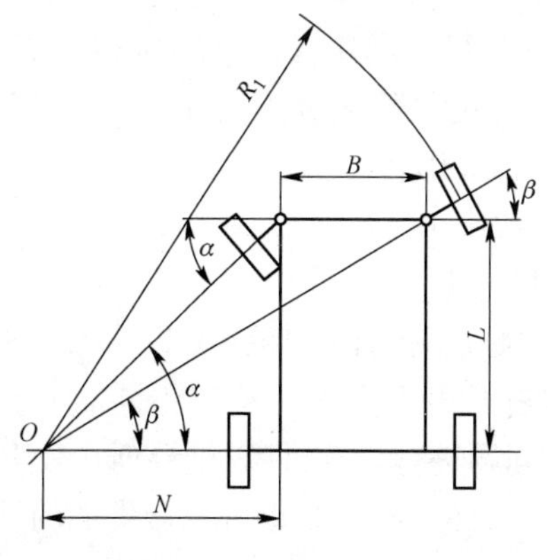

图10-8　偏转车轮转向示意图

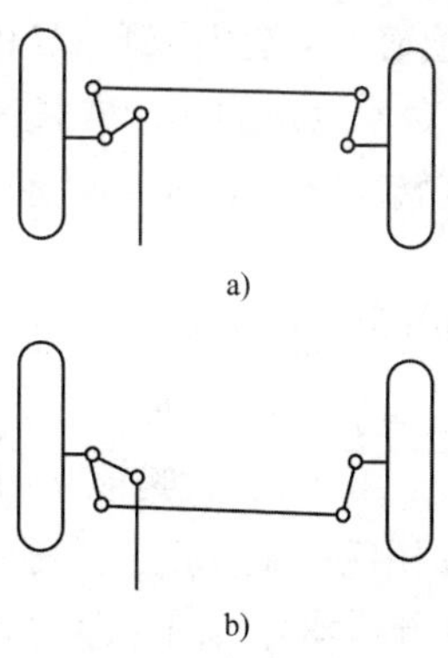

图10-9　转向梯形结构

a)前置式；b)后置式

为保证作业机械的行驶安全,当采用前轮转向时,应尽量将梯形机构布置在前桥之后(图 10-9b),横拉杆的高度应不低于前桥,以免障碍物撞击。只有在结构上不得已时,才把梯形机构放在前桥之前(图 10-9a),但横拉杆的位置要尽量高些。

在主销垂直安装的条件下,利用最优化理论,可以容易地得到转向梯形结构中各杆长度的最优结论,下面简述该方法的要点。

由式(10-6)可知,对于主销距离 B 与轴距 L 的比值相同的一类车辆来说,内侧车轮的偏转角 α 与外侧车轮的偏转角 β 的关系是相同的。根据几何相似原理,这一类机械只要知道一组横拉杆长度 a、梯形臂长度 c 的最优值(图 10-10),其他情况可以按比例得出。为此,令:

$$\frac{L}{B}=k_{\mathrm{L}} \tag{10-8}$$

$$\frac{a}{B}=k_{\mathrm{a}} \tag{10-9}$$

$$\frac{c}{B}=k_{\mathrm{c}} \tag{10-10}$$

式中:k_{L}、k_{a}、k_{c}——轴距系数、横拉杆长度系数、梯形臂长度系数。

这样就把问题转化为图 10-11 所示的平面四连杆机构形式,即主销距离为一个单位长度($k_{\mathrm{b}}=1$)的轮式机械,其轴距为 k_{L},求横拉杆长度 k_{a}、梯形臂长度 k_{c}。使一个梯形臂 AD 绕主销 A 转过 α 角时,另一梯形臂 BC 绕主销 B 转过 β' 角,并且在一定范围内,α 和 β' 的关系始终尽可能满足下式:

$$\cot\beta'-\cot\alpha=\frac{1}{k_{\mathrm{L}}} \tag{10-11}$$

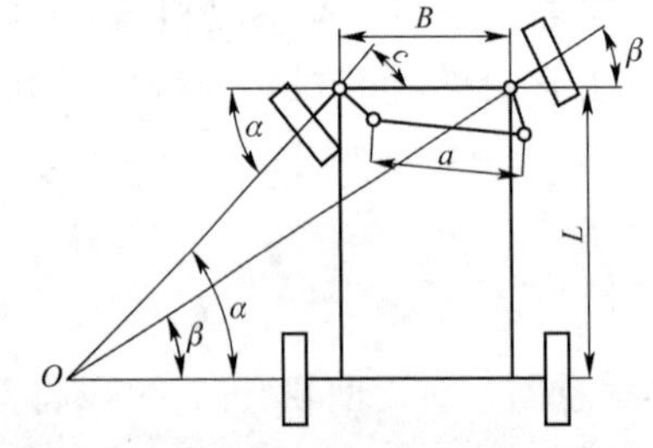

图 10-10 转向梯形的优化设计

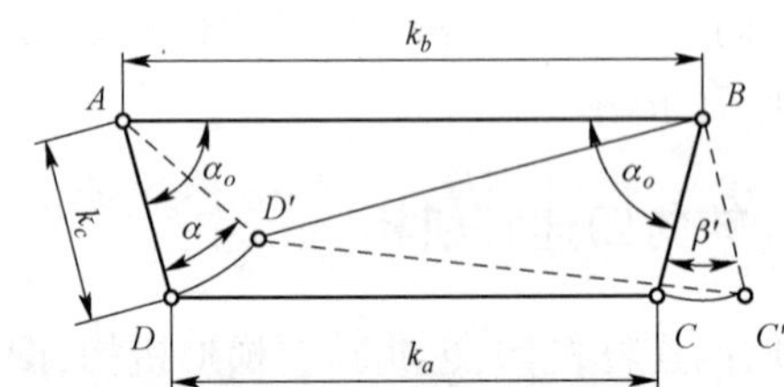

图 10-11 转向梯形结构

在 k_{L} 值确定后,当内侧车轮的偏转角 α 已知时,可以利用式(10-6)求得外侧车轮的理论偏转角 β。对于给定的梯形臂长度系数 k_{c}、横拉杆长度系数 k_{a},可以利用平面几何求得外侧车轮的实际偏转角 β'。进而可以求得 β' 偏离 β 的值 $\Delta\beta$,即:

$$\Delta\beta=|\beta'-\beta| \tag{10-12}$$

在 α 的工作范围(由于车轮偏转角很大的情况较少,这里取 $0°\leqslant\alpha\leqslant30°$)内,偏差 $\Delta\beta$ 存在一个最大值 $\Delta\beta_{\max}$。在梯形臂长度系数 k_{c} 给定时调整横拉杆长度系数 k_{a},最终能找到一个 k_{a} 值,满足 $\Delta\beta_{\max}$ 最小,也就是该 k_{c} 下最理想的横拉杆长度系数 k_{a}。给定不同的 k_{c},总可以找到与前述条件相应的 k_{a}、$\Delta\beta_{\max}$。利用计算机对这一问题进行计算,计算结果列在表 10-2 中。

前面的分析均为转向梯形后置时的情况,当转向梯形前置时也可以做类似的计算,表 10-3 为梯形前置时的计算结果。

在实际设计时,还应该考虑四连杆机构的最小传动角不能太小。表 10-2 中除左上角的一组数据外，其余方案的最小传动角（$\alpha=30°$时梯形臂与横拉杆之间的夹角）均大于45°。

表10-3中的粗线将数据分为三部分，最右边部分数据的传动条件较好，最小传动角（这时为梯形臂与两铰销连线间的夹角）大于45°；中间部分的最小传动角在30°～45°之间，传动条件尚可；最左边部分的最小传动角小于30°，按机械原理一般不宜采用。采用表10-2、表10-3中的方案后，$\Delta\beta_{max}\leqslant 0.28°$。

转向梯形后置时横拉杆长度系数 k_a 的最优值　　表10-2

k_c \ k_L	1.4	1.6	1.8	2.0	2.2	2.4	2.6	2.8	3.0	3.2	3.4	3.6
0.10	0.9049	0.9136	0.9209	0.9272	0.9327	0.9374	0.9415	0.9451	0.9484	0.9513	0.9539	0.9562
0.12	0.8879	0.8980	0.9066	0.9139	0.9203	0.9258	0.9307	0.9350	0.9388	0.9421	0.9452	0.9479
0.14	0.8714	0.8829	0.8927	0.9011	0.9083	0.9146	0.9201	0.9250	0.9293	0.9332	0.9367	0.9399
0.16	0.8555	0.8684	0.8792	0.8886	0.8966	0.9037	0.9098	0.9153	0.9201	0.9245	0.9284	0.9319
0.18	0.8402	0.8543	0.8662	0.8764	0.8853	0.8930	0.8998	0.9158	0.9112	0.9159	0.9203	0.9242
0.20	0.8255	0.8407	0.8536	0.8647	0.8743	0.8826	0.8900	0.8965	0.9024	0.9076	0.9123	0.9165
0.22	0.8113	0.8275	0.8414	0.8532	0.8635	0.8725	0.8805	0.8875	0.8938	0.8994	0.9044	0.9090
0.24	0.7976	0.8148	0.8295	0.8421	0.8531	0.8627	0.8711	0.8786	0.8853	0.8914	0.8968	0.9017
0.26	0.7843	0.8025	0.8180	0.8314	0.8430	0.8531	0.8621	0.8700	0.8771	0.8835	0.8893	0.8945

转向梯形前置时横拉杆长度系数 k_a 的最优值　　表10-3

k_c \ k_L	1.4	1.6	1.8	2.0	2.2	2.4	2.6	2.8	3.0	3.2	3.4	3.6
0.10	1.1126	1.1019	1.0927	1.0847	1.0778	1.0718	1.0666	1.0620	1.0581	1.0545	1.0513	1.0485
0.12	1.1374	1.1243	1.1130	1.1032	1.0948	1.0874	1.0810	1.0754	1.0705	1.0661	1.0623	1.0588
0.14	1.1628	1.1474	1.1340	1.1223	1.1122	1.1035	1.0959	1.0892	1.0833	1.0781	1.0735	1.0693
0.16	1.1891	1.1712	1.1556	1.1420	1.1302	1.1199	1.1110	1.1033	1.0964	1.0903	1.0849	1.0801
0.18	1.2160	1.1957	1.1778	1.1622	1.1487	1.1369	1.1266	1.1177	1.1098	1.1029	1.0967	1.0911
0.20	1.2438	1.2209	1.2008	1.1831	1.1677	1.1544	1.1427	1.1325	1.1235	1.1156	1.1086	1.1024
0.22	1.2722	1.2469	1.2243	1.2046	1.1873	1.1722	1.1591	1.1477	1.1376	1.1288	1.1209	1.1138
0.24	1.3014	1.2735	1.2486	1.2266	1.2074	1.1907	1.1761	1.1633	1.1521	1.1422	1.1334	1.1256
0.26	1.3313	1.3009	1.2735	1.2494	1.2281	1.2096	1.1935	1.1793	1.1669	1.1560	1.1462	1.1376

［例10-1］　有一轮式机械，其轴距 $L=4000\text{mm}$，主销距离 $B=1430\text{mm}$，采用后置转向梯形机构，预定梯形臂长 $c=286\text{mm}$。试计算横拉杆长度 a。

解：由式（10-8）得：

$$k_L=\frac{L}{B}=\frac{4000}{1430}=2.80$$

由式（10-10）得：

$$k_c=\frac{c}{B}=\frac{286}{1430}=0.20$$

查表10-2得：

$$k_a = 0.8965$$

由式(10-9)得：

$$a = k_a B = 0.8965 \times 1430 = 1282.0\text{mm}$$

二、对顶曲柄机构

对顶曲柄机构是工程机械中常用的另一种机械式转向机构。该机构与全液压转向系统接合后，结构紧凑，容易实现较大的偏转角。对顶曲柄机构的示意图，见图10-12。

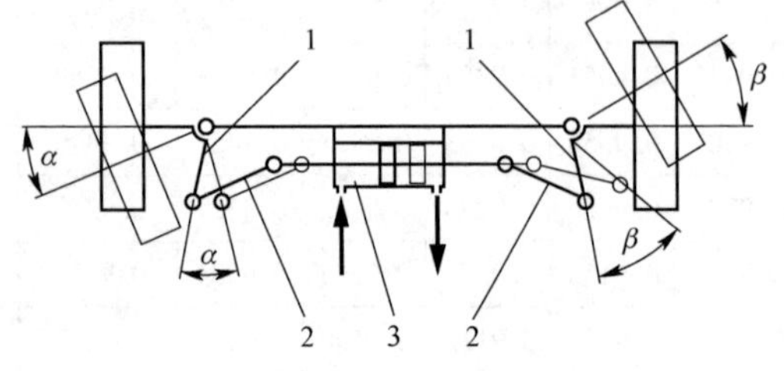

图10-12　对顶曲柄机构示意图

1-转向节臂；2-连杆；3-双出杆油缸

这种机构主要由两边的转向节臂1、连杆2和双出杆油缸3组成。当按图中箭头的方向通入液压油时，活塞杆通过连杆推动右面的车轮偏转一个角度β，同时拉动左边的车轮偏转一个角度α。资料表明，通过合理的设计系统的尺寸，这种机构能在$\alpha = 80°$时仍然使β具有良好的精度。

这种结构有一个缺点，就是工作时连杆与活塞杆之间存在一个夹角，导致活塞杆承受弯矩。这会加快油缸磨损，产生泄漏。实践表明，只要在设计中充分注意这个问题，采取必要的措施，这一问题并不严重。对顶曲柄机构还可作为一个较好的转向系统。

三、利用图解法校核转向机构

由于转向梯形结构比较简单，利用最优化理论可以求得前文的相关内容。实际上许多结构是难以用这种图表方法设计的。尽管利用计算机对任何机构进行计算都可以得到令人满意的结果，但编程计算也是一件不容易的事情。下面介绍传统的图解法。

利用图解法进行校核，如图10-13所示，首先从主销中心线延长线与地面的交点A、B引后轮中心线的垂直线并得交点C、D，然后将AB线段的中点E与C连接。EC线即为理论上的转向梯形特性线，因为在该特性线上任一点F与A、B两点连线所组成的$\angle EAF$和$\angle EBF$的关系符合按式(10-6)求得的内、外转向轮所对应的转角α和β的关系，这可由图10-13上的几何关系简单地得到证明：

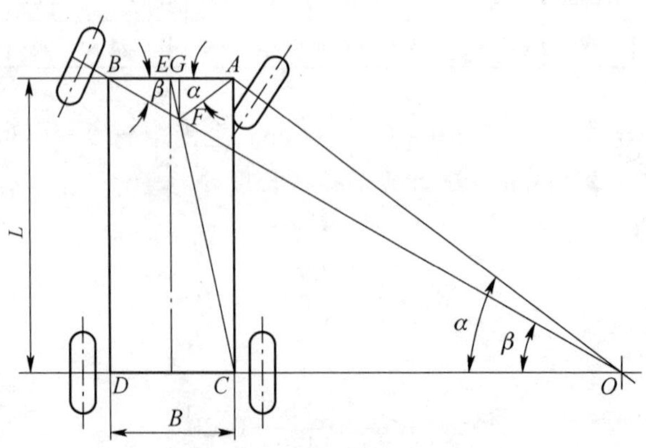

图10-13　转向特性的理论曲线

$$\cot\angle EAF = \frac{AG}{FG} = \frac{AE - EG}{FG}$$

$$\cot\angle EBF = \frac{BG}{FG} = \frac{BE + EG}{FG}$$

$$\cot\angle EBF - \cot\angle EAF = \frac{2EG}{FG} = \frac{2EA}{AC} = \frac{B}{L} = \cot\beta - \cot\alpha \tag{10-13}$$

由上式可知：EC 线即为保证内、外转向轮理想转角关系的理论特性线。以这条理论特性线为标准就可以用图解法来进行校核了。下面仍然以转向梯形为例说明具体做法：

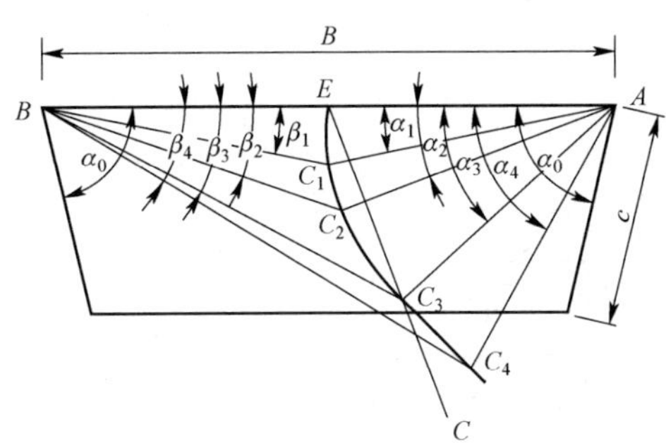

图 10-14 用图解法校核初选转向梯形

首先根据初选的转向梯形臂长 c 和底角 α_0 画出处于中间位置时的转向梯形图(图 10-14)。再按给出的内轮转角值 α_1、α_2、α_3…，用作图法求出外轮的相应转角值 β_1、β_2、β_3…。然后，如图 10-14 所示分别通过 A、B 点绘出内、外轮转角 α_1、β_1 的边线，得两边线交点 C_1。如此绘出 α_2、β_2，α_3、β_3 等一系列对应转角的边线，得一系列的交点 C_2、C_3…，它们的连线便是该初选梯形的实际特性曲线 EC_4，应该使实际特性曲线 EC_4 与理论特性线 EC 尽可能一致。具体做法是：选定几组横拉杆的长度，分别作图，最后确定一组最优方案。至少应使所选择的梯形在常用车轮转角下的实际特性曲线与理论特性线最接近。通常，如果某条实际特性曲线与理论特性线交于 15°～25°之间时，该特性曲线对应的方案便接近最优方案。

需要说明的是，前面介绍的转向机构优化设计方法，是将其简化为平面机构计算的。实际上，许多轮式机械转向车轮都具有外倾角，而其转向主销又具有内倾角及后倾角，所以转向机构是空间机构。如果实际设计时将 A、B 两点(图 10-13)看作主销的轴线与地面的交点，在大多数情况下已经能满足需要。读者如果需要空间机构的优化设计方法，可参考有关汽车设计方面的文献。

四、多转向桥的转向机构

多转向桥的偏转车轮转向原理与单转向桥相同，即尽量使各轮轴线在地面的投影交于一点。对于图 10-15 所示的双转向桥结构，第一桥的转向特性关系为：

$$\cot\beta_1 - \cot\alpha_1 = \frac{B}{L_1} \tag{10-14}$$

第二桥的转向特性关系为：

$$\cot\beta_2 - \cot\alpha_2 = \frac{B}{L_2} \tag{10-15}$$

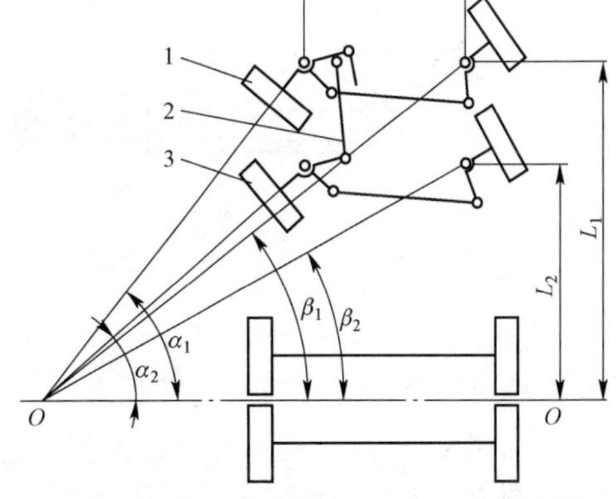

图 10-15 双前桥转向机构

1-第一转向桥；2-桥间连杆机构；3-第二转向桥

分别设计其转向梯形后，第一桥与第二桥之间的连杆机构还应该满足以下关系：

$$\frac{\tan\alpha_1}{\tan\alpha_2} = \frac{L_1}{L_2} \tag{10-16}$$

当机器中有两个非转向桥时，为了简化结构，通常使其转向时的瞬心在两非转向桥的平分线上。如图 10-15 中有两个非转向的后桥，转向时的瞬心在两后桥的平分线 OO 上。采用这种方式后，非偏转的车轮转向时在理论上有微量的侧向滑动，当转弯半径减小时，侧向滑动将增加。

在公路上行驶的特重型机械（如大型平板车等），为了增加其承载能力通常采用许多车桥和车轮。为了行驶方便，也采用多桥转向。对于机械式转向机构，当车桥数为奇数时，瞬心通常在中间的一个车桥的中心线位置，也就是说，转向时中间车桥的车轮不偏转（图 10-16）；当车桥数为偶数时，通常所有车桥的车轮都要旋转，转向瞬心在中间两车桥的中心线位置（图 10-17）。

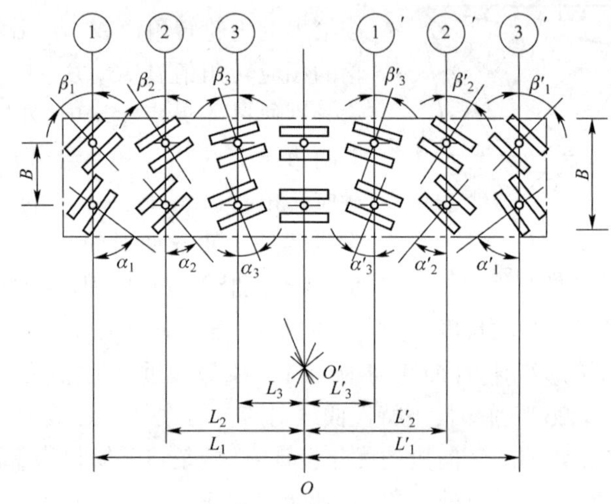

图 10-16　多桥转向示意图

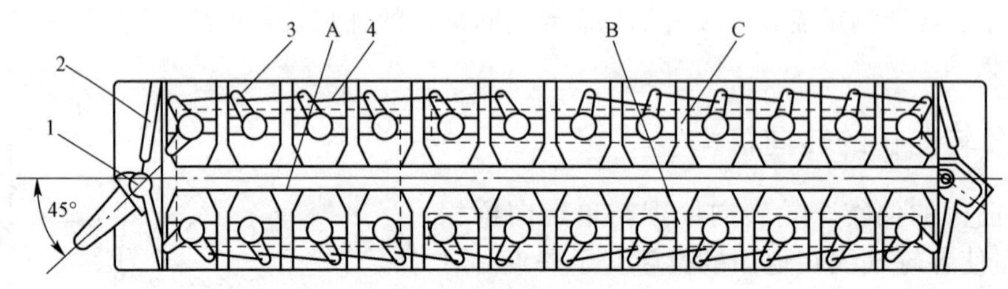

图 10-17　全拉杆式转向装置

1-转向架；2-转向油缸；3-转向臂；4-转向拉杆

设计多桥转向时，可以按图 10-15 的方案，在每个车桥上布置转向梯形机构，然后利用桥间连杆机构将所有转向桥连接起来，使各轮都符合转向条件。不过，由于前面和后面车轮的偏转方向相反，中间机构设计比较困难。

图 10-17 为一种采用了液压传动的全拉杆式转向装置，是一种在多轴挂车上应用的转向装置形式。牵引车通过牵引架、转向架、拉杆系及转盘带动轮轴转动，并使左右两侧转向油缸的高压油传到对角线端的油缸内，推动该处的转向架及拉杆系，使另一组轮轴转向。各轴转向臂及拉杆长度均能调节，使各轮轴有不同的转角，机动性好。采用液压操纵拉杆，转向轻便性好。

五、转向机构的结构设计

由于转向轮主销是倾斜安装的,机器在行进中车桥大多有相对于机架的运动,所以转向机构的杆件之间实际上是空间相对运动。转向传动机构的各元件间应该采用球铰连接,其典型结构如图 10-18 所示。这种球形铰接的主要特点是能够消除由于铰接处的表面磨损而产生的间隙,也能满足两铰接件间复杂的相对运动。在现行的球形铰接结构中多是采用弹簧将球头与衬垫压紧。弹簧沿拉杆轴线压紧的结构制造容易,常为中、重型车辆所采用。设计时要注意的是,弹簧的预压紧力必须明显地大于机械在最坏的行驶条件下作用于拉杆上的轴向力,否则弹簧变形会影响转向性能。

转向摇臂、转向节臂和梯形臂由中碳钢或中碳合金钢如 35Cr、40、40Cr 和 40CrNi 加工制成,且多采用变截面以合理地利用材料和提高其强度与刚度。铰销的安装孔应具有一定的锥度以得到无隙配合,设计梯形臂和转向摇臂时,结构上要有定位以保证安装正确。转向摇臂的长度与转向传动机构的布置及传动比等因素有关,一般在初选时对小型车辆可取 100 ~ 150mm;中型车辆可取 150 ~ 200mm;大型车辆可取 300 ~ 400mm。

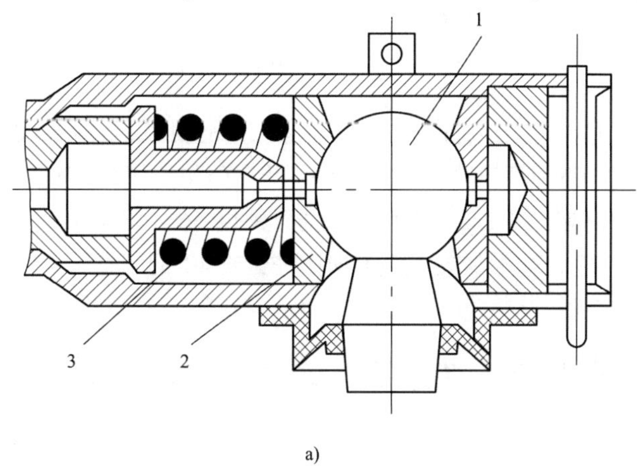

a)

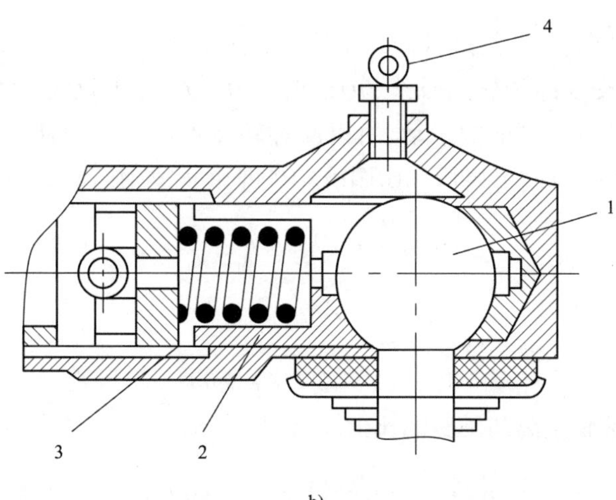

b)

图 10-18

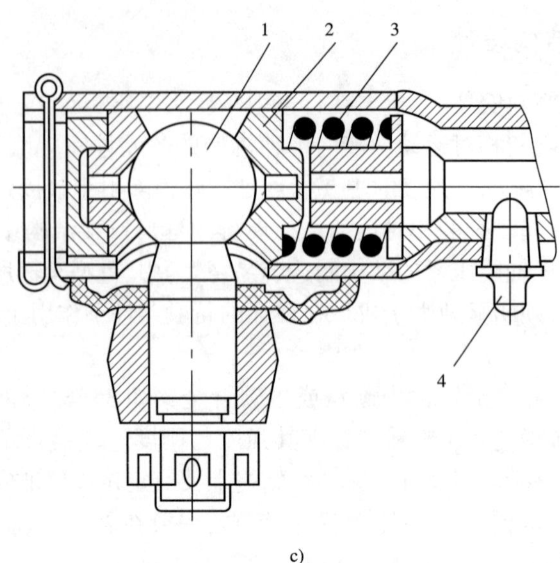

图 10-18　转向机构球铰的结构

1-铰销;2-衬垫;3-压紧弹簧;4-黄油嘴

转向传动机构的杆件应选用刚性好的 20、30 或 35 钢制造,其沿长度方向的外形可根据总布置的需要确定。球销与衬垫可采用低碳合金钢如 12CrNi3A、20CrMnTi 或 20CrNi 制造,工作表面经渗碳淬火处理,渗碳层深 1. 5 ~ 3. 0mm,表面硬度 56 ~ 63HRC。允许采用中碳钢 40 或 45 制造并经高频淬火处理。球形铰接的壳体则用 35 或 40 钢制造。

第四节　铰接式车架转向系设计

一、铰接式机械转向时的转弯半径

计算铰接式车辆转向半径时,通常假设车轮只有滚动,没有侧滑。过前后桥轴线作垂直地面的平面,此两平面的交线即为转向轴线 OO(在图 10-19 中,O 为该轴线在水平面上的投影点),车辆各轮绕此轴线做无侧滑的滚动,所以此种转向不需要转向梯形机构,也避免了偏转驱动轮时所需要的等角速万向节机构。由图 10-19 可知,前外侧车轮转向半径 R_1 为:

$$R_1 = \frac{B}{2} + AO$$

$$AO = \frac{AC}{\sin\alpha}$$

$$AC = (1 - K)L + KL\cos\alpha$$

式中:K——铰接点距前轴距离与轴距的比值。所以

$$R_1 = \frac{B}{2} + \frac{L}{\sin\alpha}(1 - K + K\cos\alpha) \tag{10-17}$$

用类似的办法可以得出后外侧车轮转向半径 R_2 为:

$$R_2 = \frac{B}{2} + \frac{L}{\sin\alpha}[K + (1 - K)\cos\alpha] \tag{10-18}$$

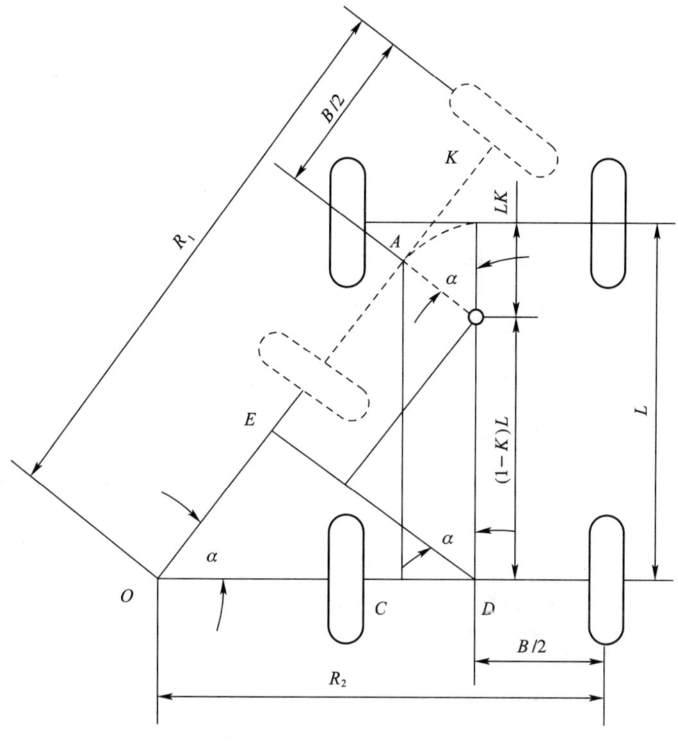

图 10-19　铰接式机械的转弯半径

式(10-17) - 式(10-18)得:

$$R_1 - R_2 = (1 - 2K)(1 - \cos\alpha)\frac{L}{\sin\alpha} \tag{10-19}$$

式(10-19)可看作三项的乘积,其中第二项、第三项都大于零。所以,$R_1 - R_2$ 符号由$(1 - 2K)$决定。

由此可见,当 $K < 0.5$ 时,$R_1 - R_2 > 0$,前外轮的转向半径为机器的转向半径;当 $K > 0.5$ 时,$R_1 - R_2 < 0$,后外轮的转向半径为机器的转向半径;$K = 0.5$ 时,$R_1 = R_2$,前后轮的转向半径相等。

二、铰接式机械转向时的转向阻力计算

铰接式机械的原地转向运动,由地面的附着情况和滚动阻力所决定,但运动规律相当复杂,影响因素很多,如铰接点相对于前后桥的位置、铰接点的摩擦阻力、前后桥的轮压、前后桥是否脱开、转向油缸的布置方式以及地面条件等。实际转向过程是各因素综合影响的结果。

图 10-20 是单桥驱动铰接式机架的原地转向运动示意图。在转向过程中,四个车轮没有侧滑,只有滚动,前机架的转动瞬心在 AA 直线上,后机架的转动瞬心在 BB 直线上。设铰点 O 以速度 v_0 在图示方向上运动,即前后机架的运动瞬心必然在与速度 v_0 垂直的直线 O_1O_2 上。这样一来,前机架的转动瞬心在 AA 与 O_1O_2 的交点 O_1 处;后机架的转动瞬心在 BB 与 O_1O_2 的

交点 O_2 处。

每个车轮绕其瞬心在地面上滚动，这与偏转车轮转向的情况相同，从理论上讲，按前面偏转车轮转向的阻力矩计算办法，可以计算出转向阻力矩来。但是，v_0 的方向与各轮的负荷、机器的几何尺寸、前后机架的夹角、地面的附着条件等诸多因素有关。

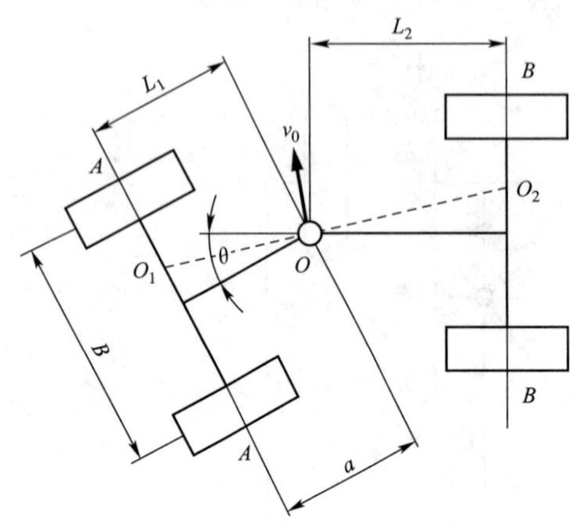

图 10-20　铰接式机械转向运动模型

四轮驱动的情况更加复杂，传动系使前后桥之间构成封闭的运动链，这个运动链是由最终传动、半轴、差速器、主传动、万向节和分动箱组成。机器原地转向时，该传动链将使两车桥上车轮的平均理论速度相等，这样，可能使一些轮胎相对于地面滑转，而另一些轮胎相对于地面滑移。

由上述可知，铰接式机械转向与偏转车轮转向有着根本的区别，因此其转向阻力矩的计算方法也有所不同。对于现有的铰接机械的转向阻力矩，可用试验测定。其方法是根据转向阻力矩和油缸转向力矩平衡的关系，通过测定转向角 α 和转向油缸各腔的油压，就可算出原地转向阻力矩。铰接式机械原地转向阻力矩的计算，目前尚无完善的方法，通常借用偏转车轮转向的公式和根据试验推出的经验公式进行计算。对于图 10-20 所示的状态。其计算式为：

$$M_z = \xi G_1 \sqrt{\frac{B^2}{4} + a^2} \tag{10-20}$$

式中：M_z——转向阻力矩，N · m；

a——转向桥轴线至铰接点的距离，m；

ξ——轮胎与地面之间的综合摩擦系数，取 0.1 ~0.15；

G_1——转向桥负荷，N。

通常，前后桥算得的转向阻力矩不相等，应该取较小的一个数值。因为铰接式机械转向阻力较大，通常采用动力转向系统，系统的计算载荷与偏转车轮转向系一样，也是采用该种机械时的原地转向阻力矩。

第五节　滑移转向系统的设计计算

滑移转向式机械，由于每一侧车轮的转动速度完全相同，所以，转向过程的理论分析有许多与履带式机械相似的地方，这里作一简要介绍。

一、滑移转向机器中心的运动半径

图 10-3 为机器在水平地面上转向时四个车轮的运动情况示意图。内侧车轮的前进速度为 v_1，外侧车轮的前进速度为 v_2，则中心 O_T 的速度 v 为：

$$v = \frac{1}{2}(v_1 + v_2)$$

机器转动的角速度为：

$$\omega = \frac{v}{R} = \frac{v_1}{R - B/2} = \frac{v_2}{R + B/2}$$

由此可得中心的运动半径 R 为：

$$R = \frac{B(v_2 + v_1)}{2(v_2 - v_1)} \tag{10-21}$$

二、滑移转向过程的力学分析

1. 几点假设

图 10-21 为转向时机器在水平面内的受力状态示意图。图中 P_{Kn}、P_{fn}、P_{rn}（$n=1,2,3,4$）分别为第 n 个轮胎转向时所承受的驱动力、滚动阻力和侧向力；P'_{KP}为机器所承受的作业阻力。因为转向时轮胎边滚边侧滑，受力状况比较复杂。特做以下假设：

（1）由于机器轮胎的接地面尺寸远远地小于它的轮距 B、轴距 L，所以将轮胎与地面的接触看作点接触，其接触点就是轮胎的接地面中心。

（2）因为转向时机器的速度比较低，离心力忽略不计；转向时机器的切向速度 v 为一常量，其切向加速度略去不计。

（3）机器的重心位于四个轮胎所形成四边形的中心 O_T，四个轮胎的附着重量相同。四个轮胎所产生的最大驱动力（即附着力）数值相同，即：

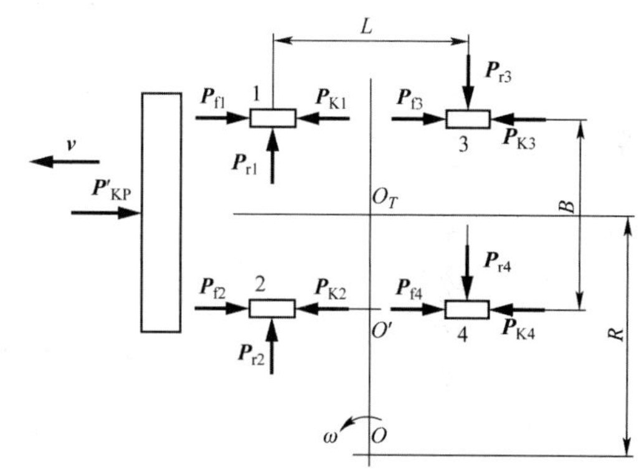

图 10-21　滑移转向受力示意图

$$P_{\varphi 1} = P_{\varphi 2} = P_{\varphi 3} = P_{\varphi 4} = G_S \frac{\varphi}{4} \tag{10-22}$$

式中：G_S——机器的附着重量，N；

φ——附着系数；

$P_{\varphi n}$——第 n 个轮胎的附着力，N。

（4）转向时，轮胎的滚动阻力系数与直行时相同。这样，转向时四个轮胎所受的滚动阻力数值相等，并且与直线行驶时的阻力相同。即：

$$P_{f1} = P_{f2} = P_{f3} = P_{f4} = G_S \frac{f}{4} \tag{10-23}$$

式中：f——滚动阻力系数。

（5）转向时，轮胎所受的侧向阻力 P_r 也与其附着重量成正比。即：

$$P_{r1} = P_{r2} = P_{r3} = P_{r4} = G_S \frac{\mu}{4} \tag{10-24}$$

式中：μ——侧向阻力系数。

（6）机器所受的作业阻力 P'_{KP}仍然在机器的纵向中心平面内。

2. 力学分析

1）转向阻力矩计算

经过这样的假设后，四个轮胎所受的侧向阻力对中心 O_T 的力矩形成了转向阻力矩，即：

$$M_f = \frac{L}{2}(P_{r1} + P_{r2} + P_{r3} + P_{r4})$$

将式（10-24）代入上式并整理得转向阻力矩 M_f 的计算公式：

$$M_f = \frac{L}{2}G_S\mu \tag{10-25}$$

2）转向过程分析

在行驶状态（$P'_{KP}=0$）下，机器原地转向可以分为两种情况：

（1）单边轮胎制动工况。设轮胎 2、4 制动，这时机器绕 O' 转动，$P_{K2}=P_{f2}=P_{K4}=P_{f4}=0$，机器所能产生的转向动力矩 M_K 为：

$$M_K = B[(P_{K1} - P_{f1}) + (P_{K3} - P_{f3})]$$

$$M_K = B\left(P_{K1} + P_{K3} - \frac{G_S f}{2}\right) \tag{10-26}$$

在外侧打滑时，$P_{K1}=P_{\varphi1}=G_S\varphi/4$、$P_{K3}=P_{\varphi3}=G_S\varphi/4$，代入上式整理得：

$$M_K = \frac{BG_S(\varphi - f)}{2} \tag{10-27}$$

（2）两边轮胎驱动方向相反工况。设轮胎 1、3 前进，轮胎 2、4 后退，机器绕 O_T 点转动，这时 P_{K2}、P_{K4}、P_{f2}、P_{f4}的方向与图 10-21 所示的相反。机器的转向动力矩为：

$$M_K = \frac{B}{2}(P_{K1} + P_{K2} + P_{K3} + P_{K4}) - \frac{B}{2}(P_{f1} + P_{f2} + P_{f3} + P_{f4}) \tag{10-28}$$

机器在转向中轮胎打滑的条件下，M_K 也可简化为：

$$M_K = \frac{BG_S(\varphi - f)}{2} \tag{10-29}$$

（3）讨论。式（10-27）与式（10-29）完全相同，要使机器在行驶中能够转向，必须满足：

$$M_K \geqslant M_f$$

将式（10-25）、式（10-27）代入上式整理得：

$$\frac{B}{L} \geqslant \frac{\mu}{\varphi - f} \tag{10-30}$$

这就是滑移转向机器行驶时正常转向应满足的几何条件。当机器在松散的土路上运行时，$\varphi=\mu=0.45$，$f=0.07$ 则有：

$$B/L \geqslant 1.184$$

实际设计中，建议 B/L 的值大于 1.25。

三、设计要点

（1）滑移转向机器一般采用全液压驱动，左右两侧驱动轮各用一套泵—马达闭式系统。

（2）两侧驱动轮要分别采用机械（链条、齿轮等）联动，以保证转速相等。

为了简化结构，目前的滑移转向机器的四个驱动轮都与机架相互固定。所以这种机器的行驶速度不宜太高，一般小于 12km/h。设计时要充分考虑由于轮胎接地压力不等带来的偏载。最好每个轮胎可以承受机器一半的重量。图 10-22 为一台滑移转向式装载机的传动系原理图,供设计参考。

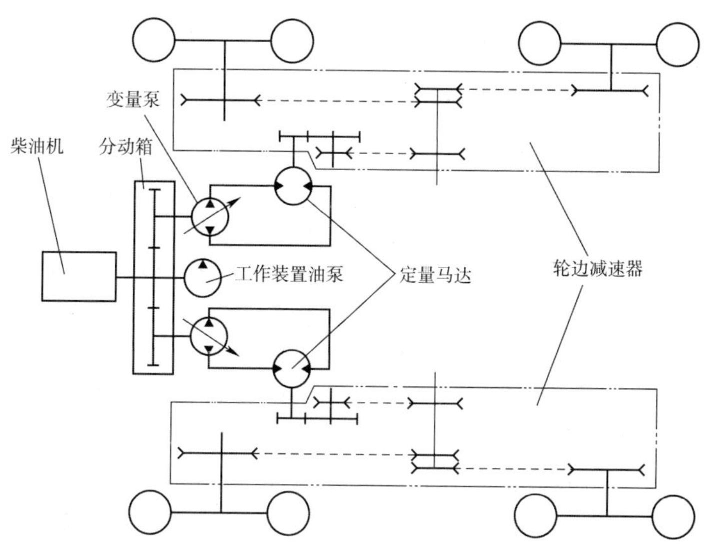

图 10-22　滑移转向装载机传动系简图

第六节　转向操纵系统

转向操纵系统,就是当驾驶员转动转向盘时,实现机器转向的一套装置。在轮式工程机械上,目前转向操纵系统有机械式转向系统、随动式液压转向系统、全液压转向系统和微机控制转向系统。

一、机械式转向系统

工程机械偏转车轮的机械式转向系一般与汽车拖拉机的转向系相同,它由转向器和转向传动机构两部分组成,如图 10-23 所示。转向时,驾驶员转动转向盘 1,通过转向轴 2 带动啮合传动副(图中为互相啮合的蜗杆 3 和齿扇 4),使转向垂臂 5 绕其轴摆动,再经纵拉杆 6 和转向节臂 7 使左转向节及装于其上的左转向轮绕主销 8 偏转。与此同时,左梯形臂 9 经横拉杆 10 和右梯形臂 12 使右转向节 13 及右转向轮绕主销向同一方向偏转。通常,将啮合传动副及其壳体等构件称为转向器。垂臂 5、纵拉杆 6、转向节臂 7、左右梯形臂 9、12 和横拉杆 10 总称为转向传动机构。梯形臂 9 和 12、横拉杆 10 以及前轴(或后轴)组成转向梯形。

由图 10-23 可以看出,转向器的作用是将转向盘的转动变为转向臂的摆动,改变力的传递方向并得到一定的传动比,进而通过转向传动装置操纵机器转向。图 10-23 中的蜗杆 3 和齿扇 4 形成了蜗杆—齿扇式转向器,结构简单、造价低廉,但由于它的传动效率太低,目前很少使用。轮胎式工程机械上目前广泛应用的机械式转向器有:循环球齿条齿扇式、曲柄球销式、球面蜗杆滚轮式和螺杆曲柄指销式等,它们都是由蜗杆—齿扇式转向器变形而来。其使用性能可靠、传动效率高,并可获得一定的可逆程度和所要求的角传动比,传动间隙便于调整,目前都有批

量生产,可以选用。下面简述其中两种结构的工作原理:

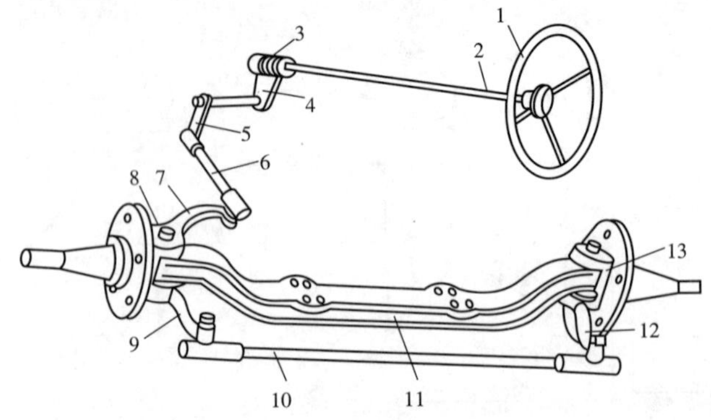

图 10-23 机械式转向系统示意图

1-转向盘;2-转向轴;3-蜗杆;4-齿扇;5-转向垂臂;6-转向纵拉杆;7-转向节臂;8-主销;9、12-梯形臂;10-转向横拉杆;11-前轴(梁);13-转向节

1. 球面蜗杆滚轮式转向器(图 10-24)

转向器壳体 4 是铸造件,固定在支架 12 上。壳体 4 的上部压装着转向柱管 2,用以支承转向盘 1 和转向轴 17。壳体 4 内装有啮合传动副,其主动件是压装在转向轴 17 下端的母线为内凹圆弧的曲面蜗杆 5(通常称为球面蜗杆)。滚轮 8 用滚针轴承和滚轮轴 9 支承于与转向垂臂轴 10 制成一体的支座上,球形滚轮 8 表面做出三道环状的齿,与球面蜗杆 5 相啮合。

当转向盘带动球面蜗杆 5 转动时,滚轮 8 就沿着蜗杆的螺旋槽滚动,从而带动垂臂轴 10 转动,使转向垂臂 11 摆动,然后通过转向传动机构使车辆转向轮偏转。可见,滚轮 8 连同其支架实际上相当于一个齿扇。由于齿做在滚轮上,因此滚轮与蜗杆啮合传动时二者之间为滚动摩擦,而不是采用普通齿扇时的滑动摩擦。

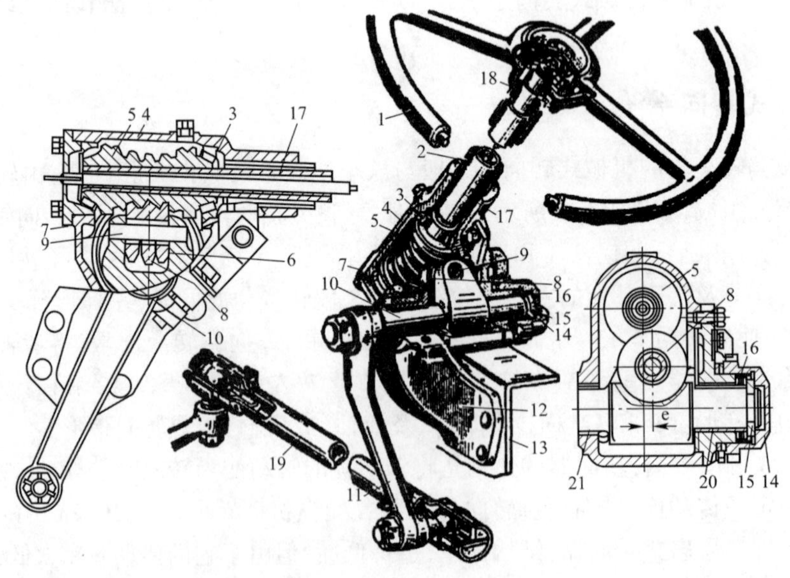

图 10-24 球面蜗杆滚轮式转向器

1-转向盘;2-转向柱管;3-圆锥滚子轴承;4-壳体;5-球面蜗杆;6-推力垫圈;7-调整垫片;8-滚轮;9-滚轮轴;10-转向垂臂轴;11-转向垂臂;12-转向器支架;13-车架;14-螺母;15-U 形垫圈;16-调整垫片;17-转向轴;18-球轴承;19-转向纵拉杆;20、21-衬套

转向轴 17 的上端用球轴承 18 支于转向柱管 2 内，其下端的球面蜗杆支承在外壳中的两个无内座圈的圆锥滚子轴承 3 上。球面蜗杆两端的锥面经过磨削加工，可以用来代替圆锥滚子轴承的内座圈工作表面。壳体 4 与其下盖之间装有调整垫片 7（至少有四张薄片：两张厚 0.05mm，另外两张厚 0.10mm），用来调整轴承的轴向游隙。转向垂臂轴 10 支承在壳体内的青铜衬套 20 和 21 上。在滚轮 8 两端面与支座之间有推力垫片 6。

滚轮和蜗杆的啮合间隙是变化的，当车辆直线行驶时，即滚轮在蜗杆中间位置时，其间隙为最小；但当向任意方向转动时，啮合间隙都随之增加，这是为了在两极限位置时，蜗杆与滚轮不致卡死，因而间隙必须随之变化。

滚轮和球面蜗杆磨损后，啮合间隙过大时，必须加以调整。为此，滚轮 8 和蜗杆 5 在装配好以后，在转向垂臂轴 10 的轴线方向上滚轮 8 和蜗杆 5 之间有一定的偏心距 e，如图 10-24 中右下方的剖面图所示。转向垂臂轴 10 端部的环槽内装有开口的 U 形垫圈 15。在 U 形垫圈 15 与壳体侧盖孔的端面之间有一组调整垫片 16。螺母 14 将 U 形垫圈压紧到调整垫片 16 上，轴 10 连同滚轮 8 的轴向位置即被固定。适当减小调整垫片 16 的总厚度，便可使上述偏心距减小，从而蜗杆与滚轮的轴线距离缩短，啮合间隙减小。一般的要求是，滚轮处于中间位置时，啮合面之间没有间隙，但又不致卡住。转向器壳上部有加油螺塞，加注润滑油到与孔口齐平为止。

球面蜗杆滚轮式转向器的角传动比，就是蜗杆和滚轮传动副的角传动比。滚轮处于中间位置时传动比最小，当其向两边转动时略有增加，此变化不大，故只有中间位置时的角传动比才有实际意义。

2. 循环球齿条齿扇式转向器

循环球齿条齿扇式转向器（图 10-25）由两个传动副组成。一副是转向螺杆和螺母，另一副是齿条和齿扇。转动转向盘时，与转向轴装成一体的转向螺杆 3 带动方形螺母 11 做轴向移

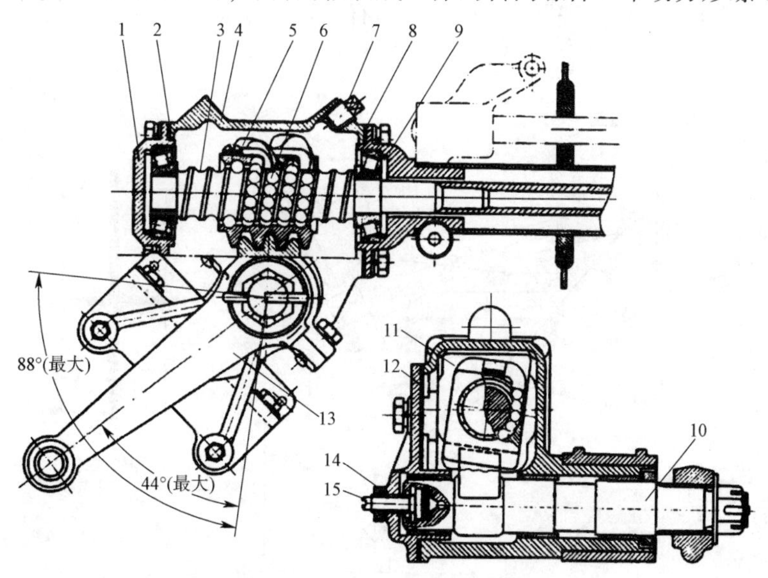

图 10-25　循环球齿条齿扇式转向器

1-下盖；2-调整垫片；3-螺杆；4-外壳；5-转向螺母钢球导轨；6-钢球；7-加油螺塞；8-调整垫片；9-上盖；10-转向垂臂轴；11-方形螺母；12-侧盖；13-转向垂臂；14-锁紧螺母；15-螺钉

动，方形螺母的一个平面制成齿条，带动与转向垂臂轴10制成一体的齿扇转动。

为了减少螺杆与螺母的摩擦和磨损，两者的螺纹并不直接接触，而是在中间装有许多钢球6，变滑动摩擦为滚动摩擦。齿条齿扇的啮合间隙可以用转向垂臂轴10端部的调节螺钉15使齿扇轴轴向移动进行调整。

目前，循环球齿条齿扇式转向器已用于北京BJ-212、北京BJ-130、上海SH-141等型汽车，ZL50型轮式装载机的动力转向、WS16S-1型铲运机等工程机械中。当操纵转向盘使螺杆在螺母中运动时，钢球就顺螺旋槽从一头滚到另一头，故必须装设环流导轨5，使滚出螺母的钢球沿环流导轨送回流入端，依此循环不息，故名循环球齿条齿扇式转向器。

循环球齿条齿扇式转向器的第一个特点是传动效率较高，一般都在90%以上，这是目前其他类型转向器都不能与之相比的。不仅其正传动（指转动转向盘驱动转向垂臂轴）效率高，操纵轻便，且其逆传动（指转向垂臂轴驱动转向盘）效率也很高。因此在机械行驶时，可以保证转向轮自动回正，从而使操纵更为轻便。循环球齿条齿扇式转向器的第二个特点是瞬时传动比和平均传动比相等，亦即转向器的角传动比 i'_ω 为定值。

二、机械反馈式动力转向系统

前面讲述的机械式转向器结构简单、性能可靠、使用方便，在中小型车辆中得到了广泛应用。但将其用于转向阻力大的工程机械、重型机械时，会使操作人员的劳动强度增大，甚至人力无法实现转向。遇到这种情况，就要借助发动机的动力进行转向，也就是动力转向。目前，常见的动力转向器有机械反馈式动力转向器和全液压动力转向器两类。

图10-26为柳州ZL50型铰接式装载机的机械反馈随动式动力转向原理示意图。如图所示，动力转向油缸7和8内油液的进出是由随动阀9控制的。随动阀的壳体固定在后车架上，其阀芯随转向杆10与螺杆一起可做上下轴向位移，最大位移量上下各为 δ，松开转向盘时，复位弹簧使上下 δ 数值相等，保证随动阀芯在中间位置，油泵从油箱吸油经过随动阀的通路回油箱。

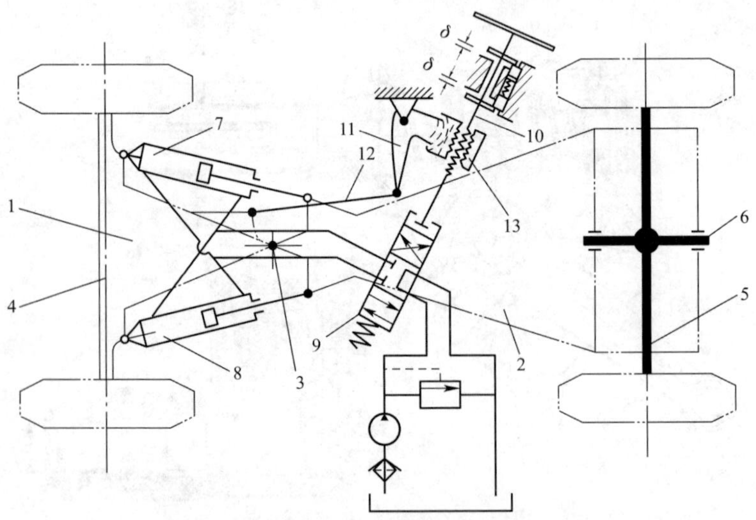

图10-26　ZL50型铰接式装载机转向原理示意图

1-前机架；2-后机架；3-铰点；4-前桥；5-后桥；6-后桥摆动轴；7-右转向油缸；8-左转向油缸；9-随动阀；10-转向杆；11-转向垂臂；12-随动杆；13-循环球齿条齿扇转向器

当转动转向盘时，由于循环球齿条齿扇式转向器13中的螺母、转向垂臂11和随动杆12与前机架相连，无法移动，迫使螺杆在随转向盘转动时做轴向位移，压缩复位弹簧使阀打开，将压力油输入油缸的一个油腔，同时油缸另一油腔回油。阀芯的最大上升及下降的距离为δ，即相当于阀的最大开度。

在压力油进入油缸时，由于油缸7的前腔与油缸8的后腔相通，油缸7的后腔与油缸8的前腔相通，因此两只转向油缸使前、后机架相对偏转，实现机械转向。

在机架相对偏转时，推动随动杆12、转向垂臂11、齿扇齿条13，使螺母与螺杆在相反的方向移动，带动阀芯轴反向移动一个距离δ。恢复原来位置，阀芯回到中位，切断了油泵向油缸供油的通路，前、后机架停止相对偏转。只有继续转动转向盘，再次打开随动阀才能继续转向。

上述过程可归结为：转动转向盘→转向杆轴向移动→开阀→压力油进入转向油缸→前、后机架偏转转向→随动杆推动转向垂臂→螺母带动螺杆复位→关阀→转向停。这样，前、后机架偏转运动的停止是通过随动杆12将阀关闭而实现的，叫作机械反馈随动系统。

图10-27a）为柳州ZL50型装载机转向器的构造。从图中可以看出，这个转向器实际上是由一个循环球齿条齿扇式转向器（即图10-26中的序号13）和一个液压随动滑阀（即图10-26中的序号9）组成。随动阀槽路示意，如图10-27b）所示。

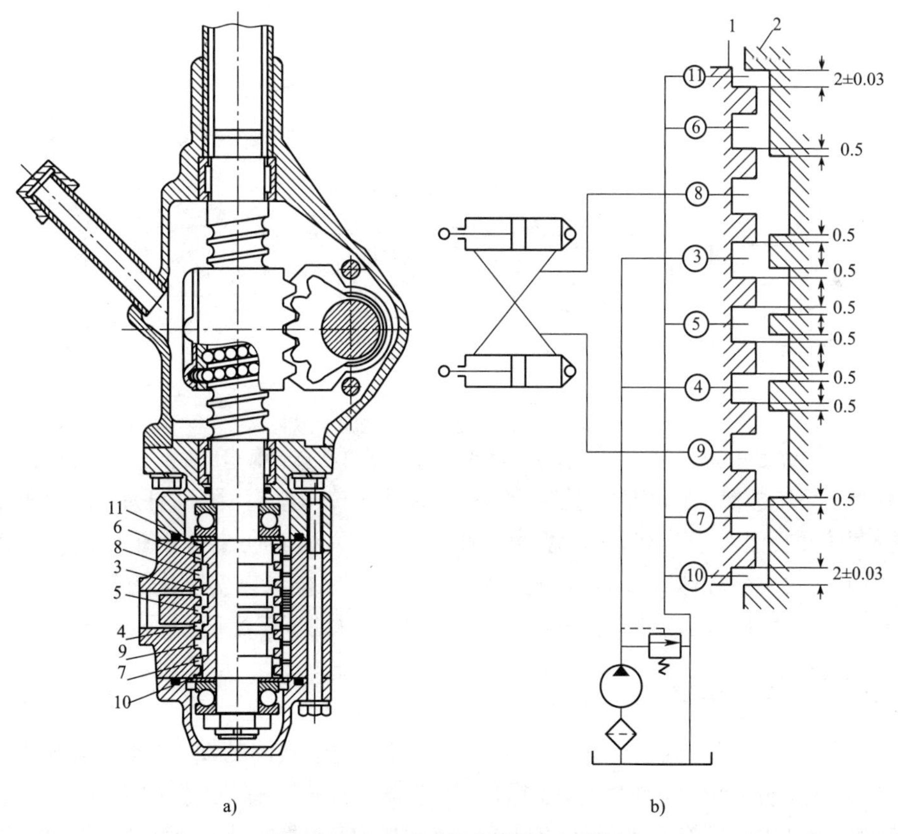

图10-27　ZL50装载机的转向器和随动阀

a）结构图；b）阀芯示意图

1-阀壳；2-阀芯；3～11-油槽号

a）图中的油槽号；b）图管路中的带圈数字表示与该管路相通的

参阅图 10-26 与图 10-27。当随动阀阀芯在中位时，从油泵来的压力油经过油槽 3、4 与 0.5mm 的间隙流至槽 5，由槽 5 回油箱。槽 6、7 亦和油箱相通。槽 8、9 和油缸 10、11 相通。这时，即阀芯在中位，油槽 8、9 既不和压力油槽 3、4 相通，又不和回油油槽 6、7 相通，因此油缸中的油液是封闭的，这就将前后机架刚性地相互连为一体，保证其具有一定的刚性。阀芯进油凹槽两侧都有 0.5mm 的重叠量，也就是阀芯有 0.5mm 的死区，这个死区使随动精确度和操纵灵敏度都比具有开量的随动阀要差一些，但对机器的转向系统来说，其中位的稳定性要好一些。

当转动转向盘时，螺杆相对于螺母转动，同时带着阀芯压缩复位弹簧（图 10-26 中的弹簧）做轴向移动，直至阀芯推力轴承或端板抵住阀壳端部。阀芯位移量大于 0.5mm 后，油槽 8、9 各自和压力油槽及回油槽相连通，使两油缸一端进油另一端出油，从而使前、后机架相对转动。阀壳与阀芯的径向配合间隙一般为 10 ~ 20mm。

随动杆（或称反馈杆）与一般纵拉杆类似，可以做成刚性的，也可以有一定弹性。为了避免车轮的冲击作用经随动杆传到转向垂臂上去，一般宜采用具有一定弹性的随动杆，图 10-28 为 ZL50 型装载机随动杆。

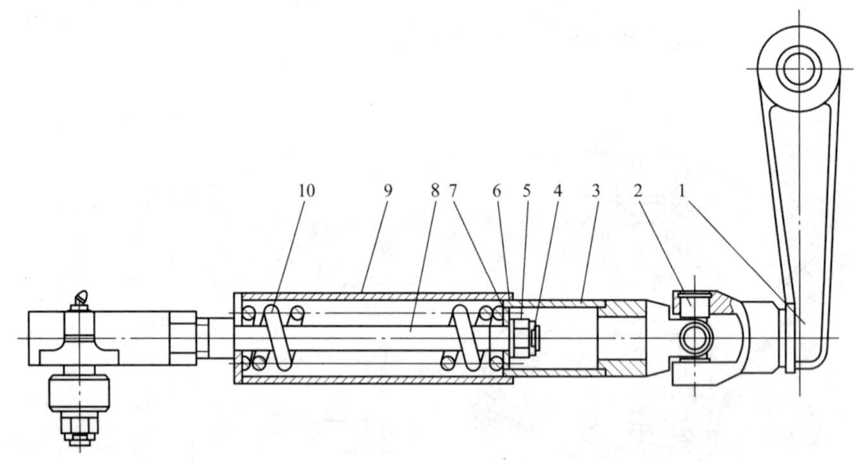

图 10-28　ZL50 装载机转向机构随动杆

1-转向垂臂；2-十字轴总成；3-接筒；4-开口销；5-螺母；6-垫圈；7-弹簧座；8-螺杆；9-弹簧筒；10-弹簧

如果液压系统故障，在间隙 δ 消除后，螺母将通过转向垂臂、随动杆使前、后机架相对转动，实现人力转向，但对于装载机来说，由于阻力太大，人力转向十分困难。汽车转向阻力较小，且利用了高效的循环球式转向器，液压系统故障后，完全可以实现人力转向。这大大地提高了汽车的可靠性，所以，这种转向方式在重型汽车上得到了广泛使用。

三、全液压转向系统

机械式人力转向器和机械反馈式动力转向器都有一个共同的缺点，就是必须由一个杆件（转向拉杆或随动杆）将转向部件与转向器连接起来。许多工程机械（如平地机）的转向轮与驾驶台较远，而且中间还有其他部件，安装转向拉杆或随动杆是十分困难的。遇到这种情况，就要采用全液压转向系统。图 10-29 为全液压转向系统的典型结构图。

与机械反馈式动力转向器一样，全液压转向器也是一种动力转向器。采用动力转向系统，操作人员只需极小的操作力和一般的速度操纵控制元件，而高速克服巨大阻力的能量由动力装置(发动机)来提供,这不仅改善了驾驶员的劳动条件,提高了生产率,同时也提高了行驶的安全性。

1. 全液压转向系统的典型回路

图 10-30 为全液压转向系统的典型回路。从液压油泵 3 输出的压力油经单路稳定分流阀 5 稳定流量后,进入全液压转向器 6。当驾驶员操纵转向盘时,全液压转向器的阀芯转动,液压油进入转向机构 9 实现转向。

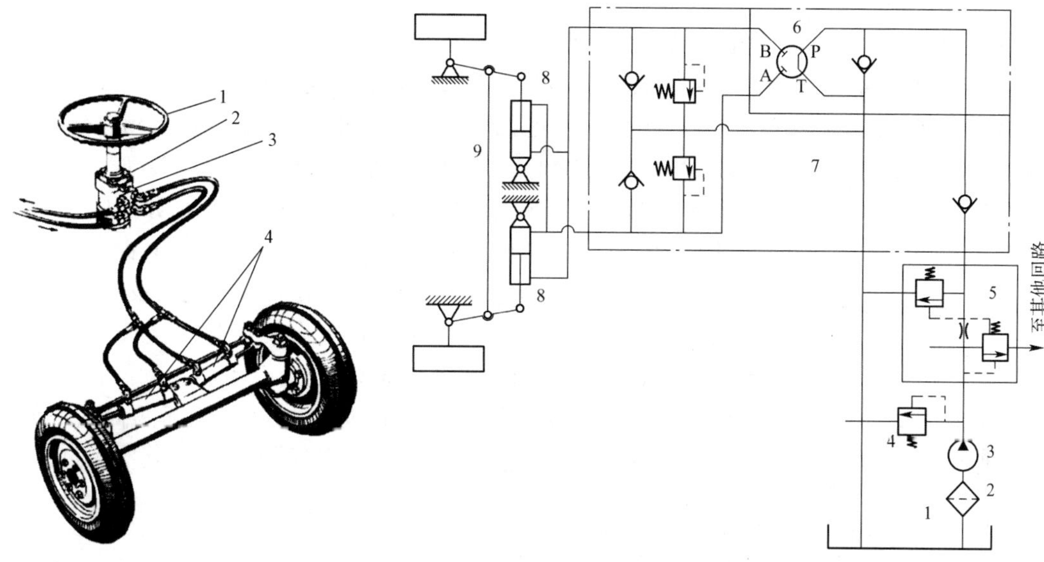

图 10-29　全液压转向系统结构图

1-转向盘;2-全液压转向器;3-组合阀块;4-转向油缸

图 10-30　全液压转向系统的典型回路

1-油箱;2-滤油器;3-油泵;4-溢流阀;5-单路稳定分流阀;6-全液压转向器;7-组合阀块;8-转向油缸;9-转向机构

2. 普通全液压转向器结构简介

普通全液压转向器(图 10-31)外面有 A、B、P、T 四个油口,一个连接轴 7。转向轴 10 与转向盘相连,驾驶员转动转向盘时,转向器的阀芯 6 随着转动。当转向盘向一个方向转动时,P

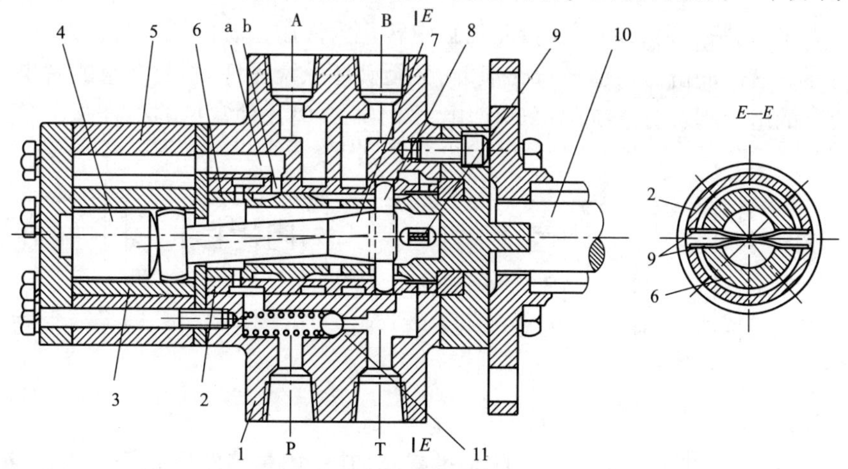

图 10-31　全液压转向器

1-阀体;2-阀套;3-转子;4-圆柱;5-定子;6-阀芯;7-连接轴;8-销轴;9-定位弹簧;10-转向轴;11-单向阀

口的压力油经 A 口进入转向油缸的一个油腔，油缸另一油腔的油经 B 口回油箱；当转向盘向另一个方向转动时，P 口的压力油经 B 口进入转向油缸，油缸另一油腔的油经 A 口回油箱，这样通过转动转向盘就可以实现转向。全液压转向器工作时，不论转向盘在哪一个方向转动，全液压转向器 A(B)口流出液压油的容积与转向盘转过的角度成正比；不论转向盘在哪个位置，只要它停止转动，A(B)口立即没有油流动。从这个意义上说来，全液压转向器实质上是一种计量阀，上述功能是靠它内部的计量马达(由转子 3、定子 5 组成)、阀芯 6、阀套 2 及其随动装置密切配合实现的。

在发动机熄火液压泵不能提供液压油的情况下，计量马达变成为计量泵通过单向阀 11 从回油路吸油，机器靠驾驶员的操纵力转向，当然，这时转向盘会变得沉重。

普通全液压转向器按照不转动转向盘(也就是阀芯在中位)时 P 口、T 口是否相通分为开芯型和闭芯型。开芯型不转动转向盘时 P 口、T 口是相通的，从理论上实现了停止转动转向盘时给转向油泵卸载，但由于阀芯的通流面积有限，用于大型机械时能耗还是比较大。闭芯型不转动转向盘时 P 口、T 口是断开的，停止转动转向盘时油泵不能卸载，只用于一些特殊的转向系统中。

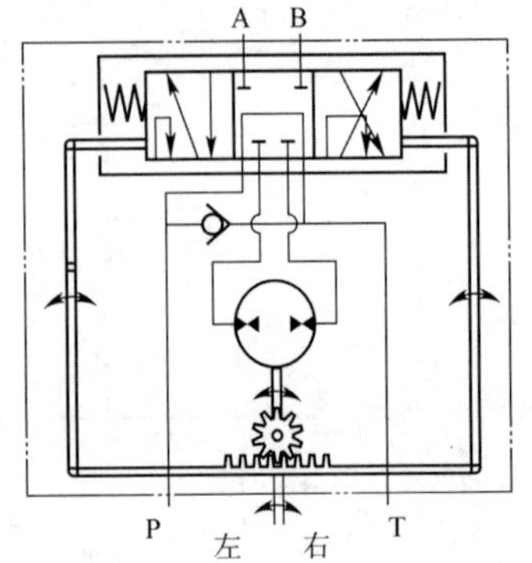

图 10-32　开芯无反应型全液压转向器原理

普通全液压转向器按照地面情况能否反映到转向盘分为有反应型和无反应型。有反应型全液压转向器，地面的情况能传递到转向盘，转向盘也会自动回正，但这种转向器在车轮受到冲击时转向盘打手问题尚未完全解决，目前使用不多。目前，广泛使用的是无反应型，地面的情况不能传递到转向盘，转向盘不会自动回正、不打手。

图 10-30 为目前使用最多的开芯无反应型全液压转向器，图 10-32 是这种全液压转向器的原理示意图。

尽管普通全液压转向器是靠发动机的动力进行转向，但将其用于大型机械时，由于通过阀芯的流量较大，因液动力的作用，操纵力矩还是比较大。

3. 阀块组合

机器行进中，轮胎受到的冲击在转向油缸中转化为液压系统的压力后，可以由管路反馈至全液压转向器。这个冲击力会造成管路泄漏，甚至破坏系统元件，引起严重的后果。安装于全液压转向器上的组合阀块对系统起保护作用。图 10-33 为几种常见的组合阀块形式。

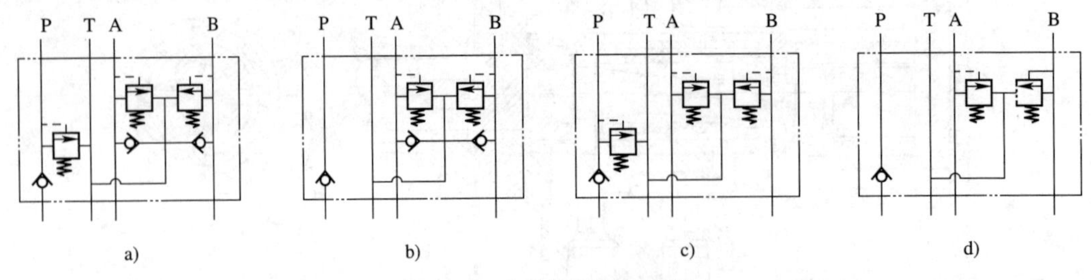

图 10-33　几种常见的组合阀块

布置在 A-T 口、B-T 口之间的溢流阀是过载阀，其作用是当转向轮受到外部冲击，转向油缸内的压力升高，达到过载阀的设定压力时，该阀打开泄油，对转向油缸进行过载保护。一般的,过载阀的压力设定值应比转向系统所需最大工作压力高 2MPa 左右。

在全液压转向系统中,组合阀块不是必须要设置的。对于小型低速机器,可以省略组合阀块;对于冲击不太大的机器,可以采用上述较简单类型的组合阀块。

4. 单路稳定分流阀

全液压转向回路中,使用的液压泵通常为定量泵。保证转向器所需要的流量稳定,对于转向盘转速较大的车辆(叉车、装载机)和应用大排量转向器的车辆来说尤其重要。单路稳定分流阀保证车辆转向的稳定性,使转向系统获得的流量不因发动机转速或转向系统压力的变化而变化,并且可以将多余的油液提供到其他工作回路,实现一泵多用。常用的单路稳定分流阀原理,如图 10-34 所示。

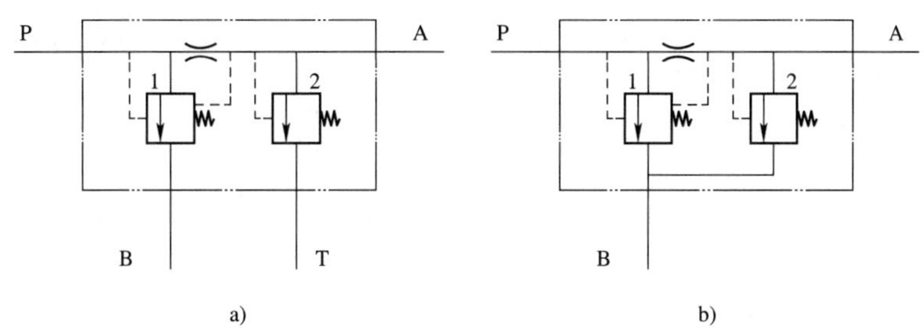

图 10-34　单路稳定分流阀原理

a)分流型;b)恒流型

1-稳流阀;2-溢流阀

图 10-30 中使用的是分流型单路稳定分流阀。图 10-34a)是这种分流阀的原理图,其阀体内有一个稳流阀 1 和一个溢流阀 2,当液压泵以一定流量从 P 口进行供油时,保证一路稳定的流量从 A 口输出,供给转向系统使用;另一部剩余流量由 B 口输出,供给其他液压系统或部件使用。

稳流阀 1 由一个节流孔和一个压差阀组成,可以保证节流孔两端的压差不变,也就是通向全液压转向器的流量不变。当节流孔两边的压差升高时,稳流阀的开度增大,使较多的油液流到 B 口;当节流孔两边的压差降低时,稳流阀的开度减少,使流到 B 口的液流减少。

溢流阀 2 的出口通向液压油箱,当转向系统压力过高的情况时开启,用来保护转向回路。恒流型分流阀的工作原理见图 10-34b),与分流型不同的是,除供油给转向回路外,从稳流阀 1 和溢流阀 2 排出的液压油合流后都回油箱。

普通型全液压转向器系统有一个缺点,就是转向系统始终需要一个稳定的流量。对于恒流型回路,只要驾驶员操作转向盘,泵出口的压力必须略高于转向需要的压力,在发动机额定条件下,液压泵排出的流量一般大于转向所需流量的 3 倍,也就是泵排出的流量有三分之二经单路稳定分流阀降压排到油箱,造成能量损失。

对于分流型回路,如果驾驶员转动转向盘时其他油路没有工作,往往会产生更大的能量损失;如果其他回路工作时转向系没有动作,则流经转向系的液压油会产生能量损失。将这种转向回路用于转向频繁、转向阻力大的工程机械上,能量损失是相当大的。采用负荷传感型全液压转向器可以在一定程度上减少这个损失。

5. 负荷传感型全液压转向回路

图 10-35 为负荷传感型全液压转向系统的工作原理,与普通全液压转向器比较,负荷传感型转向器壳体上多了一个 LS 感应口,该 LS 感应口与优先阀或负载感应油泵的 LS 口相连接。

优先阀的CF口与全液压转向器的P口相连接，EF口与其他液压工作装置相连接。当操作转向盘转向时，LS口压力升高，优先阀阀芯左移，通往CF口的流量增加，通往EF口的流量减少，保证转向系统正常运行；当不转动转向盘时，LS口为低压，从CF口流向转向器的液压油产生一定的压力，该压力作用到优先阀阀芯左侧，使阀芯右移，减少通往CF口的流量，加大通往EF到其他液压工作回路的流量，但并未将CF口关死，CF口仍有少量的流量维持优先阀阀芯的状态。

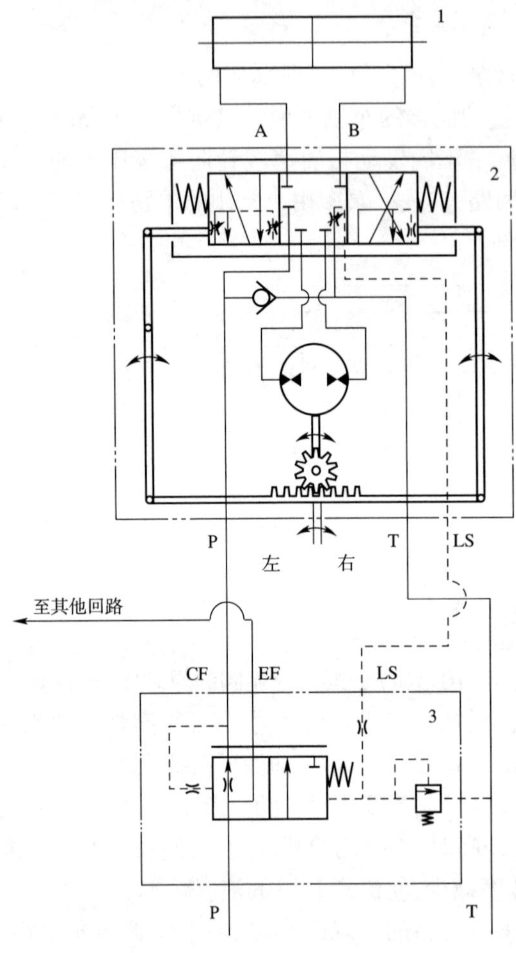

图10-35　负荷传感全液压转向回路图

1-转向油缸；2-负荷传感型全液压转向器；3-优先阀

无论负荷压力大小、转向盘转速快慢，优先阀均能按照转向油路的要求，优先分配相应流量，充分保证转向可靠、灵活和轻便。当进行转向时，油泵输出的压力油，除去给转向系统提供所需的流量外，剩余部分可供给其他液压工作装置；当不进行转向时，优先阀几乎将油泵输出的所有压力油提供给其他液压工作装置，从而提高液压系统的效率。当负荷传感型全液压转向系统由负荷传感变量泵供油时，油泵的输出流量和压力能够与负载要求相匹配，因此系统效率很高。

在负荷传感型全液压转向器内部，也有单向阀保证发动机熄火时实现人力转向。设计时，也要根据需要选配图10-33的组合阀块。

采用负荷传感型全液压转向器基本解决了其他回路工作时转向回路不工作的能量损失问题，但未解决转向系统工作时其他回路的损失。如果其他回路需要的流量较大，最好增加液压泵。其用于大型机械时，由于流量大，液动力产生操纵力矩仍然比较大。

6. 流量放大型全液压转向回路

流量放大型全液压转向回路是用一个小排量的全液压转向器控制流量放大阀，由流量放大阀给转向油缸提供较大的液压油流量，可用于大型机械的转向系统，具有操纵力小、节能、布置方便的优点。

图10-36为一种流量放大型转向回路。主要组成元件有：优先阀5、比例放大阀块（由单向阀6、比例阀7、液控换向阀8组成）、负荷传感型全液压转向器10等。

正常转向时的工作原理为：当驾驶员向一个方向转动转向器10时，由于LS口的感应，优先阀通过CF口向转向回路提供压力油，压力油的一路进入转向器10的P口，从转向器的A口流出后进入液动换向阀8的L口，液动换向阀8的阀芯下移后进入比例阀7，同时推动比例阀阀芯下移。来自CF口的另一部分压力油经过比例阀7的上位进入单向阀6，推动单向阀芯上移后又进入比例阀7，在比例阀7中与来自转向器的液压油合流后，从换向阀8的CL口流出，推动转向油缸9实现转向。转向油缸CR口的液压油经过换向阀8的T口回油箱。

由于比例阀7的阀芯上端通有来自转向器10的液压油，比例阀7的阀芯的下端通有来自单向阀11的液压油，这样比例阀7的开度实际上由阀芯两端的压差控制，来自转向器10的液压油压力大时比例阀开度大，使较多的液压油进入转向油缸，通常可以实现CL口的流量是A口流量的3~8倍，也就是实现了流量放大。

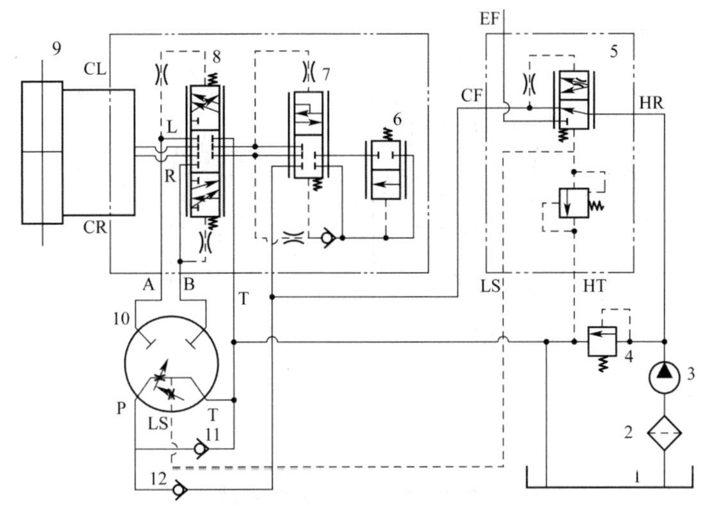

图10-36　流量放大全液压转向回路图

1-油箱；2-滤油器；3-液压泵；4-溢流阀；5-优先阀；6-单向阀；7-比例阀；8-液控换向阀；9-转向油缸；10-负荷传感型转向器；11-单向阀；12-单向阀

当驾驶员向另一个方向转动转向器10时，压力油从转向器的B口进入放大阀块，从放大阀块的CR口进入转向油缸，详细过程与前述类似。

在液压系统出现故障后，在驾驶员转动转向盘时，转向器10内的计量转子通过单向阀11从油箱吸油，压力油从A口进入换向阀8的L口，推动换向阀8的阀芯下移后进入比例阀7，同时推动比例阀阀芯下移。这时由于优先阀5的CF口没有压力，单向阀6阀芯在弹簧作用下工作于上位，处于截止状态，防止来自转向器的油回流。这时，仅有来自全液压转向器的液压油通过比例阀进入转向油缸转向。由于液压泵不供油，系统失去了放大作用，转向缓慢；同时，转向动力来自转向盘的操纵力，使转向盘沉重。

7. 转向液压缸的布置

大多数机器采用两个转向油缸，通常对称布置（图10-1e、图10-29），转向时一个受拉，另一个受压，这样操纵特性对称而且转向力矩大。

如压路机这样的低速机械，也可以采用一个转向油缸，以降低产品成本。这时，由于油缸活塞两边的有效面积不相等，会使转向操纵特性不对称，不过这对于低速机械影响不大。

有的机器（如铲运机）转向时摆动角度太大，将油缸直接铰接在前后的机架往往达不到要求。这时，需要设计连杆机构加大摆动角度。图10-37为铲运机的转向连杆机构。

铰接式机架的转向油缸，在不转向时也要承受一定的负荷，设计时要考虑这种现象。

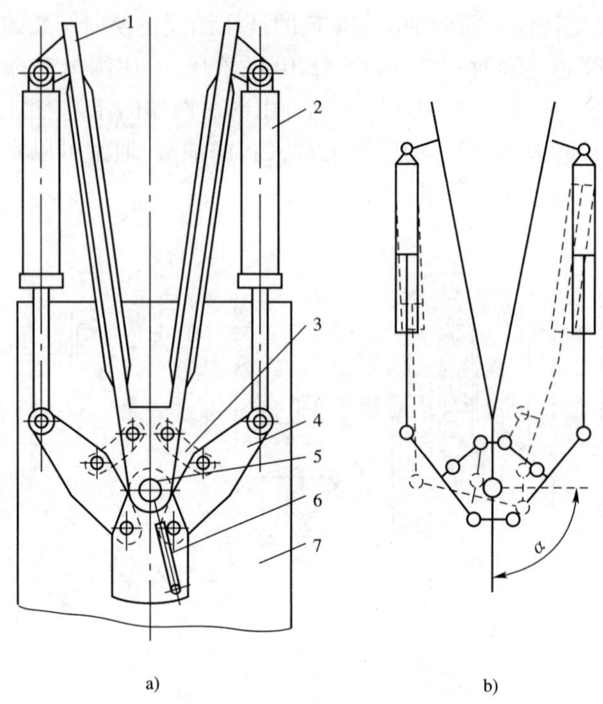

图 10-37　铲运机的转向连杆机构

a)结构图;b)转向示意图

1-铲运机;2-液压缸;3-连杆;4-杠杆;5-铰销;6-反馈液压杠;7-牵引车

8. 全液压转向系统的设计要点

全液压转向有以下优点:

(1)用发动机的动力转向,操纵轻便。

(2)由于全液压转向器与转向油缸之间为软管连接,没有刚性构件,采用流量放大系统时,流量放大阀还可以与全液压转向器分开布置,所以布置方便。

(3)发动机熄火时也能转向。

但它也有以下缺点:

(1)无反应型车轮的抖动不能传到转向盘,驾驶员路感较差;有反应型车轮的受到的冲击几乎全部传到转向盘,打手比较严重。

(2)液压管路爆裂时转向系统会失灵,所以不宜用于速度大于40km/h 的高速车辆。全液压转向广泛地使用于工程机械、农业机械、工业车辆等低速机械上。

液压转向系统的设计计算步骤如下:

(1)按转向阻力和总体布置确定转向油缸的规格。为了使系统可靠工作,转向系统的压力不能太高,一般为6.5~7MPa。

(2)根据转向油缸所需要的油量选择全液压转向器。转向盘单边转动圈数为1.5~2.5圈。

(3)系统转向流量 Q 按下式计算:

$$Q = 60q_z \frac{n}{1000}$$

式中:Q——转向系统转向流量,L/min;

q_z——全液压转向器排量，mL/r；

n——转向盘转速，通常取 1～1.5r/s。

(4)转向泵的排量 q_B。为了保证发动机怠速时转向泵也有足够的流量转向，转向泵在发动机额定状态下的流量大于转向系统转向流量 Q 的三倍。所以，转向泵的排量 q_B 按下式计算：

$$q_B \geq 3000\frac{Q}{n_r}$$

式中：q_B——转向泵的排量，mL/r；

n_r——柴油机额定状态时转向泵的转速，r/min。

四、微机控制转向系统简介

偏转车轮转向时，各转向轮的偏转角之间应该满足一定的关系。利用机械的方法难以完全实现这个关系，在车轮的偏转角较大时更是如此。在多桥驱动时，为了使各转向轮协调，机械传动机构非常复杂(图 10-15、图 10-17)。有些工程机械，如转子中置式稳定土拌和机，尽管只有四个转向轮，但由于其机身庞大，往往采用全轮转向，但由于车轮之间的距离太远，中间又有许多构件，布置桥间连杆机构相当困难。近年来出现了一种微机控制转向系统，可以解决这个问题。

图 10-38 是微机控制转向系统框图。驾驶员转动转向盘后，转向传感器将转向盘的转角转换为电信号，经过 A/D 转换进入计算机的中央处理单元，由此计算出各车轮的理论转角，经过 D/A 转换送到相应伺服阀，伺服阀控制转向液压缸动作，实现车轮转向。角位移传感器检测车轮的实际转角，并将数值送入计算机与理论值比较，系统再对误差进行校正。

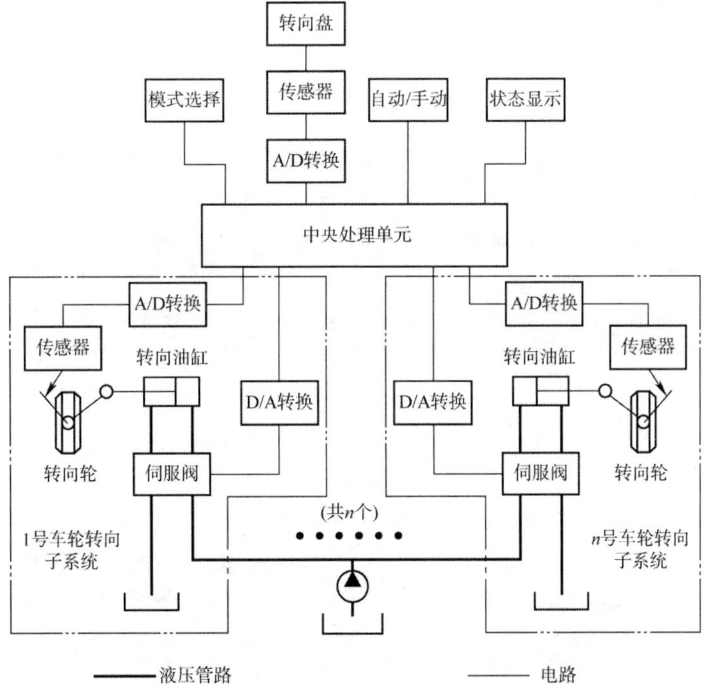

图 10-38　微机控制转向系统

如果按照图10-38，每个车轮均设计一个转向子系统进行单独控制，微机转向系统可以实现非常小的转向半径。以六个车轮为例，微机控制转向系统可以实现各种转向模式，图10-39为几种常见的转向模式。

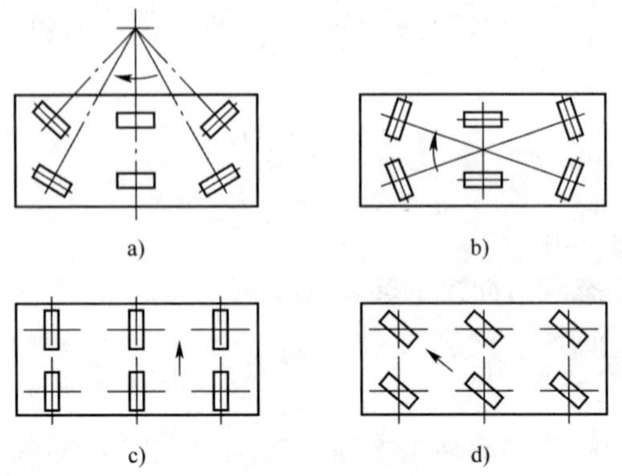

图10-39　微机转向的几种模式

a）正常转向；b）原地转向；c）横向行驶；d）斜向行驶

转向操作前，首先要设定转向模式，计算机根据所设定的模式和转向盘的转角确定各车轮的偏转角。转向系统要有手动控制装置，以便于调试，也可在系统故障时应急使用。手动控制装置不要通过计算机系统，应该使用电磁换向阀或手动换向阀直接控制。控制台上还应该有状态显示装置，监视系统运行状态；并对某个车轮控制失灵或严重超差时进行报警。

微机控制转向方式布置方便、可以实现最小的转弯半径，但价格昂贵、可靠性较差。目前只用于大型低速机械上。

【练习题】

1. 轮式车辆转向有哪些方式？各种方式有什么特点？

2. 轮式机械转向行驶时，如果转向力矩始终大于转向阻力矩，而转向轮上所受总侧向力大于转向轮侧向附着力时，能否保证正常转向行驶？为什么？

3. 试分析铰接式转向油缸的布置应遵循的原则是什么？转向油缸采用单缸或双缸布置各有何优缺点？

4. 全液压转向有什么特点？全液压转向系统有哪些主要元件？

第十一章

轮胎式工程机械行驶系

【学习目标与要求】

理解轮胎式工程机械行驶系的功用和通过性的主要几何参数,掌握整体式车架和铰接式车架的结构特点,重点掌握铰接式车架的铰点设计,了解轮胎式工程机械刚件悬架、弹性悬架、液压悬架的结构特点及设计要求,掌握驱动桥的车轮定位方式,了解车轮及轮胎的设计要求。

轮式底盘行驶系的主要功用是:

(1)支承整机的总质量。

(2)接受由发动机经传动系传来的转矩,并通过驱动轮与地面之间的附着作用,产生驱动力,以保证机械正常行驶、作业。

(3)传递并支承路面作用于车轮上的各种反力及其所形成的力矩。

(4)尽可能地缓和不平路面对机身造成的冲击和振动,保证机械平顺行驶。轮胎式底盘行驶系一般由车架、车桥、车轮和悬架组成,如图 11-1 所示。车轮 4 和 5 分别支承着车桥 3 和 6,车桥又通过弹性悬架 2 和 7 与车架 1 相连接。车架是整个工程机械的基体,它将机器的各相关总成连接成一个整体。

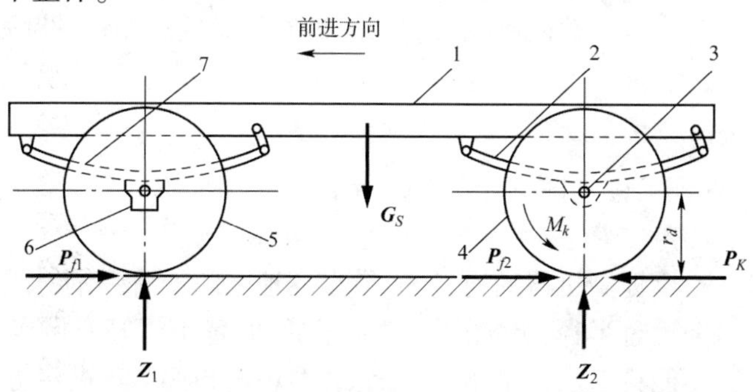

图 11-1　行驶系的组成及受力简图

1-车架;2-后悬架;3-驱动桥;4-后轮;5-前轮;6-从动桥;7-前悬架

第一节 通过性的主要几何参数

由于功能不同、作业方式不同，工程机械底盘上装有各种机构和装置。所有部分的外形组成机器的轮廓，它直接影响到机器在地面上运行时，无碰撞地越过石块、小丘、沟洼地、树桩、拱桥之类障碍物的能力。作为整机技术性能的内容，须在总体设计时予以确定。通过性的主要几何参数，如图 11-2 所示。

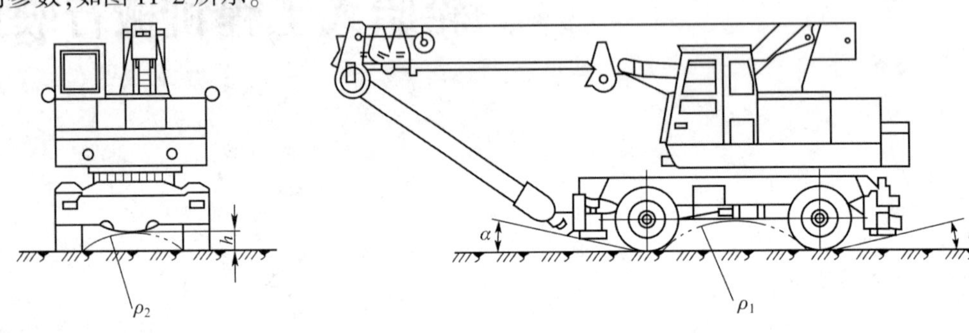

图 11-2 主要通过性参数示意图

1. 最小离地间隙 h

最小离地间隙 h 是指底盘由车轮支承在地面上时，整机除车轮外的最低点与地面之间的距离。一般离地间隙较小的部位有前、后桥主传动器外壳、飞轮壳、变速器壳、消声器等。对于不同的工程机械，由于总体布置不同，其最小离地间隙可按具体的最低点处测量。

2. 接近角 α 和离去角 β

在整机侧视图上，自车身前、后最低突出点向前、后车轮引切线，切线与地面之间的夹角。前方称为接近角 α，后方称为离去角 β。

3. 纵向通过半径 ρ_1

在整机侧视图上与前、后车轮及它们之间机器的最低点相切的圆弧半径，即为纵向通过半径 ρ_1。

4. 横向通过半径 ρ_2

在整机正视图上与左、右车轮内侧及它们之间机器的最低点相切的圆弧半径，即横向通过半径 ρ_2。

5. 最大涉水深度 h_1

最大涉水深度是保证工程机械正常行驶时所能通过浅水滩的最大深度，它一般与某些必须高出水面部件的位置有关。

单从某个指标讨论，要提高机器的通过性，最小离地间隙 h、最大涉水深度 h_1、接近角 α 和离去角 β 越大越好；纵向通过半径 ρ_1、横向通过半径 ρ_2 值越小越好。但实际机器的性能是由许多指标综合形成的，不能只追求某个指标。例如：最小离地间隙 h 的过分提高会使机器的重心提高，稳定性变差。对于某些工作装置后置的机械（如路拌式稳定土拌和机），过分提高离去角不但会提高机器的重心，而且将导致工作装置布置困难。实际设计过程中，这些指标只要能满足其工作场所的需要，就可以采用。例如：用于道路维修的沥青路面铣刨机，最小离地间隙只要大于150mm就可以使用；用于土方工程的推土机，最小离地间隙应该大于350～400mm。

第二节　机　　架

机架也称为车架，俗称“大梁”，在上面装有发动机、变速器、传动轴、前后桥、操纵台、驾驶室和工作装置等总成和部件。车架的功用是支承、连接机器的各总成，使各总成保持相对正确的位置，并承受机器工作、行驶时的各种载荷。机架通过悬架装置坐落在车轮上。

由于机架是整个机械的基础，所以机架的结构形式，首先必须满足整机总体布置的要求。机械在行驶或作业时，还要承受着很大的动载荷。为了保证在工作过程中机架上各机件的相对位置正确，机架要有足够的强度和刚度，同时质量要小。

行走式工程机械的机架，可以分为整体式和铰接式两种基本类型。

一、整体式车架

整体式车架一般由两根纵梁和若干根横梁采用铆接或焊接的方法连接成坚固的框架。纵梁一般用钢板冲压而成，也可用槽钢焊接制成。对于重型机械的车架，为提高其抗扭强度，纵梁断面可以采用箱形。

横梁不仅用来保证车架的扭转刚度和承受纵向载荷，而且还用来支承机械的各个部件。因此，在布置横梁时，除了要考虑车架的受力情况外，还要考虑各构件的连接、安装，以及必要的维修空间。

图11-3为WYL60型轮式挖掘机的车架总成结构图。其车架1为焊接结构，挖掘机的工作装置在中部的回转支承2上。该机前桥为摆动桥，通过摆动销轴3与车架相连接，后桥通过安装座5与车架相互固定。轮式挖掘机工作时为了保证机械工作稳定，通常布置有支腿，图中的支腿4在收起状态。

整体式车架结构紧凑、稳定性好、零部件布置方便，采用弹性悬架后可以实现高速行驶，但当转向轮需要提供驱动力时要采用转向驱动桥，结构复杂。整体式车架广泛地应用于各种自行式机械，如汽车、轮胎式起重机、轮胎式拖拉机、轮胎式挖掘机、滑移转向装载机等。

二、铰接式车架

车架分为两段（或两段以上），相邻两段用销轴铰接的车架为铰接式车架。

图11-4为ZL50型轮式装载机铰接式车架结构示意图。其前后车架通过在孔D中安装的垂直铰销相连，前驱动桥在A处与前车架刚性连接，孔E为工作装置动臂铰点，孔F为动臂油缸的铰点，后驱动桥通过副车架铰接在后车架上的孔C—C中，形成摆动桥。孔G为转斗油缸安装孔，孔H为转向油缸安装孔。

由于前后车架可绕垂直铰D—D相对转动，利用车架的折弯便可实现机械的转向。这就是铰接转向。折转角越大机器的灵活性越大，但稳定性越差，实际机器的折转角一般不超过35°～45°。

与偏转车轮转向的轮胎式整体车架比较，铰接式车架具有更好的操纵灵活性；容易采用直通式驱动桥实现全桥驱动，结构简单；铰接车架的折转转向的转向机构较偏转车轮转向简单。但前后桥之间的机械构件连接较困难，机器的零部件布置不太方便，高速运动时稳定性差。铰接车架多用于提供大牵引力、需要全桥驱动、要求机动灵活的轮式工程机械（如装载机、铲运机、压路机），或者长度较大、需要灵活转向的车辆（如大型公共汽车）。

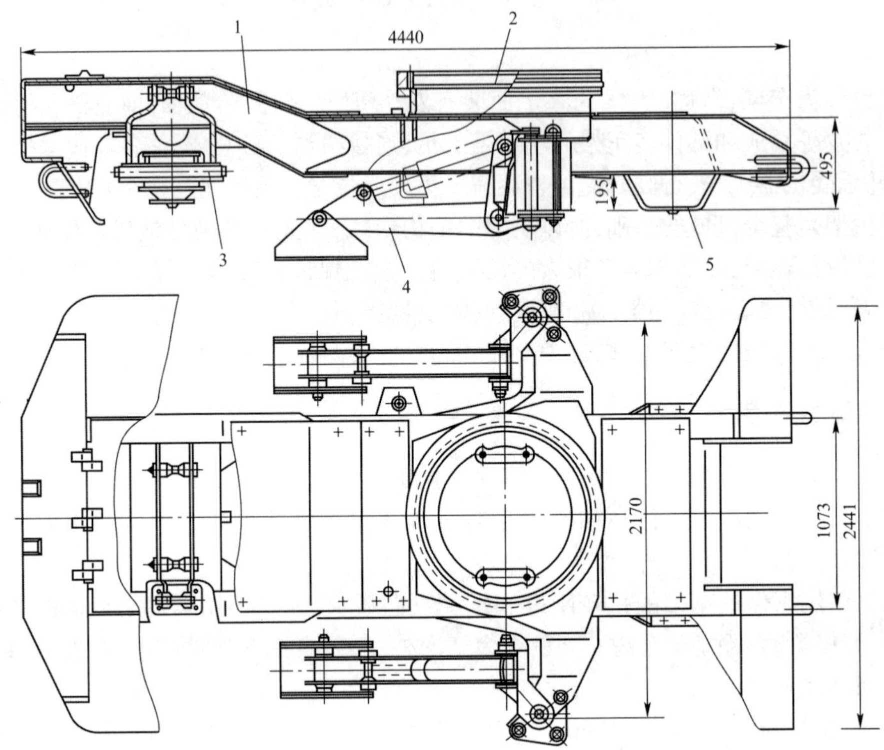

图 11-3 WYL60 型挖掘机车架总成

1-车架；2-回转支承；3-前桥摆动销轴；4-支腿；5-后桥安装座

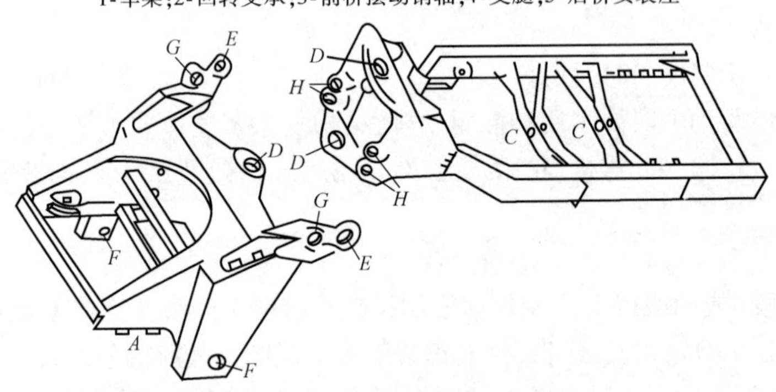

图 11-4 ZL50 型轮胎式装载机铰接式车架结构示意图

三、铰接式车架的铰点设计

1. 铰点的位置

把铰点布置在前后桥的中间，稳定性好，前后车架的转弯半径相等，前后轮的车辙在同一条轨迹上，便于操纵、减少能量消耗。采用全桥驱动时也能有效地防止转向时传动系的功率循环。所以总体布置时，应该首先考虑将铰点布置在前后桥的中间。

铰点布置应首先满足机器的作业性能。如果把装载机的铰点布置在两车桥的中间偏前，这样转弯时装载机的前后最外端（铲斗的尖和发动机舱盖）的转向半径相接近，便于躲避障碍，但偏前过多时机器的稳定性变差。所以装载机的铰点一般在前后桥中间或中间偏前的位置。许多平地机有铰接转向和偏转车轮转向两套转向装置，但前后桥的中间位置是平地机的工作装置——铲刀，其铰点只能在靠近后桥的位置。

布置铰点时，也要考虑结构的可能性和维修的方便性。

2. 铰销的结构设计

1）铰销处的受力分析

图 11-5 为压路机的铰点受力状态简图，图中 G_{S1} 为铰销 $O—O'$ 以前部分机器的重量，G_{S2} 为铰销 $O—O'$ 以后部分机器的重量。在压路机静放在水平地面时，由图 11-5a）可知：

$$R_1 = \frac{G_{S2}l_2 + G_{S1}(L - l_1)}{L}$$

$$R_2 = \frac{G_{S2}(L - l_2) + G_{S1}l_1}{L}$$

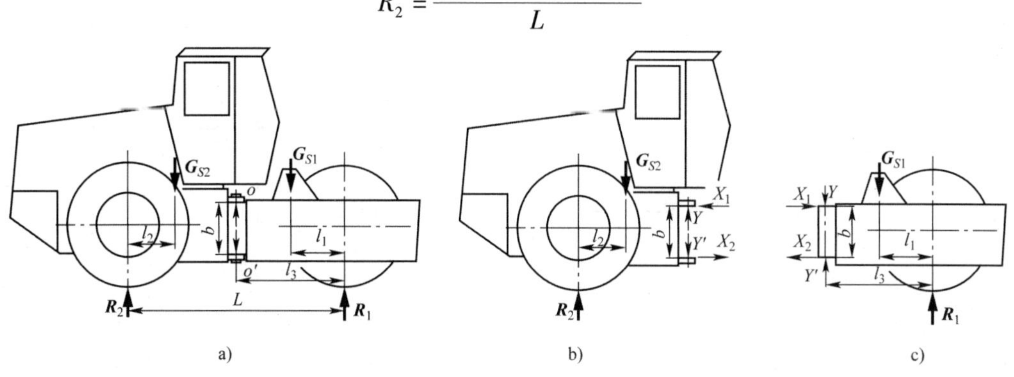

图 11-5　压路机铰点受力图

以压路机铰销以前的部分为脱离体，在略去前后车架在铰销 $O—O'$ 处的轴向间隙后，设 $G_{S1} < R_1$，则铰销处机器的受力有 X_1、X_2、Y。明显：

$$Y = R_1 - G_{S1}$$

对 O 点去力矩平衡得：

$$X_1 = X_2 = \frac{R_1 l_3 - G_{S1}(l_3 - l_1)}{b} \tag{11-1}$$

式（11-1）中的 X_1、X_2 实际上是铰销承受的剪切力，所以加大铰销的长度 b 可以减小铰销的受力，因而实际设计应该尽量加大铰销的长度 b，也可以将铰销设计为两段。不过，铰销太长会使其他构件布置困难，相应构件的工艺性也会变差。

当 $G_{S1} > R_1$ 时，Y 将要改变符号，Y 力将会改变作用点的位置，变成图中的 Y'。

如果铰销处的轴向定位不紧，对于工作中重心位置变化较大的机器，如果铰销轴向间隙太大，这一过程会产生冲击，甚至会使机器产生晃动。

2）铰销的结构

对于中小型压路机这类机器，可以采用图 11-6 的整体式铰销结构。结构简单，安装方便。图中的销轴套 6 是焊接在前车架 10 上面，用销轴 11 将前后车架连接起来，销轴的上下用端板与后车架固定起来,不能随意窜动。由于铰销受力较小,铰销的长度没有必要太长,上下销孔的同轴度工艺上实现容易。铰点处的垂直方向力的数值不大,变化也不剧烈,在销轴上下安装垫片 5 调整间隙能够满足需要。

图 11-7 为 CA25 振动压路机的铰销结构。该压路机的铰销为十字轴,十字轴的垂直轴线为转向铰轴,其水平轴线起摆动桥的作用。铰轴两端安装关节轴承后,其受力条件会大大改善,而且销孔的同轴度要求会更低。

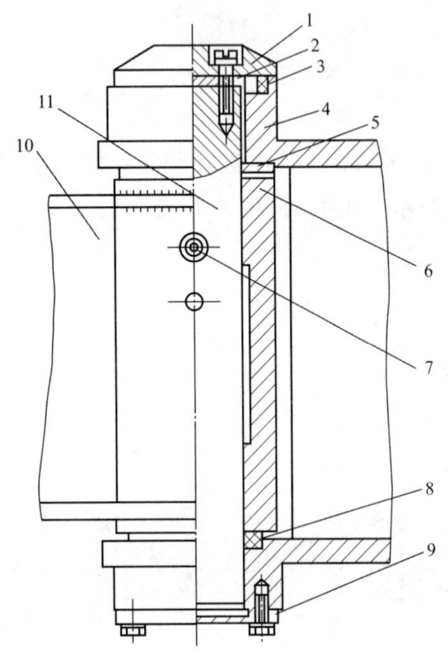

图 11-6　YZZ8 压路机铰销结构

1-压力盘;2-调整垫片;3-密封圈;4-后车架;5-调整垫片;6-轴销套;7-黄油嘴;8-密封圈;9-下盖;10-前车架;11-铰销轴

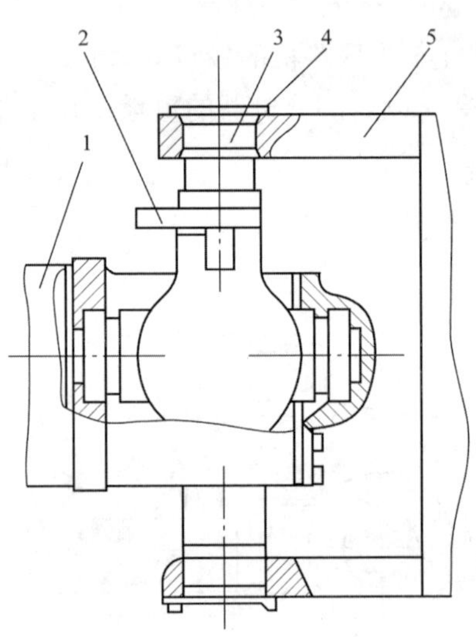

图 11-7　CA25 振动压路机铰销

1-前车架;2-十字轴;3-关节轴承;4-轴承盖;5-后车架

装载机工作时,其铰销受力较大,变化剧烈,而且垂直方向力经常改变方向。将铰销分为两段布置比较合理(图 11-8)。这样可以加大铰销的作用距离、增加剪切面数量、改善铰销的受力状态。尽管结构复杂一些,但每个铰销的长度不大,工艺上同轴度容易实现。而且上下铰销之间的空间可以布置前后桥之间的传动轴。设计时,一般要保证其中一个铰销的结构可以在前后车架之间传递水平方向力和垂直方向力,并在两个方向上良好定位;另一个只传递水平力。

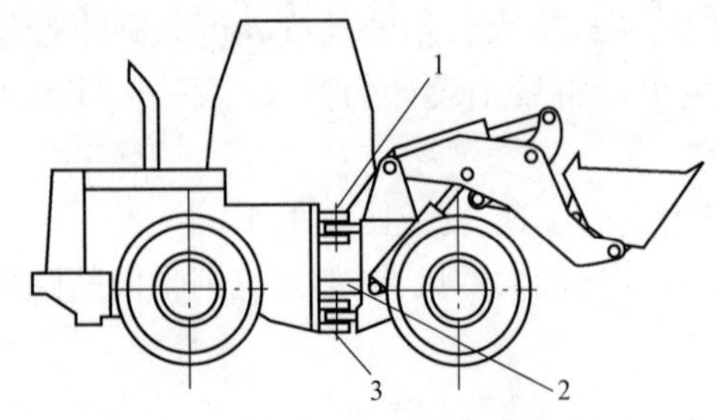

图 11-8　装载机的铰销布置

1-上铰销;2-传动轴;3-下铰销

图 11-9 是某装载机铰销的结构,图 11-9a)是上铰销的结构,上铰销 1 只承受水平力,其前后车架在垂直方向留有较大的间隙。图 11-9b)是下铰销的结构,下铰销 3 上装有两副向心推力轴承,压盖 7 和调整垫片 5 将轴承的外圈与前车架 6 在轴向良好定位;轴承的内圈用压盖 9、调整垫片 8 和下铰销上的套筒等保证其内圈与后车架轴向定位。这样,下铰销处可传递水平力和垂直力,并可以良好定位。

有些重型装载机，其上下铰销都是图 11-9b）的形式，结构复杂，由于上下两铰销的轴承都承受双向的轴向力，装配时调整困难；但在良好调整以后，铰销轴承实际上处于预紧定位状态，使用寿命长，可靠性高。关于轴承预紧定位的基本知识，读者可以参阅本书第八章第二节中关于主传动锥齿轮的定位的内容。

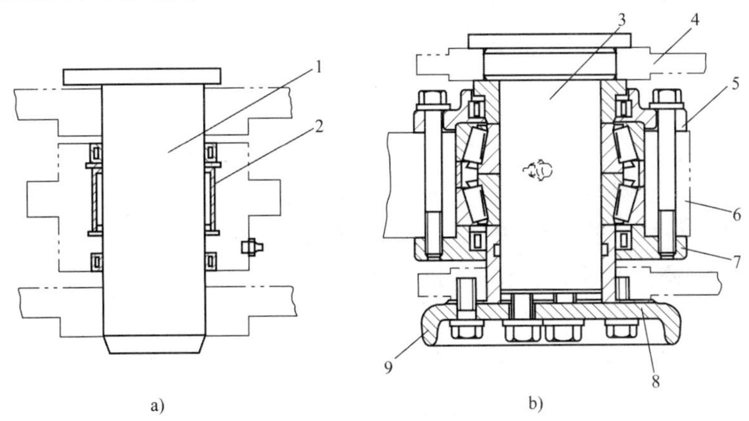

图 11-9　装载机铰销的结构

1-上铰销；2-轴承；3-下铰销；4-后车架；5-调整垫片；6-前车架；7-压盖；8-调整垫片；9-压盖

第三节　轮胎式工程机械的悬架

悬架也称为悬挂，轮胎式机械的悬架是指车架与车桥（车轮）之间的连接部件。悬架的主要作用是将机器车架所承受的各种工作阻力、重力、侧向力通过车轮传递到地面上去，并保证各车轮的受力基本稳定。工程机械的悬架大致可分为刚性悬架和弹性悬架两类。刚性悬架中没有弹性元件，不能吸收车轮在不平路面上行驶时所遭受的冲击和振动，只能用于低速车辆和轮式工程机械上。弹性悬架中有弹性元件，可以吸收来自路面的冲击和振动，广泛地使用在各种高速车辆上。

一、刚性悬架

许多工程机械，如装载机、路拌式稳定土拌和机、沥青路面冷铣刨机等在行驶中工作的机器，由于负荷变化较大，对工作时的稳定性要求较高，不宜采用弹性悬架，而应该采用刚性悬架。

1. 简单刚性悬架

简单刚性悬架就是把四个车轮轴刚性地固定在车架上，结构简单紧凑。在采用整体式车架后，当机器行驶于凹凸不平的地面时，只能通过轮胎和车架的弹性变形来适应，无法保证各车轮受力稳定，所以不能用于大型机械，也不能用于高速机械上。目前的滑移转向装载机多为这种结构，机动灵活，最高行驶速度一般小于 12km/h。

2. 摆动桥

四个车轮的车辆，如果把四个车轮都固定在车架上使其不能相对于车架运动，那么这种机器行进时，由于地面不平，会使四个轮胎的受力不匀，机架产生附加变形，严重时会产生只有三个轮胎着地的情况。对于有车桥的机器，要解决这个问题，可以将一个车桥与车架铰接起来，使它们之间相互摆动，这样可以保证四个车轮始终良好着地。这种车桥相对车架可以摆动，称为摆动桥。

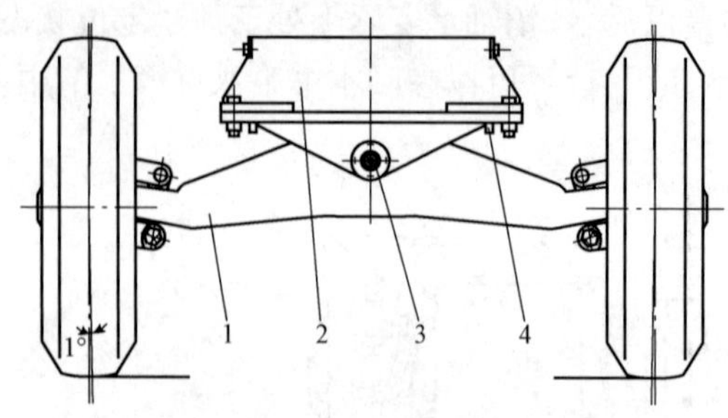

图 11-10　前桥摆动
1-前桥；2-前车架；3-摆动销轴；4-限位块

摆动桥可以是前桥，也可以是后桥。一般来说，为了提高机器的稳定性，保证作业质量，应该把摆动对工作装置影响较小的那个车桥作为摆动桥。对于工作装置后置的稳定土拌和机，采用前桥摆动比较合理(图 11-10)。许多沥青路面冷铣刨机的前桥既是转向驱动桥，也是摆动桥。

装载机的工作装置在前面，前桥作为固定桥便于作业，应该采用后桥摆动。图 11-11 为装载机后桥摆动的例子，图 11-11a) 将摆动销轴布置在副车架上，前后桥可以通用，但机器重心比较高；图 11-11b) 的摆动销轴直接布置在驱动桥壳上，结构紧凑、稳定性好，但前后桥不通用。

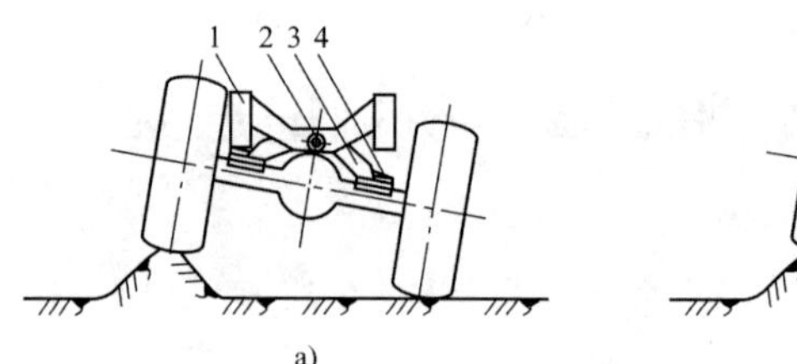

图 11-11　装载机的摆动桥
1-后车架；2-销轴；3-副车架；4-限位块

钢轮压路机为了使压实滚良好接地，通常也有摆动桥的结构。整体式机架的钢轮压路机，一般把从动滚作成摆动桥，图 11-12 为这种压路机从动滚摆动的情况。从图中可以看出，在同样摆动角 α 时，图 11-12b) 中压实滚中心的偏离量 x' 比较小；图 11-12a) 中压实滚中心的偏离量 x 比较大。所以图 11-12b) 的方案性能较好，但结构复杂。

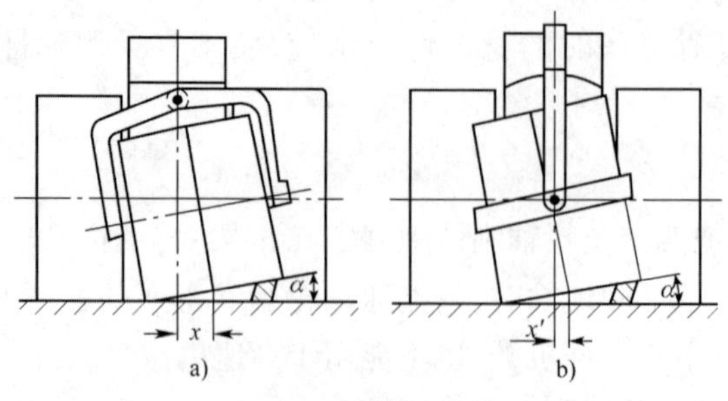

图 11-12　整体式机架压路机的摆动桥

采用铰接式机架的钢轮压路机，通常将摆动桥布置在机架的铰点附近，图 11-13 为 YZ10B

型振动压路机机架铰接处的结构。图中的垂直销轴 3 为机架转向铰轴，水平销轴 4 起摆动桥的作用。有的压路机把水平销轴、垂直销轴制成一个整体，变为十字轴（图 11-7）。

需要说明的是，采用了摆动桥以后，车架以上的构件连同固定桥一起实际上是三点支承，而且当路面不平时，摆动桥以上的所有结构都会随固定桥左右倾斜，这会降低机器的稳定性。实际设计时，对摆动桥的摆动范围要进行限制。图 11-10、图 11-11 中的限位块就是起这个作用。通常，应该将摆动桥的摆动范围限制在 ±8° ~ ±10°。

有的工程机械的前后车架采用三点式铰接结构，如图 11-14 所示，前后车架采用三个铰销和一个连杆连接，在所有铰销上都布置一个球形关节轴承。这样，前后车架在水平面可以相互转动，在垂直面也可以像摆动桥那样相互摆动，起到了转向铰轴和摆动桥的双重作用。这种铰点结构由于连杆 4 为二力杆，不能承受垂直载荷，前后车架之间的垂直作用力只能由上铰 3 承受。这种车架结构用于装载机以后，前后桥都是固定桥的结构，前桥的摆动只影响前车架上的结构，后桥的摆动只影响后车架上的结构，整机稳定性好；但装载机的驾驶室一般布置在后车架上，驾驶员对铲斗前的地面状况感觉比较差。

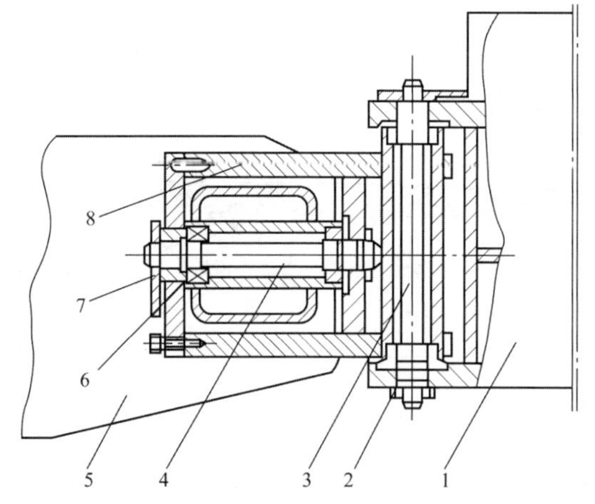

图 11-13　YZ10B 型振动压路机铰接架

1-后车架；2-锁紧螺母；3-垂直销轴；4-水平销轴；5-前车架；6-关节轴承；7-定位板；8-铰接架壳体

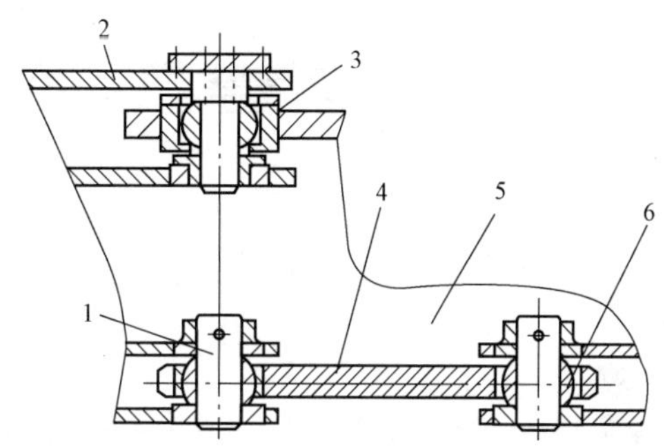

图 11-14　三点式铰接结构示意图

1-后车架下铰；2-后车架；3-上铰；4-连杆；5-前车架；6-前车架下铰

二、弹性悬架

采用刚性悬架的机器，尽管其稳定性较好，但这种机器高速行驶时会产生严重的颠簸，平顺性不好。采用刚性悬架的轮胎式装载机，即使采用了摆动桥和低压轮胎，其时速也一般小于 40km。在高速行驶的机器上，需要使用弹性悬架。

弹性悬架一般由弹性元件、导向装置和减振装置三部分组成。弹性元件主要作用是传递垂直载荷和缓和车轮的冲击。导向装置用来决定车轮相对于车架的运动特性，同时传递牵引力、制动力和侧向力以及由它们形成的力矩。减振装置则是用来迅速衰减由于地面不平所引起的车架和车桥之间的振动。

必须指出，弹性悬架结构中并非一定要具备上述三个单独的元件。如纵向放置的钢板弹簧悬架（图 11-15），其钢板弹簧既是弹性元件，又兼起导向装置和减振装置的作用。

在许多需要高速行驶的工程机械中，广泛使用各种减振装置，其中油气弹簧是一种常见形式,它是空气弹簧的一种特例,其工作原理如图 11-16 所示。其中,起作用的是密封在工作气室内的惰性气体(一般为氮气),在气体与活塞之间引入油液作为传力介质。通常,用弹性橡胶膜将气体与油液隔开,从而防止在高温、高压及复杂的工作条件下气体溶于油液,确保性能的稳定性。由于油气弹簧采用钢制气室,因而与空气弹簧相比,可以有更高的工作压力,通常为 5 ~ 7MPa,有的高达 20MPa。在同样的工作条件下,油气弹簧具有尺寸短、质量小的优点,便于在车架上布置,用于重型自卸汽车上的油气弹簧比钢板弹簧轻 50% 以上。油气弹簧的其他优点还包括:传力的油液介质同时也可起到润滑滑动表面的作用;在缸筒内安装内置节流阀,可以提供必要的阻尼力使油气弹簧同时起减振作用;依靠车身高度调节阀调节油液的压力,可以方便地实现车身高度的调节;油气弹簧具有较低的固有振动频率等。其缺点有:由于工作介质为高压气体和油液,因而对相对运动部件的表面粗糙度、耐磨性、装配精度以及密封环节的设计都提出了较高的要求,以确保密封性。在使用过程中,气体会缓慢地泄漏,需要专门的充气装备及作业规程并及时充气。所以油气弹簧结构较复杂,维修养护较麻烦。目前,油气弹簧常用于重型汽车尤其是重型自卸汽车上。油气弹簧的典型结构,如图 11-17 所示。

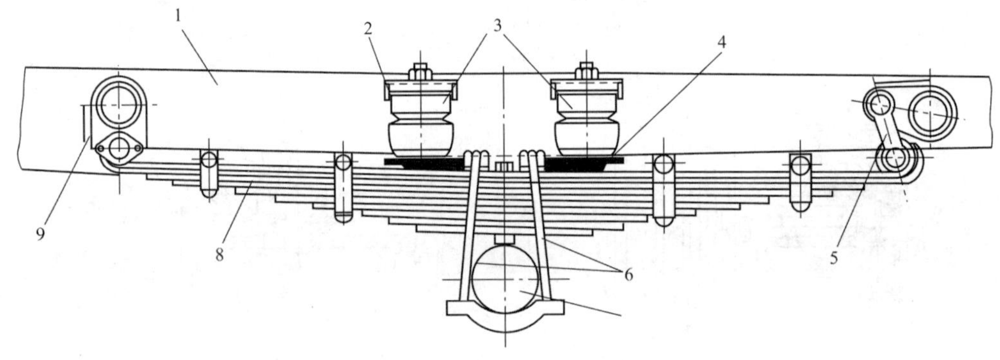

图 11-15　北京 BJ130 型汽车后悬架

1-车架;2-支架;3-橡胶副簧;4-支承板;5-吊耳;6-U 形螺栓;7-后桥;8-钢板弹簧;9-支架

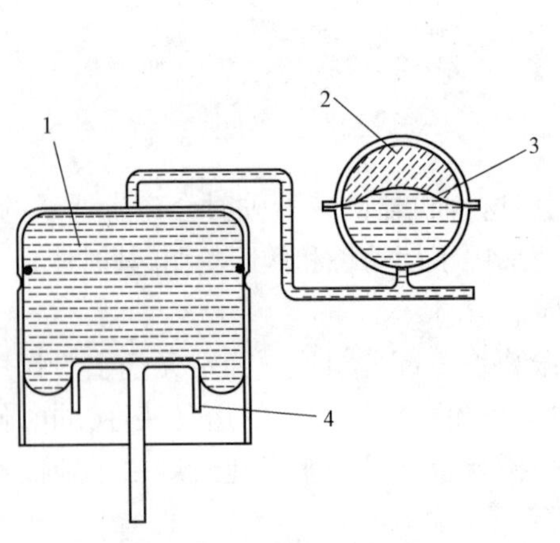

图 11-16　油气弹簧工作原理

1-油液;2-气体;3-橡胶膜;4-活塞

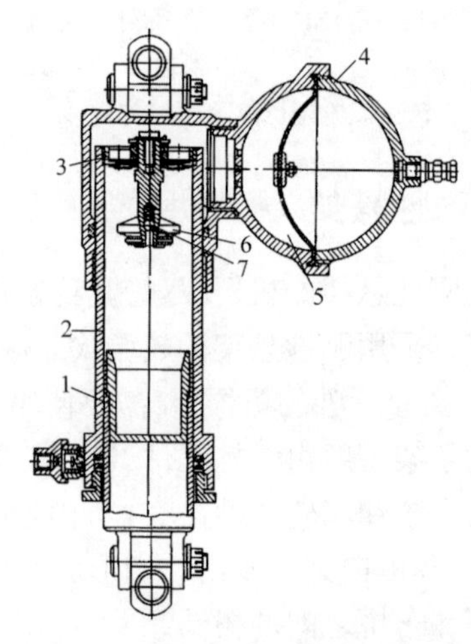

图 11-17　单气室油气弹簧结构图

1-活塞;2-缸筒,3-阀座;4-球形气室;5-储液腔;6-阻尼器;7-旁通阀

三、液压悬架

液压悬架实际上是一种刚性悬架。用于轮胎较多的工程机械或机架高度需要经常调整的机械。例如:有九个轮胎的轮胎式压路机,有的将车轮通过液压油缸与机架相连(图11-18)。将轮胎分为三组,前面的四个轮胎与后面的中间一个轮胎为一组,后面的其余四个轮胎分为左右两边,各自为一组。每组的油缸的油路相互连通,这样整台机器实际上为三点支承,在路面情况变化时,每个轮胎都能良好接地,而且接地压力不变。

具有数十个乃至上百个车轮的大型平板车,将液压悬架与摆动桥原理结合起来,可以得到令人满意的结果。图11-19为这种机械的液压悬架结构图,图11-20为机器的工作情况。该机器总共有26组车轮,每组四个轮胎,图11-19中的支承轴颈7起类似于摆动桥的作用,可以使平板车适应路面横向的变化。悬架油缸4和铰点5起支承整机重量的作用。

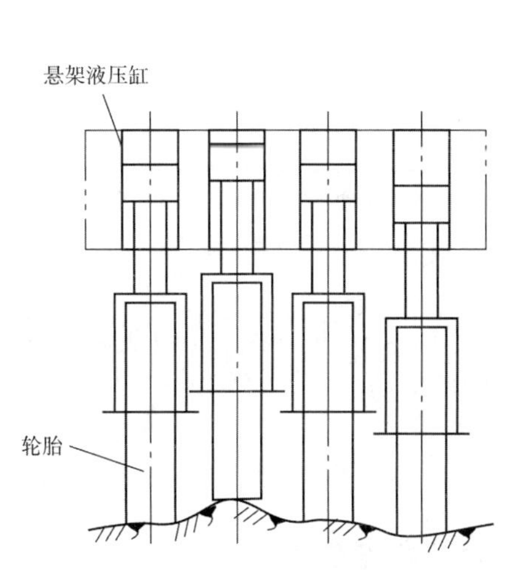

图11-18　轮胎压路机液压悬架示意图

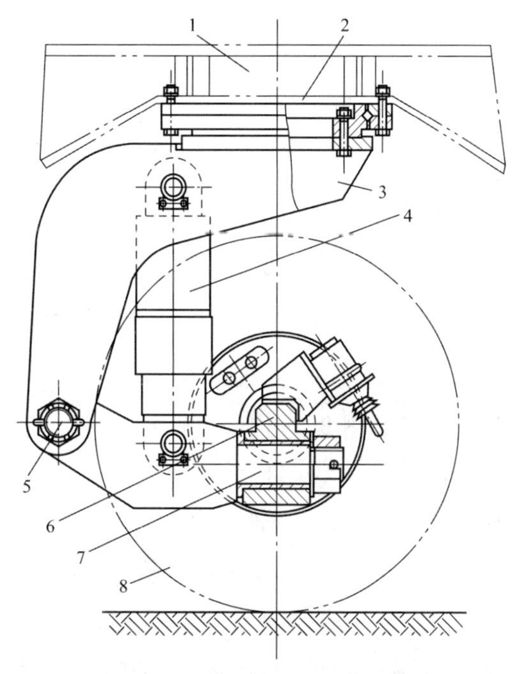

图11-19　平板车的液压平衡悬架

1-支承梁;2-滚珠转盘;3-支承臂;4-悬架油缸;5-铰销;6-轮轴;7-支承轴颈;8-轮胎

这种平板车如果悬架油缸的数量不多,对车架上平面的水平程度要求也不高,可以将悬架油缸分为三组。即沿车架长度的前三分之一的两排为一组,剩下的两排油缸每排一组,将每组的油缸的油路连通。如图10-18所示,将每个虚线矩形框中的油缸为一组,这样每组中的油缸受力相等,各组油缸的合力分别在*A*、*B*、*C*三点。

对于通过性要求较高,车架上平面的水平程度要求较高的平板车,应该设计车架高度调整系统。将每3~4个悬架油缸分为一组,各组内的油缸管路相通,当机器行驶时,利用高度调整系统保证车架上平面水平。

液压悬架也可以用于只有2~4个悬架油缸的机械(例如:大型转子中置式稳定土拌和机、沥青路面冷铣刨机、履带式滑模水泥混凝土摊铺机等)。在这些机器上,多数悬架油缸是独立控制的，通过自动找平系统控制油缸的伸缩量，可以调整机架的高度，达到自动保证作业表面平整的目的。

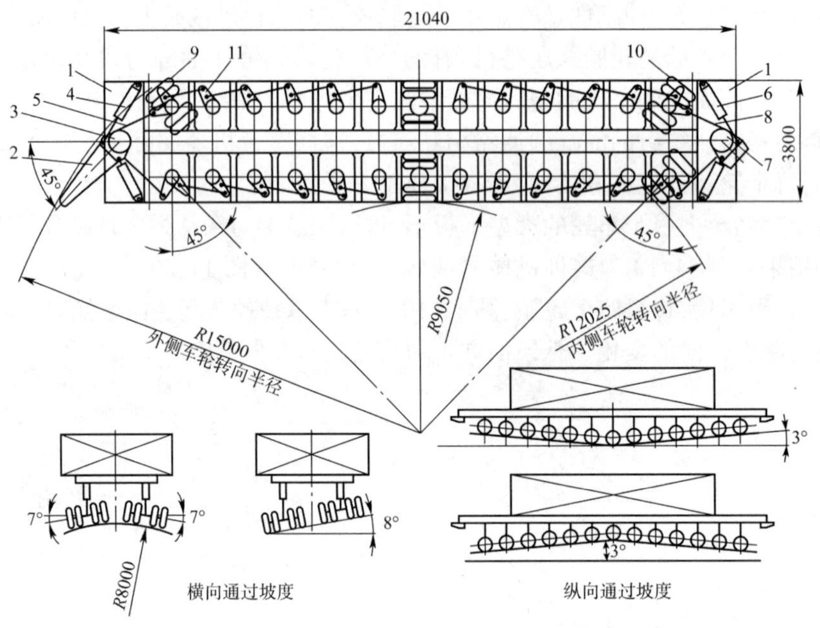

图 11-20　QG400 型平板挂车的悬架、转向布置图

1-平板车平台；2-牵引杆；3-前转向架；4-前转向油缸；5、8-转向拉杆；6-后转向油缸；7-后转向架；9-前第一排车轮；10-后第一排车轮；11-转向臂

由于悬架装置要承受侧向力，这一点在设计中要充分注意。如果设计专用油缸，缸筒、活塞杆要有足够的刚度，要保证足够的导向长度；如果采用标准油缸，则必须增加导向装置，而且要校核油缸的压杆稳定性。

第四节　转向桥的车轮定位

为了保持车辆直线行驶的稳定性、转向的轻便性、减小轮胎和机件的磨损，转向轮、转向节和前轴三者之间与车架必须保持一定的相对位置，这种按一定相对位置安装转向轮称为转向轮定位。正确的转向轮定位应做到：可使车辆直线行驶稳定而且不摆动，转向时转向盘上的作用力不大，转向后车轮具有自动回正作用，轮胎与地面间不打滑以减少油耗，延长轮胎使用寿命。转向轮定位包括：主销后倾、主销内倾、车轮外倾及车轮前束。

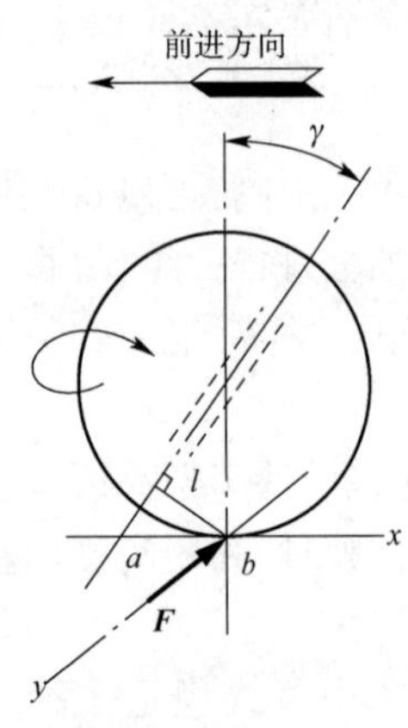

图 11-21　主销后倾示意图

1. 主销后倾

主销装在车桥上后，在纵向平面内，其上端略向后倾斜，这种现象称为主销后倾。在纵向垂直平面内，主销轴线与垂线之间的夹角 γ 叫主销后倾角，如图 11-21 所示。

主销后倾后，它的轴线与路面的交点 a 位于车轮与路面接触点 b

之前，这样 b 点到主销轴线之间就有一段垂直距离 l。若车辆转弯时（图中所示向右转弯），则机器产生的离心力将引起路面对车轮的侧向反作用力 F，F 通过 b 点作用于轮胎上，形成了一个绕主销的稳定力矩 $M = Fl$，其作用方向正好与车轮偏转方向相反，使车轮有恢复到原来中间位置的趋势。即使在车辆直线行驶中偶尔遇到阻力使车轮偏转时，也有此种作用。由此可见，主销后倾的作用是保持车辆直线行驶的稳定性，并力图使转弯后的转向轮自动回正。后倾角越大，车速越高，转向轮的稳定性越强，但后倾角过大会造成转向盘沉重，一般采用 $\gamma < 3°$。有些轿车和客车的轮胎气压较低，弹性较大，行驶时由于轮胎与地面的接触面中心向后移动，引起稳定力矩增加，故后倾角可以减小到接近于零，甚至为负值（即主销前倾）。

对于采用钢板弹簧悬架的机器，主销后倾一般是通过改变钢板弹簧前后悬挂点的高度实现的（图 11-1）。在有摆动桥的机器纵向投影面上，主销与摆动铰销通常是不垂直的。

2. 主销内倾

主销安装到车桥上后，在横向平面内，其上端略向内倾斜，这种安装方式称为主销内倾。在横向垂直平面内，主销轴线与垂线之间的夹角 β 叫主销内倾角，如图 11-22 所示。

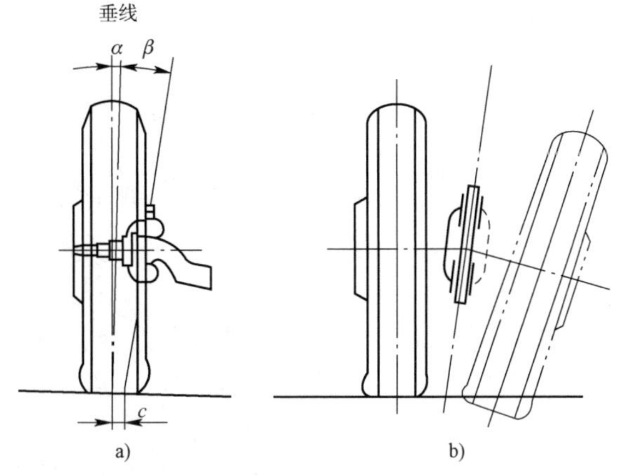

图 11-22　主销内倾示意图

如图 11-22a）所示，主销内倾后，主销轴线的延长线与地面交点到车轮中心平面与地面交线的距离 c 减小，从而减小转向阻力矩，使转向操纵轻便，也可减少从转向轮传到转向盘上的冲击力；与此同时，当车轮转向时，车轮有向下陷入地平面的倾向（图 11-22b），但事实上这是不可能的，而只能使转向桥连同整个车架向上抬起一个相应的高度，这样在车辆本身重力的作用下，车架将迫使车轮自动回到原来的中间位置。由此可见，主销内倾的作用是使转向轮自动回正，转向轻便。主销内倾角越大或转向轮转角越大，则车架抬起就越高，转向轮的自动回正作用就越明显，但转向时转动转向盘费力，转向轮的轮胎磨损增加，一般将主销内倾角控制在 5° ~8°之间为宜。

主销内倾角是转向轴制造时使主销孔轴线的上端向内倾斜而获得的。

主销后倾和主销内倾都有使转向轮转向自动回正，保持直线行驶位置的作用。但主销后倾的回正作用与车速有关，而主销内倾的回正作用几乎与车速无关。因此，高速车辆主销后倾的回正作用起主导地位，而低速机械则主要靠主销内倾起回正作用。此外，直行时前轮偶尔遇到冲击而偏转时，也主要依靠主销内倾起回正作用。

3. 转向轮外倾

转向轮安装时也不是垂直于地面的，其旋转平面上方略向外倾斜，这种现象称为转向轮外倾。转向轮旋转平面与纵向垂直平面之间的夹角 α 称为转向轮外倾角，如图 11-22a）所示。

转向轮外倾的作用在于提高转向轮工作的安全性和操纵轻便性。由于主销与衬套之间、轮毂与轴承等处都存在有间隙，若设计时车轮垂直于地面，则这些间隙工作时会造成轮胎内倾，车桥将因承载变形，这种变形也可能会使车轮内倾，这些都将会加速轮胎的磨损。另外，路面对车轮的垂直反作用力沿轮毂的轴向分力将使轮毂压向轮毂外端的小轴承，加重了外端小轴承及轮毂紧固螺母的负荷，严重时会使车轮脱出。因此，为了使轮胎磨损均匀和减轻轮毂外轴承的负荷，设计时预先使车轮有一定的外倾角，以防止车轮出现内倾。同时，车轮有了外倾角也可以与拱形路面相适应。车轮外倾角大虽然对安全和操纵有利，但是过大的外倾角也将使轮胎横向偏磨增加、油耗增多，一般转向轮外倾角为 1°左右。

车轮外倾角是由转向节的结构确定的。当转向节安装到车轴上后，其转向节轴颈相对于水平面向下倾斜，从而使车轮安装后出现转向轮外倾。

4. 转向轮前束

两个转向轮安装后，在通过车轮轴线而与地面平行的平面内，两车轮前端略向内束，这种现象称为转向轮前束。左右两车轮间后方距离 A 与前方距离 B 之差（$A-B$）称为前轮前束值，如图 11-23 所示。

转向轮前束的作用是消除车辆行驶过程中因车轮外倾而使两转向轮前端向外张开的影响。由于转向轮外倾，当车轮在地面纯滚动时，车轮将向外侧方向运动，实际上装在车辆上的两个转向轮只能向正前方滚动，因转向轮外倾使两转向轮有向内侧滑动的作用。车轮具有前束时，两车轮在向前滚动时会产生向外侧的滑动。这样，由外倾和前束使两转向轮产生的滑动方向相反，可以互相抵消，从而使两转向轮基本上是纯滚动而无滑动。此外，转向轮前束还可以抵消滚动阻力造成两转向轮前部向外张开的影响，使两转向轮基本上是平行地向前滚动。

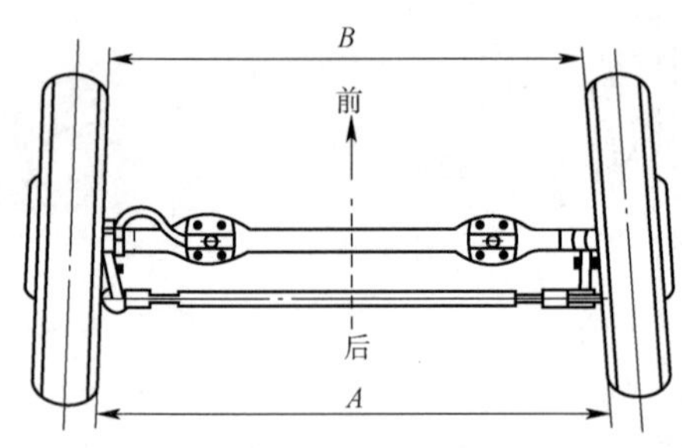

图 11-23 前轮前束（俯视图）

转向轮前束可通过改变横拉杆的长度来调整。调整时，可根据各厂家规定的测量位置，使两轮前后距离差 $A-B$ 符合规定的前束值。测量位置除图示的位置外，还可取两车轮钢圈内侧面处的前后差值，也可以取两轮胎中心平面处的前后差值。设计时，转向轮前束一般为0～12mm。

需要说明的是，以上分析都是针对汽车这类高速车辆。对于某些速度较低的工程机械来说，可以进行简化。例如：主销后倾对转向轮的回正作用是靠离心力产生的，而对于速度只有10km/h 左右的稳定土拌和机、沥青路面冷铣刨机来说，这种回正作用是有限的。也就是说，这类机器可以考虑省去主销后倾。

第五节 车轮和轮胎

车轮与轮胎是轮胎式行走机械行驶系中的主要部件，机械通过车轮由轮胎直接与地面接触，在道路上行驶。其主要功用是：

（1）支承机械重量及工作装置的垂直负荷。

(2)吸收并缓和车辆行驶时所受到的路面冲击和振动。

(3)保证轮胎与路面之间具有良好附着性能,以提高机器的动力性、制动性和通过性。

(4)产生平衡车辆转向行驶时离心力的侧抗力,在保证车辆正常转向行驶的同时,通过轮胎产生自动回正力矩,使机器保持直线行驶。

一、车轮

车轮是介于轮胎和车桥之间承受负荷的旋转组件,一般由轮毂、轮辐和轮辋所组成。轮毂通过圆锥滚柱轴承套装在车桥或转向节轴颈上。轮辋也叫钢圈,用以安装轮胎,与轮胎共同承受作用在车轮上的负荷,并散发高速行驶时轮胎上产生的热量及保证车轮具有合适的断面宽度和横向刚度。轮辐将轮辋与轮毂连接起来。轮辋与轮辐可以是整体的(不可拆式),也可以是可拆式的。

按轮辐的构造,车轮可分为辐板式和辐条式两种。目前,工程机械和轻、中型载货汽车多采用辐板式车轮,而高级轿车、竞赛汽车多采用辐条式车轮。

1. 轮辐

轮辐也叫轮盘,一般由钢板冲压制成,也有和轮毂制成一体的。后者常用于重型车辆上。

图11-24为工程机械盘式车轮。它的轮辐5和轮辋2焊接在一起,轮辐5通过其圆周上的连接孔,用螺栓3与轮毂1和轮边减速器4的行星轮架连接。轮毂螺栓3的螺母一端呈锥形,轮辐5的连接孔也制有锥面,两者相适应, 以保证对正中心,并牢固地将轮辐拉紧在轮毂上。

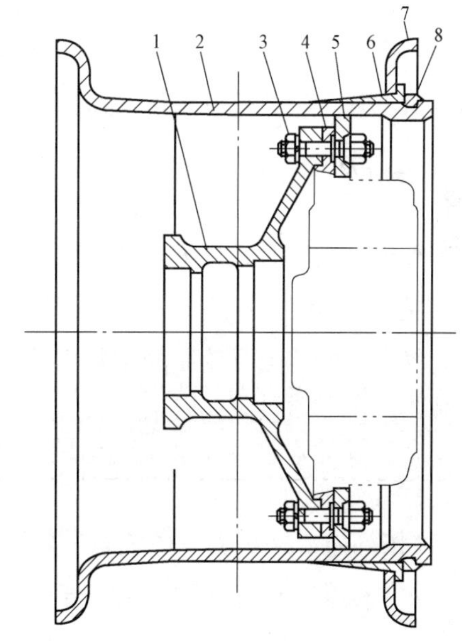

图11-24　工程机械盘式车轮

1-轮毂;2-轮辋;3-轮毂螺栓;4-轮边减速器;5-轮辐;6-斜底垫圈;7-挡圈;8-锁圈

2. 轮辋

轮辋常见的有平式、半深式和深式三种(图11-25)。工程机械和载重汽车广泛采用平式轮辋。其结构有两种形式:平式和斜底平式(图11-25a、b)。它们的挡圈3为一个整体的圆圈,而用另一开口锁圈4来限制挡圈脱出。在安装轮胎时,先将轮胎套在轮辋上,然后套上挡圈并将它向内推,直到越过轮辋上的环形槽,再将开口的弹性锁圈嵌入环槽中。

应用各种平式轮辋时,为了拆装方便,轮胎内径做得略大于轮辋直径。转矩是通过充入压缩空气后,轮胎侧壁被压紧在轮辋凸缘上正压力产生的摩擦力而传递的。大型机械轮胎承受的载荷和传递的转矩都很大,而充气压力为了适应越野性能和工地条件一再降低,轮胎和轮辋凸缘间的正压力下降,摩擦力随着下降,就不能传递应有的转矩,产生二者间的相对滑动,既降低轮胎寿命,又使机器工作不正常。所以大型工程机械多采用斜底平式宽轮辋。这样,轮胎与轮辋的配合可以比平式轮辋紧一些,增加轮胎与轮辋之间的摩擦力,更好地传递转矩。

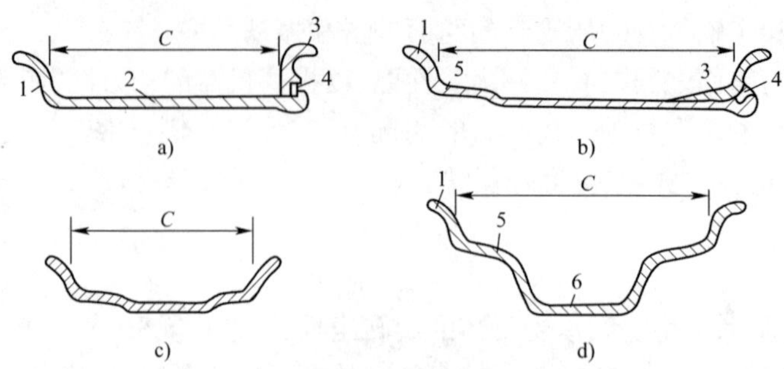

图 11-25 轮辋

a) 平式轮辋；b) 斜底平式宽轮辋；c) 半深式轮辋；d) 深式轮辋

1-轮辋的边缘；2-轮辋底座；3-挡圈；4-锁圈；5-斜底部；6-轮辋的鞍边

轮辋规格的表示方法如 6.00T-20、4.50E×16 等，前面的数字表示轮辋断面宽度 C（英寸或毫米），中间的英文字母表示轮辋边缘高度，而最后的数字表示轮辋直径（英寸或毫米）；直径前面的符号，平式轮辋一般用“-”，深式和半深式用“×”表示。个别情况下，只有数字表示轮辋宽度，没有表示边缘高度的字母，如斜底平式宽轮辋 7.00-20 等。

我国已有一套完整的轮辋标准，工程机械设计中常用的有：《工程机械轮辋规格系列》（GB/T 2883—2002），《工业车辆轮辋规格系列》（GB/T 12939—2002），《汽车轮辋规格系列》（GB/T 3487—2005），《拖拉机和农业、林业机械用轮辋规格系列》（GB/T 3372—2010）等。

3. 轮毂

轮毂位于车轮中心处，通过轮毂内圆锥滚子轴承保证车轮在车桥两端灵活转动，并保证车轮的轴向位置。轮毂可以用可锻铸铁、铸钢制造，批量不大时也可焊接。

二、轮胎

工程机械用轮胎可分为充气轮胎和实心轮胎两大类。

1. 充气轮胎

充气轮胎的特点是轮胎的密封内腔充有一定压力的空气，使轮胎形成一个能够承受负荷的弹性体。车辆通过装在轮辋上的充气轮胎与地面接触，轮胎将担负支承车重、保证车轮与路面之间有良好的附着性能以及缓和并吸收因道路不平所产生的冲击与振动的作用。

1）充气轮胎的分类

（1）按气体密封方式分为：有内胎轮胎（包括外胎、内胎及垫带），无内胎轮胎（仅有外胎）。

（2）按使用车辆的类别分：汽车轮胎、工程机械轮胎、工业车辆轮胎、农业机械轮胎、摩托车轮胎等。

（3）按胎面花纹分为：公路花纹轮胎、越野花纹轮胎、混合花纹轮胎、特种花纹轮胎等。

（4）按胎体结构（帘线布置）分为：斜交轮胎、子午线轮胎、带束斜交轮胎等。

（5）按帘线材料分为：钢丝轮胎、半钢丝轮胎、人造纤维轮胎、棉帘线轮胎等。

（6）按充气压力分为：高压轮胎（充气压力≥0.55MPa）、低压轮胎（充气压力≥0.20～0.55MPa）、超低压轮胎（充气压力＜0.20MPa）。

2）充气轮胎的结构组成

充气轮胎由外胎、内胎和垫带组成;无内胎轮胎则无内胎和垫带,但其内表面多一层密封层,如图 11-26 所示。

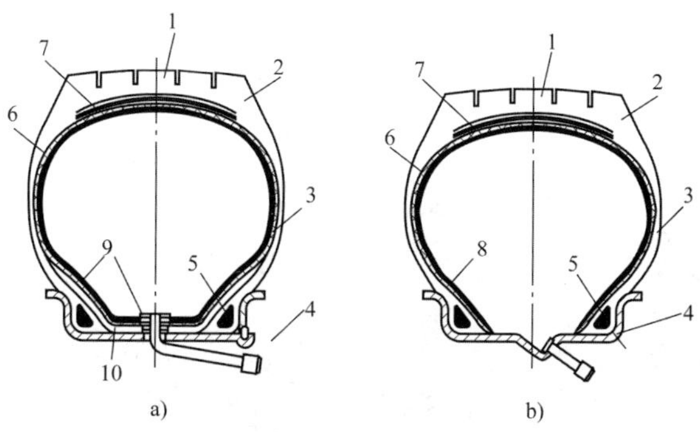

图 11-26　轮胎的断面图

a)有内胎轮胎;b)无内胎轮胎

1-胎冠;2-胎肩,3-胎侧;4-胎圈;5-胎圈芯;6-帘布层;7-缓冲层(或带束层);8-密封层;9-内胎及气门嘴,10-垫带

(1)外胎。外胎由胎面(在断面图上犹如顶冠,故又称胎冠)、胎肩、胎侧、胎圈、胎圈芯、帘布层、缓冲层或带束层以及密封层(仅用于无内胎轮胎)所组成。用于承受胎压及路面对车轮的纵向、垂向和侧向反作用力,保护内胎(当有内胎时)并使车轮与路面间产生附着力。

①胎面(胎冠),是轮胎与地面的接触部分,应与地面有良好的纵向和侧向附着性能,特别是在湿路上,应能防滑、耐磨耗、生热少、散热快、耐撕裂、耐刺扎、耐老化、低滚动噪声等。为保证机械在不同路面上有良好的行驶性能,胎面上又有各种不同的花纹。轮胎花纹对轮胎与地面相关的特性(如附着力、滚动阻力和胎面磨耗等)影响较大,应根据机器类型及道路条件来选择。

公路花纹又称普通花纹,适于在铺装的硬路面上使用。它由在胎面上的几条带有锯齿形或波浪形或条形等不深的纵向花纹沟槽组成(图 11-27a);或由胎面两侧并沿轮缘排列的许多不很深但曲折的横向花纹沟槽组成(图 11-27b)。前者宜用于在良好硬路面上行驶的轿车、客车和载货汽车,后者宜用于在土石路上行驶的载货汽车。现代轿车轮胎的公路花纹图案还有许多形式,其共同特点是比较密、浅。公路花纹的滚动阻力小、噪声低。

越野花纹适用于在各种坏路面上和无路地带(如松软土壤、沼泽或硬基的泥泞地、雪地、山地和坎坷不平的地段等)行驶的越野汽车和在矿山、水利工地及建筑工地上行驶的工程机械及运输车辆。如图 11-28 所示,越野花纹的特点是花纹沟槽深而宽,花纹凸块接地面积小,对地面的附着力强;在松软地面上,高的花纹凸块可深入土壤内构成土壤对机械的推力,产生较大的牵引力。宽的花纹沟槽也使沟槽内塞满的泥土容易自行脱落,即脱泥特性好。越野花纹分有向和无向两种,有向花纹轮胎对滚动有一定方向要求,装配时必须注意;无向花纹轮胎对滚动无方向要求,但其越野能力较有向花纹稍差。图 11-28a)所示的斜向交叉越野花纹,其纵向和侧向附着性和在松软土壤上的抓着性都很好,但做驱动轮时,仅当花纹的"人"字尖顶指向后面时,前进中才有令人满意的自行脱泥性,即属有向花纹。另外,由于缺少连续的中间带,因此在硬路面上行驶时将伴有振动且极易磨损。故

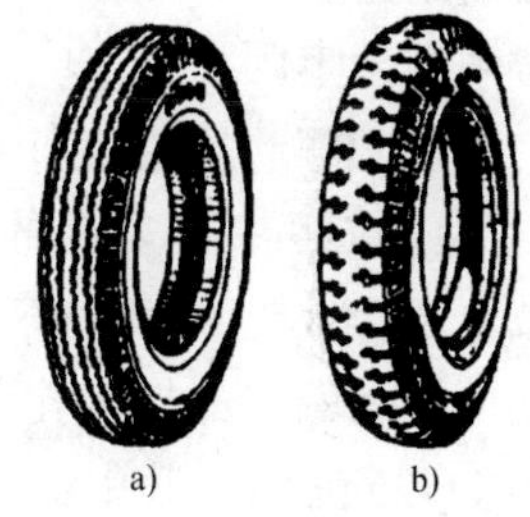

图 11-27　轮胎胎面的普通花纹

这种花纹轮胎宜用于行驶在松软土壤上作业的,而且多数情况下向前行进的机器,如拖拉机、稳定土拌和机等。图 11-28d)所示的横向越野花纹属无向花纹,其特点是纵向附着性好,尤其在松软土壤上的纵向抓着性好,在硬路面上也不会产生振动,但在泥泞的土路上不能保证车辆有满意的侧向稳定性。图 11-28b)、c)所示的花纹没有方向性,而且牵引特性较好,适合于经常换向的工程机械,例如:推土机、装载机、平地机等。

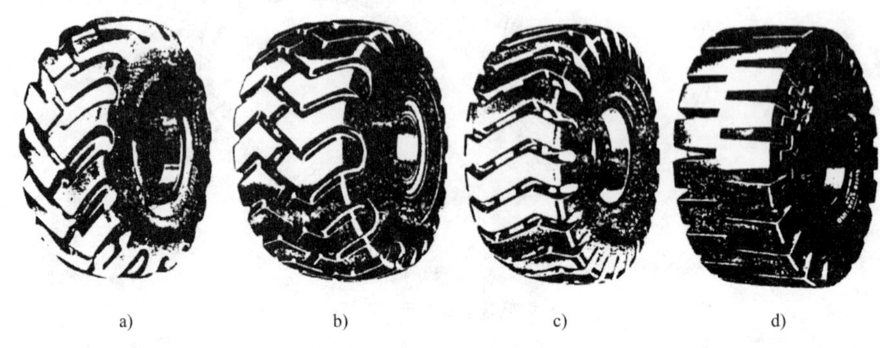

a) b) c) d)

图 11-28 越野花纹

a) L-2;b) L-3;c) L-4;d) L-5

对于冻结的冰面和压实且冻结易滑的雪地以及干燥而松散的沙地,上述具有深而宽的沟槽和高的突起大花纹越野轮胎不如较平坦的浅花纹轮胎有更好的附着性和侧向稳定性。

②胎肩,为胎冠与胎侧的连接部分。

③缓冲层。缓冲层是在胎面与帘布层之间的橡胶层或橡胶帘布层。用于提高作为外胎骨架的帘布层与胎面胶的结合力,以增加外胎强度,缓和胎面所受的冲击负荷对帘布层的作用力,承受由于轮胎滚动、牵引、制动、侧滑所产生的胎面与胎体间的剪切力并使其更均匀地分布。子午线轮胎的缓冲层还有限制轮胎周向变形的作用。

④帘布层,是外胎的骨架及承载的基础,是胎体的主要部分。它保证外胎有必要的强度,控制充气轮胎的体积,承受轮胎的气压、地面的冲击以及垂向、纵向(牵引和制动)与侧向负荷,并起着固定外胎尺寸和形状的作用。在轮胎气压的作用下,帘布层承受着极大的易引起爆裂的张力,因此需用多层(2 ~ 14 层)由橡胶黏合的帘布组成。其层数需根据胎压、轮胎负荷、类型和用途确定。外胎的强度主要由帘布层数和帘线强度来确定,且帘布层的帘线与橡胶之间必须粘合牢固。帘布应具有强度高、弹性好,帘线细、密度大,摩擦损失小,耐热性能好等特性。钢丝、聚酯、尼龙帘布等比较符合这些要求,人造丝次之。提高帘线的抗拉强度可减少帘布层数,从而可提高轮胎的径向弹性。采用钢丝帘布可使载货汽车轮胎的帘布层数由 8 ~ 14 层减至 2 ~4 层。用钢丝帘布可提高承载能力和耐磨性,这样就可提高轮胎气压,采用钢丝帘布还可提高轮胎的抗刺扎、抗穿孔的能力。按轮胎的帘线布置,轮胎胎体有不同的结构形式,如图 11-29 所示。其中,斜交轮胎的帘布层帘线间以交叉形式排列,且帘布层数为偶数以使帘线受力对称。斜交轮胎的优点是胎体坚固,胎侧较厚而不易损坏和划破。使用这种轮胎的机械转向和制动性能良好。缺点是原材料消耗多,滚动阻力大,耐磨性较差,缓冲性能欠佳等。子午线轮胎的帘布层帘线与胎冠中心线呈 90°交角(图 11-29c),即帘线由一个胎圈到另一个胎圈呈子午线方向排列,全钢丝子午线轮胎胎体只有一层钢丝帘布。当胎体帘布为其他纤维时,则需有由钢丝帘布或其他纤维帘布构成的带束层(图 11-29b)。带束层帘布的帘线与子午线轮胎的横断面呈 70° ~75°角,层间交叉排列。带束层承受轮胎胎面的大部分内压力和地面

冲击力,有阻止胎面周向伸张和压缩变形的作用。在内压相同的条件下,子午线轮胎的每根胎体帘线受的张力比斜交轮胎小,故在相同使用条件下其胎体帘布的层数比斜交轮胎少40%～50%,子午线轮胎与斜交轮胎相比,其优点还在于:滚动阻力小,可节省油耗;缓冲性能好,使车辆乘坐舒适,也减少了机件的损坏,提高了悬架弹性元件的使用寿命;胎面耐磨耗、耐刺扎,安全性好,使用寿命长;胎面接地性好,印痕扭曲减少,花纹沟槽畅通,花纹凸起部分与地面紧密接触,对地面的附着性能好,抗湿滑能力强;温升低,高速性能好,适于长时间行驶等,在汽车上使用广泛。其缺点是胎侧稳定性不够好,抗侧偏能力较差,造价也高,不宜用于工程机械。带束斜交轮胎胎体帘线的排列方向与斜交轮胎类同,但在胎体与胎面间设置了带束层(图11-29b)。这种轮胎比斜交胎耐用性好,在低速和粗糙路面上行驶时比子午线轮胎平稳。但实际使用较少。

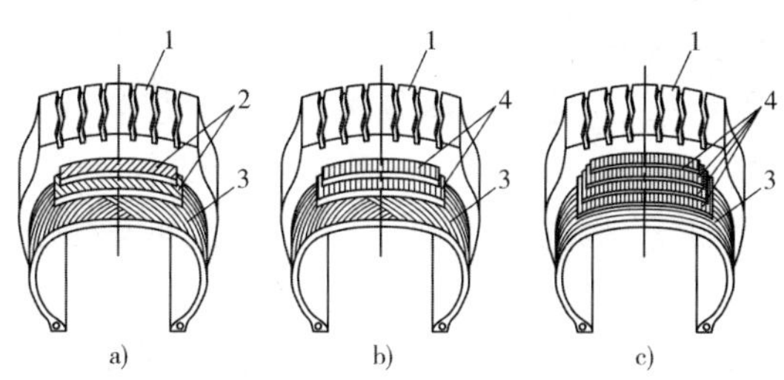

图11-29　轮胎帘线布置形式与胎体结构

a)斜交轮胎;b)带束斜交轮胎;c)子午线轮胎

1-胎面;2-缓冲层;3-帘布层;4-带束层

⑤胎侧,即轮胎的侧面,位于胎肩与胎圈之间,由胎侧胶和受胎侧胶保护的胎侧部位的帘布层组成。轮胎在滚动过程中胎侧要经受反复不断的挠曲变形,因此要求胎侧既薄(1.5～3.5mm),又有极好的弹性、耐挠曲疲劳、耐热、耐老化、不易产生裂口和极好的耐裂口增长的能力。

⑥胎圈,由钢丝圈(1～2个)、胶芯及包布构成,用于将外胎固定在轮辋上并承受轮胎充气后的张力以及轮胎的侧向力。胎圈必须具有高强度并严格保持其规格,才能将轮胎牢固地固着于轮辋。

(2)内胎。内胎为环形橡胶气筒,装在有内胎轮胎的外胎中,充入压缩空气后形成胎压,使整个轮胎富有弹性而获得承载和缓冲的能力。内胎应有良好的气密性、耐热性。内胎上的金属气门嘴供轮胎充气或放气之用。

(3)垫带。为环形橡胶带,套在轮辋上保护内胎以免被轮辋磨损或被轮辋与外胎胎圈夹破。垫带上有一圆孔供气门嘴穿出。

(4)无内胎轮胎。无内胎轮胎的内表面有一层厚1.5～3.0mm的胶质密封层(图11-25b),它具有高的抗气体渗透性能;无内胎轮胎的胎圈结构应保证它与轮辋间具有气密性极好的紧密配合。在这里,气门嘴直接装在轮辋上。

无内胎轮胎与有内胎轮胎比较,前者具有拆装及维修方便,更安全可靠,较小的质量和转动惯量等优点,但制造工艺要求更高,材料要求更好。无内胎轮胎与有内胎轮胎在同一尺寸规格下可以互换。这种轮胎在轿车上得到了广泛的应用。

3)轮胎规格的标记和代号

世界各国均规定在胎侧表面印有用凸字注明的标记,其内容有:注册商标和产地(或厂名），尺寸规格标记，结构特征（帘线结构、材料、有无内胎、断面系列等代号），额定负荷（或载荷指数、层级）及相应气压，速度级别代号，设计轮辋规格及其他有关标记（例如有向花纹的滚动方向等）。

我国按轮胎断面宽B、轮辋名义直径D进行标记。斜交轮胎以“B-D”形式标记，子午线轮胎则在B、D间加进子午线轮胎的代号R，以“BRD”形式标记。例如：我国中型载货汽车常用的轮胎9.00-20、9.00R20，其中B、D的单位为英寸或毫米。

4）轮胎的选用

轮胎的承载能力与规格、帘布层数、充气压力、行驶速度等有关。

充气压力确定后，各种帘布层数的轮胎承载能力相同，帘布层数较多的轮胎允许有较高的充气压力，也就有较强的承载能力，但行驶时的平顺性较差。高速车辆的充气压力应该低一些，低速机械的充气压力可以适当提高。

由于发热等原因，行驶速度低时轮胎的承载能力高，行驶速度高时轮胎的承载能力低。高速车辆应该选用尺寸较大的轮胎，低速机械的轮胎尺寸可以小一些。

工程机械设计中，常用的轮胎国家标准有：《工程机械轮胎技术要求》（GB/T 1190—2009），《工业车辆轮胎》（GB/T 2981），《载重汽车轮胎》（GB 9744—2007），《工程机械轮胎规格、尺寸、气压与负荷》（GB/T 2980—2009），《工业车辆充气轮胎技术条件》（GB/T 2981—2014）等。在上述标准中有轮胎的各种技术参数，读者设计时可以采用。在上述标准中，每个轮胎都规定了与其配套的标准轮辋和许用轮辋。设计中应该尽量采用标准轮辋，许用轮辋的宽度与标准轮辋有差别，会在轮胎侧壁产生附加弯矩，影响轮胎寿命。

2. 实心轮胎

实心轮胎分粘接式和非粘接式两大类。实心轮胎与充气轮胎相比，其缓冲性能差，容易损坏路面，动力消耗与轮胎的滚动阻力的能量也较大，不适宜用于车速较高的运输车辆上。但实心轮胎亦有其优点，如起动阻力小、承载量大、结构简单、维修方便等。所以，仍广泛用于低速高负荷的行走式机械，例如：中小型轮式沥青路面铣刨机、沥青摊铺机的前轮、叉车等。

（1）非粘接式实心轮胎是将已硫化好的橡胶胎体用机械方法固定在金属轮辋上的一种轮胎，其外形可以是条形或是环形的。非粘接式实心轮胎只适于低速或小型车辆上使用。

非粘接式实心轮胎有两类，一类是采用专用轮辋的实心轮胎，另一类是采用充气轮胎轮辋的实心轮胎。后者由于同充气轮胎可以互换，因此在叉车、电瓶车、平板车等低速车辆上有广泛的应用，其特性见《充气轮胎轮辋实心轮胎技术规范》（GB/T 10824—2008）。

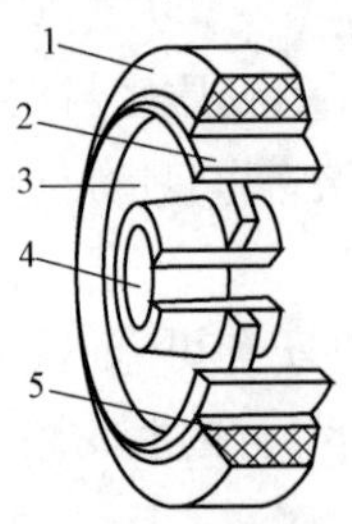

图11-30 装有压配式实心轮胎的车轮
1-实心轮胎；2-轮辋；3-轮辐；4-轮毂；5-轮胎钢背

（2）粘接式实心轮胎也有两种形式，一种是将轮胎橡胶直接硫化在轮辋上，结构简单、设计灵活，但橡胶硫化要到专门的橡胶设备上进行，不太方便。另一种是将轮胎橡胶硫化到薄壁钢筒（即钢背）上，然后再压配到与钢背有一定过盈量的轮辋上，所以称为压配式实心轮胎（图11-30）。使用方便，成本也比较低。压配式实心轮胎目前也有国家标准，见《压配式实心轮胎技术规范》（GB/T 16623—2008）。

实心轮胎的也分为有花纹和无花纹两大类。

【练习题】

1. 轮胎式工程机械行驶系的通过性指标主要有哪些?
2. 为什么要布置摆动桥?
3. 轮胎式工程机械在何种情况下,宜采用刚性悬架?
4. 轮胎式行走机械转向轮定位有哪些参数?
5. 从构造与使用上区别高速轮胎与越野轮胎、斜交轮胎与子午线轮胎、高压轮胎与低压轮胎、有内胎式轮胎与无内胎式轮胎。

第十二章

履带式机械行驶系

【学习目标与要求】

了解履带式机械行驶系的结构及功用，掌握履带式机械刚性悬架、半刚性悬架及弹性悬架的结构特点及设计要求，了解履带行走系统结构的布置要求，理解履带行走装置主要构件的设计要点。

第一节　概　　述

履带式底盘行驶系由行驶装置、悬架和机架组成，其结构示意如图12-1所示。

行驶装置的作用是支持整机重量，并通过履带将履带驱动轮的旋转运动转变为机器在地面上的行驶运动。行驶装置包括引导轮1、支重轮2、平衡弹簧3、台车架5、托链轮6、履带7和驱动轮8。通常，在台车架上除了安装支重轮、托链轮、引导轮外，还有履带张紧缓冲装置(图中未画出)。台车架连同装在其上的构件形成一个整体，称为台车。大多履带式底盘的左右侧各有一个台车。

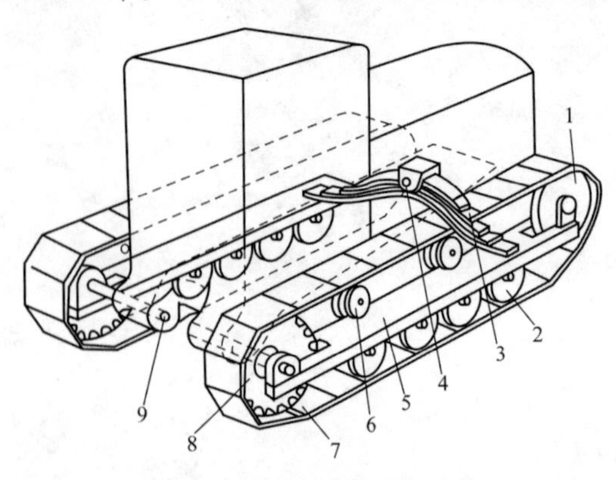

图12-1　履带式机器的行驶系

1-引导轮；2-支重轮；3-平衡弹簧；4-摆动轴；5-台车架；6-托链轮；7-履带；8-驱动轮；9-半轴

悬架的功用是把机架与支重轮连接起来，并传递机器的重力。它包括机架与支重轮之间的各连接构件。在图示的结构中，即包括悬架平衡弹簧3和台车架5。

机架是用来安装发动机及所有总成与部件的。在履带式工程机械上，通常采用半架式机架，这种机架由左右纵梁与驱动桥壳焊接而成。

履带式拖拉机的机架是全机的骨架，与行走系相连。履带式行走系与轮胎式行走系相比有以下特点：

(1)履带式拖拉机的驱动轮只卷绕履带而不在地面滚动,机器整机重量全部由支重轮压在多片履带板上,全部重量都是附着重量(这相当于全轮驱动的轮式机械),加上履带履齿的附着特性要比轮胎花纹好得多,所以履带式机械的牵引力要比轮胎式大得多。

(2)与同功率的轮式机械相比,由于履带支承面大,接地比压小(一般小于0.1MPa),所以在松软土壤上的下陷深度小,因而滚动阻力小,有利于发挥较大的牵引力。

(3)履带不怕扎、割等机械损伤。

(4)履带销子、销套等运动副在使用中要磨损,要有张紧装置调节履带松紧度,它兼起一定的缓冲作用。

(5)履带式行走系质量大,运动惯性大,缓冲减振作用小。结构中最好有弹性元件。

(6)履带式行走系结构复杂,消耗金属多,磨损严重,维修量大,运行速度受限制。

第二节　履带式机械的悬架

悬架机构是用来将机体和行走装置连接起来的部件,它保证车辆以一定速度在不平路面上行驶时具有良好的行驶平顺性和零部件的工作可靠性。履带式机械的悬架有刚性悬架、半刚性悬架、弹性悬架三种。

一、刚性悬架

刚性悬架的机体和行走装置刚性连接,无弹性元件和减振器,不能缓和冲击和振动,但具有较好的作业稳定性,一般用于运动速度较低但要求稳定性良好的机械上,例如:履带式挖掘机、吊管机、挖沟机和装载机。

挖掘机这类机器可以设计台车架,也可以不设计专门的台车架,而是将驱动轮、导向轮、支重轮、托链轮、履带张紧装置等直接布置在行走架(或机架)上,图12-2所示的WY60型液压挖掘机的行走装置就没有台车架。如图12-3所示,有的挖掘机在行走架上布置小台车架1,将每边的支重轮4和托链轮5分别装在两个独立的小台车架上,小台车架通过轴2铰接在行走架上。这样,通过小台车架摆动可以适应路面的不平整。

履带式装载机的刚性悬架与推土机的半刚性悬架基本相同,主要区别是取消了平衡梁下的弹性块(图12-4)。

由于工作时的载荷变化很大,悬架结构应该有足够的强度和刚度。

二、半刚性悬架

机器的一部分重量通过弹性元件传到支重轮,这种形式的悬架称为半刚性悬架。如图12-1所示,机体前端与行走装置通过平衡弹簧3弹性连接,后端用半轴9与机架刚性连接,机体的部分重量经弹性元件传给支重轮2,可以部分地缓和冲击与振动。同时,台车架可以绕半轴9的中心相对机体做上下摆动,使履带能较好地适应地面的不平情况,接地压力均匀,附着性能好。

半刚性悬架可以按照图12-1那样,采用钢板弹簧作为弹性元件,横向布置的钢板弹簧可以不附加平衡梁。它的结构简单,制造方便,使用可靠,弹簧钢板之间的摩擦可以衰减振动。但是,由于这种弹簧的单位重量储能量较小,通常用于中小功率的履带式机械。

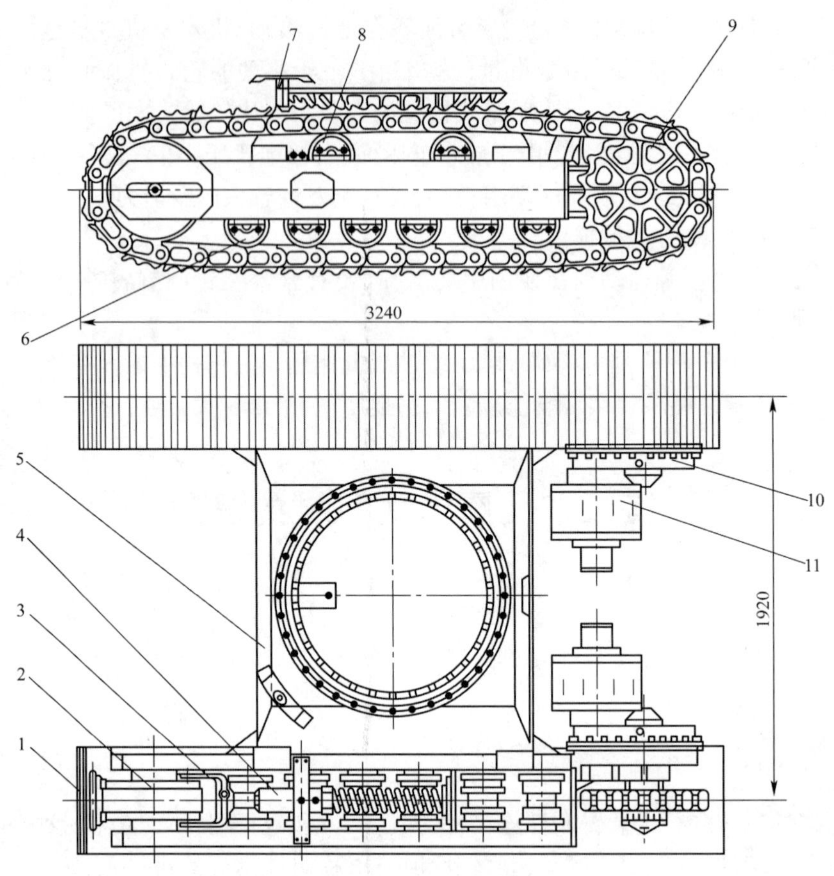

图 12-2 WY60 型挖掘机的履带行走装置

1-履带;2-引导轮;3-连接叉;4-张紧装置;5-行走架;6-支重轮;7-插销座;8-托链轮;9-驱动轮;10-行走减速机构;11-行走液压马达

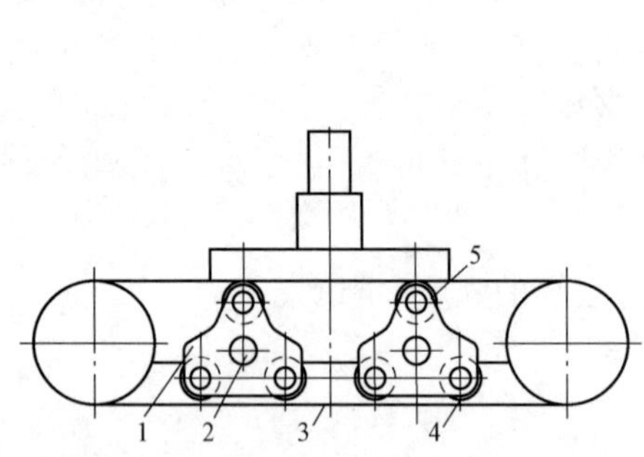

图 12-3 W100 型挖掘机的刚性悬架

1-小台车架;2-轴;3-履带;4-支重轮;5-托链轮

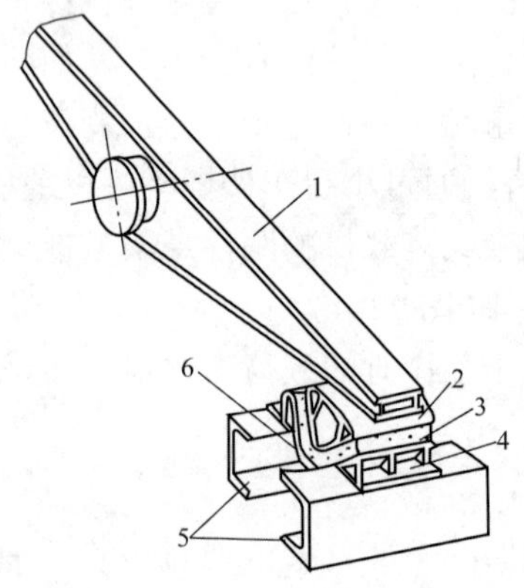

图 12-4 橡胶弹簧平衡梁结构简图

1-平衡梁;2-上支座;3-橡胶块;4-下支座;5-台车架纵梁;6-限位面

目前,大量采用的是以橡胶块作为弹性元件的橡胶弹簧平衡梁结构。如图 12-4 所示,橡胶弹簧平衡梁由橡胶块 3 和平衡梁 1 组成。橡胶块夹在上下支座中间的楔形槽内,上支座 2 的顶面为弧形表面,以保证平衡梁横向摆动时与支座有良好的接触。下支座 4 用螺栓固定在台车架的纵梁 5 上。平衡梁中部与机架横梁铰接,可绕该铰接点做横向摆动,限位面 6 用来限制弹簧的最大变形量。

这种结构的特点是承载能力大,单位重量储能量高,橡胶具有较大阻力,可以代替减振器起衰减振动的作用。此外,它的结构简单,寿命长,不需特殊的维护,成本也较低廉。目前,履带推土机多采用这种悬架结构。

橡胶弹簧的设计与计算如下:

1)橡胶弹簧的刚度

如图 12-5 所示,在载荷 G_1 的作用下,每一个倾斜安装的橡胶块受到剪切分力 P_s 和压缩分力 P_c 的作用而同时产生剪切变形和压缩变形,故每个橡胶块的刚度 C_0 为:

$$C_0 = \frac{P}{\delta} = \frac{A}{h}(G_\tau \sin^2\alpha + E_a \cos^2\alpha) \tag{12-1}$$

式中:C_0——橡胶弹簧的刚度,N/mm;

P——平衡梁作用在每个橡胶块上的载荷,$P = \frac{G_1}{2}$,G_1 为平衡梁作用于一侧橡胶弹簧上的载荷,N;

A——橡胶弹簧的承载面积,mm^2;

h——橡胶块厚度,mm;

G_τ——橡胶的剪切弹性模数,MPa;

E_a——橡胶的名义弹性模数,MPa;

α——橡胶块的安装角(°);

δ——橡胶块的总变形,mm。

橡胶块的名义弹性模数 E_a 是一个与结构参数有关的物理量。因为橡胶块受压缩时产生的侧向膨胀变形与受载表面状况有关,其中一个主要因素是承载表面与压板之间的摩擦系数。摩擦系数使橡胶块的侧向膨胀受到限制,在橡胶层之间产生附加的剪切应力,越靠近承载表面,剪切应力越大,故名义弹性模数 E_a 与剪切弹性模数 G_τ 有如下关系:

$$E_a = K_m G_\tau \tag{12-2}$$

式中的 K_m 称为弹性模数变化系数,其值与橡胶块的形状有关,对于圆柱形断面或近似圆柱形断面(例如:长与宽的比值小于 2 的矩形断面)的橡胶块,在线弹性变形范围内,弹性模数变化系数可以通过形状系数 K_f 由图 12-6 求得。

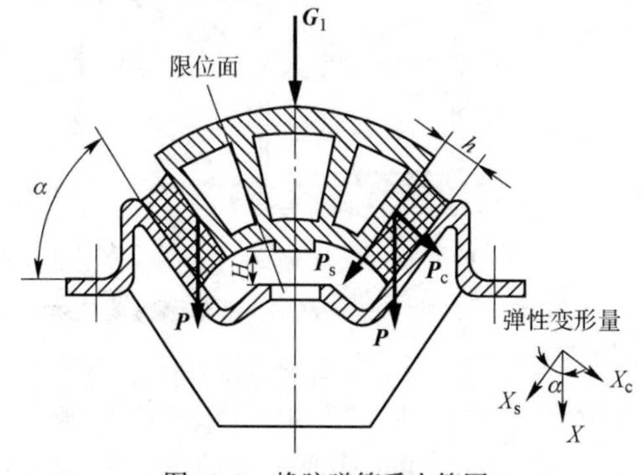

图 12-5　橡胶弹簧受力简图

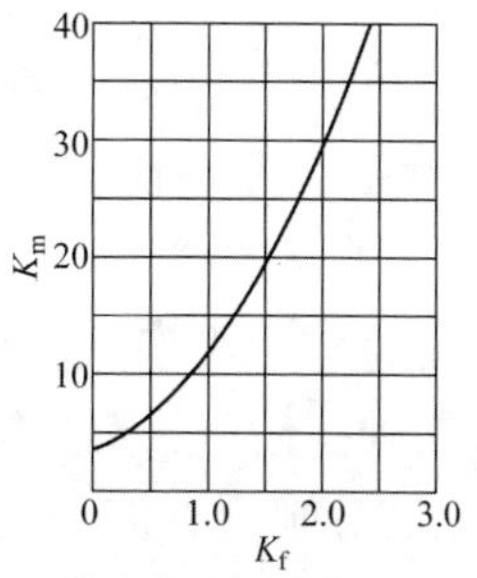

图 12-6　橡胶弹簧弹性模数变化系数 K_m 与形状系数 K_f 的关系曲线

$$K_f = \frac{A}{A_f} \tag{12-3}$$

式中：A——橡胶块的承载面积；

A_f——橡胶块的侧向自由表面积。

橡胶块的剪切弹性模数 G_τ 与橡胶块的结构无关，而与橡胶材料的性质（主要是硬度）有关，一般为 80～120MPa。

橡胶弹簧的总刚度 $C = 2C_0$。

2）橡胶块的安装角 α

由式（12-1）可知，橡胶弹簧的刚度 C_0 与安装角 α 有关。

当 $\alpha = 0°$ 时，为纯压缩情况，橡胶的承压能力强，但弹簧变形量 δ 小，因此，吸收能量的能力较小。

当 $\alpha = 90°$ 时，为纯剪切情况，橡胶抗剪切的能力差，虽然弹簧的变形量 δ 大，但总的吸收能量的能力仍小。

研究表明，当 $\alpha = 60°$，弹簧的弹性变形和承载能力都比较大，弹簧的压缩变形能和剪切变形能都得到了较充分的利用，因此这时弹簧吸收的能量最大。实际设计过程中，通常取 $\alpha = 55° \sim 60°$。

为了防止超载造成橡胶弹簧损坏，弹簧支座底部应该设计限位面（图 12-5），在限位面的中间要开长孔，防止泥沙堵塞，影响弹簧工作。

采用半刚性悬架的机器，其行驶速度不宜超过 15km/h。半刚性悬架中的台车架是行驶系中一个很重要的骨架，支重轮、张紧装置等都要安装在这个骨架上，它本身的刚度以及它与机体间的连接刚度，对履带行驶系的使用可靠性和寿命有很大影响。若刚度不足，往往会使台车架外撇，引起支重轮在履带上走偏和支重轮轮缘啃蚀履带轨，严重时会引起履带脱落。为此，应采取适当措施来增强台车架与机架的连接刚度。

三、弹性悬架

半刚性悬架难以实现机器高速行驶，当机器的速度较大或负荷较大时需要采用弹性悬架。整机重量都通过弹性元件传到支重轮的悬架为弹性悬架。

图 12-7 为东方红-75 拖拉机的行驶系。它没有统一的台车架，各部件都安装在机架上。机器的重量由机架通过四套平衡架传到八对支重轮，再传到履带上。由于平衡架是一个弹性系统，故称为弹性悬架。

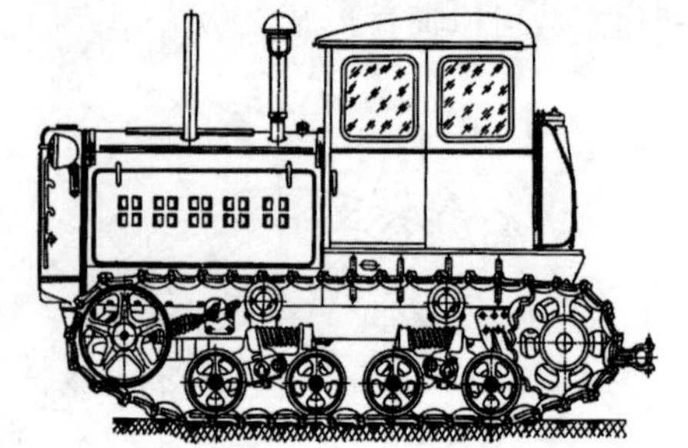

图 12-7　东方红-75 拖拉机的弹性悬架

平衡架的结构如图 12-8 所示，它由一对互相铰接的内、外空心平衡臂 2、7 组成。内、外平衡臂 2、7 之间由销轴 3 铰接，在外平衡臂 7 的孔内装有滑动轴承，通过支重梁横轴 4 将整个平衡架安装到机架上，并允许平衡架绕支重梁轴摆动。悬架弹簧 1 是由两层螺旋方向相反的弹簧组成，螺旋方向相反是为了避免两弹簧在运动中重叠而被卡住。悬架弹簧压缩在内、外平衡臂 2、7 之间，用来承受拖拉机的重量与缓和地面对机体的各种冲击。螺旋弹簧的柔性较好，在吸收相同的能量时，其重量和体积都比钢板弹簧小，但它只能承受轴向力而不能承受横向力。

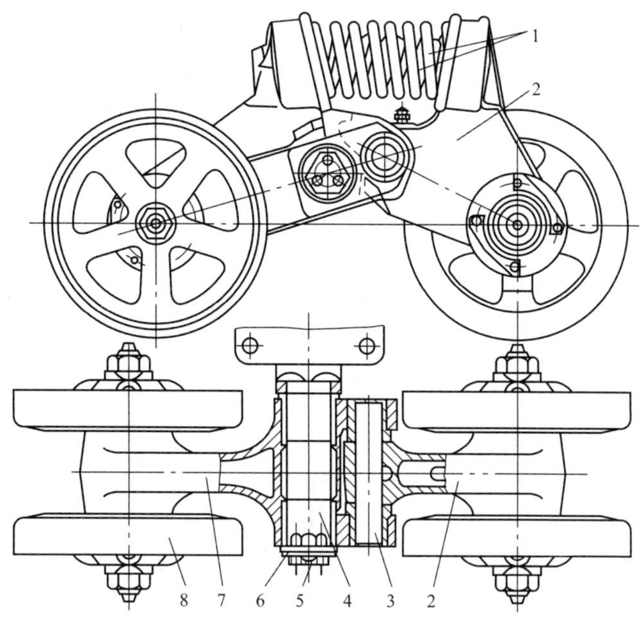

图 12-8　东方红-75 拖拉机的平衡架

1-悬架弹簧；2-内平衡臂；3-销轴；4-支重梁横轴；5 垫圈；6-调整垫圈；7-外平衡臂；8-支重轮

卡特彼勒公司生产的 D10 型履带推土机也使用了弹性悬架，图 12-9 为该机的行走装置简图。支重轮 4 每两个为一组装在平衡悬架 5 上，靠近引导轮 2 的一组支重轮悬架铰接在双臂平衡杆 3 上，双臂平衡杆的另一端与引导轮铰接，其中部与台车架 7 铰接；中间的两组平衡悬架 5 铰接在单臂平衡杆 6 上，单臂平衡杆 6 也与台车架 7 铰接。这样，当履带在不平路面上行驶时，支重轮和引导轮都可以随路面形状相对台车架上下摆动。在不平度较大的路面行驶时，该机的台车架还可以带动所有的支重轮、引导轮绕摆动轴中心 O 在行走系的纵向垂直平面内做上下摆动，因而使履带与路面始终保持良好的接触，改善了车辆的牵引附着性能。同时，也避免了单个支重轮受力，使载荷比较均匀地分布到各部件上，提高了行走系的承载能力。橡胶减振块 8 一方面限制支重轮或引导轮的摆动范围，另一方面能吸收和衰减振动和冲击。因此，这种悬架结构具有承载能力大、行走平稳、噪声小、乘坐舒适以及附着性能好等优点。适用于大型土石方工程作业机械。

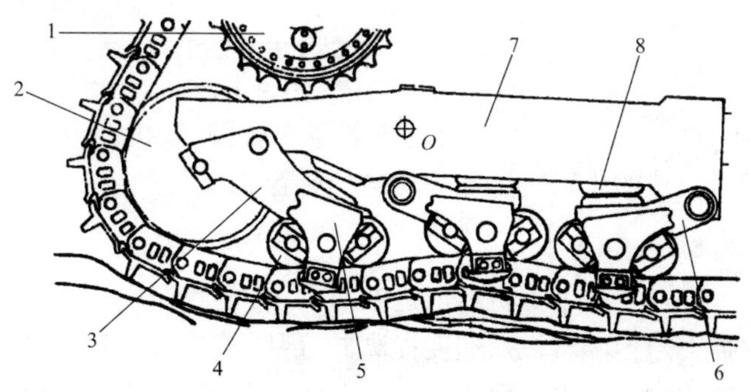

图 12-9　D10 型推土机的行走装置

1-驱动轮；2-后引导轮；3-双臂平衡杆；4-支重轮；5-平衡悬架；6-单臂平衡杆；7-台车架；8-橡胶减振块

使用这种结构后，机体的全部重量（包括行走装置中的托链轮、引导轮、驱动轮等）都经弹性元件传给支重轮，因此，比半刚性悬架具有更好的缓冲性能，并且能更好地适应地面不平情况，但结构复杂。图 12-8 的结构目前只用于小功率的机器，东方红-75 拖拉机的发动机功率仅为 55kW。D10 型推土机的发动机功率达到了 522kW，但由于其悬架结构的销轴太多，为了提高效率，该机的悬架系统采用了稀油润滑，布置了大量浮动油封。尽管它经久耐用，但其结构复杂，制造工艺要求高。

第三节　履带行走系统结构布置

1. 摆动铰点的布置

在总体设计中，通常已经确定了驱动轮的直径 D_K 和履带接地长度 L_0。对于采用普通驱动装置的半刚性悬架推土机的行走装置（图 12-10），其中多数台车架的摆动点 O 与驱动轮的中心 O' 重合，这样在台车摆动时，驱动轮与台车上面的构件的相对位置没有发生变化，履带的张紧程度没有改变，机器运行比较平稳，但驱动轮处的结构复杂。也有少数普通驱动装置推土机的摆动点 O 不与驱动轮的中心 O' 重合，使台车架仍绕 O 点摆动，这样驱动轮处的结构简单，维修方便，但由于摆动时台车架上构件相对驱动轮的位置变化造成履带的松紧度变化，产生冲击。设计张紧装置时应该充分注意。

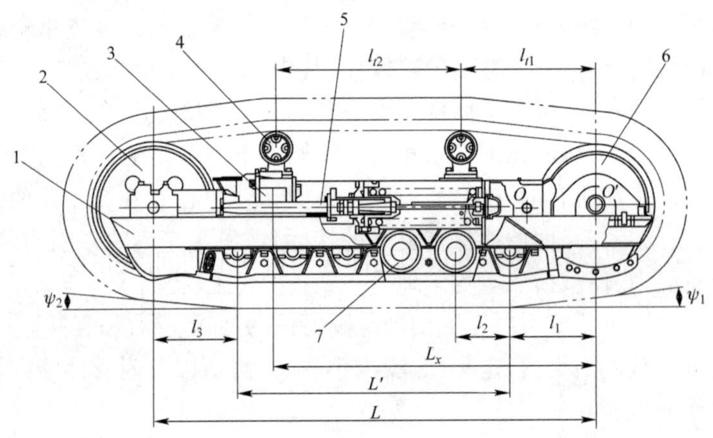

图 12-10　履带行走装置结构布置图

1-台车架；2-导向轮；3-悬架平衡梁；4-托链轮；5-张紧装置；6-驱动轮；7-支重轮

图 12-11 为卡特 D10 型高驱动推土机行走装置布置图，该机的台车架铰轴 3 到驱动轮 2 中心距离较远，采用了特殊的张紧装置和弹性悬架装置。

2. 驱动轮的布置

驱动轮一般置于机械后方，因为机器前进的时间多，而且牵引力大，这样履带驱动段的长度小，可以减少功率损失。但随着机器速度提高，上部履带松边的振跳加大，造成的能量损失增加，这时驱动轮后置的功率损失反而增大。一般认为车速小于 15～20km/h 时，驱动轮后置有利；在车速大于 20km/h 的情况下，驱动轮前置较好。

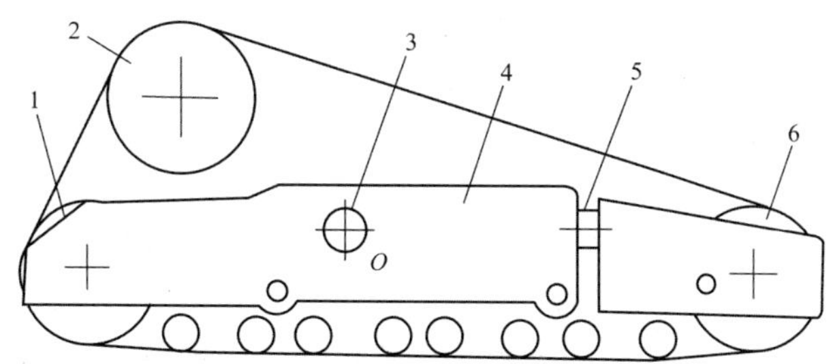

图 12-11 D10 型推土机行走系布置图

1-后引导轮;2-驱动轮;3-台车架铰接轴;4-台车架;5-张紧装置;6-前引导轮

3. 履带行走装置的离去角 ψ_1 和接近角 ψ_2

为了提高履带行走装置越过障碍的能力,行走装置应该有合适的离去角 ψ_2 和接近角 ψ_1。但 ψ_1、ψ_2 太大时,会减少接地长度,造成接地面积减少,接地比压提高;而且在支重轮处履带折弯角度增大,影响传动效率。通常认为,当 ψ_1、ψ_2 小于 5°时履带的接地长度可以从两端的张紧轮、引导轮的中心算起。实际设计中,ψ_1 一般取 2°~5°。由于推土机前面的障碍可以用铲刀铲除,所以 ψ_2 一般取 1°~3°。

4. 支重轮的布置

支重轮的个数和布置应有利于使履带接地压力分布均匀。因此,在履带作业机械上均采用直径较小的多个支重轮,支重轮的个数随车辆的功率(或机重)的增加而增多。常见履带推土机每侧支重轮为 4~8 个。

支重轮的直径不能太小,否则会增大支重轮在履轨上的滚动阻力。实际支重轮的直径 D_Z 为履带节距 l_t 的 1~1.25 倍,支重轮的间距(图 12-10)$l_2=(1.4\sim1.7)l_t$,最大不宜超过 l_t 的 2 倍。

支重轮在引导轮和驱动轮(或后引导轮)间的布置应有利于增大履带接地长度,因此,最前一个支重轮应尽量靠近引导轮,最后一个支重轮应尽量靠近驱动轮(或后引导轮)。为了不和它们的运动发生干涉,支重轮的位置应保证当引导轮在缓冲弹簧达到最大变形时相互不发生干涉,后支重轮轮缘外径与驱动轮齿顶圆之间应保留一定的间隙,以保证当悬架弹簧最大变形时不发生干涉,此间隙一般不小于 20mm。各支重轮的间距一般为均匀分布。

5. 托链轮的布置

托链轮主要用来限制上方区段履带的下垂量。因此,为了减少托链轮与履带间的摩擦损失,托链轮的数目不宜过多。轴距 L 在 2m 以下的普通驱动装置履带推土机可采用 1 个托链轮,轴距在 2m 以上的采用 2 个托链轮,小型推土机轴距较短,上方区段履带下垂量不大,可不装托链轮。高驱动推土机的驱动轮具有托链轮的作用,可以少装或不装托链轮。有些机器(如大型沥青路面铣刨机)由于速度太低,也可以省去托链轮,用一块平板直接托住履轨。

托链轮的位置应有利于履带脱离驱动轮的啮合,并平稳而顺利地滑过上方区段,保持履带正常的张紧状态。为此,托链轮应该将链条略微向上托一点儿,但不宜过高,否则也会使链条的折弯角度增大,增加能量消耗。通常,$l_{t2}\approx0.4L$、$l_{t1}\approx0.3L$(图 12-10)。

6. 平衡梁位置的确定

对于半刚性悬架,平衡梁向后布置,其上面的重量加大,悬架弹簧的作用力增大,机器的平顺性变好。但若平衡梁的位置太靠后,会造成悬架弹簧设计困难,通常 $l_x\approx0.8L$。

第四节　履带行走装置主要构件设计

一、履带

履带是用于将机械的重力传给地面,并保证机械发出足够驱动力的装置。履带经常在泥水、凹凸地面、石质土壤中工作,条件恶劣,受力情况复杂,极易磨损。因此,除了要求它有良好的附着性能外,还要求它有足够的强度、刚度和耐磨性。但是,履带在工作中的状态变化较多,为了减小冲击,重量应该尽可能轻些。

1. 组合式履带

图 12-12 为 D80 型推土机的组合式履带结构,其履带板用螺栓 1 固定在链轨节上,链轨节用履带销 6 等零件铰接在一起。

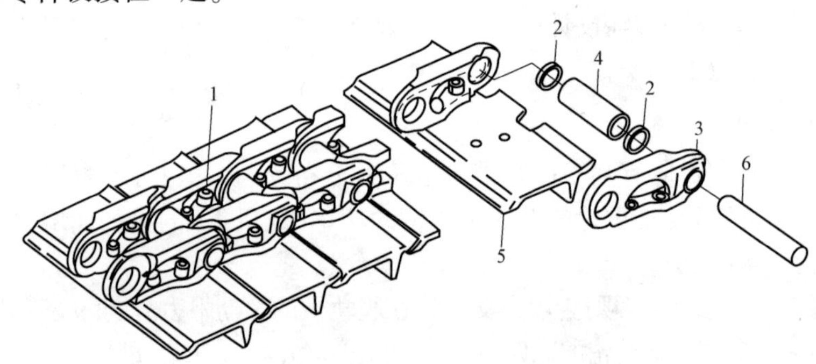

图 12-12　D80 型推土机的履带

1-履带螺栓;2-防尘圈;3-链轨节;4-销套;5-履带板;6-履带销

1)履带板

履带板的结构形式对机器的使用性能影响很大,图 12-13 为几种常见的履带板形式。

图 12-13a)为单履齿形。履带板上仅有一个凸起的履齿,是标准型履带板。能产生较大的牵引力,一般用在推土机上。

图 12-13b)为矮履齿形。履齿较标准型履齿矮,切入土中较浅,使车辆容易转向,常用于履带式起重机和挖掘机上。

图 12-13c)、d)为双履齿和三履齿形。这种履带板的强度和刚度都增强了,可防止由重载引起的履带板弯曲。由于切入地面的深度较浅,车辆转向性能较好,多用于履带装载机和挖掘机上。

图 12-13e)为平滑履带板。它没有明显凸起的履齿,适于在坚硬的岩面上作业和在公路上行驶。例如:水泥混凝土摊铺机、沥青混凝土摊铺机、沥青路面铣刨机通常使用平滑履带板,但许多在其上安装耐磨橡胶垫块。

图 12-13f)为中央穿孔形。履齿在履带板端部,有自行清除泥雪作用,适宜在雪地和冰上作业。

图 12-13g)、h)为三角形或曲峰三角形。接地面积大,适用于松软泥泞地带作业,能很好地发挥牵引性能,且不易下陷。其中,图 12-13h)的曲峰三角形有较好地自行清除夹泥的效果,可用于湿地推土机上。

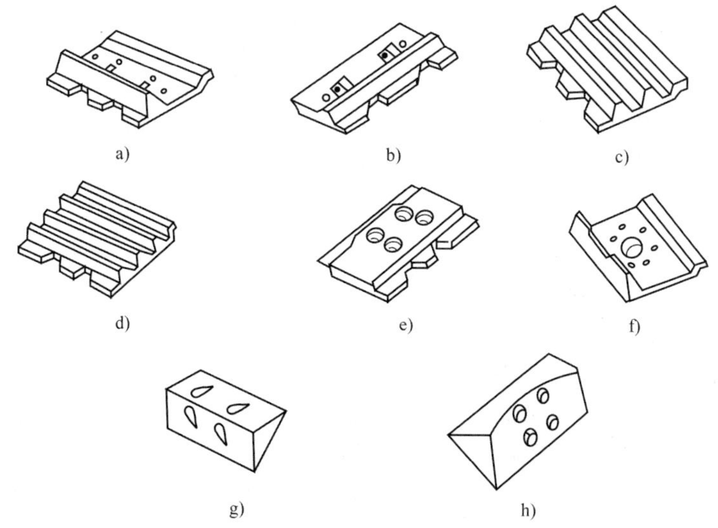

图 12-13 常见的履带板形式

a)单履齿形;b)矮履齿形;c)双履齿形;d)三履齿形;e)平滑履带板;f)中央穿孔形;g)三角形;h)曲峰三角形

为节省材料、提高质量,工程机械用的履带板已有标准,常用材料为 40Mn2Si,应该优先选用。如有特殊需要,可以用 ZG40Mn、ZG40Mn2 铸造。

2)链轨节

链轨节是用来连接履带板,使之成为一条包围在引导轮、驱动轮、支重轮和托链轮上的环形钢带,以传递驱动力并作为支重轮的轨道,承受机体的重量。因此,要求链轨节具有足够的抗拉和抗压强度,轨面应该具有良好的耐磨性。链轨节可以用 45 钢模锻,调制处理后,表面淬硬到 50 ~ 55HRC。要求较高时,应采用 40MnB。对于链轨节尺寸较小、批量也不大的机器,可以参照重载弯板链条的链板设计。

3)履带销与销套

履带销和销套是连接链轨节的铰链环节。为了使链轨节孔不致磨损,将履带销和销套分别以一定的过盈量(0.15 ~ 0.45mm)压入链轨节孔中,使磨损发生在销和销套之间,磨损后只需更换履带销和销套。履带销与销套之间为间隙配合,其间隙为 0.2 ~ 0.4mm。

履带销可用 50Mn 钢制造,经高频淬火硬度为 56 ~ 63HRC。销套可用 20Mn 钢制造,经渗碳淬火处理后,其表面硬度应为 56 ~ 63HRC。

由于履带销与链轨节之间是过盈配合、拆装困难,每条履带应该有一个便于拆卸的接头,接头处应该有记号。

前述的组合式履带结构简单,目前使用广泛。但由于泥沙易进入履带销与销套之间的间隙,使用寿命短。

卡特 D8 型推土机使用了密封润滑履带,其结构见图 12-14。在履带销和销套间充入润滑油,从而减少销和销套的磨损、提高销和销套的使用寿命以及行走系统效率。稀油润滑的履带销必须有可靠的密封,用两个密封圈防止油液泄漏。这种结构使用性能很好,但比较复杂,而且工艺难度大。

为了便于拆装履带,卡特 D8 型推土机上使用剖分式链轨节(图 12-15),只要拧开螺栓 4 链条即从此处断开,拆装方便。

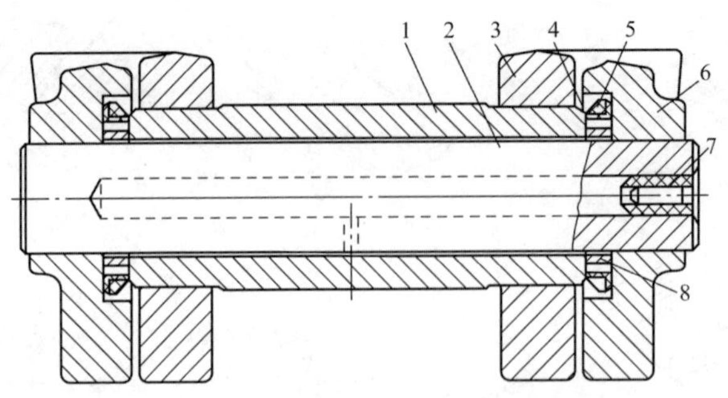

图 12-14　密封润滑履带

1-销套;2-履带销;3、6-链轨节;4-U 形密封圈;5-橡胶弹簧圈;7-封油塞;8-推力环

组合式履带的优点是,其各零件可根据不同要求采用不同材料,并分别进行机械加工再装配,使加工方便,能采用先进制造工艺,而且履带销与销套摩擦阻力小,履带转动灵活,降低功率消耗。此外,在履带板或链轨节磨损后,只需更换被磨损部分,不会使整块履带报废,更换不同形式的履带板就可适应不同的使用条件。

组合式履带的缺点是结构较复杂,质量大,拆装不便,连接螺栓易折断。

组合式履带广泛应用于中低速、大功率、经常行走的工程机械上。目前,关于组合式履带的标准有《工程机械　组合式履带总成》(JB/T 2602—2001)。

2. 整体式履带

图 12-16 为整体式履带的一种结构,这种履带的履带板通常由高锰钢整体铸造而成,在履带中部铸出驱动齿。驱动轮通过该齿驱动履带。整体式履带的履带板彼此用履带销 2 连接,履带销两端用锁销 7 防止履带销外移。履带板可以没有履齿,也可以有履齿,但多为小齿。

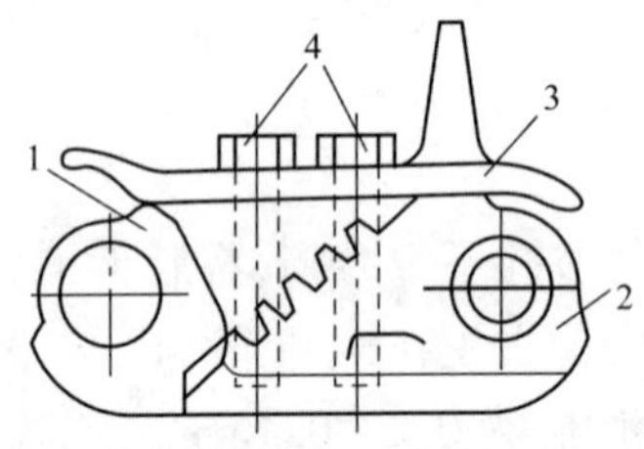

图 12-15 剖分式链轨节

1-上半链轨;2-下半链轨;3-履带板;4-连接螺栓

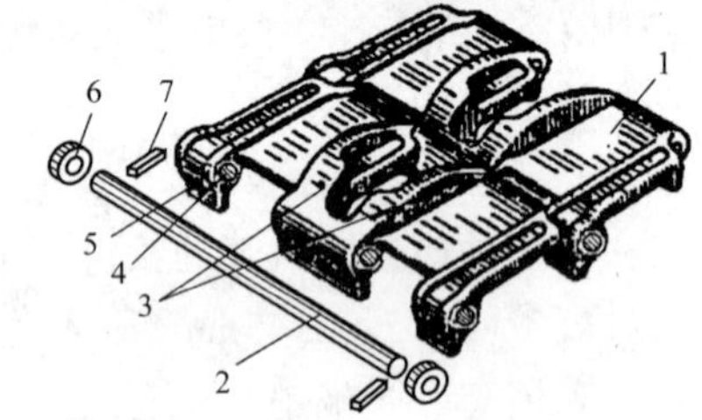

图 12-16　整体式履带

1-履带板;2-履带销;3-导向筋;4-销孔;5-节销;6-垫圈;7-锁销

整体式履带比组合式履带具有结构简单、重量轻,而且容易实现高强度等优点。但履带板是整体浇铸的,为了耐磨其常用材料为 ZGMn13、ZG45Mn。由于履带销孔较长,加工较困难(其中 ZGMn13 几乎不能加工),因此多数履带板是不加工的。这样,就使履带销与销孔之间不能保持一定的配合关系,而存在较大间隙,泥沙很容易进入此间隙中,造成效率低,磨损快,而且履带板磨损后必须将整块履带板报废。

整体式履带板可用于小型机器(如东方红-75 拖拉机)上,以减轻重量;也可以用于不经常行走的重型机器上(如挖掘机)。

二、驱动轮

驱动轮是将传动系统的动力传至履带,以产生使车辆运动的驱动力。因此,要求驱动轮与履带的啮合性能要良好,即在各种不同行驶条件和履带不同磨损程度下啮合应平稳,进入和退出啮合要顺利,不发生冲击、干涉和脱落履带的现象;要耐磨且便于更换磨损元件(如齿圈)。

1. 驱动轮直径的确定

驱动轮的节圆半径 r_K 按下式计算:

$$r_K = \frac{0.5l_t}{\sin\dfrac{180°}{Z_K}} \tag{12-4}$$

式中:r_K——驱动轮半径,mm;

l_t——链条节距,mm;

Z_K——驱动链轮的名义齿数。

链条的节距 l_t 可参照相关标准确定,工程机械上常用的节距数值有 173mm、203mm、216mm 三种。如果销孔和履带销之间存在较大的间隙,则按式(12-4)计算时 l_t 值应该加上这个间隙。

预定名义齿数 Z_K 后,用式(12-4)求得 r_K。驱动轮的半径通常还要参照同类产品类比确定,如果相差太远,还要调整名义齿数 Z_K。工程机械上许多产品的链条在驱动轮上是隔一个齿啮合的,这样可以加大链轨的节距,便于安装履带板,同时自动清除泥土的效果会好一些。这种间齿啮合的驱动轮的名义齿数 Z_K 是实际齿数 Z 的一半;而且设计时实际齿数 Z 最好为奇数,这样每转动两圈,驱动轮的所有齿都啮合一次,使用寿命长。实际齿数 Z 为偶数也可以采用,这样工作时只有一半啮合,待到这部分齿严重磨损后,将驱动轮拆下旋转一个角度重新安装。

齿顶圆半径 R_e 为:

$$R_e = (0.165 \sim 0.17) l_t Z_K \tag{12-5}$$

齿根圆半径 r_i 的为:

$$r_i = r_K - r_1 \tag{12-6}$$

式中:r_1——履带节销半径。

2. 驱动轮齿形

驱动轮齿形有许多形式,目前常用的是凹齿齿形。如图 12-17 所示,凹齿齿形是由三段圆弧$\overset{\frown}{ab}$、$\overset{\frown}{bc}$、$\overset{\frown}{de}$和一段直线$\overline{cd}$组成。为了适应有沙土卡入时的工作,齿廓两侧圆弧不同心,相距 e。通常,$e = 0.07(l_t - d_1)$,这种齿形的绘制方法如下:

(1)驱动轮节圆半径 r_K 为半径画圆弧,在圆弧上任选一点 O_1。

(2)以 O_1 为圆心,以 r_1 为半径($r_1 = 0.5d_1 + 0.2\text{mm}$)作圆弧,作 O_1 与驱动轮中心的连线交该圆弧于 a 点。

(3)以 O_1 为顶点,作$\angle aO_1b = \alpha = 55° - 60°/Z_K$ 得$\overset{\frown}{ab}$。

(4)从 O_1 点起,取坐标 $X_2 = 0.8d_1\sin\alpha$,$Y_2 = 0.8d_1\cos\alpha$ 得 O_2 点。

(5)以 O_2 为圆心,以 $r_2 = 1.3d_1 + 0.2\text{mm}$ 为半径作圆弧$\overset{\frown}{bc}$,$\overset{\frown}{bc}$所对应的圆心角$\beta = 18° - \dfrac{56°}{Z_K}$。

(6)从 O_1 点起,取坐标 $X_3 = 1.24d_1\cos(180°/Z_K)$,$Y_3 = 1.24d_1\sin(180°/Z_K)$得到 O_3 点。

(7)以 O_3 为圆心,以 $r_3 = d_1\left[0.8\cos\left(18° - \dfrac{56°}{Z_K}\right) + 1.24\cos\left(17° - \dfrac{64°}{Z_K}\right) - 1.3\right] - 0.2\text{mm}$ 为

半径作圆弧$\widehat{de}$，$\widehat{de}$弧齿顶圆交于 e 点。

(8)过 c 点作$\widehat{bc}$的切线与$\widehat{de}$的交点就是 d 点，切线上的线段$\overline{cd}$为齿形上的直线段。

(9)在节圆上再找一点 O_1'，使$\overline{O_1'O_1}=e$，以 O_1'为圆心，按上述步骤作另一侧齿形。

(10)最后将齿槽根部 a、a'两点以直线相连。

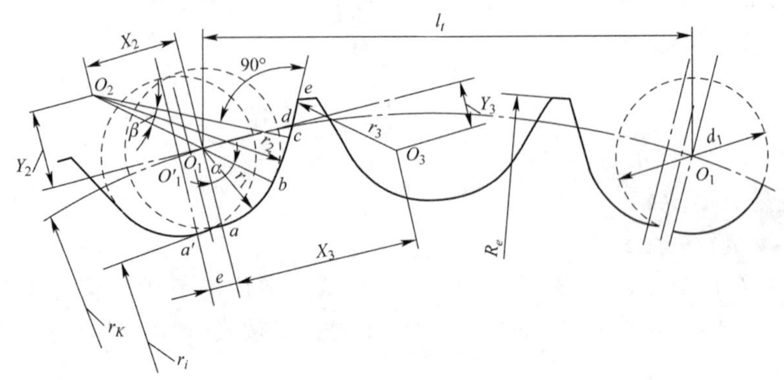

图 12-17　驱动轮齿形

凹齿齿形能减少接触应力，但修复较困难。

需要说明的是，以上齿形的作法是针对履带总成与链轮相啮合的部分为与履带销轴同心的圆柱面（圆柱的直径为 d_1，图 12-17）时的情况。如果履带与链轮的啮合处为其他形状，则应按具体情况设计。图 12-18 为一种挖掘机上的履带板和驱动轮。

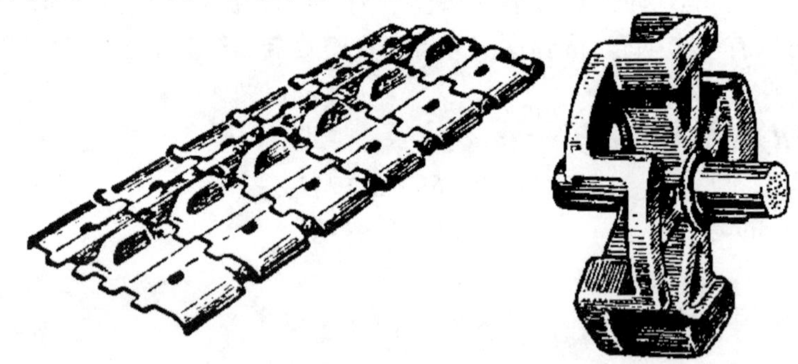

图 12-18　挖掘机的履带板和驱动轮

有的挖掘机上采用一种不等节距齿驱动轮，它只有八个齿，其结构如图 12-19 所示。其中，有两个齿之间的节距最小，所对的中心角为 31°18′15.5″，而其余的节距均相等，所对中心角为 46°57′23.5″。驱动轮上的链条是等节距的，每个节距对应的驱动轮中心角为 31°18′15.5″。这种驱动轮的轮齿并非在履带的包角范围内都同时啮合，同时啮合的齿仅有两个左右。由于链轨节与驱动轮踏面相接触，因此，一部分转矩便由驱动轮的踏面来传递，同时履带中很大的张紧力也由驱动轮踏面承受。这样就减少了轮齿的受力，也减小了磨损，提高了驱动轮齿的寿命。

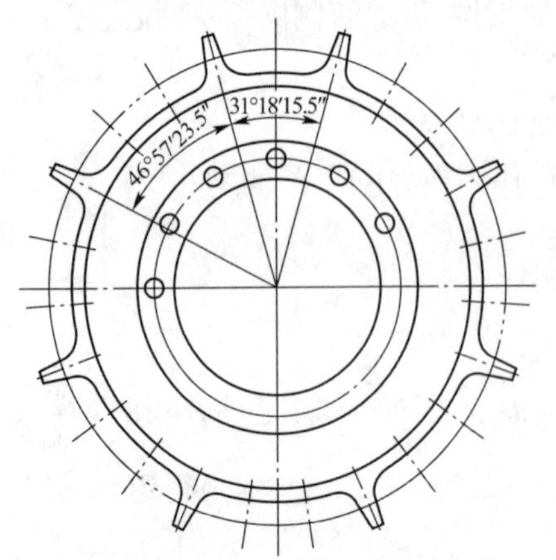

图 12-19　不等节距驱动轮

这种驱动轮的轮齿，驱动轮转两圈才啮合一次。此外，这种驱动轮由于齿数少，加工容易，要求精度低，若铸造质量较好不必加工即可使用。它的缺点是链轨节与链轮踏面易磨损，使用寿命较低。

这个驱动轮实质上是把一个23齿的驱动轮每三齿去掉两齿（中心角为46°57′23.5″的部分）或者每两齿去掉一齿（31°18′15.5″部分）后形成的。读者可以按照这个思路设计。

3. 驱动轮的结构和材料

驱动轮的结构有整体式（图12-18）、齿圈式（图12-19）和齿块拼合式（图12-20）三种。对于尺寸较大的驱动轮，许多机器采用齿圈式或齿块拼合式齿圈。其中，齿块拼合式齿圈使用方便，工地也可以更换，但要注意加工和安装精度。驱动轮轮齿工作时，受履带销套反作用的弯曲压应力，并且轮齿与销套之间有磨料磨损，因此，驱动轮应选用淬透性较好的钢材。驱动轮通常用铸钢（如ZG50Mn2、ZG42SiMn）铸造，齿面中频淬火后硬度为48～55HRC。若要求较低，可以采用ZG310-570，热处理后表面硬度应该大于300～400HB。

图12-20　齿块式拼合齿圈

齿块式驱动轮的结构可参照《履带式推土机　驱动轮齿块用螺栓》（JB/T 11009—2010）、《履带式推土机　履带和齿块用螺母》（JB/T 11010—2010）、《履带式推土机　驱动轮齿块》（JB/T 11011—2010）设计。

三、支重轮

支重轮用来支承机器重量。它是在履带链轨节或者履带导轨板上滚动的，因此，还用它来夹持履带，防止履带横向滑移脱轨，并在转向时带动履带在地面上侧向滑动。支重轮常在泥水中工作，且承受较大的冲击载荷。因此，要求密封可靠、轮缘耐磨和滚动阻力小。

推土机支重轮的标准为《履带式推土机　支重轮》（JB/T 2983.1—1998）。图12-21所示为推土机支重轮的结构图。

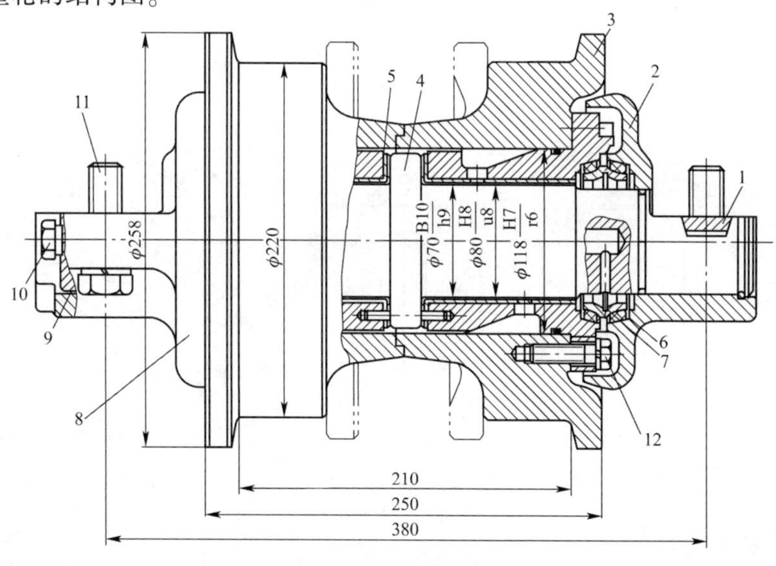

图12-21　推土机的支重轮

1-平键；2-支重轮内盖；3-支重轮体；4-支重轮轴；5-轴套组合件；6-浮封胶圈；7-浮封环；8-支重轮外盖；9-挡圈；10-螺塞；11-支重轮固定螺栓；12-轴套固定螺栓

支重轮通过装在支重轮轴4两端上的支承轮内外盖2和8,用螺栓11固定在台车架两纵梁的下平面上。在支重轮内盖和轴内端上都开有键槽,平键1装于此槽中并套于支重轮的固定螺栓上,所以支重轮轴4就固定不动。支重轮体3通过轴套组合件5支承在支重轮轴上。

轴套组合件起轴承的作用,由铸铁套和表面烧结铜合金的轴套组成,彼此用过渡配合。轴套组合件用螺栓12固定在支重轮体上。这种轴套结构简单,制造方便,耐磨性好,承载能力大。根据机器的情况,对于中型机器的轴承也可以采用尼龙套或者铜套,有的小型机采用滚动轴承。

支重轮体的材料可以用50Mn、ZG50Mn2制造,结构设计成两个支重轮半体,然后焊接而成,这样加工比较方便。工作面的硬度为55~63HRC。这种低合金结构钢焊接时需要预热,焊后要去应力退火。

支重轮体靠轴4中部的台肩和轴套组合件5端部的凸肩轴向定位。

在轴4中部要开油道,从中加注润滑油,用以润滑轴套。油道端部用螺塞10堵住。支重轮两端部位目前都采用浮动油封密封,用以防止润滑油外漏和泥水等杂物渗入轴套中。其结构与最终传动所用浮动油封结构相同,浮动油封的浮封胶圈与浮封环的尺寸及技术条件均有标准。

支重轮有单边和双边两种形式,两者的结构除轮体外都相同,双边轮体较单边轮体多一个轮缘(图12-21上双点画线所示),因此,它能更好地夹持履带,但滚动阻力较大。为了减小阻力,可以在每个台车上布置两种形式的支重轮,使单边支重轮数目多于双边支重轮。如D80型推土机每侧台车上的六个支重轮中仅有两个双边支重轮,其单边和双边支重轮的排列顺序为:单、双、单、单、双、单。

支重轮的轮缘高度一般为20~25mm,其顶部厚度为6~10mm。为了减少摩擦,其轮缘靠工作面的一侧通常作成20°~30°的倾角。

挖掘机支重轮的结构与推土机类似,由于其滚动速度较低,结构可以简化。图12-22为挖掘机的支重轮。

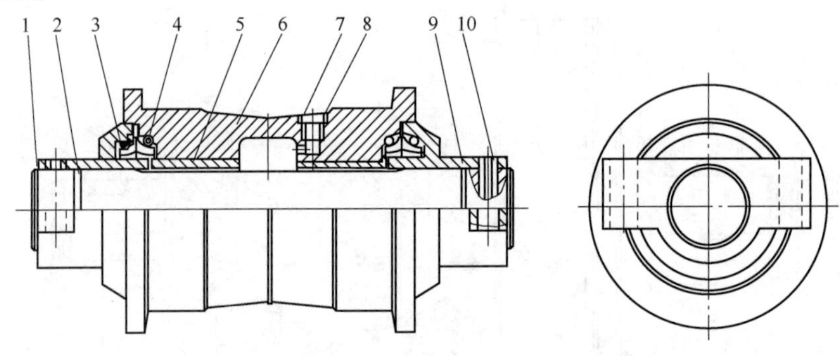

图12-22 挖掘机的支重轮

1-轴座;3-浮封环;4-浮封胶圈;5-轴套;6-支重轮体;7-螺塞;8-垫圈;2、9-O形密封圈;10-弹性销

支重轮强度计算时,对于半刚性悬架,应该保证每一个支重轮可以承受整台机器的一半重量。

四、托链轮

托链轮用来托住引导轮和驱动轮之间的上部履带,防止履带下垂过大,以减少履带运动时的振跳现象。

托链轮的结构也是标准部件，相关标准为《履带式推土机和液压挖掘机　托链轮》(JB/T 2984—2014)，但托轮架是根据台车的具体结构而定。托链轮的常见结构如图 12-23 所示，图上的托轮架 2 用于 T180 型推土机。

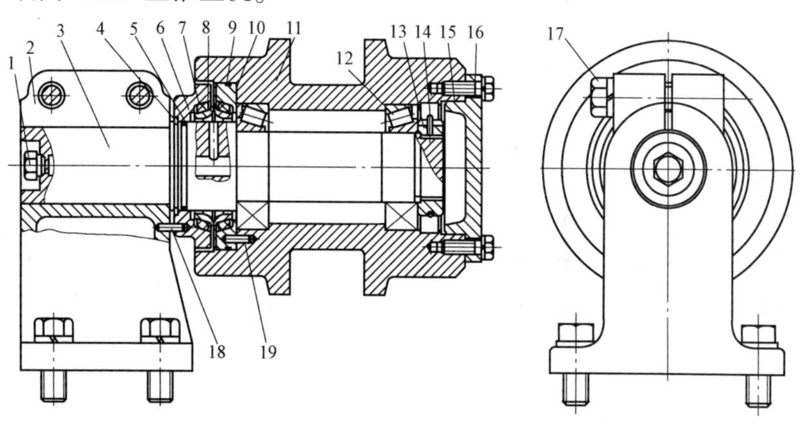

图 12-23 推土机托链轮

1-螺塞；2-托轮架；3-托轮轴；4-挡圈；5、9、15-O 形密封圈；6-油封外座；7-浮封胶圈；8-浮封环；10-油封内座；11-托轮体；12-轴承；13-锁紧螺母；14-锁圈；16-托轮盖；17-夹紧螺栓；18、19-定位销

如图 12-23 所示，托轮轴 3 由于受力较小，可以悬臂固定，仅将其一端采用夹紧螺栓 17 夹紧在托轮架 2 上。托轮体 11 采用两个圆锥滚子轴承 12 支承在托轮轴 3 上，通常没有必要采用承载能力大的滑动轴承。托轮架用螺栓固定在台车架上部即可。

托轮轴 3 中部也要有油道，用于加注润滑油来润滑两轴承 12。密封通常也是采用标准的浮动油封，油封的内座 10 为活动支座，随托链轮一起旋转，为防止其外圆处相对托轮体转动，采用定位销 19 定位。油封的外座 6 为固定支座，用定位销 18 与托轮架 2 相连。托链轮的浮封胶圈 7 和浮封环 8 最好与支重轮的通用。托链轮轴承的锁紧螺母装配后应该防松。

托链轮的负荷较小，工作条件也比较好，尺寸可以小一些，但也不能太小，否则会影响托链轮旋转。托链轮的材料可以选用 HT250 灰铸铁、ZG270-500 铸钢，大型机器最好采用 ZG50Mn 表面淬火，硬度 50 ~ 55HRC。对于小型小批量的机器，可以考虑设计成与支重轮通用，以提高零件的通用性。

对于那些速度很低的工程机械，可以用工程塑料做托链轮，也可以取消托链轮直接用钢板托起履带总成。

五、引导轮

引导轮的功用是引导履带正确卷绕，同时利用张紧装置使引导轮移动以调整履带的张紧度。所以引导轮既是履带的引导轮，又是张紧装置中的张紧轮。

推土机引导轮的标准为《履带式推土机　引导轮》(JB/T 2983.2—2001)。引导轮的移动滑架随张紧缓冲装置与台车架的结构而定。图 12-24 为 T180 型推土机上的引导轮的结构。

引导轮体 9 的轮缘中间部位凸处位于两条链轨之间，轮缘两边的小直径部分与两条链轨的导轨面接触卷绕履带。大型机器的引导轮体一般是用锰钢铸造而成，其径向断面呈箱形；小型机器的引导轮可以采用 ZG310 ~ 510，其形状也可简化。引导轮表面淬火硬度为 50 ~ 55HRC，为了延长使用寿命，淬硬深度应该大于 4 ~ 6mm。

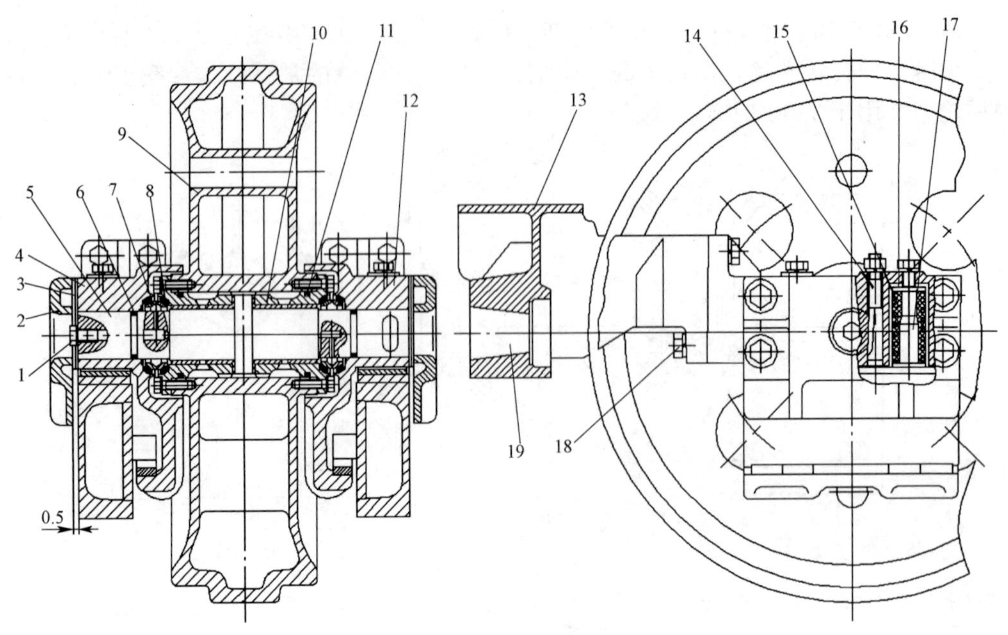

图 12-24 推土机的引导轮

1-螺塞;2-支承盖;3-调整垫;4-右滑架;5-引导轮轴;6、11-O 形圈;7-浮封环;8-浮封胶圈;9-引导轮体;10-轴套组合圈;12-左滑架;13-叉臂;14-楔形止动销;15-弹簧组合件;16-弹簧压板;17-压板组合件;18-螺栓;19-中心锥孔

引导轮体的直径与履带节距的比值越大,卷绕履带时的冲击就越小,所以一般引导轮体的直径都选得比较大。但对于驱动轮后置的机器,通常认为引导轮上链节销中心的运动半径不宜大于驱动轮半径,这样对履带前移有利。

引导轮体用两个轴套组合圈 10 支承在引导轮轴 5 上,其两端也装有浮动油封。

引导轮应该可以前后移动,以便于用张紧装置调整履带的张紧度;其垂直方向要良好定位。T180 推土机的引导轮轴两端装在左右滑架 4 和 12 上,滑架可在台车架两纵梁前端平面的轨道上滑动。在两纵梁内侧还有两个导轨,两滑架上的钩形部钩住这两个导轨,并可沿导轨滑动,以限制引导轮滑架脱离纵梁平面的轨道。为了消除滑架与纵梁上平面轨道之间的间隙,并使其钩形部贴紧纵梁内侧的导轨,在滑架上装有两个弹簧组合件 15(图上仅剖到一个),用螺栓使弹簧压板 16 压紧弹簧,弹簧弹力通过压板组合件 17 压向轨道面。

在图 12-24 中,左右滑架上楔形止动销 14 卡于轴 5 端部的槽中,当拧紧销上的螺母时,就将轴与滑架楔紧。这样,既实现了引导轮的轴向定位,也限制了引导轮轴的转动。装在滑架两端的支承盖 2 用垫片 3 调整位置,保证支承盖与台车架之间的间隙适当(图中为 0.5mm)。引导轮的左右滑架上用螺栓 18 固定着叉臂 13,张紧缓冲装置的推杆装于叉臂的中心锥孔 19 中。当需要调整履带的张紧度时,可调整张紧缓冲装置,并通过推杆使引导轮沿纵向导轨移动。像挖掘机、摊铺机、路面铣刨机这类行走条件较好的机器,其引导轮的结构可以简化。例如:图 12-2 所示的挖掘机,其引导轮的前后移动导轨就是行走架上的长条孔。

六、张紧缓冲装置

松弛的履带会导致它在运动中产生振跳现象。履带的振跳将引起冲击载荷和额外的功率消耗,加快履带销和销套的磨损。另外,履带过分松弛将使履带容易脱轨。因此,履带必须有合适的张紧度。但履带不能调整得过紧,否则将增加履带销与销套以及引导轮轴承中的摩擦力,同样也会加快它们的磨损。在张紧装置中,一般都装有弹簧,当引导轮遇到障碍时,能起缓冲作用,减小冲击。

张紧缓冲装置分液压调节式和机械调节式两种。

图 12-25 为东方红-75 型拖拉机的机械式张紧装置,其预紧力用螺母 4 调整,通过调整螺母 5 可以改变张紧轮的前后位置,可以使行走机构与履带的长度相适应。由于东方红-75 拖拉机的引导轮是以其上方的拐轴中心摆动的,所以导杆 7 是用球座 6 支承的。

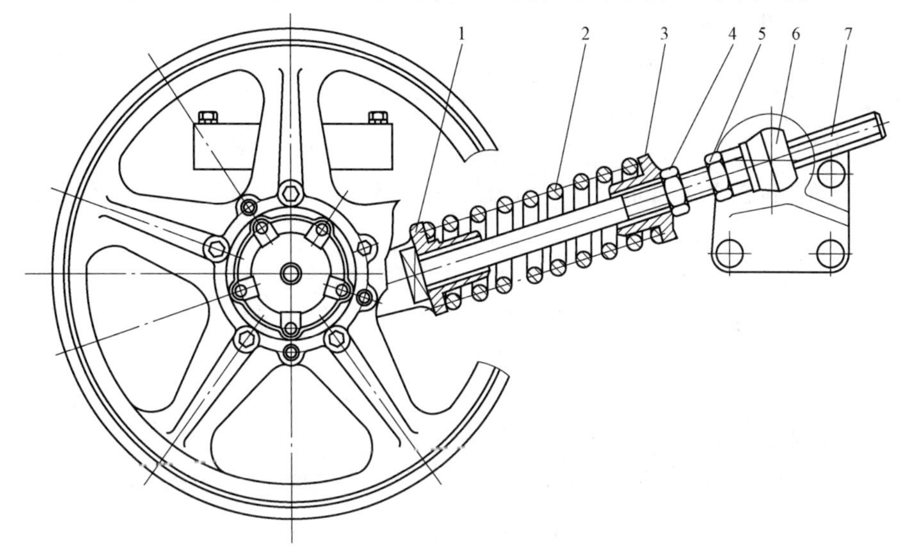

图 12-25 东方红-75 型拖拉机的机械式张紧装置

1-叉头;2-张紧弹簧;3-弹簧座;4-调整螺母;5-调整螺母;6-球座;7-导杆

机械式调整方式结构简单,但调整费力。目前,用于小型或工作状况良好的机器上。

图 12-26 为 T180 型推土机采用的液压式张紧调节机构。

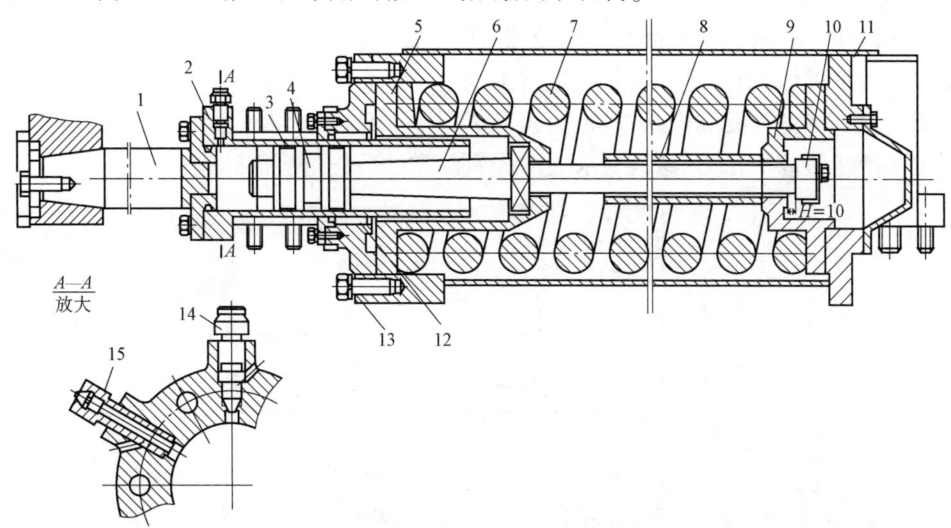

图 12-26 T180 型推土机液压式张紧调节机构

1-推杆;2-张紧油缸;3-减磨环;4-活塞;5-弹簧前座;6-弹簧拉杆;7-缓冲弹簧;8-限位套管;9-弹簧后座;10-锁紧螺母;11-弹簧箱;12-轴套;13-前盖;14-放油塞;15-注油嘴

张紧缓冲装置固定在台车架中部两纵梁上平面上。它由前部的黄油张紧油缸和后部的缓冲弹簧两部分组成。张紧油缸 2 通过推杆 1 与引导轮相连，即推杆一端的锥形面装于引导轮滑架上的叉臂锥孔（图 12-24）中，另一端通过连接盘固定在油缸端部，并作为油缸的端盖。带减磨环 3 的活塞 4 装于油缸中，并连于弹簧拉杆 6 上。在油缸端部固定着注油嘴 15 和放油塞 14。

当要张紧履带时，向注油嘴中注入润滑油，利用油压推动油缸，使其在前盖 13 上的轴套 12 中向前滑动，从而推动推杆和叉臂使引导轮也向前运动进而张紧履带。如要放松履带，可打开放油塞放出一些黄油。

缓冲弹簧 7 压装在弹簧前座 5 和弹簧后座 9 之间，弹簧拉杆 6 套于弹簧前座 5 的孔中，并以其中部方形凸肩顶在弹簧前座的方形凹座上。弹簧拉杆的末端有锁紧螺母 10。为了在预压弹簧时控制其长度及防止弹簧复位时锁紧螺母冲击弹簧后座，在预装弹簧时，保持锁紧螺母与弹簧后座之间的间隙为 10mm。弹簧预装好以后，将其装于弹簧箱 11 的后端板与前盖 13 之间。

当引导轮遇到障碍受到冲击载荷时，允许引导轮稍向后移，并通过油缸中的油压推动活塞而使弹簧拉杆压缩弹簧，因而可起缓冲作用。为了限制弹簧压缩的行程，在弹簧后座上固定限位套管 8。

张紧装置的调整行程应最好超过履带节距的一半，这样，当履带销磨损使履带节距变长、张紧装置调整到头时，可以去掉一个履带板继续调整使用。

履带张紧液压缸的设计油压通常为 35 ~ 40MPa。对于推土机、装载机履带的预紧力 P_1，一般按下式计算：

$$P_1 = (0.6 \sim 0.8)G_S$$

式中：G_S——机器重量。

弹簧缓冲最大行程时的张力 P_2：

$$P_2 = (1.2 \sim 2.0)G_S$$

对于摊铺机、路面铣刨机，因其速度低、路面状况好，其张紧力可以适当减小。

缓冲弹簧的弹性行程，应能在各种严重工况下，例如：推土机越过障碍（图 12-27），以及履带链的驱动段内堵塞污泥和嵌入石块、树枝等情况下，要能完全补偿履带链曲线的变化，从而避免履带中产生过高的张力，这就要求缓冲弹簧的弹性行程量应能达到：

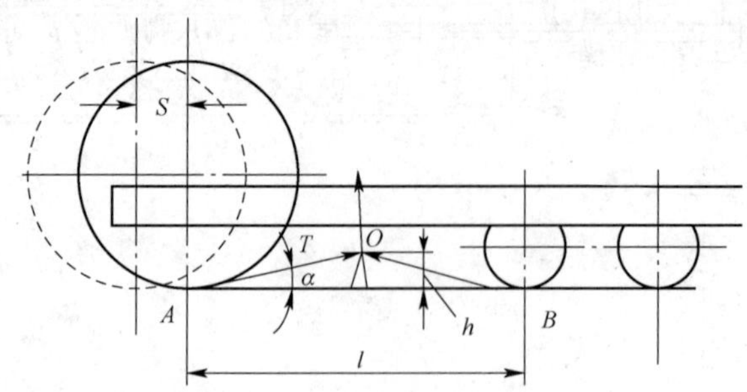

图 12-27　履带遇到障碍时的受力

（1）可使履带与驱动链轮脱开啮合。

（2）可使履带从导向轮上滑脱。

因此,在设计中缓冲弹簧的最大弹性行程 S 可按以下原则计算:

$$S=\frac{\overline{OA}+\overline{OB}-l}{2}=\frac{\sqrt{l^2+4h^2}-l}{2}$$

式中:h——设计障碍物突出高度、驱动链轮齿高或导向轮轮缘高度,三者取其中较大的一个值。

l 取值时,应该考虑支重轮到导向轮、支重轮到驱动轮两种情况。

张紧机构的强度按张紧装置的张紧力计算,这时可取导向轮轴的受力为机器的重量 G_S。

七、浮动油封

工作于泥水中的履带式工程机械构件,其密封在过去一直是个难题。二十世纪六七十年代,人们研制出了浮动油封,密封问题才得到了比较满意的解决办法。

浮动油封由两个用高铬耐磨铸铁作成的浮封环、两个用丁腈橡胶作成的O形浮封胶圈及密封支座组成,其结构如图12-28所示。两个浮封环中有一个是不动的定环2,另一个是转动的动环5,两者相靠的端面经过精加工相当平整光洁,在中间形成滴水不漏的密封面。密封支座也分固定的和活动的。固定密封支座1位于不动的构件上。活动密封支座4位于运动的构件上。

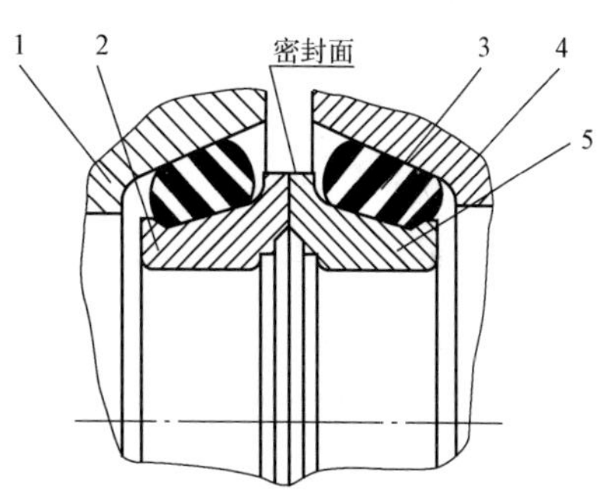

图12-28　浮动油封结构

1-固定密封支座;2-定环;3-O形浮封胶圈;4-活动密封支座;5-动环

浮封环的外圆及密封支座的内圆都作成锥面,两个O形浮封胶圈一个放置在定环2和固定密封支座1之间的锥面处,另一个在动环5与活动密封支座4之间的锥面处。当浮动油封装紧以后,浮封胶圈就产生弹性变形,被压扁成椭圆形断面。这样,既密封了锥面处,又因浮封胶圈的弹性使两浮封环产生相对轴向压力(约600kPa)而贴紧,保证了足够的密封作用。当两浮封环的密封面磨损后,浮封胶圈的弹性可起一定补偿作用,以保持密封面贴紧。

高铬铸铁相当耐磨,两浮封环的接触面光滑且坚硬(粗糙度 $R_a \leqslant 0.1$mm、硬度≥65~70HRC),加上橡胶圈的自动补偿作用,所以密封效果好,使用寿命长。

浮动油封构造简单、密封效果好,适合于低速重载及工作条件恶劣的情况。目前,不仅用于履带式机械最终传动、支重轮、托链轮和引导轮上;也用在水泥搅拌机的拌桨轴,大传动比减速机的低速轴上。浮动密封目前已有相关标准,见《浮动油封》(JB/T 8293.1)。

八、台车架

为了传递作用力和保证车辆在转向时以及在横向坡道上工作时,行走装置不发生横向偏歪(一般称为外撇),在悬架中必须设置导向装置。图12-29所示为目前在履带作业机械中常用的两种结构形式。其中,斜撑臂式的结构(图12-29a)采用得越来越多。由台车架、摆动轴和斜撑臂组成的导向装置(又称八字梁)增大了摆动轴两支承点间的距离 b_x,从而使摆动轴的受力状况得到改善。

台车架纵梁与摆动轴的受力分析和强度验算时,应该考虑以下工况:

(1)牵引工况,即车辆在水平地段上以最大工作阻力行驶时的工况。例如:推土机、装载机切土满铲，在前进中开始提铲的瞬间。

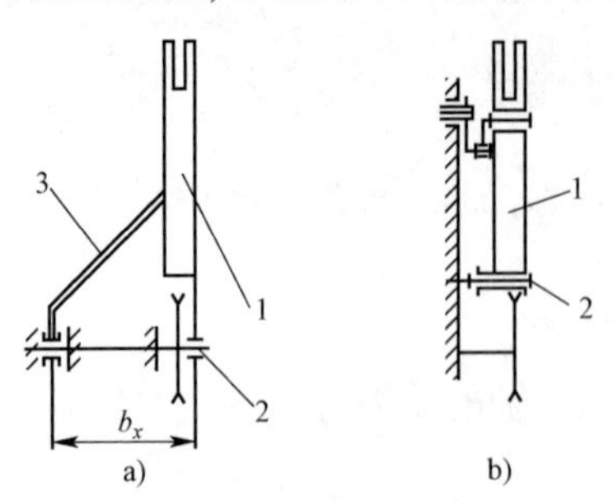

图 12-29　台车架的结构形式

1-台车架；2-摆动轴；3-斜撑臂

(2)最大偏载工况，履带车辆在水平地段上以一挡行驶并转向，或者铲刀一角以最大顶推力顶推时。

(3)低挡倒退行驶并越过沟渠或某一突起障碍物时，机体全部重量集中作用在台车架两端或某一点上。

(4)机器抬头失稳、翘尾失稳工况。

图 12-30 为推土机在水平地面上工作时台车架的主要受力状态图。实际设计时，读者可以在此基础上根据具体情况修改。

由于台车架纵梁的受力情况很复杂，难以用简单的方法进行强度计算，可以利用有限元方法研究，也可以用电测法找出梁内应力的分布状况。

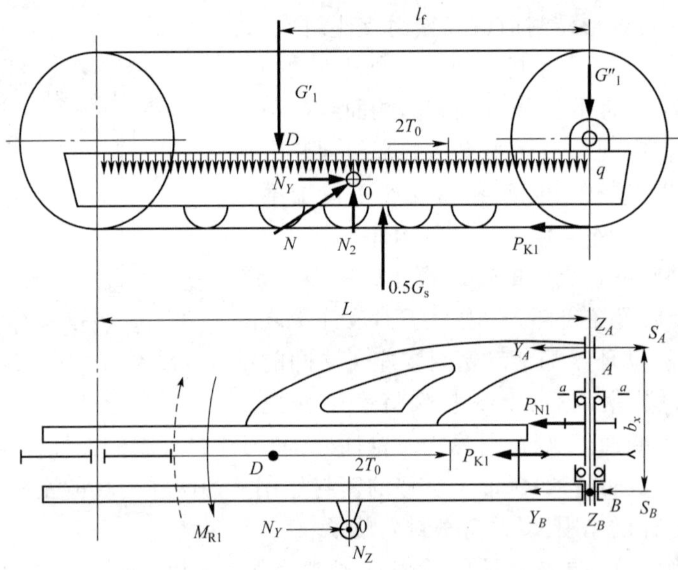

图 12-30　台车架的受力简图

台车架纵梁的材料一般选用 Q345 等低碳合金钢，焊接纵梁的钢板应无夹层缺陷，并应使梁的纵向长度方向与钢板的滚轧方向一致，以提高疲劳强度。

为了保证行走系统正常工作，台车架纵梁应具有足够的强度和刚度，以免使用中由于纵梁变形或断裂造成啃轨、脱轨或零件损坏等事故。纵梁的结构形状是多样的，目前较普遍采用的是强度高、重量轻的箱形结构。图 12-31 是几种箱形结构的组成形式。当承受扭曲负荷时，梁的内侧棱角处将产生应力集中，因此，采用槽钢和钢板焊接的结构形式(图 12-31c)较好。为了避免产生应力集中，断面形状的变化要缓慢，斜撑臂和纵梁的连接处应圆滑并有较大的过渡圆角，为了提高斜撑臂的强度和刚度，对其也采用箱形结构。

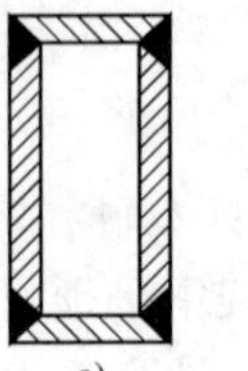

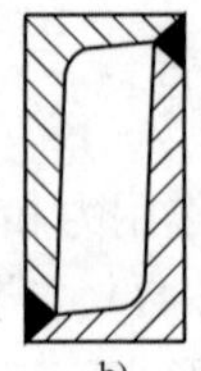

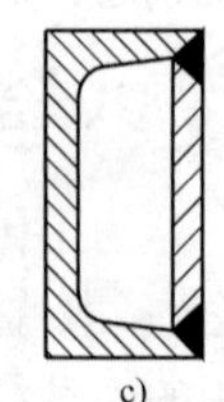

图 12-31　台车架纵梁的断面结构

第五节　行走装置的液压驱动方式

近年来，在液压挖掘机、沥青混凝土摊铺机、水泥混凝土摊铺机、沥青路面铣刨机等低速机器上使用液压驱动的越来越多。这种驱动方式利用一个液压马达驱动一条履带（或一个车轮）。可分为高速小转矩液压马达驱动和低速大转矩液压马达驱动两类。

图 12-32 为一种高速小转矩液压马达驱动方案。由于高速马达的转速可达 3000r/min 以上，故采用四级减速，以得到驱动轮需要的转速和转矩。这种传动方式的优点是尺寸小、重量轻、部件通用化程度高。

图 12-33 为一种低速大转矩液压马达驱动形式。该图为单斗液压挖掘机的行走驱动装置。由低速液压马达经过一级减速齿轮（$Z_1:Z_2=13:38$），带动驱动轮。

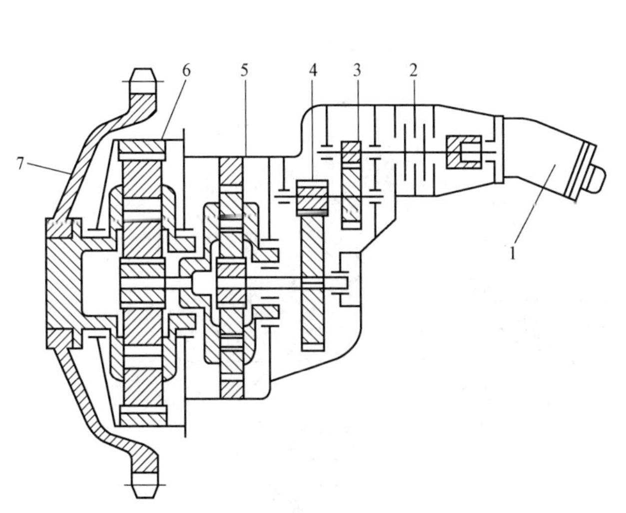

图 12-32　高速小转矩液压马达驱动方案

1-液压马达；2-制动器；3-第一级圆柱齿轮减速；4-第二级圆柱齿轮减速；5-第一级行星齿轮减速；6-第二级行星齿轮减速；7-驱动轮

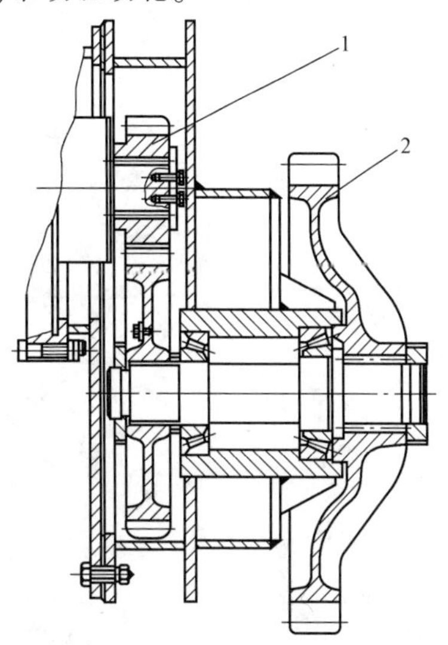

图 12-33　低速驱动方案

1-行走小齿轮；2-驱动轮

有些低速大转矩马达有两个排量，利用这类低速大转矩马达可以实现机器两个挡。

低速马达驱动方式一般采用各种低速大转矩径向柱塞式马达，使传动简化，但马达自身结构复杂，质量大。

采用液压传动方案设计时，除了要满足转矩、转速、外形尺寸等要求外，还要注意尽量减少驱动轮轴的悬臂长度，使减速器输出轴及其轴承的受力状态合理。

目前国内的市场上，有许多进口的液压驱动元件，其中有低速方案，也有高速方案。国外的高速方案多为轴向柱塞式液压马达驱动行星减速器，再由减速器使驱动轮转动。这种减速机系列的速比范围大、质量好。其中，德国力士乐（Rexroth）公司的行走减速机采用多级行星减速，其减速比为 26.43 ~ 215，可产生的输出转矩最大可达 110000N · m。

图 12-34 是一种高速马达—行星减速机结构，目前常用来驱动履带式沥青路面铣刨机。该减速机采用两级行星齿轮减速，液压马达通过轴套 7 驱动第一级太阳齿轮 22，第一级行星架 19 与第二级太阳轮 24 通过齿轮（实际上起花键作用）连接，第二行星架和安装座 2 制作成

一体固定，两级传动的齿圈都制作在壳体 12 上并与轴承套 5 固定后作为输出轴。由于采用两级齿圈同时输出，驱动力矩大。整个结构与外界只有轴承套与安装座之间需要设置动密封，而且相对转速很低，采用了浮动油封 3。在轴套 7 与安装座 2 之间设置有常闭式制动器，利用弹簧 40 压紧，从螺塞 1 处通入液压油后可以使制动活塞 35 左移解除制动。

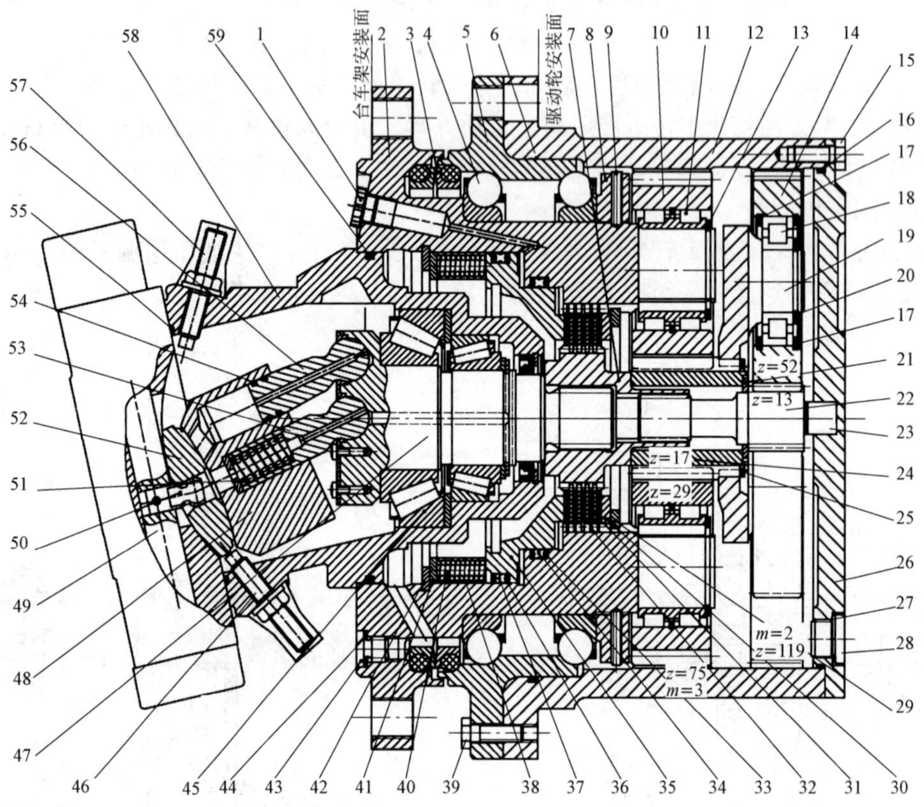

图 12-34　液压驱动行走的行星减速机

1-螺塞；2-安装座；3-浮动油封；4-承载轴承；5-轴承套；6-O 形圈；7-轴套；8-圆螺母；9-防松组件；10-二级行星轮；11-双列滚子轴承；12-壳体；13-挡圈；14-一级行星轮；15-螺栓；16-O 形圈；17-挡圈；18-单列滚子轴承；19-一级行星架；20-挡圈；21-垫片；22-一级太阳轮；23-定位柱；24-二级太阳轮；25-挡圈；26-端盖；27-密封圈；28-螺塞；29-挡圈；30-挡板；31-动制动盘；32-静制动盘；33-支承圈；34-密封圈；35-制动活塞；36-支承圈；37-密封圈；38-弹簧套；39-螺栓；40-制动弹簧；41-挡板；42-挡圈；43-螺塞；44-密封圈；45-轴承；46-最大排量限位螺钉；47-马达输出轴；48-缸体；49-变量机构；50-变量拨杆；51-弹簧；52-配流盘；53-中心轴；54-密封环；55-O 形圈；56-柱塞；57-最小排量限位螺钉；58-马达壳体；59-O 形圈

使用时，将安装座 2 的安装面用螺栓固定在台车架上，将驱动轮用螺栓固定在壳体 12 的安装面上，液压马达即可使驱动轮转动，实现行走。由于驱动轮正好在两个轴承 4 的中间，两个轴承 4 通过圆螺母 8 预紧定位，所以该减速机有很强大的径向外载荷承受能力。

两级行星轮轴都和行星架制作成整体，悬臂布置；省去了二级行星轮轴承 10、承载轴承 4 的外圈，液压马达与一级行星轮 14 的轴套 7 位于二级太阳轮内部。这些设计措施都使该减速机结构紧凑，但同时也使其制作的工艺难度加大。

该减速机一级行星排太阳轮齿数 $Z_t=13$、行星轮齿数 $Z_x=52$、齿圈齿数 $Z_q=119$，不符合标准齿轮的同心条件式(6-17)，说明一级行星排采用的是变位齿轮；该减速机二级行星排

$Z_t=17$、$Z_x=29$、$Z_q=75$，有四个行星轮。

设计和选用这类减速机时，除了要考虑转速、转矩、传动比以外，还要考虑其对驱动轮径向载荷的承受能力。

【练习题】

1. 履带式工程机械的机架、悬架、四轮一带是什么？
2. 履带式机械的刚性悬架与弹性悬架在构造上有何差异？各用在何种场合？
3. 简述履带机械摆动铰点的布置。
4. 履带的结构形式有几种？各自的结构特点是什么？自行式工程机械中常用的履带是哪一种？为什么？
5. 履带行走装置的驱动轮、支重轮、引导轮和托链轮的结构特点是什么？
6. 常见的履带行走装置的张紧装置有几种？试用示意图说明其动作原理。
7. 画出图 12-34 所示减速机的传动原理图，并计算其传动比。

第十三章

制　动　系

【学习目标与要求】

掌握工程机械的制动性能及基本制动过程分析方法，熟悉常见制动器类型的特点及设计要点，熟悉制动驱动机构的功用及常见形式，简单了解制动防抱死系统的原理。

制动系的作用是使车辆以适当的减速度行驶直至停车；在下坡行驶时，使车辆保持稳定的车速；不论在平地还是在坡道上，都能使车辆可靠地停止。

制动系的性能不但影响行车及驻车的安全性，而且还是保证底盘具有较高平均速度、提高生产率的重要因素。

制动系主要包括制动器和制动驱动系统两部分，用以完成行车制动、驻车制动和应急制动等功能。应急制动是行车制动系发生故障时的后备制动方式，它的功能可由独立的应急制动系统或利用行车制动系中未发生故障的部分或驻车制动系来完成。

对行车制动系的设计要求是：

(1)应保证工作可靠，即必须保证系统在恶劣条件下仍具有良好的制动性能，而且故障少。

(2)操纵轻便、反应灵敏，一般正常操纵时，施于踏板上的作用力应不大于200~250N，行程不大于150~200mm；紧急状态操纵时，踏板力不超过500~800N。

(3)还应满足维修和调整方便、散热性能好、寿命长、无噪声、结构简单、制造方便、成本低廉等条件。

驻车制动系和应急制动系施于制动手柄上的力应不大于250~350N，行程不大于200~250mm。

反应灵敏是指：制动时，制动力应能迅速而又平稳地增长；解除制动时，制动力应能迅速消失，不应有自制动现象。

第一节　制动性能及制动过程分析

行车制动的性能是指工程机械在行驶状态迅速降低行驶速度直至停止的能力，它取决于制动器、制动驱动系统的性能，整车重量及其在各车桥上的分配，并受轮胎(履带)与地面之间附着性能的限制。

一、车轮制动过程分析

轮式工程机械的总制动力是由各制动车轮的制动力组合而成的，首先对分析单个车轮的制动过程。

机械在制动前，一般已切断了发动机与驱动轮之间的动力传递，车轮无驱动转矩的作用。此时，如图 13-1 所示，车轮受到车桥传来的垂直载荷 G_d、地面对车轮的垂直反作用力 Z。车轮在与其相连的各旋转零件的惯性作用下以 ω_0 的角速度在地面上以 $v_0=\omega_0 r_d$ 的速度向前滚动。由于车轮接地处受到滚动阻转矩 M_f，使车轮运动受阻，故车轮产生与其运动方向相反的角加速度(即角减速度)ε，车辆由此产生相应的减速度 a。车辆的动能逐渐消耗于滚动阻力。此时，减速度所产生的惯性力 P_j，在水平方向与接地点的切向力 P_f 相平衡。由于滚动阻力矩 M_f 甚小，所以车轮减速的过程将是缓慢的。

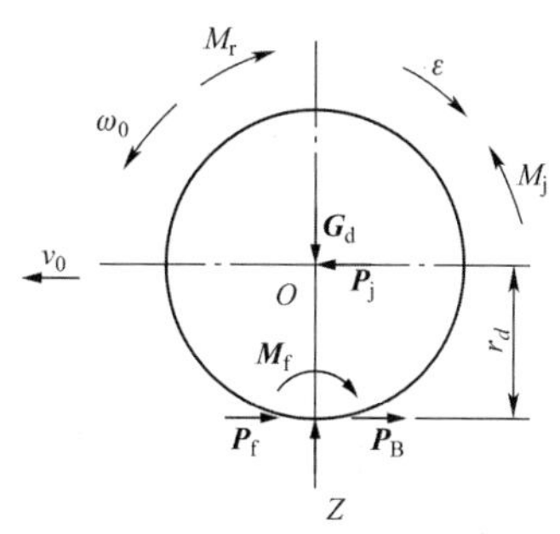

图 13-1　制动轮的受力分析

制动时，通过固定在车桥上的制动器对车轮作用一个制动转矩 M_r，若此时车轮在接地点不发生滑动，则在接地点处地面给车轮一个切向力 $P_B \leqslant G_d\varphi$，P_B 称为有效制动力。

由图 13-1 中可得

$$\sum X=0$$

$$P_f+P_B=P_j \tag{13-1}$$

$$P_j=\frac{G_d}{g}a \tag{13-2}$$

$$\sum Y=0 \qquad G_d=Z$$

$$\sum M_0=0$$

$$M_r+M_f-(P_B+P_f)r_d-M_j=0 \tag{13-3}$$

式中：M_r——制动器的制动转矩；

M_j——与车轮相连的旋转质量惯性转矩；

$$M_j=I\varepsilon$$

M_f——滚动阻转矩，$M_f=P_f r_d$；

P_B——单个车轮的有效制动力；

r_d——车轮轮胎的动力半径；

I——与车轮相连的旋转构件换算到车轮的转动惯量；

ε——车轮的制动角减速度。

由于制动时，$P_B \gg P_f$，可认为 $P_f\approx 0$；$M_r \gg M_f$，可认为 $M_f\approx 0$。在 $P_B<G_d\varphi$ 的条件下，认为车轮与地面之间没有滑动，则：

$$v=\omega r_d,a=\varepsilon r_d$$

由式(13-1)、式(13-2)可得：

$$\varepsilon = \frac{P_B g}{G_d r_d} \tag{13-4}$$

由式(13-3)可得：

$$P_B = \frac{M_r - I\varepsilon}{r_d} \tag{13-5}$$

将式(13-4)代入式(13-5)整理得：

$$P_B = \frac{M_r}{r_d\left(1 + \frac{Ig}{G_d r_d^2}\right)} \tag{13-6}$$

由上式可知，增加 M_r 可使 P_B 增加，但受附着力的限制。实际上，当 P_B 增加到与地面的附着力 $P_\varphi(=G_d\varphi)$ 相等时，再操作制动器，制动力 P_B 不再增加，而是出现“抱死”现象，车轮将停止转动。也就是机器制动时所能实现的最大减速度 a_{max} 为：

$$a_{max} = \frac{P_B}{\frac{G_d}{g}} = \frac{G_d\varphi}{\frac{G_d}{g}} = \varphi g \tag{13-7}$$

由于一般车轮胎与地面的附着系数 $\varphi<1$，所以最大减速度 a_{max} 必然小于重力加速度 g，因而可以应用多少 g 的减速度这一术语来评研制动性能，这就是减速系数 α。即：

$$\alpha = \frac{a}{g} \tag{13-8}$$

当 $\alpha=\varphi$，车轮“抱死”后，制动器内部不再消耗能量，车辆所具有的动能都转换为轮胎与地面之间摩擦的热能，导致轮胎局部发热，橡胶强度降低，轮胎严重磨损，在路面上产生出拖印。被“抱死”车轮将失去抗侧滑能力。对于前桥转向后桥驱动的车辆，前轮“抱死”后转向会失灵，后轮先“抱死”后车辆会摆尾。

由此可见，机器的最佳制动状态出现于车轮将要“抱死”但未“抱死”的状态。

二、制动力的分配

车辆静止时，前、后桥车轮垂直载荷的分配如图 13-2a)所示，分别为 G_{SF}、G_{SR}。

$$G_{SF} = G_S \frac{L_R}{L} \tag{13-9}$$

$$G_{SR} = G_S \frac{L_F}{L} \tag{13-10}$$

前进的车辆制动时，在离地面高度为 H 的重心处产生水平惯性力 P_j，在 P_j 的作用下，使前、后桥的垂直载荷重新分配，如图 13-2b)所示。不难得出：

$$G_{DF} = G_{SF} + \frac{G_S a}{g}\frac{H}{L} \tag{13-11}$$

$$G_{DR} = G_{SR} - \frac{G_S a}{g}\frac{H}{L} \tag{13-12}$$

式中：G_S——车辆总重力；

G_{SF}、G_{SR}——前、后桥车轮的垂直静载荷；

G_{DF}、G_{DR}——前、后桥车轮的垂直动载荷；

H——车辆重心高度；

L——轴距；

L_F——重心至前桥轴线的水平距离；

L_R——重心至后桥轴线的水平距离；

a——制动减速度。

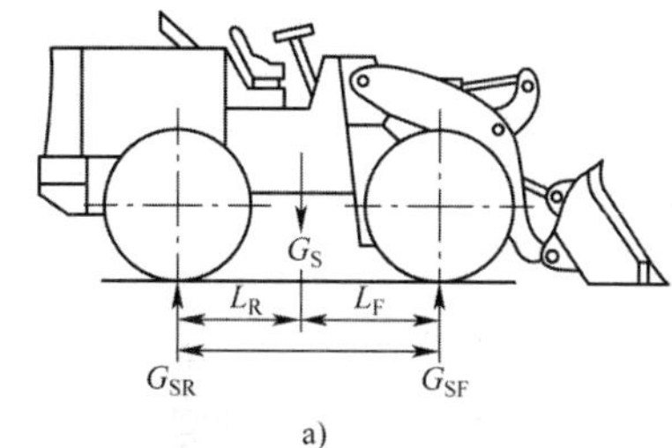

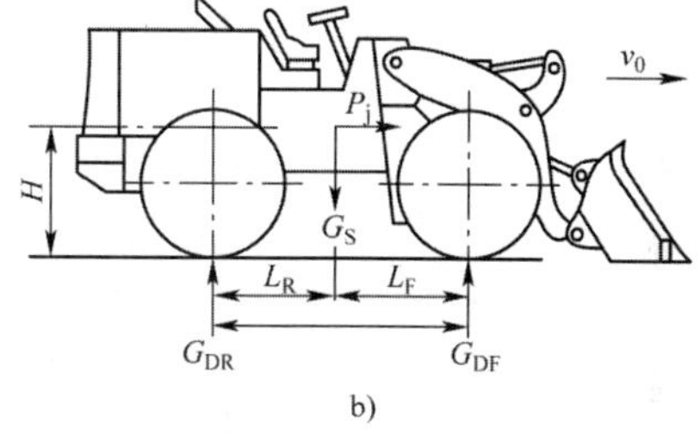

图 13-2　前后桥荷分配

a）静止时；b）制动时

由前面的分析可知，机器制动效果最好的时候，是前、后桥车轮同时即将“抱死”的时候，这时，机器实现了最大的制动减速度 $a_{max}=\varphi g$。在这种情况下，前桥的制动力 P_{BF} 为：

$$P_{BF}=G_{DF}\varphi \tag{13-13}$$

后桥的制动力 P_{BR} 为：

$$P_{BR}=G_{DR}\varphi \tag{13-14}$$

由此可以得出前、后桥同时“抱死”时制动力的比值为：

$$\frac{P_{BF}}{P_{BR}}=\frac{G_{DF}}{G_{DR}}=\frac{L_R+\varphi H}{L_F-\varphi H} \tag{13-15}$$

由上式可知，前、后桥同时“抱死”时，它们制动力的比例不仅与路面的附着系数 φ 有关，还与机器质心的位置有关。对于结构一定的工程机械，在认为其质心不变的情况下，在不同的地面上制动，由于 φ 值不同，满足前、后轮同时“抱死”的前、后轮上有效制动力的比值亦不同。在大部分未装制动防抱死系统（ABS）的机器上，前、后轮上产生的有效制动力比值是固定的。例如：通常在前、后各车轮上装有相同制动器的工程机械，在车轮抱死时各车轮产生相等的有效制动力，如图 13-3 中的直线 1。根据 $P_{BF}+P_{BR}=G_S\varphi$ 和式（13-15），取不同的 φ 值，可以在图 13-3 中画出在不同地面上制动时满足前、后轮同时抱死的 P_{BF}、P_{BR} 比例关系曲线 2。两线的交点 A，为前、后轮共同抱死点，表示制动器在此点下制动时充分利用了前、后轮上动负荷作为附着重量的制动情况。此时，前、后车轮同时处于将要滑移而未滑移的临界状态，最大限度地发挥了制动能力。此点的减速度为 $\alpha_0 g$，其减速度系数 α_0 等于这时的道路附着系数 φ_0。

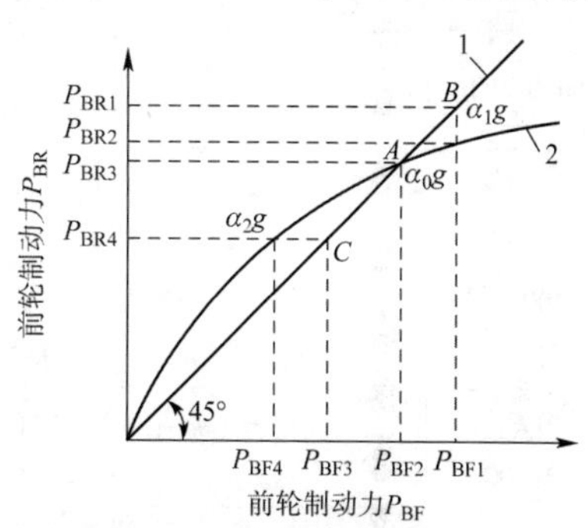

图 13-3　前、后轮制动力的关系

在路面状况不同的条件下，要达到 $\alpha_0 g$ 的制动减速度，必须要在该路面的附着系数 $\varphi>\varphi_0$ 的条件下才能实现。如果制动器制动力大于共同抱死点的制动力，例如：在 B 点，则只要在 $\varphi_1>\varphi_0$ 的道路条件下，便可获得高于 $\alpha_0 g$ 的制动减速度，如 $\alpha_1 g$。但这时后轮将先抱死，因为制动器在后轮产生的制动力 P_{BR1}，将比后轮由地面所提供的附着力 P_{BR2} 要大。制动时，后轮先抱死，容易造成甩尾现象。当制动器制动力受附着条件限制而小于共同抱死点的制动力时，如在 C 点，情况正好与上面相反，这时的地面附着力 $\varphi_2 < \varphi_0$，车辆将获得低于 $\alpha_0 g$ 的减速度 $\alpha_2 g$，并且因为 $P_{BF3} > P_{BF4}$，前轮将先抱死，从而造成车辆制动时失去方向稳定性。

工程机械速度较低，在规定的制动距离下不一定会出现车轮抱死，设计要做具体分析。对于行驶速度较低的机械，如稳定土拌和机、沥青路面铣刨机等，由于它们行驶速度不高，可以只在驱动轮上安装制动器。

对于中速行驶的工程机械，如果后轮抱死后其前轮不需要抱死就可以达到有关制动的要求，可以将其设计成后轮先抱死，以保证机器有良好的操纵性。

对于行驶于繁忙的正规公路上的高速车辆，后轮抱死后其前轮不抱死往往达不到有关制动的要求，故应采取措施尽量实现前、后轮同时抱死。目前，常见的办法有两大类，一类是在制动控制系统安装制动力调节装置，另一类是采用制动防抱死系统（ABS）。研究表明，汽车如果先将其前轮抱死后再将后轮抱死，它将基本沿直线方向做减速运动；如果将其后轮抱死后再将前轮抱死，则会出现严重跑偏。

也有专家推荐按附着系数 $\varphi = 0.7$ 时，前、后轮同时抱死设计工程机械。

对于前、后桥均为驱动桥的工程机械，在全桥驱动的状态下制动时，必然是各车轮同时抱死，为了提高构件的通用性，前、后桥常采用相同的制动器。

对于经常以较高速度后退的机械，还应该考虑其后退时制动的工况。

三、工程机械的行车制动性能

制动性能通常用制动距离来衡量，制动距离是从操纵制动机构开始作用到机械完全停止的过程中机械所行驶的距离。一般来说，在水平干燥的混凝土路面上以 30km/h 的初速度从开始制动到停车时，制动距离应保证：轻型货车及轿车不大于 7m，中型货车不大于 8m，重型货车不大于 12m。对于轮式工程机械，美国自动车工程师协会推荐的几种机型的数据见表 13-1 ~ 表 13-3，设计时可以参考。

装载机、推土机的制动性能要求 表 13-1

整机质量（kg）	行驶速度（km/h）									
	6	10	14	18	22	26	30	34	38	42
	行车制动最大停车距离（应急制动最大停车距离）（m）									
16000 以下	0.3 (0.9)	1.5 (4.5)	2.9 (8.7)	5.2 (15.6)	7.1 (21.3)	9.2 (27.6)	11.6 (34.2)	14.4 (43.2)	17.2 (51.6)	20.4 (61.2)
16000 ~ 32000				6.6 (19.8)	9.2 (27.6)	12.2 (36.6)	15.5 (46.5)	19.3 (57.9)	23.5 (70.5)	28.1 (84.3)
32000 ~ 64000				7.9 (23.7)	11.1 (33.3)	14.8 (44.4)	19.0 (57.0)	23.8 (68.4)	29.2 (87.6)	35.0 (105.0)
64000 ~ 127000				9.1 (27.3)	12.9 (38.7)	17.4 (52.2)	22.5 (67.5)	28.3 (84.9)	34.8 (104.4)	41.9 (215.7)
127000 以上				11.0 (33.0)	15.3 (47.4)	21.3 (63.9)	27.8 (83.4)	35.0 (105.0)	43.2 (129.6)	52.2 (156.6)

自行式铲运机的制动性能要求 表 13-2

整机质量(kg)	行驶速度(km/h)			
	24	32	40	48
	行车制动最大停车距离(应急制动最大停车距离)(m)			
23000 以下	10.9 (26.7)	17.6 (45.8)	26.4 (69.4)	36.4 (98.2)
23000 ~ 45000	14.2 (31.2)	22.1 (51.5)	31.8 (77.0)	43.0 (107.3)
45000 ~ 68000	17.6 (35.8)	26.7 (57.6)	37.3 (84.2)	49.7 (116.1)
68000 以上	20.9 (40.0)	30.9 (63.3)	43.0 (91.8)	56.4 (125.2)

起重机、挖掘机的制动性能要求(一、二类) 表 13-3a)

整机质量(kg)	行驶速度(km/h)			
	24	32	40	48
	行车制动最大停车距离(应急制动最大停车距离)*m*			
32000 以下	8.2 (20.0)	13.5 (34.2)	19.7 (52.1)	27.3 (73.6)
32000 以上	9.7 (22.4)	15.5 (37.3)	22.4 (55.8)	30.6 (78.2)

注:起重机、挖掘机根据其特点可以分为一、二、三、四、五类,各类的定义详见 SAE HANDBOOK J1152 的附录。

起重机、挖掘机的制动性能要求(三、四、五类) 表 13-3b)

整机质量(kg)	行驶速度(km/h)			
	24	32	40	48
	行车制动最大停车距离(应急制动最大停车距离)(m)			
23000 以下	10.0 (25.8)	16.7 (44.2)	24.8 (67.6)	34.9 (96.1)
23000 以上	11.6 (27.9)	18.8 (47.3)	27.6 (71.2)	38.2 (100.0)

需要说明的是,机器的制动距离并不是越短越好。机器的制动距离缩短势必造成其制动减速度增大、制动力增大、操纵力增大,进而导致机器的稳定性变差。所以设计机器时,其制动性能只要符合有关标准的规定即可。

四、制动时整机制动力 $\sum P_B$ 的确定

机器典型制动过程中的减速度与时间的关系曲线,如图 13-4 所示。其中,t_a 为制动系反应时间,指制动时踏下制动踏板克服自由行程、制动器中摩擦元件的间隙等所需时间。一般液压制动系的反应时间为 0.015 ~ 0.03s,气压制动系为 0.05 ~ 0.06s。t_b 为减速度增长时间,液

压制动系为0.15～0.3s，气压制动系为0.3～0.8s。

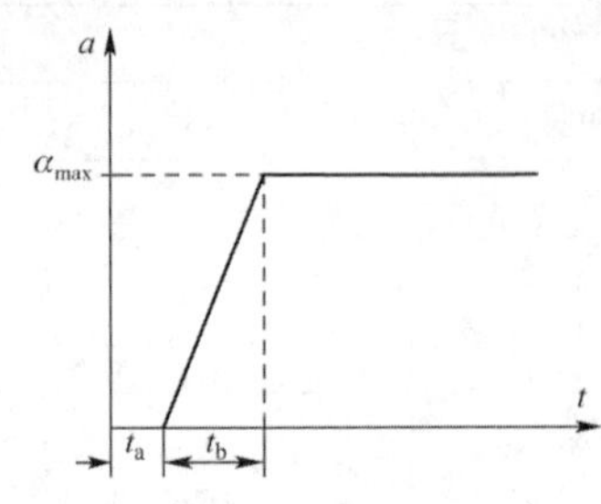

图 13-4 典型制动过程

按标准中指定的制动初速度 v_0 和制动距离 S_B，由下式求得最大制动减速度 a_{max}：

$$a_{max} = \frac{v_0^2}{2[S_B - v_0(t_a + t_b/2)]} \tag{13-16}$$

按下式求得总制动力 $\sum P_B$：

$$\sum P_B = \frac{G_S}{g} a_{max} \tag{13-17}$$

根据机器的工作情况和重心的位置确定分配到每一制动轮的制动力 P_B，按下式计算每一车轮的制动力矩 M_r。

$$M_r = P_B r_d \left(1 + \frac{Ig}{G_d r_d^2}\right) \tag{13-18}$$

在计算过程中，$\frac{Ig}{G_d r_d^2}$可近似取为0.1。有些机器的制动器没有与车轮直接相连，而在中间有几级传动，这时要考虑制动器到车轮之间的传动比。

五、工程机械的驻车制动性能

工程机械在一定倾斜度的坡道上停放，除了必须备有合适的驻车制动器使机械的车轮不在坡道上滚动之外，还应保证制动车轮与地面之间具有足够的附着力。机器的驻车有各种工况，如驻车时机器的载荷状态、机器处于上坡还是下坡状态、驻车制动器与前轮还是与后轮相连等。为了保证机器在任何可能工况下都能够可靠地驻车，就必须对此进行验算。

驻车制动器制动转矩在车轮上产生的制动力应能平衡工程机械的总重量沿坡道方向向下的分力。总重为 G_S 的车辆沿倾斜角为 α 的坡道方向向下分力为 $G_S\sin\alpha$，如图 13-5 所示。斜坡角 α 按驻车性能要求选取。根据沿坡道纵向力的平衡，可知制动车轮接地点应有沿坡道向上的制动力 P_B，且其总和$\sum P_B$ 应为：

$$\sum P_B = G_S\sin\alpha \tag{13-19}$$

$$P_B < \varphi G_d\cos\alpha \tag{13-20}$$

式中：P_B——每个车轮驻车制动器的制动力；

G_d——分配在各车轮上的重力。

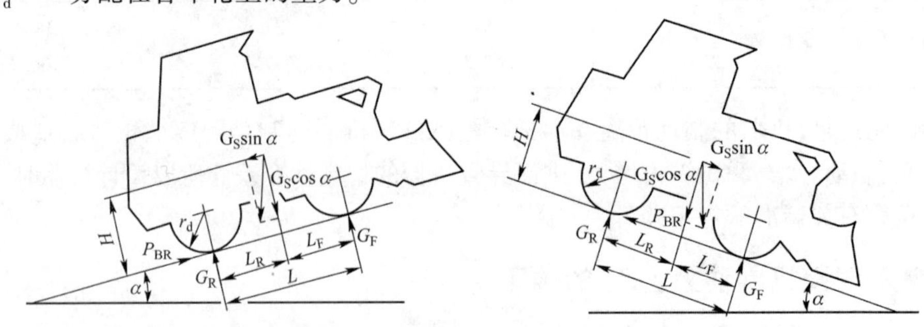

图 13-5 装载机坡道停车受力图

如果机械的驻车制动器装在变速器输出轴上，各车轮的制动力通过轮胎、轮边减速、中央传动以及传动轴与制动器相连，因此驻车制动器的制动转矩 M_r'为：

$$M_r' = \frac{\sum P_B r_d}{i_o i_f} \tag{13-21}$$

式中：i_o——主传动的传动比；

i_f——轮边减速传动比。

下面以图 13-5a)为例，分析机器在上坡状态时仅后桥制动的情况。

前桥的垂直负荷 G_F 为：

$$G_F = G_S\left(\frac{L_R}{L}\cos\alpha - \frac{H}{L}\sin\alpha\right) \tag{13-22}$$

后桥的垂直负荷 G_R 为：

$$G_R = G_S\left(\frac{L_F}{L}\cos\alpha + \frac{H}{L}\sin\alpha\right) \tag{13-23}$$

由于机器仅后桥制动，所以车轮所能产生的最大制动力 $\sum P_{Bmax}$ 为：

$$\sum P_{Bmax} = G_R\varphi = G_S\left(\frac{L_F}{L}\cos\alpha + \frac{H}{L}\sin\alpha\right)\varphi$$

要使车辆不下滑，应有下式成立：

$$G_S\left(\frac{L_F}{L}\cos\alpha + \frac{H}{L}\sin\alpha\right)\varphi \geqslant G_S\sin\alpha$$

$$\alpha \leqslant \tan^{-1}\frac{\varphi L_F}{L - \varphi H} \tag{13-24}$$

同理，可以得出机器仅后轮制动下坡时的驻车条件为：

$$\alpha \leqslant \tan^{-1}\frac{\varphi L_F}{L + \varphi H} \tag{13-25}$$

机器仅前轮制动上坡时的驻车条件为：

$$\alpha \leqslant \tan^{-1}\frac{\varphi L_R}{L + \varphi H} \tag{13-26}$$

机器仅前轮制动下坡时的驻车条件为：

$$\alpha \leqslant \tan^{-1}\frac{\varphi L_R}{L - \varphi H} \tag{13-27}$$

设计时，应该根据机器具体情况进行验算，以保证机器在坡道上可靠停车。

第二节 制动器的设计

一、带式制动器

带式制动器有单端收紧式、双端收紧式、浮式等不同结构，它们的区别主要在于对制动带端部的固定连接方式不同。图 13-6 为不同类型制动器的原理简图，我们首先对它们的制动效应做比较分析。

1. 带式制动器的制动效应分析

1）单端收紧式制动器（图 13-6a）

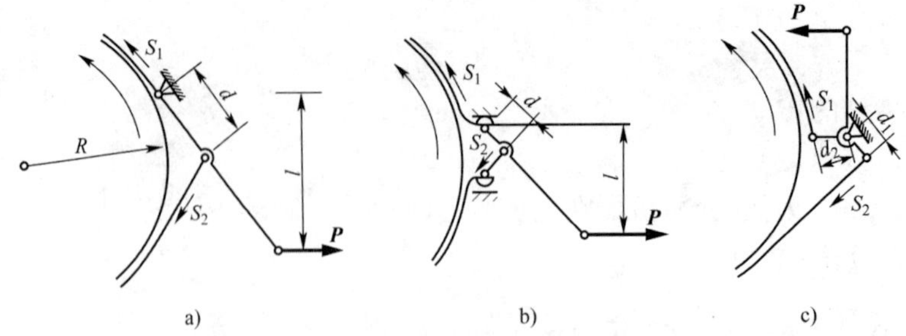

图 13-6　带式制动器的结构类型

a）单端收紧式；b）浮式；c）双端收紧式

这种制动器的制动带，一端连接在固定支点上，另一端与操纵杠杆相连，制动时由与杠杆相连的一端收紧。国产东方红-75 拖拉机的带式制动器就是采用这种结构。

在这种制动器中，制动力矩与制动带两端拉力的关系是：

$$M_m = (S_1 - S_2)R \tag{13-28}$$

式中：S_1——制动带受力较大端拉力，N；

S_2——制动带受力较小端拉力，N；

R——制动鼓半径，m；

M_m——制动器的制动力矩，N·m。

S_1 与 S_2 两力的关系，根据欧拉公式为：

$$S_1 = S_2 e^{\mu\alpha} \tag{13-29}$$

式中：e——自然对数的底，e = 2.718；

μ——制动带与制动鼓之间的摩擦系数；

α——制动带在制动鼓上的包角，rad。

联立式(13-28)与式(13-29)可以得：

$$S_1 = \frac{M_m e^{\mu\alpha}}{R(e^{\mu\alpha} - 1)} \tag{13-30}$$

$$S_2 = \frac{M_m}{R(e^{\mu\alpha} - 1)} \tag{13-31}$$

当制动鼓按图示方向旋转时，操纵杠杆产生的力为 S_2，当制动鼓反方向旋转时，操纵杠杆产生的力为 S_1。操纵力 P 应该按实际结构计算。在 M_m 相同的条件下，S_1 是 S_2 的 $e^{\mu\alpha}$ 倍。当 $\mu = 0.3$，$\alpha = 330°(5.76\text{rad})$ 时，$e^{\mu\alpha} = 5.6$。也就是说，当制动鼓的转动方向与图示方向相反时，要取得同样的制动效应，制动器的操纵力 P 就要增大 4.6 倍。单端收紧式制动器，在制动鼓按图示方向旋转时，操纵力 P 较小，是因为制动摩擦力矩的方向帮助收紧制动带。

对于以土石方作业为主的推土机，由于进退行驶频繁，制动鼓经常变换旋转方向，因而如果制动鼓旋转方向不同制动效应就不同，这是不合适的。所以这种单端收紧式制动器只用于小型机械，而不为大中型作业机械所采用。

2）浮式制动器（图 13-6b）

这种制动器的特点是制动带两端的固定点是浮动的，制动时，依据制动鼓的旋转方向不同，由一端成为支承点，而另一端成为移动点。例如：制动鼓如图示方向旋转时，上端支承，下端移动；如果制动鼓反向旋转，则变为下端支承，上端移动。这样，不管制动鼓是按哪个方向旋转，操纵杠杆产生的力都为 S_2，因此操纵比较省力，制动效果也好，比较适合作业机械的使用要求。现代大型履带式作业机械多采用浮式制动器。

3）双端收紧式制动器（图 13-6c）

这种制动器在制动时，制动带的两端同时被收紧。当设计结构恰当（使图上 $d_1 = d_2$）时，这种制动器不论制动鼓是正转还是反转，制动器都有相同的制动效应。但可以算出，在同样的制动力矩下，收紧这种制动器所需的力比收紧单端收紧式制动器的任一状态都大。因此它不适宜用于无液压助力的大功率作业机械。

2. 几种典型的带式制动器结构

1）红旗-100 推土机的浮式制动器（图 13-7）

在这种制动器中，制动带 1 的两端由支承销 4 与双臂杠杆 3 连接，并通过支承销在托架 5 上浮动。制动时，依据制动鼓的旋转方向，一个支承销靠在托架上成为固定支点，而另一个支承销离开托架，随双臂杠杆转动成为收紧端。

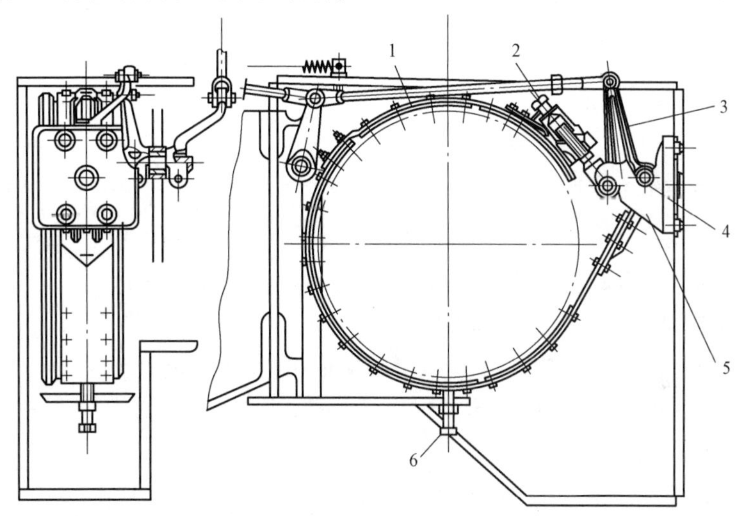

图 13-7　红旗-100 推土机浮式制动器

1-制动带；2-调整螺母；3-双臂杠杆；4-支承销；5-托架；6-支撑螺栓

带式制动器结构上应当保证：

（1）在制动带磨损后，可以调整制动带与制动鼓之间的间隙。

（2）当制动器处于松离状态时，制动带与制动鼓之间应保持各处的间隙均匀。在图 13-7 所示的制动器中，制动器的间隙是用调整螺母 2 调整的，调整好的位置由铆接在制动带上的板簧锁定。而制动带各处间隙的均匀性，则是用支撑螺栓 6 调整的。

2）D80A 推土机的浮式制动器（图 13-8）

这种浮式制动器的结构与红旗-100 基本类似。所不同的是支承在托架 5 上的双臂杠杆 7 的一端用顶杆 9 止推制动带，另一端则用连接杆 10 与制动带连接。这样布置带来的好处是加大了制动带对制动鼓的包角、提高了制动器的制动能力。

制动器的工作原理，如图 13-8b）所示。当踩下制动踏板进行制动时，如果制动鼓按图示方向逆时针旋转，则双臂杠杆将以销轴 A 为支点紧靠在托架上，而销轴 B 将随着双臂杠杆的转动而离开托架的支承点，并通过连接杆收紧制动带。相反，如果制动鼓以顺时针方向旋转，

则制动时销轴 B 成为支点，销轴 A 移动而收紧制动带。连接杆 10（图 13-8a）是通过滑块 8 与销轴连接的。制动带磨损后，可以拧动调整螺栓 6，改变滑块与连接杆的相对位置，进行调整。

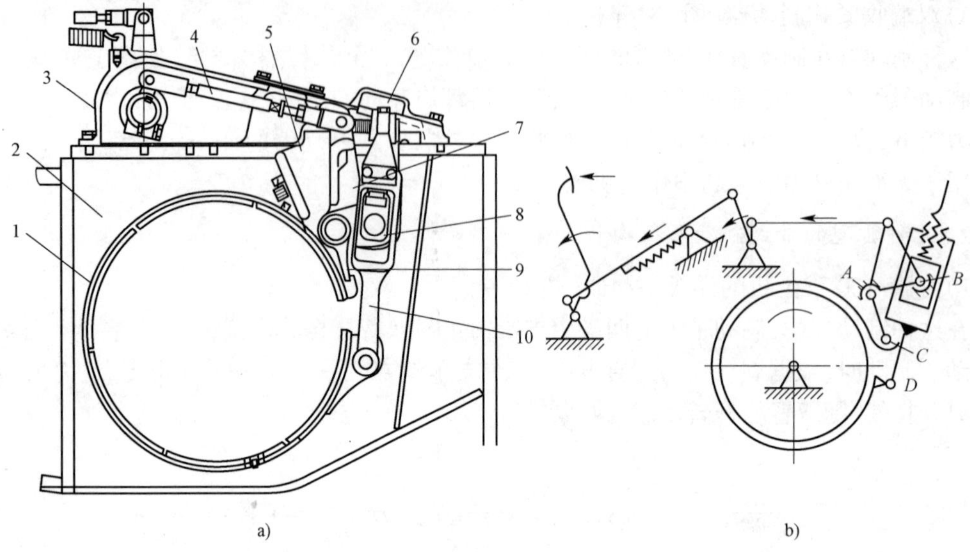

图 13-8　D80A 推土机浮式制动器

1-制动带；2-摩擦片；3-制动器盖；4-拉杆；5-托架；6-调整螺栓；7-双臂杠杆；8-滑块；9-顶杆；10-连接杆

3. 带式制动器基本参数的确定

制动器的基本参数有制动鼓半径 R、包角 α 和制动带摩擦面的宽度 b。制动带摩擦面的磨损，主要取决于制动带与制动鼓之间的单位压力 q。

如果把制动带看作是一根挠性带，不考虑制动带刚度对制动摩擦力矩与单位压力 q 的影响，则如图 13-9 所示，在带上任意小的面积 $bR\mathrm{d}\alpha$ 时，其一边的拉力为 S，另一边的拉力为 $S+\Delta S$，因而摩擦片单位面积的压力 q 为：

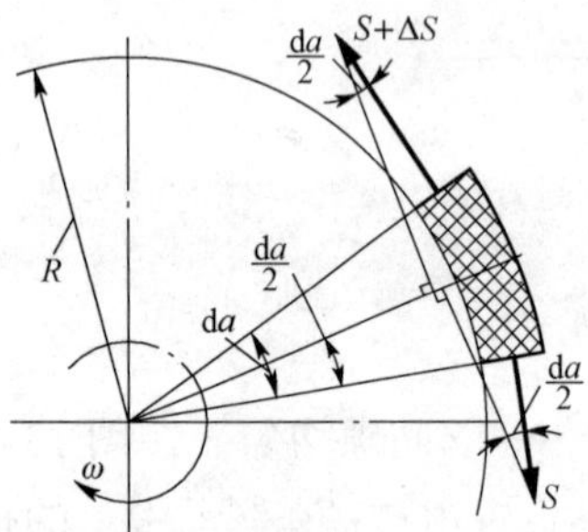

图 13-9　制动带单位压力的计算

$$q=\frac{S\sin\dfrac{\mathrm{d}\alpha}{2}+(S+\Delta S)\sin\dfrac{\mathrm{d}\alpha}{2}}{bR\mathrm{d}\alpha}=\frac{S}{Rb} \tag{13-32}$$

单位压力 q 越大则磨损越迅速。带式制动器的单位压力分布是很不均匀的，最大的单位压力出现在制动带的紧端。即：

$$q_{\max}=\frac{S_1}{Rb} \tag{13-33}$$

制动带摩擦面的磨损还与它的滑摩功大小有关。滑摩功越大，则磨损越快。摩擦面上单位时间内单位面积上的滑摩功称为单位滑摩功。最大的单位滑摩功 $l_{A\max}$ 也在制动带的紧端，因而可按下式计算：

$$l_{A\max}=\mu q_{\max}v \tag{13-34}$$

式中：μ——摩擦系数，对于铜丝石棉制动带，干式可取 $\mu=0.3$，湿式可取 $\mu=0.08$，

v——制动鼓的圆周速度（按发动机额定转速，变速器挂最高挡）计算。

干式带式制动器，许用的单位压力一般不超过 0.8～1.2MPa，许用的单位滑摩功一般不超过 200(N·m)/(s·cm^2)。

在决定制动器的基本参数时，应当注意到：

(1)增加制动鼓的半径 R,可使拉力 S、最大的单位压力 q_{max} 和最大的单位滑摩功 l_{Amax} 减小,当然操纵力也可以减小。但在采用转向离合器为转向机构时,转向离合器的从动鼓即为制动鼓,因此 R 的确定应与转向离合器的设计综合起来考虑。

(2)包角 α 的增加,可以减小操纵力与磨损,故设计时应尽量增大包角,干式制动器包角一般在 300°左右,太大则散热不好,湿式制动器包角一般为 330° ~350°。

(3)增加摩擦面宽度 b,不会减小拉力 S 及操纵力。反过来说,当操纵力一定时,增加 b 不能加大制动力矩。因此,选择适当的宽度 b 仅仅是为了防止单位压力和单位滑摩功过大。另外,为了使制动时制动带能紧密贴紧制动鼓,b 不能太宽。如果单位压力过大而 R 又无法增大时,可把制动带做成两条,平行地装在鼓上。制动带的宽度 b 一般取 100mm 左右。

(4)制动带由钢带与铆合在钢带上的摩擦面组成,试验表明,钢带厚度不宜过大,否则会由于制动时贴合性不好而影响摩擦力矩与单位压力。一般钢带厚度不超过 2 ~5mm。

带式制动器摩擦面的材料大多为石棉类材料。国产推土机上,干式制动器的摩擦面是由铜丝石棉酚醛合成的,湿式制动器的摩擦面是由耐油石棉、铜丝酚醛和橡胶合成的。

钢带的强度应进行验算。危险断面应选取受力最大且最薄弱处,即验算制动带紧端有铆钉孔的截面,因为这里最薄弱且有应力集中。

制动鼓一般用灰铸铁制造,表面粗糙度 $R_a = 2.5 \sim 10$mm,制动钢带可以用 Q235、Q345、65Mn 等制造。

二、蹄式制动器

1. 蹄式制动器的基本原理

图 13-10 为一种汽车车轮用蹄式制动器,当驾驶员踩下制动踏板后,压缩空气进入制动气室 1,通过推杆 2 推动调整臂 3 使凸轮 7 转动,凸轮推动两制动蹄 8 使其张开与制动鼓 15 相互压紧。这样,当制动鼓随车轮转动时,制动鼓与制动蹄之间的摩擦力产生制动效果。在松开制动踏板后,压缩空气的推动力消失,凸轮在制动气室内的弹簧的作用下回到初始位置,两制动蹄在复位弹簧 10 的作用下与制动鼓分离。

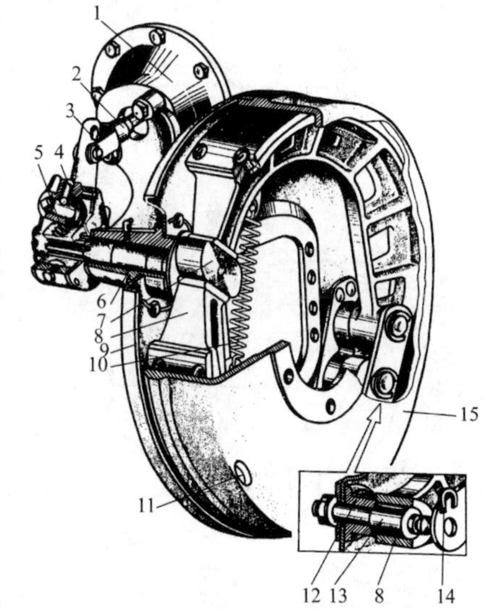

图 13-10　凸轮张开式蹄式制动器

1-制动气室;2-推杆;3-制动调整臂;4-蜗杆;5-蜗轮;6-凸轮轴;7-凸轮;8-制动蹄;9-制动底板;10-复位弹簧;11-检视孔;12-支承销座;13-偏心支承销;14-制动蹄锁片;15-制动鼓

许多制动器在凸轮的位置布置制动轮缸(也称为制动油缸,见图 13-11)采用油压张开制动器实现制动,这种制动器的其他部分与凸轮张开式相似。油压张开式制动器可以方便地用于许多形式的蹄式制动器。

2. 蹄式制动器的结构形式

图 13-12 为蹄式制动器的类型及其制动蹄的受力情况,各种类型的制动效能、制动鼓的受力平衡状况不同,车轮旋转方向对制动效能的影响也不同。

制动蹄按其张开时的转动方向和制动鼓的旋转方向是否一致,有领蹄和从蹄之分。制动蹄张开时的转

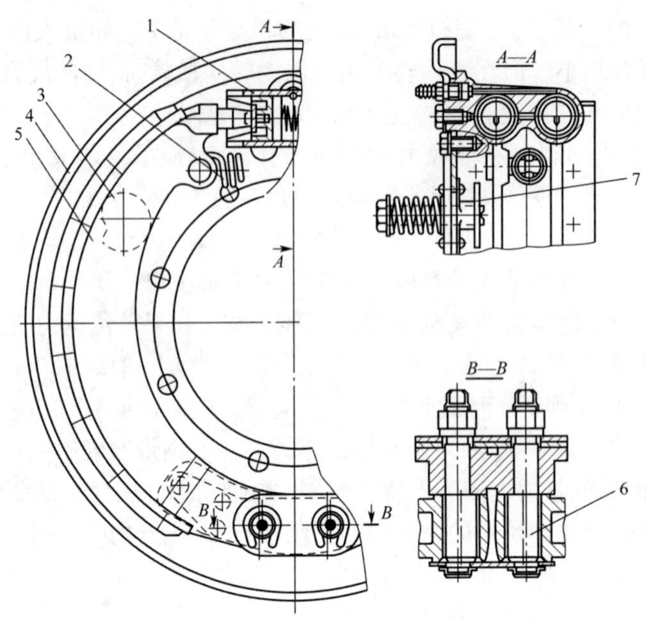

图 13-11　油压张开式制动器

1-制动轮缸;2-复位弹簧;3-调整凸轮;4-制动鼓;5-制动蹄;6-偏心支承销;7-制动蹄附加压紧机构

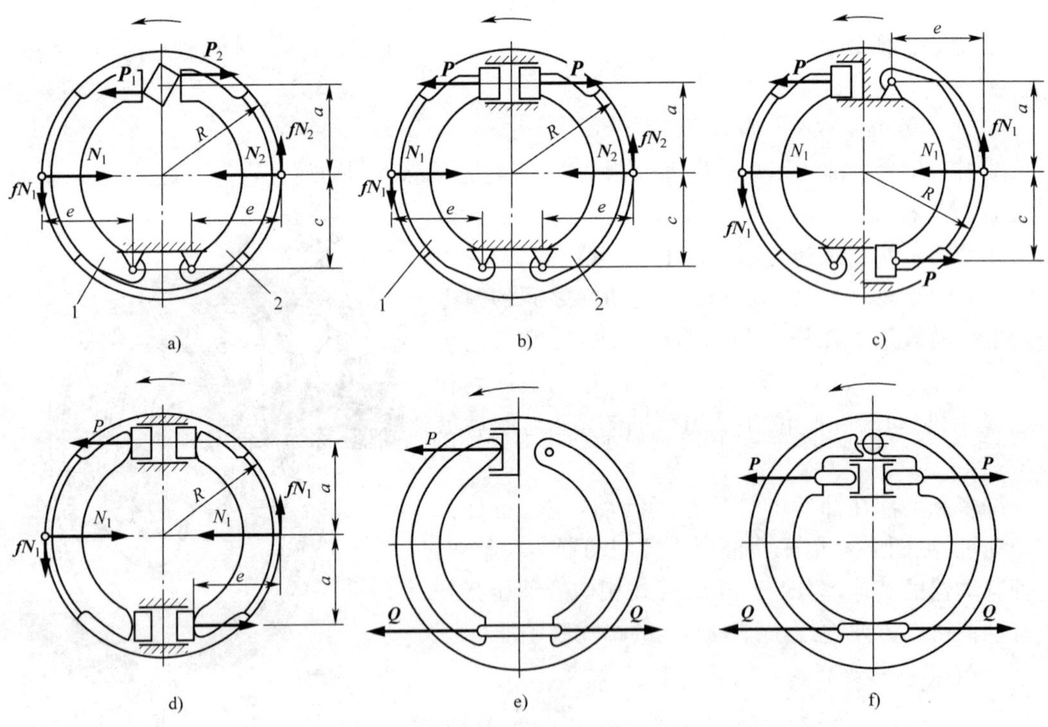

图 13-12　蹄式制动器的类型

a)领从蹄式(用凸轮张开);b)领从蹄式(用制动轮缸张开);c)双领蹄式(非双向,平衡式);d)双向双领蹄式;e)单向增力式;f)双向增力式

动方向与制动鼓旋转方向一致的制动蹄,称为领蹄;反之,则称为从蹄。各种鼓式制动器的基本特性如下:

1)领从蹄式制动器

如图 13-12a)、b)所示,若图上方的旋向箭头代表车辆前进时制动鼓的旋转方向(制动鼓正向旋转),则蹄 1 为领蹄,蹄 2 为从蹄。车辆倒退时制动鼓的旋转方向改变,变为反向旋转,领蹄与从蹄也就相互对调了。这种当制动鼓正、反向旋转时总具有一个领蹄和一个从蹄的内张型鼓式制动器,称为领从蹄式制动器。由图 13-12a)、b)可见,领蹄所受的摩擦力使蹄压得更紧,即摩擦力矩具有“增势”作用,故又称为紧蹄;而从蹄所受的摩擦力有使蹄与制动鼓松开的趋势,即摩擦力矩具有“减势”作用,故又称为松蹄。

如图 13-12b)所示,对于两蹄的张开力 $P_1 = P_2 = P$ 的领从蹄式制动器结构,两蹄压紧制动鼓的法向力应相等。但当制动鼓旋转并制动时,领蹄由于摩擦力矩的“增势”作用使其进一步压紧制动鼓而使其所受的法向反力加大;从蹄由于摩擦力矩的“减势”作用而使其所受的法向反力减小。这样,两蹄所受的法向反力不等,不能相互平衡,其差值要由车轮轮毂轴承承受。这种制动时两蹄法向反力不能相互平衡的制动器也称为非平衡式制动器,图 13-12b)的结构也叫作简单非平衡式制动器。非平衡式制动器将对轮毂轴承产生附加径向载荷,而且领蹄摩擦片表面的单位压力大于从蹄,磨损较严重。为使摩擦片寿命均衡,可将从蹄的摩擦片包角适当地减小。

对于如图 13-12a)所示的具有定心凸轮张开装置的领从蹄式制动器,在制动时,凸轮机构保证了两蹄等位移,因此作用于两蹄上的法向反力和由此产生的制动力矩应分别相等,而作用于两蹄的张开力 P_1、P_2 则不等,且必然有 $P_1 < P_2$。由于两蹄的法向反力 $N_1 = N_2$ 在制动鼓正、反两个方向旋转并制动时均成立,因此这种结构的特性是双向的,实际上也是平衡的。其缺点是驱动凸轮的力要大而效率却相对较低,为 0.6 ~ 0.8。

2)单向双领蹄式制动器

如图 13-12c)所示,当车辆前进时,若两制动蹄均为领蹄的制动器,称为双领蹄式制动器。但这种制动器在机械倒车时,两制动蹄又都变为从蹄,因此,它又称为单向双领蹄式制动器。两制动蹄各用一个单活塞制动轮缸推动,两套制动蹄、制动轮缸等机件在制动底板上是以制动底板中心做对称布置的,因此两蹄对鼓作用的合力恰好相互平衡,所以为平衡式制动器。单向双领蹄式制动器有高的正向制动效能,但倒车时则变为双从蹄式,使制动效能大大减少。

3)双向双领蹄式制动器

当制动鼓正向和反向旋转时两制动蹄均为领蹄的制动器,称为双向双领蹄式制动器,如图 13-12d)所示。其两蹄的两端均为浮式支承,不是支承在支承销上,而是支承在两个活塞制动轮缸的支座上。当制动时,油压使两个制动轮缸的两侧活塞均向外移动,使两制动蹄均压紧在制动鼓的内圆柱面上。制动鼓靠摩擦力带动两制动蹄转过一小角度,使两制动蹄的转动方向均与制动鼓的旋转方向一致;当制动鼓反向旋转时,其过程类同但方向相反。因此,制动鼓在正向、反向旋转时两制动蹄均为领蹄,故称为双向双领蹄式制动器。它也属于平衡式制动器。由于这种制动器在机械前进和倒退时的制动性能不变,故广泛用于中、轻型载货汽车和部分轿车的制动。

4)单向增力式制动器

如图 13-12e)所示,两蹄下端以顶杆相连接,第二制动蹄支承在其上端制动底板上的支承销上。当车辆前进时,第一制动蹄被单活塞的制动轮缸推压到制动鼓的内圆柱面上。制动鼓靠摩擦力带动第一制动蹄转过一小角度,进而经顶杆推动第二制动蹄也压向制动鼓的工作表面并支承在其上端的支承销上。显然，第一制动蹄为一增势的领蹄，而第二制动蹄不仅是一个增势领蹄，而且经顶杆传给它的推力 Q 要比制动轮缸给第一制动蹄的推力 P 大很多，使第二制动蹄的制动力矩比第一制动蹄的制动力矩大 2～3 倍之多。由于制动时两蹄的法向作用力不能互相平衡，所以为一种非平衡式制动器。虽然这种制动器在车辆前进时制动效能很高，且高于前述各种制动器，但在倒车制动时，其制动效能却是最低的。

5）双向增力式制动器

如图 13-12f）所示，将单向增力式制动器的单活塞制动轮缸换以双活塞式制动轮缸，其上端的支承销也改为两蹄共用的结构，则成为双向增力式制动器。对双向增力式制动器来说，不论车辆前进制动或倒退制动，该制动器均为增力式制动器。双向增力式制动器也是属于非平衡式制动器。

双向增力式制动器在大型高速轿车上用得较多，而且往往将其作为行车制动与驻车制动共用的制动器，行车制动是由液压通过制动轮缸产生制动蹄的张开力进行制动，而驻车制动则是用制动操纵手柄通过钢索拉绳及杠杆等操纵。另外，它也广泛用于驻车制动器，因为驻车制动要求制动器正、反向的制动效能都很高，而且驻车制动若不用于应急制动则不会产生高温，因而热衰退问题并不突出。

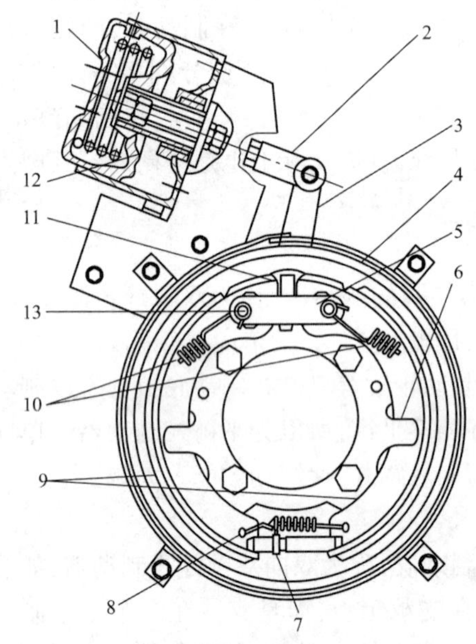

图 13-13　966D 装载机的驻车制动器

1-弹簧；2-连杆；3-摇臂；4-制动鼓；5-挡板；6-制动底板；7-传力调整杆；8-弹簧；9-制动蹄；10-复位弹簧；11-凸轮；12-活塞；13-支承销

图 13-13 为 966D 装载机的驻车制动器，这个制动器的制动蹄 9 在支承销 13 上的安装孔比支承销的外径大得多，制动蹄的轴向是靠挡板 5 定位的。所以，两个制动蹄在其圆周方向实际上是浮动的，能够实现自动增力。

以上介绍的各类型蹄式制动器，都在不同程度上利用摩擦力对制动蹄的助势作用来保证制动效能，但摩擦系数随摩擦副工作表面的温度升高而降低，故存在热衰退现象。另外，当摩擦表面被水浸湿时，摩擦系数也会下降。这种现象对越野和工程作业车辆来说是不可避免的。因此，蹄式制动器始终存在着制动效能的稳定性（首先是热稳定性）同制动效能本身之间的矛盾。此外，制动鼓受热膨胀后使制动器间隙增大，为消除这一间隙并得到同样大的制动力矩，使所需的踏板行程增大，使制动操作不便。

蹄式制动器存在上述两方面的缺陷，其结构上的原因在于制动器的摩擦表面被包藏在制动鼓内，因此难于得到较理想的散热效果。车辆涉水时，进入制动器的水和污物不易流出。故目前轮式工程机械越来越多地采用盘式制动器。

3. 蹄式制动器的设计计算

1）压力沿摩擦片长度方向的分布规律

由于制动蹄、制动鼓的刚度比摩擦片的刚度大得多，计算时通常只考虑摩擦片径向变形的影响，其他零件变形的影响较小而忽略不计。

制动蹄有一个自由度和两个自由度之分。

(1)两个自由度的领蹄摩擦片的径向变形。

两个自由度的领蹄摩擦片的径向变形如图 13-14a)所示,将坐标原点取在制动鼓中心 O 点。y_1 坐标轴线通过摩擦片的瞬时转动中心 A_1 点。

制动时,由于摩擦片变形,摩擦片一面绕瞬时转动中心转动,同时还顺着摩擦力作用的方向沿支承面移动。结果摩擦片转动中心位于 O_1 点,如果摩擦片未变形,则其表面轮廓(E_1—E_1 线)就沿 OO_1 方向移动进入制动鼓内。显然,表面上所有点在这个方向上的位移(即这个方向上的变形)是一样的。位于半径 OB_1 上的任意点 B_1 的变形就是 B_1B_1'线段,所以同样一些点的径向变形 δ_1 为:

$$\delta_1 = B_1C_1 \approx B_1B_1'\cos\Psi_1$$

考虑到 $\Psi_1 \approx (\varphi_1 + \alpha_1) - 90°$和 $B_1B_1' = OO_1 = \delta_{1\max}$,所以对于领蹄的径向变形 δ_1 和压力 p_1 为:

$$\delta_1 \approx \delta_{1\max}\sin(\alpha_1 + \varphi_1)$$

$$p_1 \approx p_{1\max}\sin(\alpha_1 + \varphi_1) \tag{13-35}$$

式中:α_1——任意半径 OB_1 和 y_1 轴之间的夹角;

Ψ_1——半径 OB_1 和最大压力线 OO_1 之间的夹角;

φ_1——x_1 轴和最大压力线 OO_1 之间的夹角。

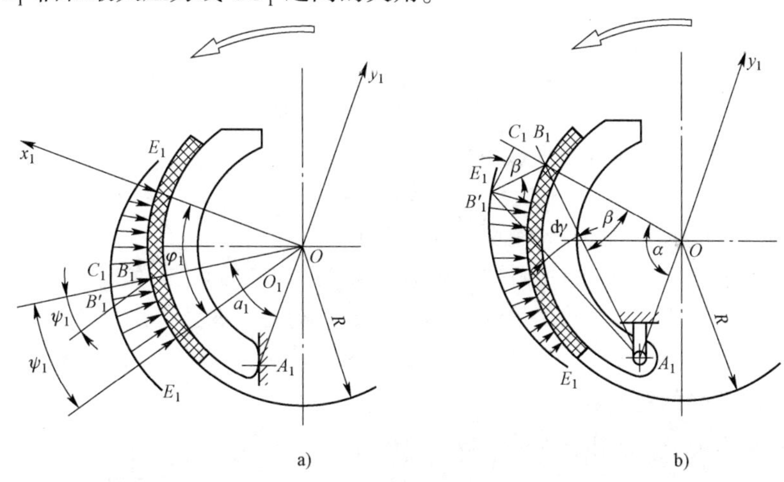

图 13-14　计算摩擦片径向变形简图

a)有两个自由度的领蹄;b)有一个自由度的领蹄

(2)一个自由度的领蹄摩擦片的径向变形。

一个自由度的领蹄摩擦片的径向变形状态如图 13-14b)所示。此时,摩擦片在张开力和摩擦力作用下,绕支承销 A_1 转动 $d\gamma$ 角。摩擦片表面任意点 B_1 沿摩擦片转动的切线方向的变形就是线段 B_1B_1',其径向变形分量是这个线段在半径 OB_1 延长线上的投影,即为 B_1C_1 线段。由于 $d\gamma$ 很小,可认为$\angle A_1B_1B_1' = 90°$,故所求摩擦片的变形应为:

$$\delta_1 = B_1C_1 = B_1B_1'\sin\beta = A_1B_1\sin\beta d\gamma$$

考虑到 $OA_1 \approx OB_1 = R$,那么分析等腰三角形 A_1OB_1,则有 $A_1B_1/\sin\alpha = R/\sin\beta$,所以表面的径向变形和压力为:

$$\delta_1 = R\sin\alpha d\gamma$$

$$p_1 = p_{\max}\sin\alpha \tag{13-36}$$

综上所述，新摩擦片压力沿摩擦片长度的分布符合正弦曲线规律，可用式（13-35）和式（13-36）计算。

沿摩擦片长度方向压力分布的不均匀程度，可用不均匀系数 Δ 评价：

$$\Delta = \frac{p_{\max}}{p_f} \tag{13-37}$$

式中：p_f——在同一制动力矩作用下，假想压力均匀分布时的平均压力；

$p_{\max}$——压力分布不均匀时蹄片上的最大压力。

2）计算摩擦片上的制动力矩

（1）制动蹄压紧到制动鼓上的力与制动力矩之间的关系。为计算有一个自由度的蹄片上的力矩，在摩擦片表面取一横向微元面积，如图 13-15 所示。它位于 α 角内，面积为 $bR\mathrm{d}\alpha$，其中 b 为摩擦片宽度。由制动鼓作用在微元面积上的法向力为：

$$\mathrm{d}F_1 = pbR\mathrm{d}\alpha = p_{\max}bR\sin\alpha\mathrm{d}\alpha \tag{13-38}$$

同时，摩擦力 fdF_1 产生的制动力矩为（f 为摩擦系数）

$$\mathrm{d}M_{mt1} = fR\mathrm{d}F_1 = p_{\max}bR^2f\sin\alpha\mathrm{d}\alpha$$

从 α' 到 α'' 区段积分上式得到：

$$M_{mt1} = p_{\max}bR^2f(\cos\alpha' - \cos\alpha'') \tag{13-39}$$

法向压力均匀分布时：

$$\mathrm{d}F_1 = p_f bR\mathrm{d}\alpha$$

$$M_{mt1} = p_f bR^2 f(\alpha'' - \alpha') \tag{13-40}$$

从式（13-39）和式（13-40）能计算出压力不均匀系数：

$$\Delta = \frac{\alpha'' - \alpha'}{\cos\alpha' - \cos\alpha''} \tag{13-41}$$

从式（13-39）和式（13-40）也能计算出制动力矩与压力之间的关系。

（2）制动力矩与张开力 F_0 的关系。领蹄产生的制动力矩 M_{mt1} 可用下式表达：

$$M_{mt1} = fR_1F_1 \tag{13-42}$$

式中：F_1——领蹄承受的法向合力；

R_1——为摩擦力 fF_1 的作用半径（图 13-16）。

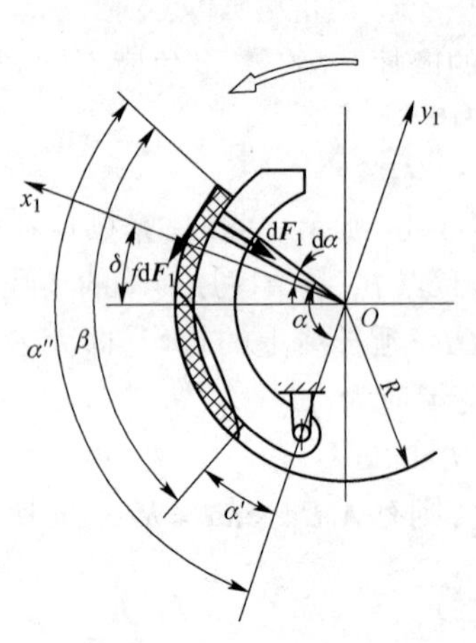

图 13-15　计算制动力矩简图

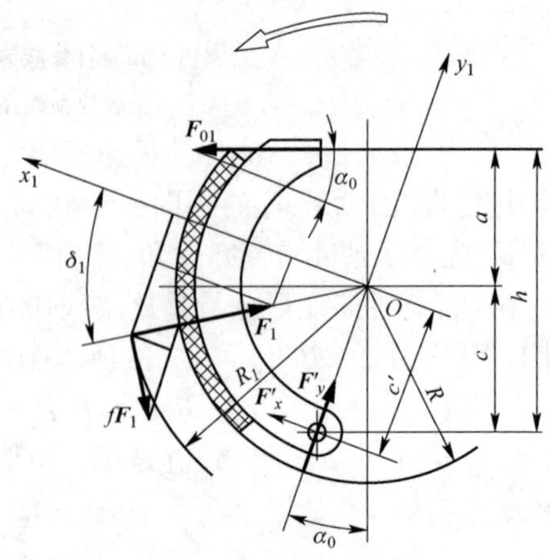

图 13-16　计算张开力简图

如果已知蹄的几何参数(图 13-16 中的 h、a、c 等)和法向压力的大小,便能用式(13-42)计算出蹄的制动力矩。

为计算随张开力 F_{01} 而变的力 F_1,列出蹄上的力平衡方程式:

$$F_{01}\cos\alpha_o + F'_x - F_1(\cos\delta_1 + f\sin\delta_1) = 0 \tag{13-43}$$

$$F_{x01}a - F'_x c' + fR_1F_1 = 0 \tag{13-44}$$

式中:δ_1——x_1 轴和力 F_1 的作用线之间的夹角;

F'_x——支承反力在 x_1 轴上的投影。

由式(13-43)、式(13-44)两式可得:

$$F_1 = \frac{hF_{01}}{c'(\cos\delta_1 + f\sin\delta_1) - fR_1} \tag{13-45}$$

这样,领蹄的制动力矩 M_{mt1} 可用下式表示:

$$M_{mt1} = \frac{fhR_1}{c'(\cos\delta_1 + f\sin\delta_1) - fR_1}F_{01} = F_{01}D_1 \tag{13-46}$$

用类似的方法也能得出从蹄的制动力矩 M_{mt2} 方程式:

$$M_{mt2} = \frac{fhR_2}{c'(\cos\delta_2 - f\sin\delta_2) + fR_2}F_{02} = F_{02}D_2 \tag{13-47}$$

为计算 δ_1、δ_2、R_1、R_2 值,必须求出法向力 F 及其分量,沿着相应的轴线作用有 dF_x 和 dF_y 力,它们的合力为 dF(图 13-15)。从式(13-38)可得:

$$F_x = \int_{\alpha'}^{\alpha''} dF_1\sin\alpha = p_{max}bR\int_{\alpha'}^{\alpha''}\sin^2\alpha d\alpha = \frac{1}{4}p_{max}bR(2\beta - \sin2\alpha'' + \sin2\alpha') \tag{13-48}$$

$$F_y = \int_{\alpha'}^{\alpha''} dF_1\cos\alpha = p_{max}bR\int_{\alpha'}^{\alpha''}\sin\alpha\cos\alpha d\alpha = \frac{1}{4}p_{max}bR(\cos2\alpha' - \cos2\alpha'') \tag{13-49}$$

式中,$\beta = \alpha'' - \alpha'$,摩擦片的包角。

所以:

$$\delta = \arctan\left(\frac{F_y}{F_x}\right) = \arctan\frac{\cos2\alpha' - \cos2\alpha''}{2\beta - \sin2\alpha'' + \sin2\alpha'} \tag{13-50}$$

根据式(13-39)和式(13-42)并考虑到 $F_1 = \sqrt{F_x^2 + F_y^2}$ 可得:

$$R_1 = \frac{4R(\cos\alpha' - \cos\alpha'')}{\sqrt{(\cos2\alpha' - \cos2\alpha'')^2 + (2\beta - \sin2\alpha'' + \sin2\alpha')^2}} \tag{13-51}$$

如果顺着制动鼓旋转的摩擦片和逆着制动鼓旋转的摩擦片的 α'、α'' 角度不同,很显然两块摩擦片的 δ 和 R 值也不同。制动器有两块摩擦片,鼓上的制动力矩等于它们的摩擦力矩之和,即:

$$M_m = M_{mt1} + M_{mt2} = F_{01}D_1 + F_{02}D_2$$

用液压驱动时,$F_{01} = F_{02} = F_0$。所需要的张开力为:

$$F_0 = \frac{M_m}{D_1 + D_2}$$

用凸轮机构张开时,$M_{mt1} = M_{mt2} = 0.5M_m$,这时两蹄上的张开力不等:

$$F_{01} = \frac{0.5M_m}{D_1}$$

$$F_{02} = \frac{0.5M_m}{D_2}$$

计算鼓式制动器，必须验算制动蹄有无自锁的可能，如果会自锁就有可能自制动。式(13-46)中的分母等于零是出现自锁的临界条件，由此得出不会自锁的条件为：

$$f < \frac{c'\cos\delta_1}{R_1 - c'\sin\delta_1} \tag{13-52}$$

由方程式(13-39)和式(13-46)可计算出领蹄表面的最大压力为：

$$p_{\max 1} = \frac{F_{01}hR_1}{bR^2(\cos\alpha' - \cos\alpha'')[c'(\cos\delta_1 + f\sin\delta_1) - fR_1]}$$

4. 蹄式制动器的参数确定

1)制动鼓内径 D

输入力 F_0 一定时，制动鼓内径 D(图 13-17)越大，制动力矩越大，且散热能力也越强。但 D 的大小通常受轮辋内径限制。制动鼓与轮辋之间应保持足够的间隙，一般要求该间隙不小于 20mm，否则不仅制动鼓散热条件太差，而且可能会使轮辋受热损坏轮胎。

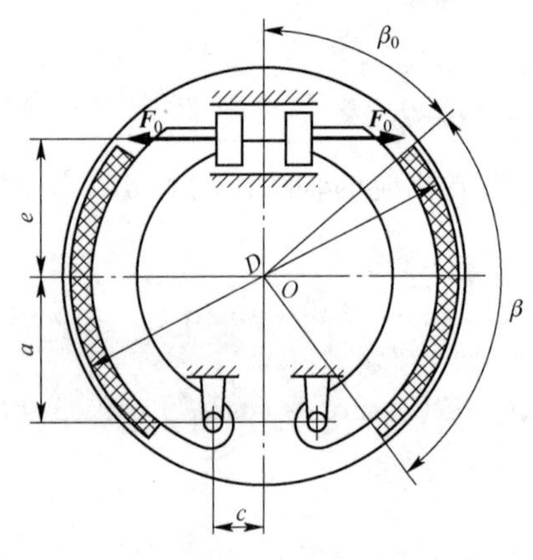

图 13-17　蹄式制动器主要几何参数

2)摩擦片包角 β 和宽度 b

试验表明，摩擦片的包角 $\beta = 90° \sim 100°$时，磨损最小，制动鼓温度最低，且制动效能最高。β 角减小虽然有利于散热，但单位压力过高将加速磨损。实际上包角两端处单位压力最小，因此过分延伸摩擦片的两端以加大包角，对减小单位压力的作用不大，而且将使制动不平顺，容易使制动器发生自锁。因此，包角一般不宜大于 120°。

制动鼓直径 D 和包角 β 确定后，摩擦片的摩擦面积 A 由宽度 b 确定。通常，根据摩擦片的许用压力和寿命确定摩擦片宽度尺寸 b。

3)摩擦片起始角 β_0

一般将摩擦片布置在制动蹄的中央，即令 $\beta_0 = 90° - \beta/2$。有时为了适应单位压力的分布情况，将摩擦片相对于最大压力点对称布置，以改善磨损均匀性和制动效能。

4)制动器中心到张开力 F_0 作用线的距离 e

在保证轮缸或制动凸轮能够布置于制动鼓内的条件下，应使距离 e(图 13-17)尽可能大，以提高制动效能。初步设计时可暂定 $e \approx 0.4D$。

5)制动蹄支承点位置坐标 a 和 c

应在保证两蹄支承端不互相干涉的条件下，使 a 尽可能大、c 尽可能小。初步设计时，也可暂定 $a \approx 0.4D$。

5. 蹄式制动器的结构设计

1)制动鼓

制动鼓应刚性大、热容量好，制动时其温升不应超过极限值。制动鼓的材料可用灰铸铁 HT200 或合金铸铁。沿鼓口的外缘铸有整圈的加强肋条以提高其刚度，也可在外壁加铸若干轴向肋条以提高其散热性能。

制动鼓壁厚的选取主要是从刚度和强度方面考虑。壁厚取大些有助于增大热容量，但试验表明，壁厚从 11mm 增至 20mm，摩擦表面平均最高温度变化并不大。一般铸造制动鼓的壁厚 10 ~ 18mm。制动鼓在闭口一侧可开小孔，用于检查制动器间隙。

2）制动蹄

制动蹄则多用铸铁、铸钢或铸铝合金制成。制动蹄的断面形状和尺寸应保证其刚度，它的断面有工字形、山字形和丁字形几种。制动蹄腹板和翼缘的厚度为 5 ~ 8mm。摩擦片的厚度一般为 4 ~ 5mm，制动频繁的机器可在 8mm 以上。摩擦片可以铆接或粘接在制动蹄上，粘接的允许其磨损厚度较大，但不易更换摩擦片；铆接的工作时噪声较小。

3）制动底板

制动底板是除制动鼓外制动器各零件的安装基体，应保证各安装零件相互间的正确位置。制动底板承受着制动器工作时的制动反力矩，故应有足够的刚度。为此，由钢板冲压成型的制动底板都具有凹凸起伏的形状。重型机器则采用可锻铸铁 KTH 370-12 的制动底座以代替钢板冲压的制动底板。刚度不足会导致制动力矩减小，踏板行程加大，摩擦片磨损也不均匀。

4）支承

二自由度制动蹄的支承结构简单，并能使制动蹄相对制动鼓自行定位。支承销由 45 钢制造并高频淬火。其支座为可锻铸铁（KTH 370-12）或球墨铸铁（QT 400-18）件。

采用长支承销能可靠地保持制动蹄的正确安装位置，避免其侧向偏摆。有时在制动底板上附加一压紧装置，使制动蹄中部靠向制动底板（图 13-11）。

5）制动轮缸

制动轮缸是液压制动系采用的活塞式制动蹄张开机构，其结构简单，在车轮制动器中布置方便。轮缸的缸体由灰铸铁 HT250 制成，其缸筒为通孔，需珩磨。活塞由铝合金制造。如果一个制动轮缸的缸径太大，可以并排布置两个制动轮缸（图 13-11）。

6）凸轮式张开机构

凸轮式张开机构（图 13-10、图 13-12a）的凸轮及其轴是由 45 钢模锻成一体的毛坯制造，在机加工后经高频淬火处理。凸轮轴由材料为可锻铸铁或球墨铸铁的支架支承，而支架则用螺栓或铆钉固定在制动底板上。为了提高机构的传动效率，有的制动器制动时凸轮是经过滚轮推动制动蹄张开。滚轮由 45 钢制造，高频淬火。

7）调整机构

凸轮的安装角应该可以调整，用于调整凸轮端制动蹄与制动鼓的间隙。转动图 13-10 中的蜗杆 4 可以使凸轮 7 相对调整臂 3 的角度变化实现凸轮安装角的调整。

为了调整制动蹄的支承销一端，可采用偏心支承销（图 13-10、图 13-11）。

利用轮缸张开的制动器，最好在靠近轮缸的位置布置调整凸轮（图 13-11）。增力蹄应该将两蹄之间的传力杆设计成长度可调的（图 13-13）。

制动蹄与制动鼓之间的间隙一般为 0.25 ~ 0.5mm。

三、钳盘式制动器

1. 钳盘式制动器的基本结构

图 13-18 为 ZL40 型轮式装载机的钳盘式制动器（图 8-2）。制动钳 1 固定在驱动桥壳的凸缘上，固定在车轮轮毂上的制动盘 7 伸入制动钳内的两块制动块 4 之间。制动块 4 由在其表面上热压黏合摩擦材料的钢板制成。它通过两根导向销 8 悬装在制动钳 1 的壳体上，并可沿导向销做轴向移动。

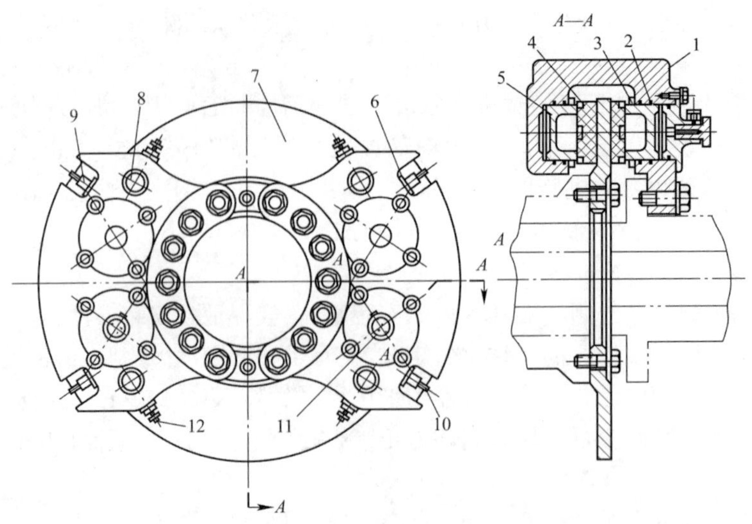

图 13-18　ZL40 型装载机的钳盘制动器

1-制动钳；2-矩形油封圈；3-防尘圈；4-制动块；5-轮缸活塞；6-垫片；7-制动盘；8-导向销；9-放气嘴；10-油管；11-管接头；12-止动螺钉

制动器的每一侧有四个制动轮缸，呈八缸对置式分别装在左右两个制动钳体两侧的壳体上，且制动钳体的壳体即为制动轮缸的缸体。在每一个轮缸体内装有一个活塞 5。轮缸壁上开有两个梯形截面的环槽，每一环槽内嵌有矩形截面的耐油橡胶密封圈 2。为防止灰尘和泥水等进入轮缸，在轮缸的端面和活塞之间装有防尘圈 3。八个轮缸的油腔相通，其管路有的在制动钳体内，有的在外面用油管相接。

制动时，制动油液被压入内外两侧的八个轮缸中，活塞 5 在油压作用下移向制动盘，使制动块 4 紧压在制动盘上。这时，两个矩形橡胶密封圈 2 的刃边在活塞摩擦力的作用下产生微量的弹性变形。解除制动时，活塞 5 仅靠密封圈 2 的弹力复位。橡胶密封圈刃边弹性变形量很微小，因此，在不制动时摩擦块 4 与制动盘 7 之间的间隙不能过大。ZL40 型装载机制动器的间隙仅 0. 1mm。

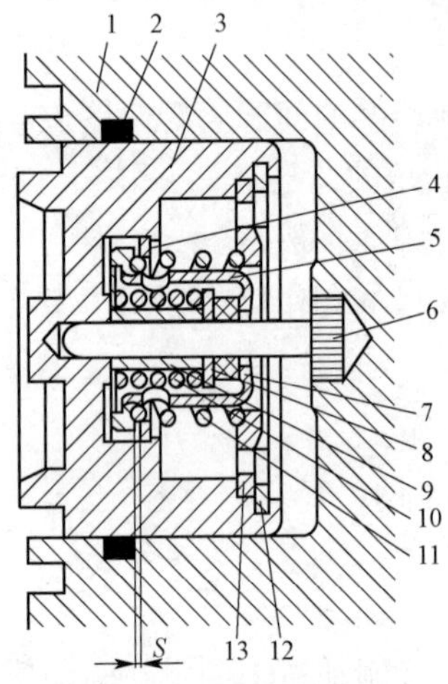

图 13-19　具有复位弹簧自动补偿间隙的机构

1-轮缸体；2-密封圈；3-活塞；4-卡环；5-罩壳；6-销轴；7-摩擦卡环；8-弹簧座；9-导管；10-弹簧；11-活塞复位弹簧；12-挡圈；13-盖板

利用活塞的橡胶密封圈使活塞复位的原理，亦可起到自动补偿制动器间隙的作用。当制动器摩擦表面磨损后，将使制动器间隙增大。然而当制动器制动时，制动油液推动活塞和制动块移向制动盘时，活塞的移动量将大于橡胶密封圈的弹性变形量的极限值，因此活塞克服密封圈的摩擦力而继续前移，直到制动块紧压制动盘为止。当制动解除时，矩形密封圈所能将活塞拉回的距离同制动块磨损之前是相同的，即制动器间隙仍然保持原来的标准值。

图 13-19 为钳盘式制动器的另一种活塞自动复位和补偿磨损间隙的结构。其作用原理如下：制动时，活塞 3 在液压作用下向左移动，活塞上的挡圈 12 带动盖板 13 压缩复位弹簧 11（复位弹簧 11 的另一端支承在罩壳 5 上，罩壳 5 由摩擦卡环 7 限位，是固定不动的）。当解除

制动时,活塞在复位弹簧 11 的张力作用下复位。

当摩擦面磨损后,如果制动时所需的活塞位移量大于卡环 4 与罩壳 5 间的间隙量 S,则活塞左移时,将带动摩擦卡环 7 一起左移(摩擦卡环 7 与销轴 6 之间是以一定的摩擦力连接的),摩擦卡环 7 相对固定销轴 6 的移动量,即自动消除的制动块磨损间隙量。解除制动后,在复位弹簧 11 作用下,活塞向右移动距离 S 而复位。这种用弹簧使活塞自动复位和补偿磨损间隙的结构比较可靠。

钳盘式制动器与蹄式制动器比较,前者具有散热能力强,热稳定性好、制动平顺、结构简单、维护修理方便等优点。但它要求管路液体压力高、制动块和密封件材质好,此外它不能像蹄式制动器那样,只需加装简单的手操纵机构即可兼做驻车制动器。由于没有增力作用,这种制动器用于大中型机器时通常都要动力操纵。

2. 钳盘式制动器的设计计算

钳盘式制动器的计算用简图如图 13-20 所示,假设制动块的摩擦表面与制动盘接触良好,且各处的单位压力分布均匀,则盘式制动器的制动力矩 M_m 为:

$$M_m = 2fNR \tag{13-53}$$

式中:f——摩擦系数;

N——单侧制动块对制动盘的压紧力(图 13-20a);

R——制动块对制动盘的压紧力 N 的作用半径。

对于常见的扇形制动块,如果其径向尺寸不大,取 R 为平均半径 R_m 或有效半径 R_e 已足够精确。如图 13-20b)所示,平均半径为:

$$R_m = \frac{R_1 + R_2}{2} \tag{13-54}$$

式中:R_1、R_2——扇形制动块的内半径和外半径。

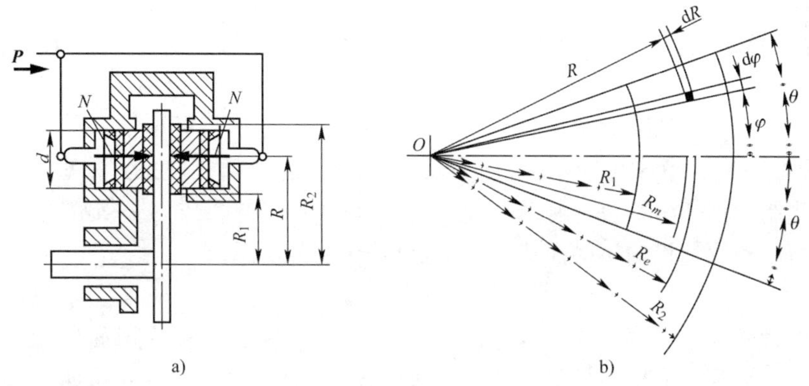

图 13-20 钳盘式制动器的设计计算

根据图 13-20b),在任一单元面积 $RdRd\varphi$ 上的摩擦力对制动盘中心的力矩 dM_m 为:

$$dM_m = fqR^2 dR d\varphi$$

式中的 q 为制动块与制动盘之间的单位面积上的压力,则单侧制动块作用于制动盘上的制动力矩为:

$$\frac{M_m}{2} = \int_{-\theta}^{\theta}\int_{R_1}^{R_2} fqR^2 dR d\varphi = \frac{2}{3}fq(R_2^3 - R_1^3)\theta$$

单侧制动块给予制动盘的总摩擦力为：

$$fN = \int_{-\theta}^{\theta}\int_{R_1}^{R_2} fqR\mathrm{d}R\mathrm{d}\varphi = fq(R_2^2 - R_1^2)\theta$$

得有效半径为：

$$R_e = \frac{M_m}{2fN} = \frac{2}{3}\cdot\frac{R_2^3 - R_1^3}{R_2^2 - R_1^2} = \frac{4}{3}\left(1 - \frac{R_1R_2}{(R_1 + R_2)^2}\right)\left(\frac{R_2 + R_1}{2}\right)$$

令$\frac{R_1}{R_2} = C$,则有：

$$R_e = \frac{4}{3}\left(1 - \frac{C}{(1 + C)^2}\right)R_m$$

明显，当 $C\to 1$ 时，$R_e\to R_m$。C 过小时，即扇形的径向宽度过大，制动块摩擦表面在不同半径处的滑摩速度相差太大，磨损将不均匀。实际设计中，C 值一般大于 0.65，这时用 R_m 代替 R_e，误差不超过 2%。

3. 钳盘式制动器的结构设计要点

1）制动盘直径 D

制动盘直径 D 应尽可能取大些，这样制动盘的有效半径能得到增加，可以降低制动钳的夹紧力，减少制动块的单位压力和工作温度。制动盘一般由珠光体灰铸铁制成，有的钳盘式制动器的制动盘铸成中间有径向通风槽的双层盘，可大大增加散热面积，但盘的整体厚度较大。一般实心制动盘厚度可取为 10～20mm，通风式制动盘厚度取为 20～50mm，采用较多的是 20～30mm。制动盘的工作表面应光滑平整。两侧表面的平行度不应大于 0.008mm，盘面摆差不应大于 0.1mm。

2）制动钳

制动钳体由可锻铸铁 KTH370-12 或球墨铸铁 QT400-18 制造，也有用轻合金制造的，可做成整体的，也可做成两半并由螺栓连接。其外缘留有开口，以便不必拆下制动钳便可检查或更换制动块。制动钳体应有高的强度和刚度。一般多在钳体中加工出制动轮缸，也有将单独制造的轮缸装嵌入钳体中的。为了减少传给制动液的热量，尽量将杯形活塞的开口端顶靠制动块的背板（图 13-18）。活塞由铸铝合金或钢制造，为了提高耐磨损性能，活塞的工作表面进行镀铬处理。当制动钳体由铝合金制造时，减少传给制动液的热量成为必须解决的问题。为此，应减小活塞与制动块背板的接触面积，有时也可采用非金属活塞。

3）制动块

制动块由背板和摩擦块构成，两者直接压嵌在一起。摩擦块多为扇面形，也有矩形、正方形或长圆形的。活塞应能压住尽量多的制动块面积，以免摩擦块发生卷角而引起尖叫声。制动块背板由钢板制成。有的钳盘式制动器装有摩擦块磨损达极限时的警报装置，以便及时更换摩擦块。

四、全盘式制动器

全盘式制动器摩擦副的固定元件和旋转元件都是圆盘，其结构原理与摩擦离合器、动力换挡离合器有许多相似之处。由于制动力矩较大，全盘式制动器多为多片式，可以分为干式和湿式两大类。

1)干式全盘式制动器

图 13-21 为干式全盘式制动器的结构。其壳体由盆状的外侧壳体 3 和内盖 6 组成,用 12 个螺栓 4 连接,而后通过外侧壳体固定于车桥上。每个螺栓上都铣出一个平键。装配时,两个固定盘 2 外周缘上的 12 个键槽与 12 个螺栓上的平键动配合,从而固定了其角位置,但可以轴向自由滑动。每个摩擦面上都铆有 8 块扇形摩擦片的两个旋转盘 5 与旋转花键鼓 1 用滑动花键连接。花键鼓则固定于车轮轮毂上。

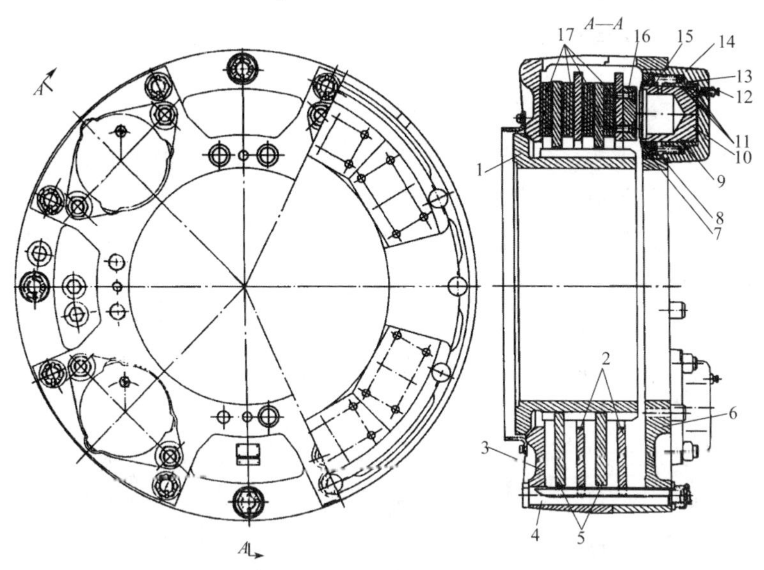

图 13-21 干式全盘式制动器结构

1-旋转花键鼓;2-固定制动盘;3-外壳;4-带键螺栓;5-旋转制动盘;6-内盖;7-调整螺纹挡圈;8-活塞复位弹簧;9-活塞套筒;10-活塞;11-活塞密封圈;12-放气螺钉;13-套筒密封圈;14-轮缸缸体;15-弹簧座盘;16-垫块;17-摩擦片

内盖 6 上装有四个轮缸。不制动时,活塞套筒 9 由复位弹簧 8 推到外极限位置。套筒 9 的台肩与固定弹簧座盘 15 之间存在间隙 Δ,其宽度等于制动器间隙,为设定完全制动时所需活塞行程。带有三个密封圈 11 的活塞 10 与套筒动配合。

制动时,轮缸活塞连同套筒在液压作用下,压缩复位弹簧 8,将所有的固定盘和旋转盘都推向外侧壳体。各盘互相压紧而实现完全制动时,轮缸中的间隙 Δ 消失。解除制动时,复位弹簧 8 使活塞和套筒复位。

在制动器的摩擦片磨损后,产生了过量间隙。在这种情况下制动时,间隙 Δ 一旦消失,套筒 9 即停止移动,但活塞仍能在液压作用下克服密封圈 11 与套筒间的摩擦阻力而相对于套筒继续移动,直到完全制动为止。解除制动时,套筒在弹簧 8 作用下复位,而活塞与套筒的相对位移却不可逆转。于是起到自动补偿制动器间隙的作用。

干式多片全盘式制动器的各盘都封闭在壳体中,散热条件较差。

2)湿式全盘式制动器

近年来,随着市场对产品性能要求的提高,许多公司的产品使用了湿式多片全盘式制动器。这种制动器完全密封,泥土不可能进入摩擦面;由于制动器内有油液,散热好、寿命长;可以制成多片制动,实现比较大的制动力矩。图 13-22 为一种把制动器制作到轮边减速器的方案。在半轴 9 上制作花键套 8,花键套的内花键与半轴上的外花键连接,花键套的外花键与动摩擦片 6 内花键连接,静制动片 3 的外花键与不转动的齿圈 2 相连,制动时,制动液从驱动桥壳 7 内的管路进入，推动制动活塞 5 左移，制动压板 4 向制动片施加压力实现制动，控制系统解除制动后，复位弹簧 10 拉制动压板 4 右移实现制动解除并保证制动片之间有一定的间隙。

图 8-27 为小松 W380-3 型装载机的驱动桥的结构，该机将最终传动布置于差速器两侧，没有轮边减速器。

上述两种湿式多片全盘式制动器布置在差速器的输出轴上，由于是对最终减速的太阳轮进行制动，所以制动力矩较小。

图 9-16 所示卡特的差速转向推土机驱动桥中使用的也是湿式多片全盘式制动器。

五、液力缓速技术简介

目前，常见的制动方式都是将车辆行驶过程的动能转换为热能散发，前述的几种制动器所产生的热能主要由制动鼓、制动盘等制动元件吸收后，再由冷却介质（空气、润滑油等）带走，散热速度慢，在重型车辆长时间进行制动操作时，制动器经常过热，使制动效果变差。目前，在一些重型车辆的传动系统中，配置了液力缓速器。

图 13-23 是液力缓速器的原理图。输入轴 1 与传动系中的转动元件（变速器轴、传动轴等）通过齿轮（或联轴器）连接，当需要缓速器工作时，在制动液箱 5 里通入压缩空气，在压缩空气的压力下，制动液进入缓速器，由于缓速器的转子 2（相当于耦合器的泵轮）在输入轴 1 带动下转动，其离心力使制动液按液力耦合器内的循环圆形式运动，液流冲击定子 3（相当于耦合器的涡轮）产生力矩，该力矩的反作用力使转子产生力矩阻碍车辆前进，将车辆的动能转换成制动液热能。在离心力的作用下，A 口的压力高于油箱的压力，B 口的压力低于油箱的压力。这样，一部分制动液从出口 A 排出，经过散热器 4 散热后回油箱，油箱里的制动液又从 B 口进入缓速器，依次循环。

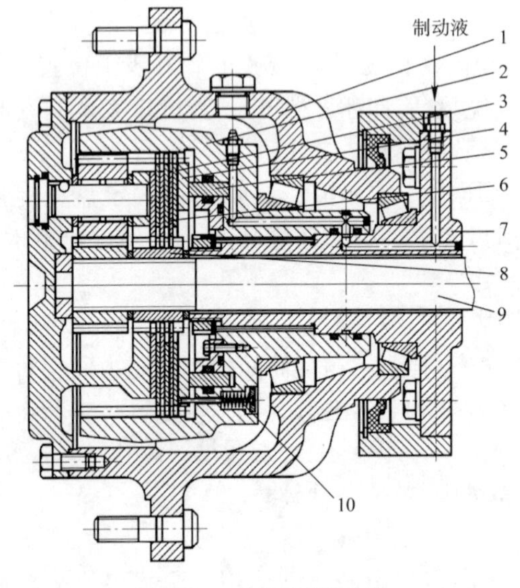

图 13-22　轮边湿式制动器

1-轮毂；2-齿圈；3-静制动片；4-制动压板；5-制动活塞；6-动摩擦片；7-驱动桥壳；8-花键套；9-半轴；10-复位弹簧

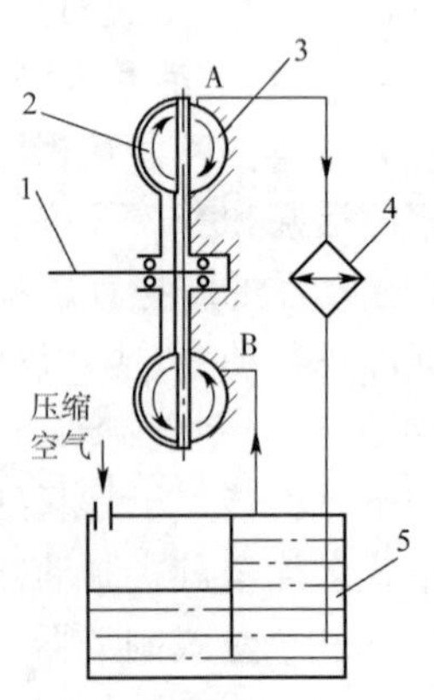

图 13-23　液力缓速器原理

1-输入轴；2-转子；3-定子；4-散热器；5-制动液箱

当不需要缓速器工作时，放掉制动液箱里的压缩空气，缓速器里的制动液全部流回制动液箱,液力缓速器停止工作。

制动液可以是润滑油、变矩器油、液压油等。有些设备上,采用水作为制动液。

第三节　制动驱动机构

制动驱动机构的作用是将来自驾驶员或其他力源的作用力传给制动器,操纵制动器制动。因此它必须保证所有车轮制动器应同时起作用,且同一车桥的左右两侧车轮制动器的制动力矩相等。另外,还应使驾驶员施于踏板上的力与作用在制动器上的力成一定的比例关系,使驾驶员能通过作用于踏板上的力及行程感觉出车辆制动的程度,以便操纵。此外,操纵必须轻便,且从驾驶员踩下踏板到制动器起作用的时间尽可能短,以保证行驶安全。

一、制动驱动机构的形式

1. 人力制动

单靠驾驶员施加的踏板力或手柄力作为制动力源进行制动称为人力制动。人力制动又分为机械式和液压式两种。机械式完全靠杆系传力,由于其机械效率低,驱动比小,润滑点多,且难以保证前、后轴制动力的正确比例和左、右轮制动力的均衡,所以不宜用于高速大功率的轮式机械。但因其结构简单,成本低,工作可靠,还广泛地应用于中、小型机械制动装置中。图13-8 所示 D80A 推土机的制动器就是机械式人力制动器。

图13-24 为液压式人力制动器原理。液压式人力制动(通常简称为液压制动)用于行车制动装置。液压制动的优点是:响应时间较短(0.1~0.3s),工作压力高(可达10~20MPa),轮缸尺寸小,可以安装在制动器内部,直接作为制动蹄的张开机构(或制动块的压紧机构),而不需要制动臂等传动件,使之结构简单,质量小;机械效率较高(液压系统有自润滑作用)。液压制动的主要缺点是过度受热后,部分制动液汽化,在管路中形成气泡,严重影响液压传输,使制动系效能降低,甚至完全失效。

2. 动力制动

动力制动的制动力是由发动机的动力转化而成,并表现为气压或液压形式的势能作为机械制动的全部力源。驾驶员施加于踏板或手柄上的力,仅用于回路中控制元件的操纵。因此,简单人力制动中的踏板力和踏板行程之间的反比例关系,在动力制动中便不复存在,从而可使踏板力较小,同时又有适当的踏板行程。

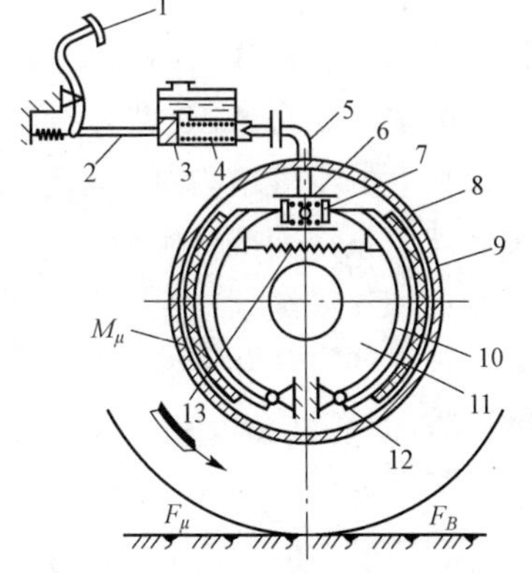

图13-24　液压式人力制动器原理

1-制动踏板;2-推杆;3-主缸活塞;4-制动主缸;5-油管;6-制动轮缸;7-轮缸活塞;8-制动鼓;9-摩擦片;10-制动蹄;11-制动底板;12-支承销;13-制动蹄复位弹簧

气压制动是应用最多的动力制动之一。其主要优点为操纵轻便、工作可靠、不易出故障、维修养护方便。此外,其气源除供制动用外,还可以供其他装置使用。其主要缺点是必须有空气压缩机、储气筒、制动阀等装置,使结构复杂、笨重、成本高;管路中压力的建立和撤除都较慢,即作用滞后时间较长(0.3~0.9s),因而增加了空驶距离和停车距离。为此,在制动阀到制动气室和储气筒的距离过远的情况下,有必要加设气动的第二级元件——继动阀（亦称加速阀）以及快放阀；管路工作压力低，一般为0.5～0.7MPa，因而制动气室的直径必须设计得大些，且只能置于制动器外部，再通过杆件和凸轮驱动制动蹄，这就增加了簧下质量；制动气室排气有很大噪声。气压制动在总质量8t以上的货车和客车上得到广泛应用。由于主、挂车的摘和挂都很方便，所以汽车列车也多用气压制动。

图13-25为气压制动系统原理。由空气压缩机3产生的压缩空气经油水分离器4进入储气筒7。当驾驶员踩下制动踏板10时，并列式双腔气制动阀9动作，排出两路压缩空气分别进入前后桥的制动气室2，通过调整臂1使凸轮8转动实现制动。并列式双腔气制动阀9有两个主要作用，一个是保证由它排出的气体压力与制动踏板转动的幅度成正比，另一个是当一路制动系统故障时，另一路仍然可以实现制动。

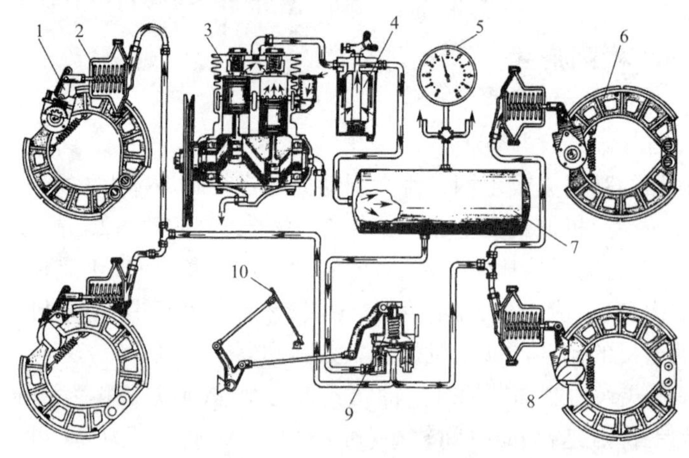

图13-25　气压制动系统

1-调整臂；2-制动气室；3-空气压缩机；4-油水分离器；5-压力表；6-制动蹄；7-储气筒；8-凸轮；9-并列式双腔气制动阀；10-制动踏板

用气压系统作为普通的液压制动系统主缸的驱动力源而构成的气顶液制动，也是动力制动。它兼有液压制动和气压制动的主要优点，因气压系统管路短，作用滞后时间也较短。但结构复杂、质量大、成本高，所以主要用在重型机械上。

图13-26为ZL50型装载机的双管路空气增力制动驱动系统图。其前、后轮制动器各自用一套独立的空气增力制动驱动机构（它们的结构完全相同），而每一套制动驱动机构由气压系统和液压系统两部分组成。显然，其液压系统和气压系统都是双管路的。驾驶员通过串列双腔制动阀9操纵制动系工作。当踩下制动踏板时，前、后制动储气筒8和6的压缩空气分别经制动阀9的下腔和上腔，充入前、后气推油加力器10和5的空气加力气室，将制动主缸的制动液压入前、后制动钳11和1上的轮缸，使机器制动。

为了使车辆在制动时能尽快减速，以及在作业制动时将发动机的功率全部用于铲斗的操作，因此在制动阀9与前制动空气加力器10之间的管路中并联动力换挡变速器操纵阀空气室的管路。当踩下制动踏板时，经制动阀9下腔来的压缩空气，同时进入变速器操纵阀空气室，使变速器挂空挡，切断传给车轮的动力（参见第八章第八节）。

3. 伺服制动

伺服制动的制动能源是人力和发动机并用。正常情况下，其输出工作压力主要由动力伺服系统产生,在伺服系统失效时,还可以全靠人力制动系统以产生一定程度的制动力,因而性能可靠。

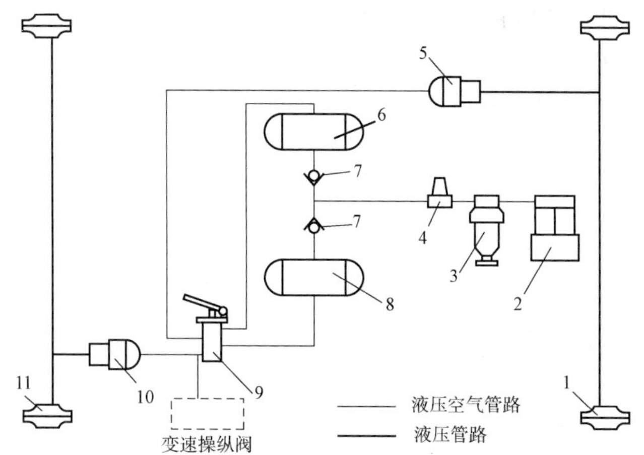

图 13-26　ZL50 型装载机制动驱动系统图

1-后制动钳;2-空气压缩机;3-油水分离器;4-调压器;5、10-气推油加力器;6-后制动储气筒;7-单向阀;8-前制动储气筒;9-串列双腔制动阀;11-前制动钳

按伺服力源不同,伺服制动有真空伺服制动、空气伺服制动和液压伺服制动三类。真空伺服制动与空气伺服制动的工作原理基本一致,但伺服动力源的相对压力不同。真空伺服制动的伺服用真空度(负压)一般为 0.05 ~ 0.07MPa;空气伺服制动的伺服气压一般能达到 0.6 ~ 0.7MPa,故在输出力相同的条件下,空气伺服气室直径比真空伺服气室小得多。但是,空气伺服系统其他组成部分却较真空伺服系统复杂得多。

图 13-27 为 D150A 推土机的制动器结构,该制动器的基本原理与 D80A 相同(图 13-8),主要的不同点在于它的制动控制采用了伺服控制。轮缸 7 固定于机体上,上摇臂 1 与驾驶室踏板相连,操纵力由上摇臂经下摇臂 2 推动滑阀 4 向右移动,其端头的锥面便封闭了活塞 8 内腔的泄油孔道 a,制动油液经轮缸 7 侧壁进入封闭的油腔,推动活塞 8 右移,使带式制动器制动。当操纵力去除后,弹簧 5、11 使滑阀 4 与活塞 8 复位,这时,系统油液是经滑阀 4 与活塞 8 相配的狭小缝隙通过,然后由油道 a 排出。因此,当不制动时,系统中总是有少量的油液通过 a 腔润滑制动带。

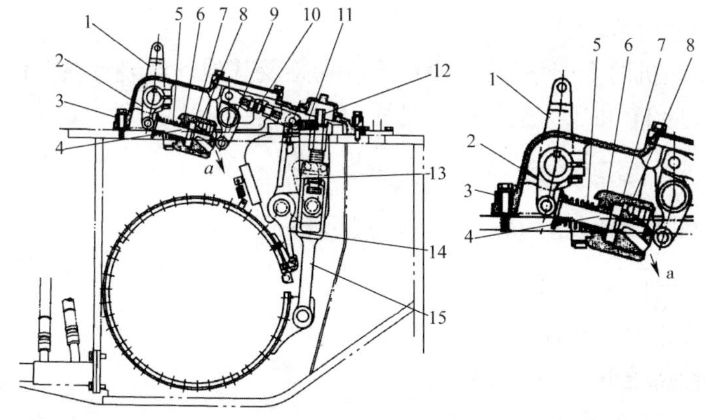

图 13-27　D150A 推土机浮式制动器

1-上摇臂;2-下摇臂;3-制动器盖;4-滑阀;5-弹簧;6-衬套;7-轮缸;8-活塞;9-摇臂;10-连接杆;11-弹簧;12-调整螺栓;13-杠杆;14-棘爪;15-调整杆

如上所述,活塞 8 与滑阀 4 便组成了液压随动机构,只要推动滑阀 4 封闭其通道,活塞 8 必定推动摇臂 9 而制动。若停止推动,滑阀 4 与活塞 8 便恢复至中立位置,由 a 腔泄油。这样,用轻微的操纵力,便使高压油产生较大的作用力,从而大大减轻了人的劳动强度。在没有液压动力油的时候,滑阀 4 直接推动活塞实现制动。

二、制动驱动机构设计计算

1. 气压驱动机构的设计和计算

1)凸轮机构推杆的推力

凸轮机构推杆的推力 F 按下式计算:

$$F=\frac{b}{h}(F_{01}+F_{02}) \tag{13-55}$$

式中:b——凸轮轴心到凸轮与摩擦片接触点之间的距离;

h——推杆轴线到凸轮轴轴线之间的距离;

F_{01}、F_{02}——凸轮对两摩擦片的推力。

2)活塞式制动气室的计算

活塞式制动气室行程较大而推力不变,并且不需要经常调整,而膜片式相反,因而目前大多数车辆都改用活塞式制动气室。

活塞的面积 A 按下式计算:

$$A=\frac{F}{p_g} \tag{13-56}$$

式中:p_g——压缩空气的工作压力,设计时一般取 0.5MPa;

再根据推杆行程 L 和制动气室面积 A 计算制动气室容积 V_s:

$$V_s=AL$$

3)储气筒容积的设计

储气筒用钢板焊成,内外涂漆以防锈蚀。储气筒的容积要适当,容积过大会使得充气时间过长。容积太小又会使每次制动后气压下降太大,并且当发动机不工作时,有效制动次数过少。储气筒的容积 V_T 一般为制动气室总容积 $\sum V_s$ 的 20～40 倍。

4)空气压缩机的计算和选用

要确定空气压缩机的生产率,首先要计算制动系及其他气动装置在单位时间内的耗气量。每次制动时的耗气量 V_B 和压缩空气的质量 w_B 分别为:

$$V_B=\sum V_s+\sum V_g$$

$$w_B=\frac{pV_B}{RT}\cdot\frac{1}{9.8}$$

式中:V_s——制动气室的工作容积,m^3;

V_g——制动管路的工作容积,m^3;

p——制动管路压力,Pa;

w_B——压缩空气的质量,kg;

R——空气的气体常数,计算时可取为 29.27;

T——绝对温度,K;

$$T = 273 + t$$

t——周围大气温度,℃。

单位时间内因制动所消耗的压缩空气质量(耗气率):

$$W_B = nw_B$$

式中:n——单位时间内的制动次数,对于在市内工作的机械取 0.8 ~ 1.4 次/min,在郊区公路上的机械取 0.2 ~ 0.5 次/min,装载机这类机械取 3 ~ 4 次/min。

机械的总耗气率:

$$W_0 = W_B + \sum W_f + W_L$$

式中:$\sum W_f$——机械的各种气动装置(例如气喇叭、门窗启闭机构、离合器和差速锁操纵机构等)的耗气率的总和,kg/min;

W_L——单位时间内的允许漏气量,一般取 3×10^{-6}kg/min。

考虑到不可预计的压缩空气损失和空气压缩机停止工作的可能性,空气压缩机的出气率 W_k 应为:

$$W_k = (5 \sim 6) W_0$$

取空气的密度为 1.3kg/m³,则按容积计算的压缩空气的出气率应为:

$$V_k = (5 \sim 6)\frac{W_0}{1.3}$$

驱动空气压缩机的功率为:

$$N = \frac{5.73 \times 10^{-8} p_1 \left[\left(\frac{p_2}{p_1}\right)^{0.286} - 1\right] V_k}{\eta} \tag{13-57}$$

式中:N——驱动空气压缩机的功率,kW;

p_1——进气压力,Pa;

p_2——压缩终了压力,Pa;

η——空气压缩机的效率,为 0.4 ~ 0.7;

V_k——空气压缩机的出气率,L/min。

2. 液压驱动机构的设计计算

液压驱动机构的设计,必须满足车辆制动时制动器能产生足够的制动力,即制动轮缸应能产生足够大的压力 F,用来推动制动器相应的构件实现制动。

1)制动轮缸直径 d 的计算

作用在制动蹄上的张力 F(或者作用在制动盘上的压力 F)和制动轮缸直径 d 之间的关系:

$$d = \sqrt{\frac{4F}{\pi p_y}} \tag{13-58}$$

式中:p_y——为制动系统中的油液压力,人力液压式是由踏板力大小而定,动力液压式一般取 8 ~ 12MPa,目前有的机器已达 16MPa。p_y 值越高,缸径越小,对油管及接头的密封要求也越严。

2)制动主缸直径 D_0 的计算

制动轮缸直径 d 确定以后,按下式计算制动主缸的排量 V_0:

$$V_0 = m\frac{\pi}{4}d^2\delta \tag{13-59}$$

式中：δ——对于蹄式制动器，则是轮缸活塞的行程（初步设计时可取 2～2.5mm）；对于盘式制动器，则是制动盘与摩擦块之间的间隙；

m——制动轮缸的活塞数目。

这样，便可确定制动主缸必要的容积。此外，还要考虑到油管（主要是软管）在压力下产生的变形，因此主缸实际上所需要的排油量 V_0' 要比以上的计算值大一些，即：

$$V_0' = (1.1 \sim 1.3)V_0$$

主缸活塞行程 S_0 与其直径 D_0 的比值一般取为：

$$\frac{S_0}{D_0} = 0.8 \sim 1.2$$

由于

$$V_0' = \frac{\pi}{4}D_0^2 S_0$$

$$D_0 = \sqrt{\frac{4V_0'}{\pi S_0}}$$

三、制动防抱死系统（ABS）简介

高速行驶的车辆制动时车轮抱死拖滑是十分危险的。为了防止车轮抱死，又能有效地实现制动，产生了各种制动力调节装置，例如：限压阀、比例阀、惯性阀等，现今这些制动力分配和调节装置被许多厂家广泛应用在各式汽车的制动管路中，并发挥了主要作用。但这并没有完全解决车轮制动时的抱死问题。制动防抱死系统（Antilock Braking System，ABS）是基于轮胎和路面之间的附着特性而开发的高科技系统，有效地解决了制动过程中的车轮抱死问题。

车轮制动防抱死装置的基本功能就是可感知制动轮每一瞬时的运动状态，相应地调节制动器制动力矩的大小，避免出现车轮的抱死现象，因而是一个闭环控制系统。它可使车辆在制动时维持方向稳定性和缩短制动距离，有效地提高行车安全性。

车辆制动过程中，车轮在路面上的运动是一个边滚边滑的过程，这个过程用滑移率来衡量，滑移率的定义为：

$$S = \frac{v - r_d\omega_d}{v} \tag{13-60}$$

式中：v——车轮中心的速度；

r_d——车轮的动力半径；

ω_d——车轮转动的角速度。

滑移率 S 反映了车轮在制动过程中的滑移程度。S 为 0 时，车轮处于纯滚动状态；S 为 1 时，车轮处于纯滑动状态，即车轮为抱死状态。车辆在制动过程中，车轮在路面上的运动是一个边滚边滑的过程，车轮未制动时可认为是纯滚动状态，其滑移率 $S \approx 0$。当车轮抱死时，车轮在路面上的运动处于纯滑移状态，这时机器的滑移率 $S = 1$。ABS 系统通过控制制动管路中的压力，使车轮滑移率保持在一个恰当范围内（通常为 20% 左右）。此时，轮胎纵向附着系数达到最大，制动效能也最好。

制动防抱死系统一般由转速传感器、电子控制器和压力调节器三部分组成(图13-28)。轮速传感器7可测出与车轮6旋转速度成正比的交流信号,然后根据传感器回转齿圈8的齿数,计算出车轮的转速;电子控制器(ECU)9具有运算功能,接收轮速传感器的交流信号,计算出车轮速度、滑移率和车轮的加(减)速度,对这些信号加以分析,向压力调节器3发出控制指令;压力调节器安装在主缸2和轮缸4之间,它接受电子控制器的指令,由调节器内的电磁阀、液压泵、驱动电动机直接或间接地控制制动压力的增减。

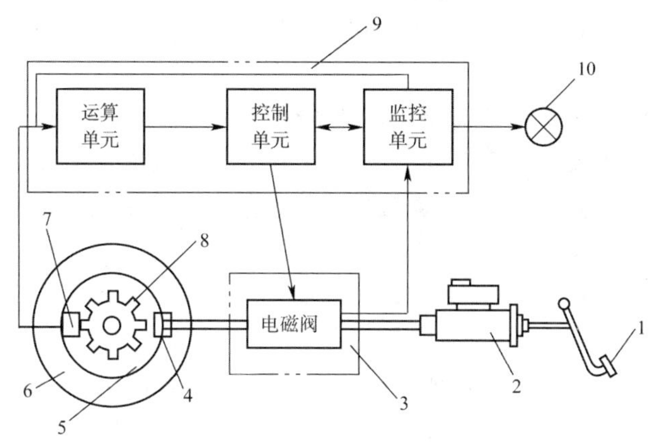

图13-28　ABS的组成

1-制动踏板;2-主缸;3-压力调节器;4-制动轮缸;5-制动盘;6-车轮;7-轮速传感器;8-回转齿圈;9-电子控制器;10-报警灯

由于ABS系统在制动过程中是根据车轮的运动状态来实时调节制动管路的压力,以实现制动防抱死目的,因此控制方法的研究是十分重要的。目前,主要有逻辑门限值控制方法和现代控制方法两种,目的是在各种工况下制动时都可获得最佳的滑移率S,由此可获得最短的制动距离。

【练习题】

1. 什么是行车制动性能?它是用什么来衡量?
2. 按制动功能,制动器可怎样分类?
3. 请比较带式、蹄式和钳盘式制动器的特点和使用条件。
4. 分析说明钳盘式制动器活塞靠密封圈变形的弹性力自动复位的工作原理和特点。
5. 试分析说明制动轮"抱死"时,车轮很容易失去方向稳定性的原因。
6. 试分析说明制动防抱死系统的特点。

参考文献

[1] 曹寅昌．工程机械构造[M]．北京:机械工业出版社,1981.

[2] 孙祖望．铲土运输机械牵引性能研究的基本问题——文献综述[J]．汽车与公路,1980(3).

[3] 褚树得．转向梯形设计参数的优化设计及其确定[J]．工程机械,2001(4).

[4] 葛根全,王占军．SD8 高驱动履带推土机[J]．建筑机械,2001(4).

[5] 孙祖望,等．机械传动式工业履带拖拉机总体参数中有关牵引性能的合理匹配[J]．工程机械,1977(5),1977(6).

[6] 姚怀新,陈波．工程机械底盘理论[M]．北京:人民交通出版社,2002.

[7] 张英会．弹簧[M]．北京:机械工业出版社,1982.

[8] 李殿健．沥青路面施工机械与机械化施工[M]．北京:人民交通出版社,1999.

[9] 刘惟信．机械最优化设计[M]．北京:清华大学出版社,1994.

[10] 浙江省交通学校．汽车构造图册[M]．北京:人民交通出版社,1997.

[11] 崔靖,等．汽车构造[M]．西安:陕西科学技术出版社,1984.

[12] 刘惟信．汽车设计[M]．北京:清华大学出版社,2001.

[13] 王望予．汽车设计[M]．北京:机械工业出版社,2000.

[14] 朱齐平,易新乾．进口工程机械使用维修手册[M]．沈阳:辽宁科学技术出版社,2001.

[15] 匡襄．液力传动[M]．北京:机械工业出版社,1982.

[16] 魏加环,等．动力换档变速箱操纵阀[J]．建筑机械,2002(6).

[17] 赵建军．履带车辆差速式转向机构动力学分析与比较[J]．工程机械,2002(8).

[18] 詹永红,等．变速器常用离合器超越离合器的分析与比较[J]．工程机械,2002(1).

[19] 郁录平．滑移转向装载机的转向原理分析[J]．工程机械,2001(6).

[20] 郁录平,张志友．轮式行走机械转向梯形的优化设计[J]．建筑机械,2003(2).

[21] 关景泰,严继东．铰接车辆转向油缸主要参数的理论分析[J]．工程机械,2002(6).

[22] 郑训,等．工程机械通用总成[M]．北京:机械工业出版社,2001.

[23] 郑训,等．路面与路基机械[M]．北京:机械工业出版社,2001.

[24] 赵新庄,祁贵珍．公路施工机械[M]．北京:人民交通出版社,2002.

[25] 徐希民,黄宗益．铲土运输机械设计[M]．北京:机械工业出版社,1989.

[26] 东风汽车公司．东风 EQ1092F 型载货汽车备件目录[M]．武汉:湖北人民出版社,1993.

[27] 高湖海．装载机械[M]．北京:冶金工业出版社,1995.

[28] 刘茂光．汽车轮胎工手册[M]．北京:人民交通出版社,1987.

[29] 陈新轩,等．现代工程机械发动机与底盘构造[M]．北京:人民交通出版社,2002.

[30] 何挺继,展朝勇．现代公路施工机械[M]．北京:人民交通出版社,2001.

[31] 刘希平．工程机械构造图册[M]．北京:机械工业出版社,1988.

[32] 吉林工业大学,等．拖拉机底盘结构设计图册[M]．北京:机械工业出版社,1976.

[33] 同济大学. 单斗液压挖掘机[M]. 北京:中国建筑工业出版社,1986.
[34] 陈健元. 挖掘机[M]. 北京:中国工业出版社,1965.
[35] 石香滨. 筑路机械构造与修理[M]. 北京:人民交通出版社,2001.
[36] 中华人民共和国国家标准. GB/T 18576—2001. 建筑施工机械与设备 术语和定义[S]. 北京:中国标准出版社,2002.
[37] 唐经世. 工程机械底盘学[M]. 成都:西南交通大学出版社,1999.
[38] 张光裕,许纯新. 工程机械底盘设计[M]. 北京:机械工业出版社,1988.
[39] 陈元基,等. 压实机械与路面机械设计[M]. 北京:机械工业出版社,1987.
[40] 徐希民,黄宗益. 铲土运输机械设计[M]. 北京:机械工业出版社,1989.
[41] 西北大学. 机械设计[M]. 北京:人民教育出版社,1978.
[42] 诸文农. 底盘设计[M]. 北京:机械工业出版社,1981.
[43] 邬惠乐,张洪庆. 汽车技术词典[M]. 北京:人民交通出版社,1989.
[44] 陈燎,等. 130t 升降平台运输车转向系统设计[J]. 工程机械,2001(1).
[45] 罗永革,冯樱. 汽车设计[M]. 北京:机械工业出版社,2011.
[46] 王霄锋. 汽车底盘设计[M]. 北京:清华大学出版社,2010.
[47] 徐石安. 汽车构造——底盘工程[M]. 北京:清华大学出版社,2011.
[48] 刘惟信. 汽车车桥设计[M]. 北京:清华大学出版社,2004.
[49] 薛维军,等. 履带式工程机械转向半径计算[J]. 建筑机械,2013(4).
[50] 高梦熊. 地下装载机[M]. 北京:冶金工业出版社,2011.
[51] 程悦孙. 拖拉机设计[M]. 北京:中国农业机械出版社,1981.

人民交通出版社 公路出版中心
轨道交通类教材

(◆教育部普通高等教育“十一五”、“十二五”国家级规划教材)

1.◆工程机械概论(第二版)(王 进) ………… 36元
2.◆公路施工机械(第二版)(李自光) ………… 43元
3.公路养护机械与运用技术(展朝勇) ………… 36元
4.工程机械(李战慧) ………… 45元
5.现代工程机械发动机与底盘构造(第二版)(陈新轩) ………… 45元
6.工程机械维修(第二版)(许 安) ………… 45元
7.工程机械状态检测与故障诊断(陈新平) ………… 29元
8.工程机械底盘设计(第二版)(郁录平) ………… 40元
9.公路工程机械化施工与管理(第二版)(郭小宏) ………… 37元
10.工程机械技术经济学(吴永平) ………… 23元
11.工程机械专业英语(宋永刚) ………… 36元
12.工程机械发动机原理与底盘理论(曹源文) ………… 29元
13.工程机械运用技术(许 安) ………… 40元
14.现代工程机械液压与液力系统(颜荣庆) ………… 39元
15.工程机械地面力学与作业理论(杨士敏) ………… 35元
16.工程机械典型控制系统(王 欣) ………… 32元